Perfect JSP

웹 프로그래밍

● 강 환수 · 강 환일 공저 ●

KB181799

개발환경
JSP 2.1
J2SE 6.0
Eclipse EE Developers
Apache Tomcat 6.0
MySQL 5.1
JSTL 1.1
Java Mail 1.4

INFINITYBOOKS
인 피 니 티 북 스

| 저자 소개 |

•• 저자 강 환수 교수는 서울대학교의 계산통계학과에서 학사 학위를 취득하였고, 서울대학교 전산과학과에서 전산학 이학 석사(M.S.)를 취득하였으며, 서울대학교 컴퓨터공학과에서 공학 박사 과정을 수료하였다. 1998년까지 삼성 SDS의 정보기술연구소에서 선임연구원으로 근무하였으며 현재는 동양공업전문대학의 인터넷비즈니과의 부교수로 재직하고 있다. 그는 프로그램 언어 교육 서적인 "알기 쉬운 자바(영한, 1998)", "비주얼 베이직 6.0 프로그래밍(글로벌, 1999)", "C로 배우는 프로그래밍 기초(학술정보, 2003)", "JAVA로 배우는 프로그래밍 기초(학술정보, 2005)", "유비쿼터스 시대의 컴퓨터 개론(학술정보, 2006)", "Perfect C(인피니티북스, 2007)" 등을 저술하였으며 역서로는 "비주얼 베이직으로 배우는 프로그래밍 기초(학술정보, 2005)" 등이 있다. C 언어 학습 교재의 새로운 지평을 연 "C로 배우는 프로그래밍 기초(학술정보, 2003)"와 "Perfect C(인피니티북스, 2007)" 그리고 "C로 배우는 프로그래밍 기초 2판(인피니티북스, 2008)"은 많은 대학과 학원에서 교재로 사용되어 베스트셀러가 되었다. 이 저서들은 프로그래밍 초보자에게 길잡이가 되고 있으며 프로그램 언어 교육 지침서로 평가받고 있다.

•• **강 환수 교수**

- 서울대학교 계산통계학과 졸업
- 서울대학교 전산과학전공 석사
- 서울대학교 컴퓨터공학부 박사 수료
- 전 삼성SDS 정보기술연구소 선임연구원
- 현 동양공업전문대학 전산정보학부 교수

| 저자 소개 |

●● 저자 강 환일 교수는 서울대학교 전자공학과에서 학사학위(B.S.)를 취득하였고, 한국과학기술원(KAIST) 전자공학과에서 공학석사 (M.S.)를 취득하였다. 미국 위스콘신(매디슨) 대학 전기 및 컴퓨터공학과에서 박사학위 (Ph. D.)를 취득하였다. 이후 국립경상대학교 제어계측공학과에서 조교수를 역임하고 현재 명지대학교 정보공학과 교수로 재직 중이며 지능형 로봇 연구소 소장으로 활동하고 있다. 2003년과 2006년에 미국 Purdue 대학과 캐나다 토론토대학에서 방문연구교수로 각각 활동하였다. 현재 패턴인식, 음성처리, 멀티미디어 정보보호 및 지능 로봇 시스템을 연구하고 있다. 저서로는 "C로 배우는 프로그래밍 기초(학술정보, 2003)", "생체인식의 길(인터비젼, 2003)", "JAVA로 배우는 프로그래밍의 기초(학술정보, 2005)", 역서로는 "비주얼 베이직으로 배우는 프로그래밍 기초(학술정보, 2005)", "C로 배우는 프로그래밍 기초 2판(인피니티북스, 2008)" 등이 있다.

●● 강 환일 교수

- 서울대학교 전자공학과 공학학사
- 한국 과학 기술원(KAIST) 전자공학과 공학석사
- 미국 University of Wisconsin–madison 전기 및 컴퓨터공학과 공학박사
- 국립경북대학교 전자공학과 전임강사 역임
- 국립경상대학교 제어계측공학과 부교수 역임
- 미국 Purdue University 전기 및 컴퓨터공학과 방문연구교수 역임
- 캐나다 University of Toronto 전기 및 컴퓨터공학과 방문연구교수 역임
- 현 명지대학교 정보공학과 교수 공학박사
- 현 명지대학교 지능형 로봇 연구소 소장

| 머리말 |

•• 요즘 웹에서 원하는 물건을 사는 일이 일상화 되었다. 상점에서 직접사는 것과 다를 바가 없다. 아니 때로는 상점에서 직접 사는 것보다 편리할 때도 많다. 또 은행 일은 어떤가, 아예 인터넷이 아니라 휴대폰으로도 가능하다. 이러한 생활은 이제 전혀 이상하지도 신기하지도 않다. 이렇게 우리 삶의 모습이 변한 것이 불과 몇 년 안된 일이다. 이러한 세상을 열어준 것이 바로 1990년 초에 개발된 웹의 덕분이다. 물론 웹이라는 것이 가능했던 것은 인터넷이라는 컴퓨터와 컴퓨터들간의 네트워크 망이 있었기 때문이다. 거기다 하나 더 추가한다면 자바나 닷넷과 같은 웹 프로그래밍 기술의 발달 덕분이다.

요즘은 대학에서 기본적인 프로그래밍 언어를 학습한 후에, 윈도우 프로그래밍과 같은 일반 응용프로그래밍과 JSP, ASP, PHP와 같은 웹 프로그래밍을 고학년에서 주로 가르친다. 특히 자바 언어를 기반으로 하는 JSP 웹 프로그래밍은 많은 대학에서 가르치고 있다. 이는 자바 언어가 가진 오픈되고 확장성이 뛰어나다는 장점 뿐 아니라 실제 인터넷 시스템 산업 현장에서 많이 이용되는 기술이기 때문일 것이다.

자바 언어 자체도 그리 배우기 쉬운 언어가 아닌데, 하물며 인터넷 프로그래밍을 처음 접하는 사람이 JSP 프로그래밍을 학습하기란 그리 쉬운 일은 아닐 것이다. 마이크로소프트 사의 닷넷은 비주얼 스튜디오라는 화려하고 편리한 개발환경이 있는 반면에, JSP 프로그래밍은 초보자들이 손쉽게 이용할 개발환경이 부족했던 것이 사실이다. 그러나 최근 들어 이클립스 컨소시엄에서 JSP 개발환경이 기본 탑재된 J2EE 용 개발버전을 발표하면서 매우 손쉽게 인터넷 시스템의 개발, 구축 그리고 배포까지 가능하게 되었다.

본서는 이클립스를 활용하여 JSP의 기본 문법 학습에서부터 구축, 배포까지의 내용을 담고 있다. 지금까지 출간된 이클립스를 활용하는 JSP 관련 서적들이 이클립스의 기본 기능만을 활용했다면, 본서는 JSP의 구현에서 배포까지 이클립스를 활용하고 있다. 즉 본서는 JSP 기술을 처음 학습하는 독자들에게 가능한 한 쉬운 해설로 빠른 시간에 JSP 기본문법을 학습하여 인터넷 시스템을 구축하기 위한 지침서이다. 특히 강단에서 다양한 프로그램 언어를 강의하면서 얻은 노하우를 활용하여 수강생들이 어려워하는 부분을 보다 쉽게 해설하려고 많은 노력을 기울였다. 이를 위하여 이해하기 쉽고 다양한 표와 그림, 예제를 첨부하였고 매 단원에는 단원을 정리하는 연습 문제를 구성하였다.

JSP 관련 서적이 넘치는 현실에서 JSP를 처음 접하는 독자에게 본서가 효과적인 학습 지침서가 되기를 기대하고 아울러 산업 현장에서 인터넷 시스템 구축에 필요한 기술을 취득하는데 도움이 되기를 희망한다.

대표 저자 강 환 수

| 단원 구성 내용 |

•• 단원 1에서 단원 8까지는 JSP 프로그래밍 기본인 웹 프로그래밍의 이해를 위한 기본 지식과 JSP 기본 문법을 다룬다. 단원 9에서 단원 11까지는 자바를 이용한 데이터베이스 프로그래밍 기술인 JDBC 프로그래밍을 학습한다. 단원 12에서 단원 14까지는 JSP 프로그래밍 기술을 확장하기 위한 표현 언어(Expression Language), JSTL(Java Standard Tag Library) 그리고 커스텀 태그(Custom Tags)를 학습한다. 마지막으로 단원 15에서 단원 18까지는 파일 업로드와 메일 보내기 등과 같은 JSP 활용 프로그래밍 기술과 함께 인터넷 시스템의 구조와 배포에 대하여 학습한다.

주	학 습 내 용
웹 프로그래밍 이해와 JSP 기본 문법	[단원 01] 인터넷 프로그래밍 개요
	[단원 02] JSP 프로그래밍 개발환경
	[단원 03] JSP 첫 프로그래밍
	[단원 04] JSP 기본 문법
	[단원 05] JSP 내장 객체
	[단원 06] JSP 액션 태그
	[단원 07] 쿠키 세션
	[단원 08] 자바빈즈
JDBC 프로그래밍	[단원 09] 데이터베이스와 MySQL
	[단원 10] JDBC 프로그래밍
	[단원 11] 자바빈즈를 이용한 JDBC 프로그래밍
JSP 확장 프로그래밍	[단원 12] 표현 언어
	[단원 13] JSTL
	[단원 14] 커스텀 태그
JSP 활용과 인터넷 시스템 배포	[단원 15] 파일 업로드와 메일 보내기
	[단원 16] 웹 응용프로그램 구조와 배포
	[단원 17] MVC 모델과 구현
	[단원 18] 초기화, 리스너와 필터

| 학습 일정 |

●● 인터넷 프로그래밍, 웹 프로그래밍 관련 강좌에 본서를 이용하시는 교수님
과 독자분을 위하여 학습일정을 살펴보자. 다음 표와 같은 일정으로 본서를 운영
한다면 만족할 만한 성공을 얻을 수 있으리라 믿는다. 본서는 인터넷 프로그래밍
을 처음 학습하는 학생을 대상으로 주당 3~4시간의 한 학기에 사용할 수 있는 교
재의 분량으로 내용과 난이도를 구성하였다. 다만 저학년인 경우, 다소 시간이
부족하다고 느낀다면 2개 학기로 나누어 1학기에는 단원 1에서 단원 11까지 소
화하고, 나머지 2학기에는 단원 12에서 단원 18까지하고 마지막 시간에 프로젝
트 발표회를 갖는 강의 일정을 권장한다.

주	학 습 내 용
1주	[단원 01] 인터넷 프로그래밍 개요
2주	[단원 02] JSP 프로그래밍 개발환경, [단원 03] JSP 첫 프로그래밍
3주	[단원 04] JSP 기본 문법
4주	[단원 05] JSP 내장 객체
5주	[단원 06] JSP 액션 태그
6주	[단원 07] 쿠키와 세션
7주	[단원 08] 자바빈즈
8주	중간 고사
9주	[단원 09] 데이터베이스와 MySQL, [단원 10] JDBC 프로그래밍
10주	[단원 11] 자바빈즈를 이용한 JDBC 프로그래밍
11주	[단원 12] 표현 언어
12주	[단원 13] JSTL
13주	[단원 14] 커스텀 태그, [단원 15] 파일 업로드와 메일 보내기
14주	[단원 16] 웹 응용프로그램 구조와 배포, [단원 17] MVC 모델과 구현
15주	[단원 18] 초기화, 리스너와 필터
16주	기말 고사

| 본서의 특징 |

●● 본서는 쉬운 해설로 빠른 시간에 JSP 웹 프로그래밍 문법을 익혀 인터넷 시스템 구축 기술을 학습할 수 있는 지침서이다. 본서가 각 단원의 본문을 통하여 웹 프로그래밍 기술을 학습하며, 연습 문제를 통하여 내용 정리와 간단한 실무 프로그래밍 기술을 경험한다. 강단에서 다양한 정보기술 관련 강좌를 강의하면서 얻은 경험을 바탕으로 독자들이 어려워하는 부분을 보다 쉽게 해설하려고 다양한 그림과 표 등을 첨부하였다. 또한 단원 정리와 복습을 위하여 단원마다 연습 문제를 구성하였다.

- 쉬운 해설로 빠른 시간에 JSP 웹 프로그래밍 문법을 터득하여 인터넷 시스템 구축을 위한 기술을 습득할 수 있는 지침서

- 쉬운 설명을 위한 다양하고 효과적인 그림과 표로 구성

- 각 단원마다 학습자의 이해 증진과 내용 정리를 위한 [연습 문제] 제공

- 대학 및 교육 기관에서 쉽게 교재로 활용할 수 있도록 내용과 단원구성

- 웹 프로그래밍의 이해를 위한 기본 지식과 JSP 기본 문법인 내장 객체, 액션 태그, 쿠키와 세션, 자바빈즈를 학습하기 위하여 단원 1에서 단원 8까지 웹 프로그래밍 이해와 JSP 기본 문법 구성

- 자바를 이용한 데이터베이스 프로그래밍 기술인 JDBC 프로그래밍을 학습하기 위하여 단원 9에서 단원 11까지 구성

- JSP 프로그래밍 기술을 확장하기 위한 표현 언어(Expression Language), JSTL(Java Standard Tag Library) 그리고 커스텀 태그를 학습하기 위하여 단원 12에서 단원 14까지 JSP 확장 프로그래밍 구성

- 파일 업로드와 메일 보내기 등과 같은 JSP 활용 프로그래밍 기술과 함께 인터넷 시스템 구조와 배포를 학습하기 위하여 단원 15에서 단원 18까지 구성

| 학습 자료 CD |

●● JSP를 학습하기 위한 소스와 관련 자료를 CD로 제공한다. CD의 내용은 다음과 같이 4개의 폴더로 구성된다.

●● 이 CD자료는 인피니티북스 홈페이지(www.infinitybook.co.kr)에서 다운 받을 수 있다.

폴더	설 명
2009 JSP workspace	압축을 풀어 생성된 폴더 [2009 JSP workspace] 하부를 작업공간으로 이클립스를 실행하여 JSP 프로그램 소스 활용
관련 프로그램과 자료	JSP를 학습하기 위한 각종 프로그램과 자료 　JDK 　톰캣 　이클립스 　MySQL 　각종 라이브러리 　　commons dbcp 　　commons email 　　commons fileupload 　　commons io 　　Jakarta taglib 　　James binary 　　javamail 　JSP 스펙 　J2EE 튜토리얼
프로그램 소스만	단원 별로 프로그램 소스만 모아 압축한 파일
프로그램 war 파일	압축을 풀어, 각 단원의 war파일을 [톰캣 설치 폴더]/ [webapps]에 복사하면, 각 단원 별로 웹 응용프로그램 서비스가 가능 즉 단원 3의 HelloJSP.jsp를 실행하려면 웹 브라우저의 주소 입력 줄에 [http://localhost/ch03/HelloJSP.jsp]를 입력

| 감사의 글 |

●● 지난 일년 동안 본서를 출판하기 위해 분주했던 나날들이 스쳐가며, 그 동안 저를 도와준 관계자 여러분께 감사의 말을 전한다. 그 동안 물심양면으로 많은 배려를 아끼지 않으신 전산정보학부 모든 교수님께 감사의 마음을 전한다. 또한 교정을 도와준 저의 연구실 학생인 이경철, 장주연, 황윤미, 인재훈 학생에게 고마움을 전한다. 그리고 항상 저와 함께하는 아내 성희와 딸 유림에게 사랑과 고마움을 전하며, 본서의 기획에 도움을 준 조 진형 교수와 강 환일 교수, 그리고 항상 저를 도와주시는 부모님과 가족들에게 감사드린다.

끝으로 본서를 출간할 수 있도록 도와준 인피니티북스의 대표인 채 희만 사장에게도 깊이 감사드린다.

| 목차 |

저자소개 ……………………………………………………… iii

머리말 ………………………………………………………… v

단원 구성 내용 …………………………………………………… vii

학습일정 ……………………………………………………… viii

본서의 특징 …………………………………………………… ix

학습 자료 CD ………………………………………………… x

감사의 글 ……………………………………………………… xi

CHAPTER 01 인터넷 프로그래밍 개요

1. WWW(World Wide Web) ……………………………………… 2

  1.1 웹 개요 ……………………………………………………… 2

  1.2 웹 서버 ……………………………………………………… 4

2. 인터넷 프로그래밍 ……………………………………………… 6

  2.1 인터넷 클라이언트 프로그래밍 ………………………………… 6

  2.2 인터넷 서버 프로그래밍 ………………………………………… 7

3. JSP 개요 …………………………………………………… 10

  3.1 서블릿과 JSP 엔진 …………………………………………… 10

  3.2 JSP 실행과 라이프 사이 ……………………………………… 12

4. 연습문제 …………………………………………………… 14

CHAPTER 02 JSP 프로그래밍 개발환경

1. JSP 운영환경 및 개발환경 …………………………………… 16

  1.1 JSP 운영환경 ………………………………………………… 16

  1.2 JSP 개발환경 ………………………………………………… 16

2. 자바 환경을 위한 JDK 설치 ………………………………… 17

  2.1 JKD 관련 문서 내려 받기 …………………………………… 17

  2.2 JKD 설치 …………………………………………………… 18

  2.3 JKD 관련 문서 내려 받기 …………………………………… 20

3. JSP 웹 서버 Tomcat 설치 …………………………………… 22

3.1 톰캣 설치 프로그램 내려 받기 ··· 22
3.2 Tomcat 설치 ·· 22
4. JSP 통합개발환경 Eclipse 설치 ··· 29
4.1 이클립스 개요 ··· 29
4.2 이클립스 설치 프로그램 내려 받기 ··································· 31
4.3 이클립스 설치 ·· 31
5. JSP 프로그래밍을 위한 Eclipse 환경 설정 ····························· 33
5.1 작업공간 지정 ·· 33
5.2 기본 환경 설정 ··· 34
6. 연습문제 ··· 38

CHAPTER 03 JSP 첫 프로그래밍

1. JSP 프로그래밍을 위한 작업공간과 프로젝트 ·························· 40
1.1 작업공간과 프로젝트 ·· 40
2. JSP 소스의 작성과 실행 ·· 43
2.1 JSP 소스 생성 ·· 43
2.2 가장 간단한 JSP 프로그램 작성과 실행 ······························ 45
3. 이클립스 기본 환경설정 ·· 48
3.1 편집기의 환경 설정 ··· 48
3.2 자동생성 소스 JSP 템플릿의 편집 ·································· 50
3.3 웹 브라우저 실행 방법 ·· 52
4. 연습문제 ··· 55

CHAPTER 04 JSP 기본 문법

1. 스크립트 태그 ·· 58
1.1 JSP 문법의 기본 ·· 58
2. 스크립트릿과 표현식 ·· 59
2.1 스크립트릿 ·· 59
2.2 표현식 ·· 61

3. 서블릿 변환과 오류 점검 63
  3.1 JSP 소스의 서블릿 변환 63
  3.2 JSP 실행 시 오류 발생 66

4. 선언과 주석 69
  4.1 선언 69
  4.2 주석 72

5. 지시자 76
  5.1 지시자 개요 76
  5.2 page 지시자 76
  5.3 include 지시자 85

6. 연습문제 88

CHAPTER 05 JSP 내장 객체

1. 내장 객체 92
  1.1 내장 객체 개요 92

2. 내장 객체 request 96
  2.1 request의 자료 유형과 인자 전달 96
  2.2 request의 메소드 100

3. 한글 처리 107
  3.1 post 방식 107
  3.2 get 방식 109

4. 내장 객체 response와 out 113
  4.1 response 113
  4.2 out 116

5. 내장 객체 application과 exception 120
  5.1 application 120
  5.2 exception 122

6. 내장 객체 pageContext, page, session, config 125
  6.1 pageContext 125
  6.2 page 127

6.3 session ··· 128

6.4 config ·· 129

7. 연습문제 ·· 130

CHAPTER 06 JSP 액션 태그

1. 액션 태그 개요 ··· 134

　1.1 액션 태그의 유형 ··· 134

　1.2 액션 태그의 종류 ··· 134

2. 액션 태그 include ··· 135

　2.1 태그 정의 ·· 135

　2.2 지시자 include와 액션 태그 include ································· 138

3. 액션 태그 forward ··· 141

　3.1 태그 정의 ·· 141

　3.2 태그 forward와 같은 기능의 메소드 forward() ······················ 144

4. 액션 태그 param ·· 147

　4.1 param 태그 개요 ·· 147

　4.2 태그 include에서 param 태그 이용 ·································· 148

　4.3 태그 forward에서 param 태그 이용 ·································· 151

5. 액션 태그 plugin ·· 155

　5.1 자바 빈즈 또는 애플릿 삽입 태그 ··································· 155

6. 연습문제 ·· 160

CHAPTER 07 쿠키와 세션

1. 웹의 비연결 특성 ·· 166

　1.1 비연결 특성 ·· 166

　1.2 세션과 쿠키 ·· 167

2. 쿠키 ·· 169

　2.1 쿠키 클래스 ·· 169

　2.2 쿠키의 사용 ·· 171

3. 세션 ·· 176
　3.1 세션 개념과 HttpSession 클래스 ····································· 176
　3.2 세션의 이용 ·· 178
　3.3 세션 시간 설정과 속성 삭제 ·· 183

4. 쿠키와 세션 이용 비교 ··· 187
　4.1 쿠키 이용 ·· 187
　4.2 세션 이용 ·· 188

5. 연습문제 ·· 189

CHAPTER 08 자바 빈즈

1. 자바 빈즈 ··· 194
　1.1 자바 빈즈 개요 ·· 194
　1.2 자바 빈즈 태그 ·· 195

2. 자바 빈즈 사용 ··· 199
　2.1 간단한 자바 빈즈와 활용 프로그램 구현 ······················ 199
　2.2 간단한 자바 빈즈와 활용 프로그램 구현 ······················ 206

3. 자바 빈즈를 이용한 폼 입력 처리 ··· 208
　3.1 폼의 입력 자료를 자바 빈즈에 저장 ······························ 208
　3.2 자바 빈즈 및 프로그램 구현 ··· 209

4. 학생 정보 처리 자바 빈즈 ·· 216
　4.1 프로그램 구성과 결과 ·· 216
　4.2 프로그램 구현 ·· 216

5. 연습문제 ·· 222

CHAPTER 09 데이터베이스와 MySQL

1. 데이타베이스 개요 ·· 228
　1.1 데이터베이스 ·· 228
　1.2 데이터베이스 구조 ··· 229
　1.3 관계형 데이터베이스 모델 ·· 231
　1.4 데이터베이스 관리시스템 종류 ·· 233

2. SQL 문장 기초 ·· 234
  2.1 SQL 개요 ·· 234
  2.2 SQL 문장 ·· 236
  2.3 사용자 관리 ··· 244

3. MySQL 설치와 활용 ··· 248
  3.1 MySQL 설치 ··· 248
  3.2 MySQL 서버 실행과 종료 ···································· 255

4. 이클립스에서 MySQL 연동 ····································· 258
  4.1 이클립스에서 데이터베이스 연결 ··························· 258

5. 데이터베이스와 테이블 생성 ···································· 262
  5.1 MySQL 클라이언트에서 데이터베이스와 테이블 생성 ········· 262
  5.2 이클립스에서 데이터베이스와 테이블 생성 ················· 267
  5.3 커넥션 프로파일에서 테이블 보기와 수정 ·················· 273

6. 연습문제 ·· 275

CHAPTER 10 JDBC 프로그래밍

1. JDBC 개요 ·· 280
  1.1 JDBC의 이해 ·· 280
  1.2 JDBC 드라이버 ·· 282

2. JDBC 프로그래밍 개요 ··· 285
  2.1 JDBC 프로그래밍 절차 ······································ 285
  2.2 JDBC 프로그래밍 절차 6단계 ································ 286
  2.3 JDBC 관련 인터페이스와 클래스 ····························· 295

3. 테이블 조회와 검색 및 메타데이터 처리 ························· 296
  3.1 JSP 데이터베이스 조회 프로그램 ···························· 296
  3.2 인터페이스 PreparedStatment를 이용한 데이터베이스 검색 프로그램 ··· 302
  3.3 메타데이터 조회 ·· 306

4. 데이터베이스 커넥션 풀 ··· 311
  4.1 커넥션 풀 개념 ··· 311
  4.2 아파치 자카르타에서 제공하는 DBCP ························ 312
  4.3 DBCP 환경 설치 ·· 314

4.4 DBCP 이용 프로그래밍 ·· 318

5. 연습문제 ·· 326

CHAPTER 11 자바빈즈를 이용한 JDBC 프로그래밍

1. JDBC를 위한 자바빈즈 ··· 332

  1.1 데이터베이스 연동 자바빈즈 ······························ 332

  1.2 DBCP를 이용한 데이터베이스 연동 자바빈즈 ········· 345

2. 기본 게시판을 위한 데이터베이스와 자바빈즈 ··········· 352

  2.1 기본 게시판을 위한 데이터베이스 및 프로그램 구성 ········· 352

  2.2 게시판 구현을 위한 자바빈즈 ······························ 356

3. 기본 게시판 JSP 프로그래밍 ······························ 369

  3.1 프로그램 구성 ·· 369

  3.2 프로그램 구현 ·· 370

4. 연습문제 ·· 383

CHAPTER 12 표현 언어

1. 표현언어 개요 ··· 388

  1.1 표현언어란? ·· 388

  1.2 표현언어 연산자 ·· 390

2. 표현언어 내장 객체 ·· 397

  2.1 표현언어 내장 객체 개요 ····································· 397

  2.2 주요 표현언어 내장 객체 ····································· 401

3. 액션 태그와 표현언어 ··· 407

  3.1 〈jsp:useBean ... 〉 태그의 객체 이용 ················· 407

4. 표현언어에서 클래스에 정의된 메소드 이용 ············· 411

  4.1 표현언어에서 이용할 함수 만들기 ························ 411

  4.2 클래스 작성 ·· 412

  4.3 태그 라이브러리 디스크립터(TLD) 파일 작성 ········· 413

  4.4 JSP 파일 작성 ·· 416

5. 표현언어 비활성화 ·· 418
　5.1 표현언어 비활성화 방법 ··· 418
　5.2 페이지에서 표현언어 비활성화 ·································· 419
　5.3 서버 또는 응용 프로그램에서 표현언어 비활성화 ·············· 420

CHAPTER **13** JSTL

1. JSTL 개요 ·· 428
　1.1 표준 커스텀 태그 ·· 428
　1.2 JSTL 사용을 위한 환경 설정 ···································· 429
　1.3 JSTL 태그의 사용 ·· 433

2. 코어 태그 라이브러리 ·· 435
　2.1 코어 태그 개요 ·· 435
　2.2 변수 지원 태그 set, remove ····································· 436
　2.3 제어흐름 태그 ··· 444
　2.4 URL 관리 태그 ··· 454
　2.5 출력과 예외처리 태그 ·· 462

3. SQL 태그 라이브러리 ·· 466
　3.1 SQL 태그 ·· 466
　3.2 태그 sql을 이용한 테이블 조회 ································· 467
　3.3 태그 sql을 이용한 테이블 수정 ································· 473

4. 함수 라이브러리 ·· 476
　4.1 길이와 문자열 처리 함수 ······································· 476

5. 연습문제 ··· 480

CHAPTER **14** 커스텀 태그

1. 커스텀 태그 개요 ·· 486
　1.1 커스텀 태그 정의와 유형 ······································· 486
　1.2 커스텀 태그 생성 ·· 487

2. JSP 2.0 태그 처리기의 커스텀 태그 ································ 489
　2.1 JSP 2.0 커스텀 태그 개요 ······································ 489

2.2 첫 커스텀 태그 만들기 ··· 490

3. 커스텀 태그 속성 처리 ··· 498

   3.1 속성이 있는 커스텀 태그 만들기 ·· 498

4. JSP 2.0 태그 파일의 커스텀 태그 ··· 507

   4.1 태그 파일 개요 ··· 507

   4.2 태그 파일로 커스텀 태그 만들기 ·· 508

   4.3 태그 파일 커스텀 태그의 속성 처리 ··· 513

   4.4 태그 파일로 만드는 구구단 커스텀 태그 ···································· 519

5. 연습문제 ··· 524

CHAPTER 15 파일 업로드와 메일 보내기

1. 자카르타 프로젝트 ·· 528

   1.1 자카르타 commons 프로젝트 ··· 528

   1.2 자카르타 commons 라이브러리 내려 받기 ·································· 529

   1.3 자카르타 James 프로젝트 ·· 534

2. 파일 업로드 ·· 535

   2.1 파일 업로드를 위한 라이브러리 설치 ·· 535

   2.2 파일 업로드 프로그램 작성 ·· 535

3. 메일 보내기 ·· 546

   3.1 환경설정 ·· 546

   3.2 메일 보내기 프로그램 ·· 546

4. 연습문제 ··· 558

CHAPTER 16 웹 응용프로그램 구조와 배포

1. 웹 응용프로그램 구조 ··· 562

   1.1 톰캣 서버와 웹 응용프로그램 구조 ·· 562

   1.2 이클립스 개발 과정의 웹 응용프로그램 구조 ······························ 566

2. 웹 응용프로그램 배포 ··· 569

   2.1 웹 응용프로그램 배포 방법 ·· 569

2.2 웹 응용프로그램 관리 ·· 575

3. 연습문제 ··· 577

CHAPTER **17** MVC 모델과 구현

1. MVC 모델 ··· 582
   1.1 MVC 모델 개요 ·· 582

2. 서블릿 ·· 584
   2.1 서블릿 개요 ·· 584
   2.2 서블릿 개발 ·· 584
   2.3 서블릿 관련 클래스와 서블릿 생명주기 ································· 590

3. MVC 모델 구현 ·· 593
   3.1 프로젝트 개요 ·· 593
   3.2 로그인 처리 구현 ·· 595

4. 연습문제 ··· 607

CHAPTER **18** 초기화, 리스너와 필터

1. 초기화 ·· 610
   1.1 초기화 패러미터 개요 ··· 610

2. 리스너 ·· 620
   2.1 리스너 개요 ·· 620
   2.2 리스너 개발 ·· 622

3. 필터 ··· 628
   3.1 필터 개요 ·· 628
   3.2 필터 구현과 적용 ·· 632
   3.3 필터 체인 구현과 적용 ·· 638

4. 연습문제 ··· 647

INDEX ·· 650

CHAPTER 01

인터넷 프로그래밍 개요

1. WWW(World Wide Web)

2. 인터넷 프로그래밍

3. JSP 개요

4. 연습문제

이 단원은 JSP를 학습하기 위해 가장 기본이 되는 인터넷 프로그래밍 개요를 학습하는 단원이다. 웹에서 클라이언트 서버 개념을 이해하고 인터넷 프로그래밍을 학습한다. 인터넷 서버 프로그래밍 방식인 CGI 방식과 ASP, JSP 방식에서 각각의 공통점과 특징을 알아보자. JSP 프로그램은 JSP 엔진에 의하여 자바 서블릿 프로그램으로 변환되어 실행되는데, 이 과정에서의 JSP 엔진의 역할과 기능을 학습하고 JSP 프로그램이 실행될 때 라이프 사이클을 알아보자.

- World Wide Web을 이해하기

- 웹에서의 클라이언트/서버 구조를 이해하기

- 웹 서버 기능을 알아보기

- 정적 웹 서비스와 동적 웹 서비스의 차이를 알아보기

- 클라이언트 프로그래밍과 서버 프로그래밍의 차이를 이해하기

- 서버 프로그래밍의 종류를 알아보기

- 서블릿과 JSP 프로그램의 차이를 알아보기

- JSP 엔진의 기능과 종류를 알아보기

- JSP 프로그램의 실행과정과 JSP 서블릿 라이프 사이클을 알아보기

1. WWW(World Wide Web)

1.1 웹 개요

WWW 역사

WWW인 월드와이드웹(World Wide Web)은 유럽입자물리연구소(CERN)의 연구원인 팀 버너스 리(Tim Berners Lee)가 1989년에 제안하여 개발된 정보 공유 방안이다. WWW는 전 세계에 연결된 인터넷 기반에서 하이퍼텍스트(hypertext) 기반의 정보를 구축하여 누구나가 쉽게 공유할 수 있는 정보 구축 방법으로 하이퍼텍스트 자료들은 HTML이라는 언어를 통해 표현되며, 이러한 문서들은 HTTP라는 통신 프로토콜을 사용하여 전송된다.

■ **그림 1-1** WWW의 창시자 팀 버너스 리

하이퍼텍스트는 정보를 서로 연결하는 하이퍼링크에 의하여 구성된 정보를 말한다. 이 하이퍼텍스트는 문자, 그림, 동영상, 음악, 파일 등의 멀티미디어 정보로 구성될 수 있으며, 멀티미디어 정보를 강조한 용어가 하이퍼미디어(Hypermedia)이다. 이러한 하이퍼텍스트의 무한한 정보의 연결 방안과 인터넷이라는 지역성 파괴의 결합인 WWW는 웹 브라우저의 개발과 함께 전 세계의 사람을 정보의 바다로 항해하게 만들었다.

WWW는 그 말이 표현하듯이 전 세계를 연결한 거미줄과 같은 인터넷 망에서의 정보 공유를 뜻한다. WWW는 편리하고 사용이 쉬운 장점 때문에 소수 전문가들의 전유물로 알려졌던 인터넷을 누구라도 접근하기 쉬운 것으로 변화시키면서 현재와 같이 일상 생활처럼 인터넷을 사용하게 되었다.

클라이언트 서버 구조

웹은 클라이언트/서버 구조로서 웹 브라우저가 있는 클라이언트가 자료를 요청(request)하면, 웹 서버가 있는 서버는 요청에 응답(response)하여 클라이언트의 웹 브라우저에 정보가 검색되는 구조를 갖는다. 요청이란 HTML 페이지 또는 동영상, 그림, 소리 등의 자원 요청을 말하고 응답이란 이러한 요청 자원을 보내주는 것을 말한다.

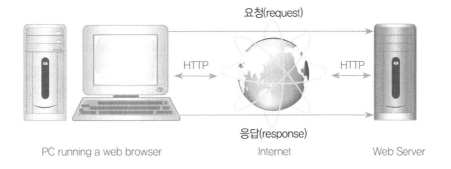

요청(request)

HTTP   HTTP

응답(response)

PC running a web browser   Internet   Web Server

■ **그림 1-2** 웹의 클라이언트 서버 구조

웹은 HTTP(Hyper Text Transfer Protocol) 프로토콜을 이용한다. HTTP는 인터넷상에서 웹 서버와 클라이언트 브라우저 간의 하이퍼텍스트(hypertext) 문서를 전송하기 위해 사용되는 통신 규약이다.

웹 브라우저

웹 브라우저(Web Browser)는 웹의 정보를 쉽게 참조할 수 있도록 고안된 응용프로그램을 말한다. 웹 브라우저라는 용어를 살펴보면 브라우저는 이전에도 '탐색기'라는 용어로 사용되던 말로서 여기에 웹을 붙여 웹 정보를 탐색하는 프로그램을 의미한다. 일반적으로 웹 브라우저는 HTML 문서를 읽어 화면에 표시하는 역할을 수행한다. 다음은 최근에 발표된 구글의 웹 브라우저인 구글 크롬이다.

■ **그림 1-3** 구글의 구글 크롬 웹 브라우저 화면

1.2 웹 서버

▌ 서버의 역할

웹 서버는 HTTP 통신 프로토콜을 사용하여 클라이언트의 요청에 응답을 하는 프로그램이다. 이 웹 서버는 서버의 역할을 수행하기 위해 항상 실행되어 있어야 하며 클라이언트가 요청한 페이지 또는 프로그램을 실행하여 파일이나 그 결과를 사용자들에게 제공한다. 웹 서버도 그 종류가 매우 많은데 일반적인 웹 서버들로는 윈도우와 유닉스 기반의 운영체계에서 모두 쓸 수 있는 아파치(Apache)와 톰캣(Tomcat) 그리고 윈도우 서버에서 주로 이용하는 IIS(Internet Information Server)를 예로 들 수 있다.

웹 서버는 인터넷 서버 프로그래밍 방식과 밀접한 관련을 가지며, 만일 웹 서버에 데이터베이스 관리시스템이 설치되어 있는 경우, 웹 서버가 데이터베이스 서버의 역할도 함께 수행할 수 있다. 물론 필요에 따라 웹 서버와 데이터베이스 서버를 분리 운영할 수도 있다.

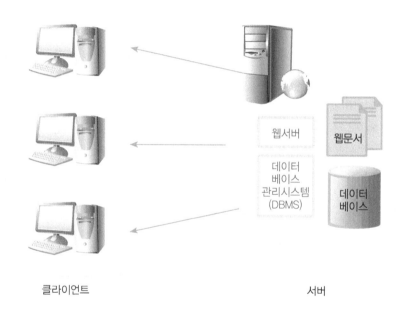

클라이언트   서버

■ **그림 1-4** www에서의 클라이언트와 서버의 역할

▌ 정적 웹 서비스와 동적 웹 서비스

HTML을 배워 처음으로 웹 서비스를 하는 방법은 정적 웹 서비스이다. 서버의 특정 폴더에 HTML이나 다양한 미디어의 자원 파일을 저장한 후 클라이언트의 요청에 그대로 파일을 서비스하는 방법이다. 정적 웹 서비스의 경우, 모든 클라이언트의 동일한 요청에 대해 동일한 결과를 가져온다.

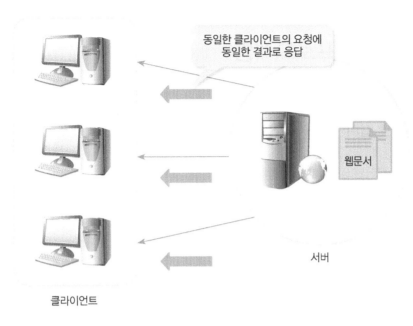

■ **그림 1-5** 정적 웹 서비스(HTML 또는 미디어 파일 요청에 대한 단순 응답)

　　정적인 웹 서비스와 반대로 같은 요청이라도 클라이언트에 따라 다른 결과의 서비스를 해주는 방법이 동적인 웹 서비스 방법이다. 요즘 서비스되는 웹 사이트는 대부분 회원등록과 사용자 로그인 기능을 제공한다. 이러한 사이트에 로그인을 하면 개인에 대한 정보와 개인만의 화면 구성 등을 할 수 있는데, 이러한 서비스가 동적인 서비스 방법이다. 정적인 웹 서비스는 서버 프로그래밍이 필요 없으나 동적인 웹 서비스를 하려면 동적인 페이지를 구성하기 위한 비즈니스 로직 처리와 데이터베이스 참조 처리 등의 인터넷 서버 프로그래밍이 필요하다.

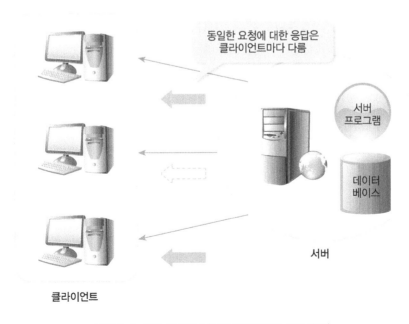

■ **그림 1-6** 동적 웹 서비스(서버 프로그램을 통한 응답)

2. 인터넷 프로그래밍

2.1 인터넷 클라이언트 프로그래밍

▋ VBScript와 JavaScript

VBScript와 JavaScript는 모두 컴파일 없이 웹 브라우저 상에서 직접 수행이 가능한 스크립트 언어로 HTML문서에서 태그로 표현할 수 없는 로직 처리를 담당하기 위해 개발된 언어이다. VBScript와 JavaScript 모두 서버가 아닌 클라이언트 웹 브라우서에서 실행되는 프로그래밍 언어이다.

JavaScript는 선마이크로시스템즈 사와 넷스케이프 커뮤니케이션스 사가 공동 개발한 스크립트 언어로 1996년 2월에 발매한 웹 브라우저인 넷스케이프 내비게이터 2.0에서부터 사용할 수 있었다. 반면에 VBScript는 JavaScript에 대항하여 마이크로소프트 사가 비주얼베이직(Visual Basic) 언어를 기초로 하여 만든 스크립트 언어이다. 이 스크립트 언어는 태그 <script>를 이용해 HTML 문서에서 이용 가능하다.

```
<SCRIPT language="VBScript">
...
</SCRIPT>
```

```
<SCRIPT language="JavaScript">
...
</SCRIPT>
```

■ **그림 1-7** HTML에서 스크립트 언어의 이용

다음은 버튼 [여기를 누르세요]를 누르면 대화상자 [확인]이 나타나는 VBScript가 내장된 HTML 파일과 이를 브라우저에서 실행한 결과이다. 태그 <head> 내부를 살펴보면 VBScript가 코딩되어 있는 것을 알 수 있다.

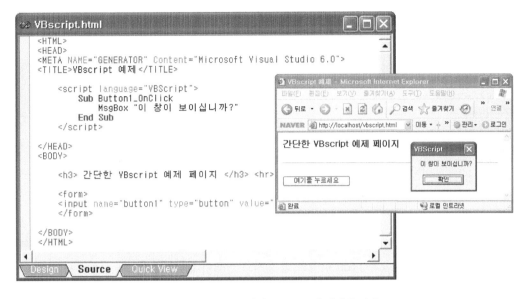

■ **그림 1-8** HTML에서 VBScript의 예제와 결과

2.2 인터넷 서버 프로그래밍

▌CGI

CGI는 Common Gateway Interface의 약자로 동적인 웹 서버 구축을 위하여 처음으로 개발된 서버 프로그래밍 방식이다. CGI에 이용되는 언어는 달리 정해져 있지 않으며 이전부터 사용하던 C, C++, Perl 등의 일반적인 언어로 CGI 규약에 맞게 로직 처리와 데이터베이스 접속, 참조 처리를 담당하였다. 1990년 중반에 동적인 서버의 필요성으로 CGI 방식이 많이 사용되었으나 CGI 방식보다 발전된 ASP와 JSP 방식이 개발되면서 사용이 줄었으며 현재는 거의 사용되고 있지 않다.

▌ASP

ASP는 마이크로소프트 사가 1995년도에 IIS 3.0을 발표하면서 함께 발표한 기술로서 비주얼 베이직을 기본으로 개발된 VBScript를 HTML 문서에 직접 코딩하여 동적인 웹 페이지를 구현하는 기술이다. ASP는 발표되면서부터 기존의 웹 서버 프로그래밍 방식인 CGI를 사용하던 많은 개발자에게 빠른 시간 내에 인기를 얻게 되었다. 이러한 인기의 이유는 ASP가 윈도우 NT 혹은 윈도우 2000에서 기본적으로 동작할 수 있으며 스크립트 언어로 채택한 비주얼 베이직이 전 세계에 가장 많은 개발자를 보유하고 있었기 때문이다. ASP는 스크립트 언어와 함께 태그를 이용하며 보다 복잡한 비즈니스 로직은 ActiveX라는 컴포넌트를 이용해서 해결한다.

ASP는 HTML 페이지에 VBScript의 소스를 내장한 프로그램이며, ASP파일은 일반 텍스트 파일로 확장자는 asp이다. 다음은 현재의 시간을 출력하는 간단한 ASP 프로그램으로 태그 <% ... %>사이에 있는 부분이 VBScript 소스이다.

■ **그림 1-9** ASP의 소스와 실행 결과

ASP는 서버에서 클라이언트 사용자에게 보내지기 전에 일단 웹 서버에서 asp.dll이라는 파일의 처리 과정을 거쳐 모두 html 형식의 웹 문서로 바뀌어 클라이언트에게 서비스된다.

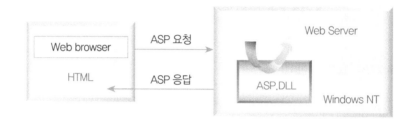

■ **그림 1-10** ASP의 처리 과정

PHP

PHP(Personal Home Page 또는 Professional Hypertext Preprocessor)는 C언어와 유사한 언어를 사용하며, 적은 명령어로 서버 프로그래밍이 가능한 서버 프로그래밍 방식이다. 특히 PHP는 배우기 쉽고 다양한 운영체제와 웹 서버 환경을 지원하는 장점으로 소규모 프로젝트에 많이 사용되었다. 현재는 ASP와 JSP에 비하여 그 사용자 수가 현저히 줄어들고 있는 실정이다.

JSP

JSP(Java Server Page)는 선마이크로시스템즈 사가 개발한 인터넷 서버 프로그래밍 기술이다. 선마이크로시스템즈 사는 자바 언어를 기반으로 하는 인터넷 서버 프로그래밍 방식인 서블릿 (Servlets)을 먼저 개발하여 과거의 CGI(Common Gate Interface) 개발 방식을 대체하였다. 그러나 자바를 이용한 서블릿 개발 방식이 그리 쉽지 않고 PHP, ASP 등과 같이 HTML 코드 내에 직접 비즈니스 로직을 삽입할 수 있는 개발 방식이 필요하게 되어 개발한 기술이 JSP이다. 그러나 JSP는 서블릿과 동떨어진 기술이 아니며 JSP가 실제로 웹 애플리케이션 서버에서 사용자에게 서비스가 될 때는 서블릿으로 변경되어 서비스된다. ASP는 VBScript를 사용하지만 JSP는 자바 기반의 문법을 이용하여 어려운 자바 소스 코드 대신에 태그를 사용해 자바 객체를 사용한다. 또한 JSP는 자바빈즈(JavaBeans)라는 콤포넌트를 이용하여 비즈니스 로직과 프리젠테이션 로직을 완전히 분리해 응용 시스템을 구현할 수 있다. JSP의 경우는 개발자가 태그 라이브러리 기능을 이용해 자신만의 태그를 정의해서 사용할 수 있다. 이렇게 함으로써 좀 더 많은 기능을 확장하여 사용할 수 있으며 일괄성 있는 프로그래밍 작업을 할 수 있다.

JSP는 플랫폼에 독립적인 기술 방식이다. 시스템 플랫폼이 윈도우 NT든 유닉스 시스템이든 어느 한 플랫폼에서 개발한 시스템을 다른 플랫폼에서 운영하는 것이 가능하다. 또한 JSP는 웹 서버에 독립적이다. 넷스케이프 엔터프라이즈 서버, 아파치 웹서버, 마이크로소프트의 IIS(Internet Information Server) 등 어떠한 웹서버 환경에서 작성되어 있던지 한번 작성된 JSP는 그 모든 웹 서버에서 아무런 문제 없이 잘 동작한다.

웹 서버에서 JSP를 실행시키려면 자바 모듈을 이해하는 엔진인 자바 엔진이 있어야 한다. 이러한 자바 엔진의 대표가 톰캣(Tomcat)이다. 톰캣은 자바 엔진이면서 자바 서버로서 아파치 파운데이션(Apache Foundation)에서 개발되는 무료 웹 서버이다.

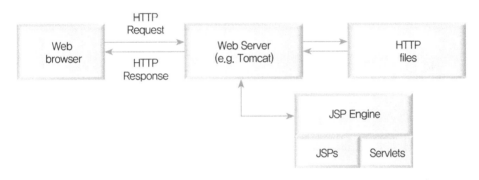

■ **그림 1-11** JSP 엔진이 내장된 웹 서버의 JSP 동작 원리

다음은 현재의 시간을 출력하는 간단한 JSP 프로그램과 그 실행 결과이다. ASP와 같이 태그 <% … %> 사이에 자바 언어로 구성된 프로그램인 스크립트릿(scriptlet)이 삽입되는 것을 볼 수 있다.

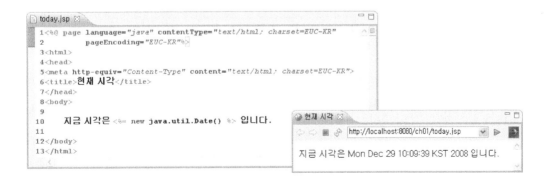

■ **그림 1-12** JSP 프로그램과 실행 결과

다음은 지금까지 살펴본 ASP와 JSP를 비교 설명한 표이다.

	JSP	ASP
웹서버	아파치, 넷스케이프, 톰캣, IIS를 포함하는 다수의 웹 서버	IIS, 퍼스널 웹 서버
플랫폼	솔라리스, 윈도우, 맥, 리눅스, 메인프레임 등	윈도우
컴포넌트	자바빈(JavaBean), EJB(Enterprise Java Beans)	ActiveX, COM+
언어	자바	VBScript

■ **표 1-1** ASP와 JSP의 비교

3. JSP 개요

3.1 서블릿과 JSP 엔진

▋ 서블릿

서블릿(servlet)은 자바를 이용한 확장된 CGI 방식의 서버 프로그래밍 방식으로 JSP 기술보다 먼저 발표된 기술이다. 서블릿 소스는 다음과 같이 완전한 자바 프로그램 방식으로 HTML의 출력을 자바 프로그램에서 구현하는 방식이다. 즉 서블릿 프로그래밍 방식은 자바 프로그램에 표현 부분인 HTML 코드를 모두 포함해야 하므로 로직 처리와 디자인 처리를 분리하기 어려운 단점이 있어, 서블릿 방식이 나중에 발표된 ASP와 JSP보다 어렵다고 평가되었다고 한다.

```
Source Code for HelloWorld Example

import java.io.*;
import javax.servlet.*;
import javax.servlet.http.*;

public class HelloWorld extends HttpServlet {

    public void doGet(HttpServletRequest request, HttpServletResponse response)
    throws IOException, ServletException
    {
        response.setContentType("text/html");
        PrintWriter out = response.getWriter();
        out.println("<html>");
        out.println("<head>");
        out.println("<title>Hello World!</title>");
        out.println("</head>");
        out.println("<body>");
        out.println("<h1>Hello World!</h1>");
        out.println("</body>");
        out.println("</html>");
    }
}
```

■ **그림 1-13** 예제 서블릿 소스 HelloWorld

서블릿 프로그램만으로 웹 프로그래밍도 가능하지만 현재는 보다 간단한 JSP 프로그램을 함께 이용하는 방식으로 서버 프로그래밍을 구현한다. JSP 프로그램은 내부적으로 서블릿 프로그램으로 변환되어 실행된다.

▌ JSP 엔진(컨테이너)

JSP 프로그램은 하나의 서블릿 프로그램으로 변환되어 실행된다. 즉 JSP 프로그램인 hello.jsp 소스에서 hello_jsp.java의 서블릿 프로그램이 생성된 후, 이 서블릿 소스가 컴파일되어 hello_jsp.class 클래스가 생성된다. 그러므로 클라이언트가 hello.jsp를 요청하면 서버는 대응하는 JSP 서블릿 클래스인 hello_jsp.class를 실행하여 클라이언트에게 응답한다. 여기서 JSP 파일에서 생성되는 서블릿 파일의 이름은 시스템마다 다를 수 있다.

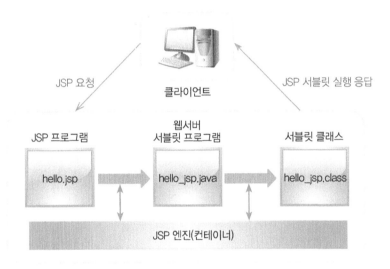

■ **그림 1-14** 웹 서버에서의 JSP 엔진의 역할

이러한 JSP 소스에서 서블릿 소스 및 서블릿 클래스 생성을 처리하는 서버 모듈을 JSP 엔진 또는 JSP 컨테이너라 부른다. 이러한 JSP 엔진은 웹 서버와 분리되어 독자적으로 설치할 수도 있으며 JSP 엔진이 포함된 웹 서버를 이용할 수도 있다. JSP 엔진으로는 톰캣(tomcat), 레진(resin), JRun 등이 있다.

■ **그림 1-15** JSP 엔진과 웹 서버

3.2 JSP 실행과 라이프 사이클

JSP 서블릿 실행

JSP 엔진이 JSP 프로그램에서 JSP 서블릿 클래스를 생성하여 실행하는 과정을 살펴보자.

① 클라이언트가 JSP 프로그램을 요청하면 JSP 소스를 해당 JSP 서블릿으로 변환하면서 시작한다. 물론 이미 서블릿 소스가 있다면 기존의 서블릿 소스를 이용한다.

② 이미 클래스가 있다면 메모리에 로드되어 있는지 검사한다. 이미 메모리에 로드되어 있다면 5번을 실행한다

③ JSP 서블릿 소스를 컴파일하여 서블릿 클래스를 생성한다.

④ JSP 서블릿 클래스를 메모리에 로드(적재)한다.

⑤ 메모리에 로드된 JSP 서블릿을 실행한다.

⑥ JSP 서블릿의 응답을 생성하여 클라이언트에 응답한다.

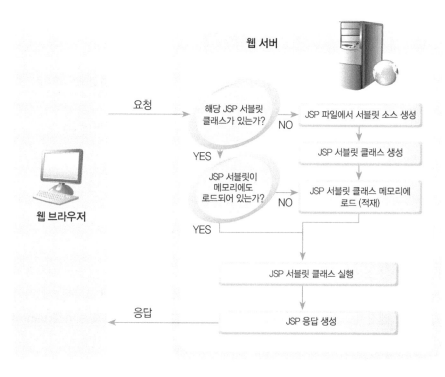

■ **그림 1-16** JSP의 실행 과정

JSP 라이프 사이클

JSP 서블릿 클래스에는 주요 메소드 _jspInit(), _jspService(), _jspDestroy()가 존재한다. JSP 서블릿 클래스 메소드의 기능을 살펴보면 다음과 같다.

메소드	기 능
_jspInit()	요구되는 자원의 연결 등의 초기화 작업을 수행
_jspService()	실제 클라이언트의 요청에 대한 작업 처리 수행으로, 클라이언트 요청 때마다 반복 수행
_jspDestroy()	웹 서버 또는 애플리케이션이 종료되는 경우에 서블릿을 메모리에서 언로드하는 경우, JSP 서블릿 종료를 위한 작업 수행

■ **표 1-2** JSP의 주요 메소드

메소드 _jspInit()는 서블릿이 처음 메모리에 로드될 때 실행되는 메소드로, 요구되는 자원의 연결 등의 초기화 작업을 수행한다. 메소드 _jspService()는 실제 여러 클라이언트의 요청에 대한 작업 처리를 수행하는 메소드로 메모리에 로드된 이후 클라이언트의 요청이 있을 때마다 반복적으로 수행되는 메소드이다. 메소드 _jspDestroy()는 웹 서버 또는 애플리케이션이 종료될 때 서블릿을 메모리에서 언로드(unload)하는 경우, JSP 서블릿 종료를 위한 작업을 수행하는 메소드이다.

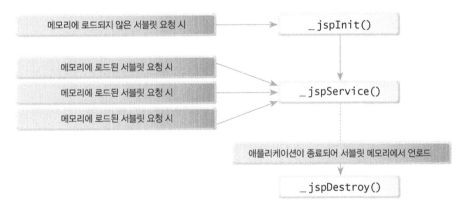

■ **그림 1-17** JSP 서블릿 메소드의 실행

4. 연습문제

1. 다음에서 괄호 부분을 채우시오.

① 웹은 (   ) 구조로서 웹 브라우저가 있는 클라이언트가 자료를 (   )하면, 웹 서버가 있는 서버는 요청에 (   )하여 클라이언트의 웹 브라우저에 정보가 검색되는 구조를 갖는다.

② (   )(은)는 동적인 웹 서버 구축을 위하여 처음으로 개발된 서버 프로그래밍 방식이다.

③ (   )(은)는 자바를 이용한 확장된 CGI 서버 프로그래밍 방식으로 JSP 기술보다 먼저 발표된 기술이다.

④ JSP 프로그램은 하나의 (   ) 프로그램으로 변환되어 실행된다.

⑤ JSP 서블릿 메소드 (   )(은)는 실제 여러 클라이언트의 요청에 대한 작업 처리를 수행하는 메소드로 메모리에 로드된 이후 클라이언트의 요청이 있을 때마다 반복적으로 수행되는 메소드이다.

2. 정적 웹 서비스와 동적 웹 서비스의 차이를 설명하시오.

3. JSP 엔진의 역할을 설명하시오.

4. JSP 라이프 사이클에 대하여 설명하시오.

CHAPTER 02

JSP 프로그래밍 개발환경

1. JSP 운영환경 및 개발환경
2. 자바 환경을 위한 JDK 설치
3. JSP 웹 서버 톰캣 설치
4. JSP 통합개발환경 이클립스 설치
5. JSP 프로그래밍을 위한 이클립스 환경 설정
6. 연습문제

JSP 프로그램을 개발하려면 개발환경이 필요하다. JSP 개발환경을 살펴보면, 첫 번째로 JDK가 필요하며, 두 번째로 JSP 엔진과 웹 서버 역할을 수행하는 웹 서버와 컨테이너가 필요하고, 세 번째로 개발의 편의를 위하여 JSP 통합개발환경(IDE: Integrated Development Environment)이 필요하다. 이 단원에서는 JSP 프로그래밍 개발환경을 알아보고 개발환경의 설치 과정에 대해 학습할 예정이다.

- JSP 운영환경과 개발환경 이해하기
- 자바 환경을 위한 JDK 설치 이해하기
- 웹 서버 톰캣 설치와 실행 알아보기
- 통합개발환경 이클립스 설치 및 환경설정 이해하기
- 이클립스를 실행하여 작업공간 지정하기

1. JSP 운영환경 및 개발환경

1.1 JSP 운영환경

JSP를 운영하기 위해서는 웹 서버와 JSP 엔진이 필요하다. 웹 서버는 아파치, 톰캣 등을 사용할 수 있으며, JSP 엔진으로는 JBoss, 톰캣, Resin 등을 사용할 수 있다. 아파치와 같은 웹 서버를 사용한다면 JSP 엔진을 따로 설치해야 하지만, 톰캣 같은 경우는 톰캣 자체에 웹 서버와 JSP 엔진이 함께 있으므로 한 빈의 설치로 JSP를 운영힐 수 있다.

1.2 JSP 개발환경

JSP 기술을 이용하여 웹 시스템을 개발하기 위해서는 다음과 같은 개발환경이 필요하다. JSP는 기본적으로 자바 기반 환경이므로 자바 운영 환경인 JDK가 필요하며, JSP 엔진과 웹 서버 역할을 수행하는 시스템으로 Apache Tomcat Server가 필요하다. 또한 개발의 편의를 위하여 JSP 통합개발환경(IDE: Integrated Development Environment)이 필요한데, 여기서는 이클립스(Eclipse)를 사용한다. 마지막으로 데이터베이스 관리시스템으로 MySQL을 사용할 예정이다. 다음 JSP 개발환경을 설치할 경우, JDK, 톰캣, 이클립스의 순서대로 설치해야 한다.

설치 순서	필요 시스템	기본 설치 폴더	편의를 위한 본서의 설치 폴더
1	자바 개발 및 운영 환경	JDK	[C:\2009 JSP\jdk1.6.x]
2	웹 서버 및 JSP 엔진	Apache Tomcat Server	[C:\2009 JSP\Tomcat 6.0]
3	JSP 통합개발 환경	Eclipse	[C:\2009 JSP\Eclipse jee]
4	데이터베이스 관리시스템	MySQL	[C:\2009 JSP\MySQL 1.6]

■ **표 2-1** JSP개발 환경 시스템과 설치 폴더

JSP 개발환경에서 JSP 통합개발환경은 반드시 필요한 개발 환경은 아니지만, 여기서 소개하는 이클립스를 사용하면 개발이 매우 편리해지므로 이클립스를 사용하는 것이 효과적이다. 이러한 JSP 통합개발환경으로 이클립스와 함께 많이 사용되는 것이 넷빈(NetBean)이다.

2. 자바 환경을 위한 JDK 설치

2.1 JDK 관련 문서 내려 받기

▌ 자바 홈페이지에서 접속

JDK를 내려 받기 위해 먼저 자바 홈페이지(java.sun.com)를 방문한 뒤, 오른쪽 링크에서 [Popular Downloads]의 [Java SE]로 연결한다. 연결된 [Java SE]의 [Downloads] 홈페이지에서 현재 버전인 [JDK 6 Update 6]의 [Downloads]를 클릭하면 내려 받기 절차를 시작할 수 있다.

■ **그림 2-1** 자바 홈페이지(java.sun.com)와 JDK 다운로드 페이지(java.sun.com/javase/downloads)

JDK의 내려 받기를 시작하는 처음 화면에서 내려 받을 JDK의 플랫폼과 언어를 선택하고 [Continue]를 누른다. 다음 화면에서 적절한 JDK 설치 프로그램을 내려 받는다. 다음과 같이 [Windows-Offline Installation]을 내려 받으면 웹이 연결되지 않은 컴퓨터에서도 JDK의 설치가 가능하다.

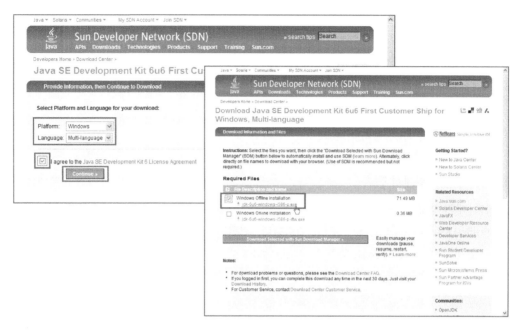

■ **그림 2-2** JDK 다운로드 절차

2.2 JDK 설치

설치

내려 받은 JDK 설치 프로그램인 [jdk-6u6-windows-i586-p.exe]을 실행하여 설치를 시작한다.

① 라이센스 동의서 화면에서 [Accept]를 누르고 편의를 위하여 설치 폴더(자동으로 C:\jdk1.6.0_06)를 [C:\2009 JSP\jdk1.6.0_06]으로 수정하여 설치한다.

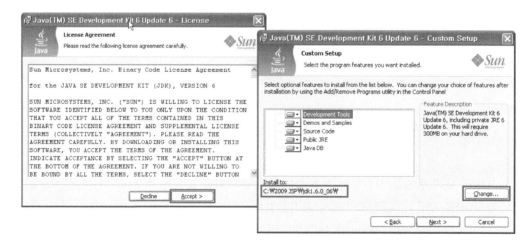

■ **그림 2-3** JDK의 설치 폴더를 [C:₩2009 JSP]의 하부 jdk1.6.0_06으로 설정

② JDK가 설치된 이후에는 JRE(Java Runtime Environment) 설치를 위한 화면이 표시된다. JRE는 기본 설치 폴더인 [C:\Program Files\Java\jre1.6.0_06]를 확인한 후 그대로 설치한다.

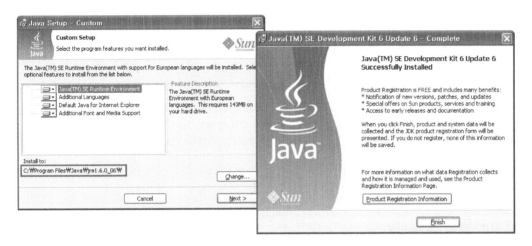

■ **그림 2-4** JRE 설치와 종료 화면

설치 확인

JDK 설치가 종료되면 탐색기를 이용하여 설치된 폴더 [C:\2009 JSP\jdk1.6.0_06]를 살펴보자. 설치 폴더의 하부에는 [bin], [demo], [lib], [jre] 등의 폴더를 볼 수 있으며, [bin]에는 JDK의 주요 실행 파일이 있는 것을 확인할 수 있다. 설치 폴더 [jdk1.6.0_06] 하부의 파일 src.zip은 자바 라이브러리 클래스의 소스를 모아 놓은 압축 파일로 이클립스에서 직접 라이브러리 클래스의 소스를 보고자 할 때 유용하게 활용될 수 있다. 또한 폴더 [C:\Program Files\Java\jre1.6.0_06]를 살펴보면 자바 프로그램을 실행하기 위한 자바 실행 환경(Java Runtime Environment)이 설치된 것도 확인할 수 있다.

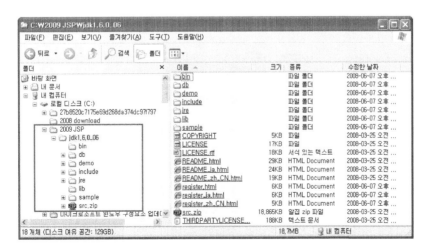

■ **그림 2-5** JDK 설치 폴더

JDK를 설치하면 다음과 같이 2개의 모듈이 설치되는 것을 확인할 수 있다. JDK(Java Development Kit)는 자바 개발을 위한 기본 환경이며 JRE(Java Runtime Environment)는 개발된 자바 프로그램의 자바 실행 환경이다.

모듈	기본 설치 폴더	편의를 위한 수정된 설치 폴더
JDK	[C:\Program Files\Java\jdk1.6.x]	[C:\2009 JSP\jdk1.6.x]
JRE	[C:\Program Files\Java\jre1.6.x]	[C:\Program Files\Java\jre1.6.x]

■ **표 2-2** JDK의 설치 모듈과 설치 폴더

2.3 JDK 관련 문서 내려 받기

▌ 자바 Documentation

Java SE 기술에 관련된 다양한 자료를 얻으려면 다음 사이트 (java.sun.com/javase/technologies)를 이용한다. 일반적으로 이러한 다양한 자료를 온라인에서 이용할 수 있으며, 자바 API 등의 일부 문서는 본인의 컴퓨터에 직접 설치하여 이용할 수도 있다.

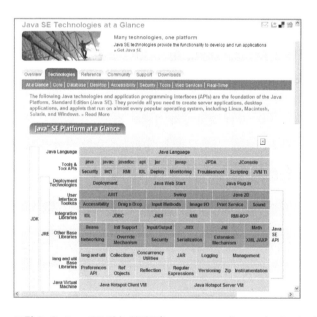

■ **그림 2-6** Java SE 기술 사이트(java.sun.com/javase/technologies)

자바 문서를 내려 받으려면 JDK를 내려 받았던 페이지 (java.sun.com/javase/downloads)의 하부에서 [Java SE 6 Documentation]의 [Downloads]를 선택한다. 자바 표준 문서의 한국어 버전은 제공되지 않으므로 영어 버전을 선택한 후 내려 받아 설치한다.

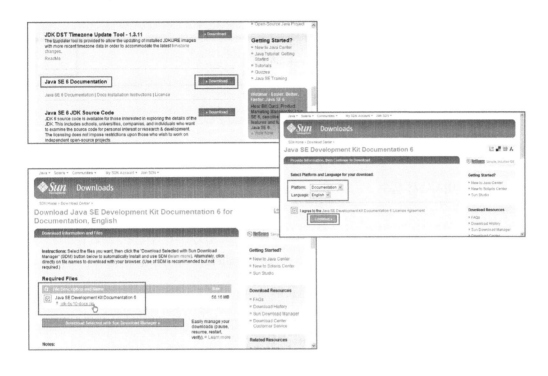

■ **그림 2-7** JDK 문서 내려 받기(java.sun.com/javase/downloads)

　JDK 설치 폴더인 [C:\2009 JSP\jdk1.6.0_06] 하부에서 내려 받은 파일 [jdk-6-doc.zip]
의 압축을 푼다. 폴더 [docs]가 JDK 설치 폴더 하부에 만들어지고 그 폴더 [C:\2009 JSP\
jdk1.6.0_06\docs]에 많은 폴더와 파일이 생성된다. 폴더 [docs]의 index.html 파일은 여러 관
련된 문서를 찾아가는 기준이 되는 파일로 여러 문서로 연결되는 링크로 구성되어 있다. 이 자
바 표준 문서를 활용하면 자바 튜토리얼 등 자바와 관련된 많은 유용한 자료와 문서를 얻을 수
있다. 이를 활용하여 자바 기술의 여러 궁금증을 풀길 바란다.

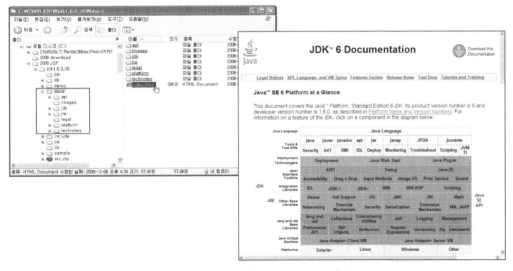

■ **그림 2-8** JDK 문서 설치 폴더 [jdk1.6.0_06/docs]와 index.html 화면

3. JSP 웹 서버 Tomcat 설치

3.1 톰캣 설치 프로그램 내려 받기

▌톰캣 홈페이지에서 접속

톰캣 설치 프로그램을 내려 받기 위해 먼저 톰캣 홈페이지(tomcat.apache.org)에 연결한 후, 왼쪽 부분의 [Download] 링크에서 [Tomcat 6.x]로 연결한다. 연결된 톰캣 홈페이지에서 [Binary Distributions]의 [Windows Service Installer]를 클릭하면 실행 파일 [apache-tomcat-6.0.16.exe]을 내려 받을 수 있다.

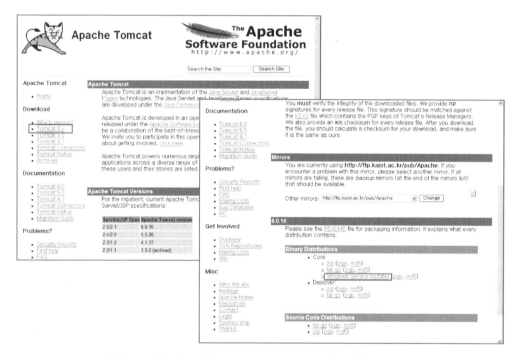

■ **그림 2-9** 톰캣 홈페이지 (tomcat.apache.org)와 톰캣 설치 프로그램의
다운로드 페이지(tomcat.apache.org/download-60.cgi)

3.2 Tomcat 설치

내려 받은 톰캣 설치 프로그램인 [apache-tomcat-6.0.16.exe]을 실행하여 톰캣을 설치한다.

① 톰캣 설치 시작 대화상자와 라이센스 동의 대화상자를 확인한다.

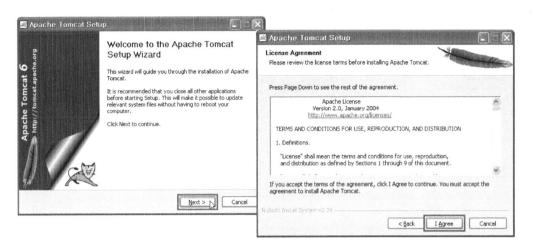

■ **그림 2-10** 톰캣의 설치 시작

② 설치 구성요소(Choose Component) 대화상자에서 [Examples]를 선택하여 설치 후에 예제를 살펴보도록 하며, 설치 위치(Choose Installation Location) 대화상자에서 편의를 위하여, 설치 폴더를 기본 폴더인 [C:\Program Files\Apache Software Foundation\ Tomcat 6.0]에서 [C:\2009 JSP\Tomcat 6.0]로 수정하여 설치한다.

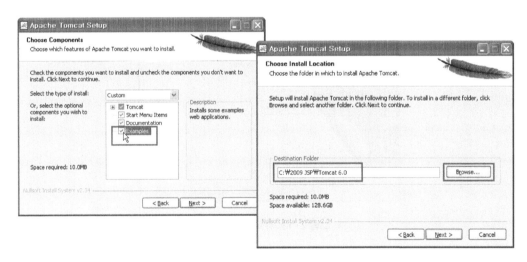

■ **그림 2-11** 설치 구성요소 대화상자와 설치 폴더 대화상자

③ 설정(Configuration) 대화상자에서 연결 포트(Connection Port) 번호의 기본 값인 8080을 확인하고 관리 기능을 위한 관리자의 사용자 이름(User name)과 암호(Password)를 기억한다. 자바 가상 기계(Java Virtual Machine) 대화상자에서 지정된 JRE 설치 폴더가 JDK를 설치할 때 지정된 JRE의 설치 폴더인 [C:\Program Files\Java\jre1.6.x]인 것을 확인한다. 만일 JRE 설치 폴더가 잘못 지정되었거나 자동으로 지정되지 않는다면 오른쪽

버튼 ⋯을 이용하여 바른 JRE 설치 폴더를 지정하도록 한다.

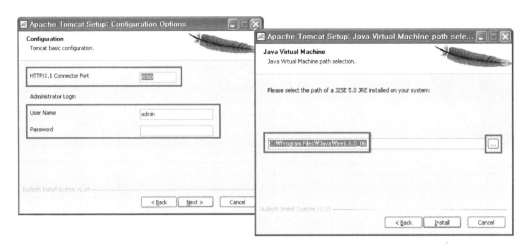

■ **그림 2-12** 설정 대화상자와 자바 가상 기계 대화상자

④ 설치 종료 대화상자에서 톰캣 서버를 실행하는 [Run Apache Tomcat]과 Readme 파일을 볼 수 있는 [Show Readme] 체크박스의 선택을 확인하고 종료한다.

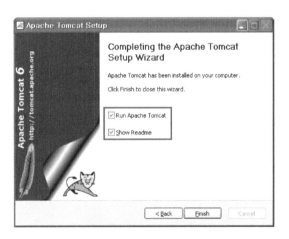

■ **그림 2-13** 설치 종료 대화상자

⑤ [Run Apache Tomcat]의 선택으로 바로 톰캣 서버가 실행되는 것을 확인할 수 있으며, 메모장으로 파일 Readme의 내용도 확인할 수 있다.

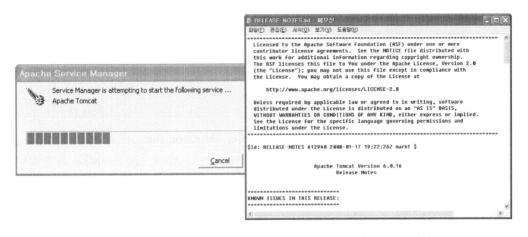

■ **그림 2-14** 톰캣 서버 실행 대화상자와 메모장으로 열린 Readme 파일

3.3 톰캣 설치 확인

▌ 웹 브라우저로 톰캣 서버 접속

정상적으로 톰캣이 설치되었다면 [시작] 메뉴의 [Apache Tomcat 6.0] 메뉴를 확인할 수 있다. [Apache Tomcat 6.0] 메뉴는 아래의 그림과 같이 [Welcome] 등 6가지의 메뉴로 구성되며, 현재 톰캣 서버가 실행되고 있다면 메뉴 [Welcome]을 선택하여 웹 브라우저로 톰캣 서버에 접속할 수 있다. 메뉴 [Welcome]은 웹 브라우저로 주소 [http://localhost:8080/]에 접속하는 기능을 수행한다.

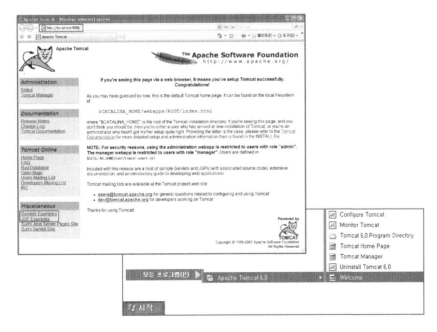

■ **그림 2-15** 메뉴 [Welcome]에 의한 톰캣 서버 페이지 접속

주소 URL(Uniform Resource Locator)에서 localhost는 현재의 컴퓨터를 말하며 8080은 톰캣 설치 시 설정된 톰캣 서버의 연결 포트 번호이다. URL에서 localhost는 IP 주소로 127.0.0.1으로도 대체 가능하다.

▌ 톰캣의 종료 및 실행

톰캣의 현재 실행 상태를 점검하려면 톰캣 설치 메뉴 [Monitor Tomcat]을 이용한다. [시작] 메뉴의 [Monitor Tomcat] 메뉴를 누르면 윈도우 하단 좌측 트레이(tray)에 아파치 톰캣 모니터 아이콘을 볼 수 있다. 이 아이콘을 더블 클릭하거나 오른쪽 클릭 메뉴에서 [Configure...]를 누르면 톰캣 속성(Apache Tomcat Properties) 대화상자를 볼 수 있다. 이 톰캣 속성 대화상자는 톰캣의 설치 메뉴인 [Configure Tomcat]으로도 바로 실행할 수 있다. 톰캣 속성 대화상자에서 현재의 톰캣 서버의 서비스 상태(Service Status)를 알 수 있으며 [Start], [Stop] 등의 버튼을 이용하여 톰캣 서버를 시작하거나 중지할 수 있다.

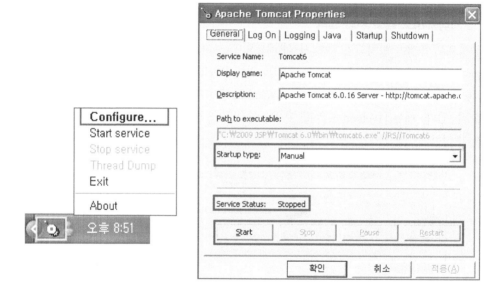

■ **그림 2-16** 톰캣 트레이와 톰캣 속성(Apache Tomcat Properties) 대화상자

톰캣 서버의 안정성의 문제 또는 컴퓨터의 이상으로 톰캣 속성 대화상자에서 톰캣 서버의 서비스 상태(Service Status)가 잘못될 수 있다. 이런 경우, [Ctrl + Alt + Del]을 눌러 [Windows 작업 관리자] 대화상자에서 이를 확인할 수 있다. 즉 프로세스 탭에서 [tomcat6.exe]는 톰캣 서버가 실행 중임을 나타낸다. 마찬가지로 [tomcat6w.exe]는 톰캣 속성(Apache Tomcat Properties) 대화상자가 실행 중임을 나타낸다. 물론 [Windows 작업 관리자] 대화상자에서 직접 톰캣 서버 또는 톰캣 속성을 중단할 수도 있다.

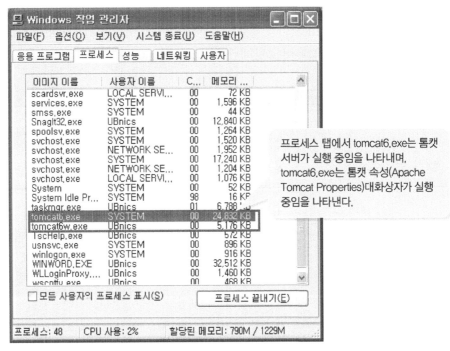

> 프로세스 탭에서 tomcat6.exe는 톰캣 서버가 실행 중임을 나타내며, tomcat6.exe는 톰캣 속성(Apache Tomcat Properties)대화상자가 실행 중임을 나타낸다.

■ **그림 2-17** Windows 작업 관리자에서 톰캣 서버(tomcat.exe) 또는
톰캣 속성 대화상자(tomcat6w.exe)의 실행 확인

톰캣의 JSP 예제

톰캣 서버에 접속한 화면에서 JSP 예제를 실행해 보자. 화면 우측 하단의 [Miscellaneous]에서
[JSP Examples]를 연결하면 다음과 같은 JSP 예제를 경험할 수 있는 페이지에 접속할 수 있다.

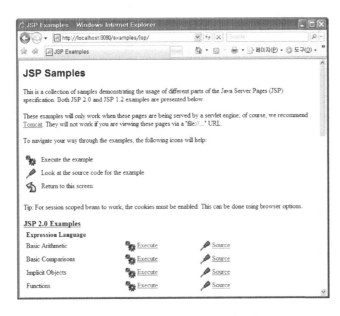

■ **그림 2-18** 톰캣 JSP 예제 페이지

여러 JSP 예제 중에서 [JSP 1.2 Examples]의 Numberguess를 실행해 보자. 이 예제는 시스템이 정한 1에서 100사이의 정수를 찾는 게임이다. 여러분도 시도 횟수 6~7번 이내에서 시스템이 정한 정수를 맞추어 보길 바란다.

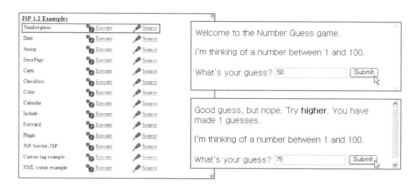

■ **그림 2-19** 예제 Numberguess

Numberguess 예제 소스를 살펴보면, HTML 태그도 보이고, if 문과 같은 자바 언어의 소스도 있으며, <jsp:useBean … />과 같은 XML 유형의 태그도 보인다. 예상보다 소스가 길지 않은 이유는 자바빈즈(java beans)라는 자바 프로그램에서 많은 기능이 구현되었기 때문이다. 앞으로 이러한 JSP 프로그래밍 방법에 대하여 학습할 예정이다.

■ **그림 2-20** 예제 Numberguess의 소스

4. JSP 통합개발환경 Eclipse 설치

4.1 이클립스 개요

▌ 이클립스 홈페이지 접속

이클립스는 개방된 개발 플랫폼을 개발하는 개방 소스 커뮤니티(Open Source Community)로서, 관련된 자료는 홈페이지 www.eclipse.org에서 이용할 수 있다. 홈 페이지의 메뉴 [about us]를 누르면 이클립스 컨소시엄에 대한 개요와 역사를 알 수 있다.

■ **그림 2-21** 이클립스 홈페이지(www.eclipse.org)

▌ 이클립스 통합개발환경과 컨소시엄

이클립스는 이클립스 컨소시엄이 개발한 유니버설 도구 플랫폼으로 모든 부분에 대해 개방형이며 PDE(Plug-in Development Environment) 환경을 지원하여 확장 가능한 통합개발환경(IDE)이다. 이클립스의 가장 큰 특징은 확장성에 있다. 그러므로 이클립스는 풍부한 개발 환경을 제공하여 개발자가 이클립스 플랫폼으로 유연하게 통합되는 도구를 효율적으로 작성할 수 있도록 한다.

이클립스 컨소시엄은 이클립스 플랫폼을 개발, 지원, 발전시키는 비영리 단체로 소프트웨어 개발 방법을 발전시키려는 단체이다. 이클립스 컨소시엄은 2001년 소프트웨어의 선두 업체인 Borland, IBM, MERANT, QNX Software Systems, Rational Software, Red Hat, SuSE, TogetherSoft, Webgain 등의 회사로 구성된 단체이다. 이후 SAP, HP, Oracle, Hitachi, Ericsson과 같은 세계적 기업과 OMG(Object Management Group)와 같은 저명한 단체도 이클립스 컨소시엄에 참여하고 있다. 2002년 가을부터 우리나라의 ETRI(한국전자통신연구원)도 이클립스 컨소시엄에 참여하고 있다.

▌이클립스 구조

이클립스는 다음 그림과 같이 이클립스 플랫폼(Eclipse Platform), 자바개발환경(JDT), 플러그인개발환경(PDE)과 이클립스에 플러그인해서 이용할 수 있는 다른 도구(New Tool)로 구성된다. 여기서 이클립스 플랫폼, 자바개발환경, 플러그인개발환경 3가지를 이클립스 SDK(Software Development Kit)라 한다.

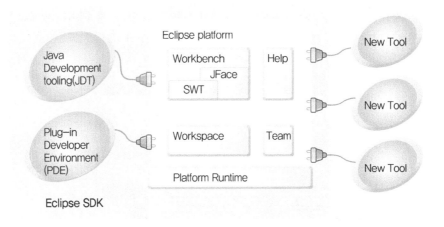

■ **그림 2-22** 이클립스 SDK

　　Eclipse SDK에는 기본 플랫폼과 플러그인 개발에 유용한 두 개의 주요 도구가 포함되어 있다. JDT(Java Development Tool)는 완전한 기능이 있는 자바개발환경을 구현하며, PDE(Plug-in Development Environment)는 플러그인 및 확장에 대한 개발을 간소화하는 특수 도구를 추가하는 기능을 수행한다.

　　이클립스의 가장 중요한 특징 중의 하나가 플러그인(Plug-in)이다. 이 플러그인을 가능하게 하는 것이 PDE(Plug-in Development Environment)이다. PDE는 개발자가 이클립스 플러그인을 작성, 개발, 테스트, 디버그 하는데 도움을 주도록 설계된 도구이다. PDE는 이클립스 SDK의 부분이며 별도로 실행되는 도구는 아니다. PDE는 일반 이클립스 플랫폼 원리와 일치하며, 이클립스 워크벤치(Workbench)와 투명하게 결합되고 이클립스 워크벤치 내에서 작업하면서 플러그인 개발의 모든 단계에서 개발자를 도와주는 다양한 플랫폼 기능(예: 보기, 편집기, 마법사, 실행기 등)을 제공한다.

　　이클립스 플랫폼은 이클립스의 핵심 요소로 플랫폼 런타임(Platform Runtime), 워크벤치(Workbench), 워크스페이스(Workspace)의 컴포넌트로 구성된다. 플랫폼 런타임은 플랫폼 기본을 시작하고, 동적으로 플러그인을 발견하고 실행하는 런타임 엔진을 구현한 컴포넌트이다. 워크벤치는 사용자에게 플랫폼의 전체적인 구조와 확장된 사용자 인터페이스를 제공하는 컴포넌트로 SWT(Standard Widget Toolkit)와 JFace로 구현되었다. 워크스페이스는 사용자의 자원을 관리하는 컴포넌트로 프로젝트, 폴더 및 파일을 작성하고 수정하는 기능을 수행한다.

4.2 이클립스 설치 프로그램 내려 받기

█ 이클립스 홈페이지 접속

자바 웹 개발용 이클립스 설치 프로그램을 내려 받으려면, 이클립스 다운로드 홈페이지(www.eclipse.org/downloads)에서 [Eclipse IDE for Java EE Developers]로 연결한다. 연결된 페이지에서 [Korea, Republic Of]를 클릭하면 압축 파일 [eclipse-jee-ganymede-win32.zip]을 내려 받을 수 있다.

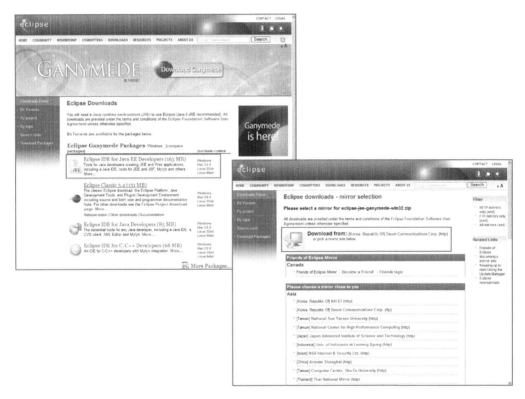

■ **그림 2-23** 자바 웹 개발용 이클립스 다운로드 페이지

4.3 이클립스 설치

█ 압축 풀기

내려 받은 이클립스 설치 압축 파일인 [eclipse-jee-ganymede-win32.zip]의 압축을 풀어 이클립스를 설치한다.

　① 편의를 위하여 폴더 [C:\2009 JSP\eclipse jee] 하부에 압축을 푼다. 압축을 모두 풀면 다

음과 같이 [C:\2009 JSP\eclipse jee\eclipse] 하부에 많은 폴더가 생성되고 파일 이클립스 실행 파일인 eclipse.exe를 볼 수 있다.

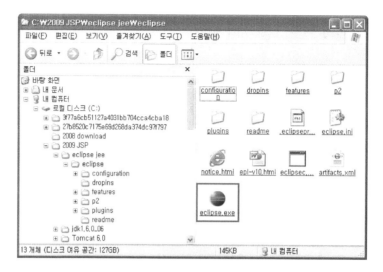

■ **그림 2-24** 이클립스가 설치된 폴더 및 이클립스 실행 파일

② 이클립스 실행 메뉴가 달리 생성되지 않으므로 편의를 위하여 실행 파일 eclipse.exe를 왼쪽버튼으로 바탕화면에 드래그하여 메뉴 [여기에 바로 가기 만들기]를 선택하면 바탕화면에 이클립스 실행 바로 가기가 만들어진다. 이제 바탕화면에서 편리하게 바로 이클립스를 실행할 수 있다. 다음은 이클립스 실행 바로 가기의 이름을 [2009 ganymede eclipse]로 수정하여 등록정보를 살펴본 그림이다.

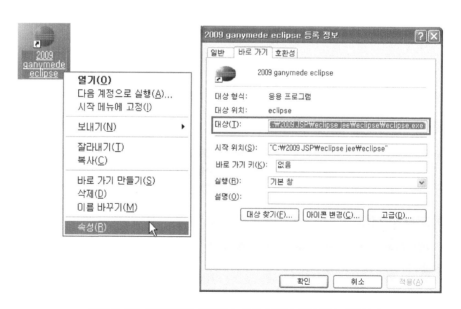

■ **그림 2-25** 바탕화면의 이클립스 바로 가기와 등록정보 대화상자

5. JSP 프로그래밍을 위한 Eclipse 환경 설정

5.1 작업공간 지정

▌ 작업공간

이클립스를 실행하면 가장 먼저 지정해야 할 것이 작업공간(Workspace)이다. 작업공간은 표현 그대로 이클립스에서 작업하는 여러 내용물이 저장되는 장소로서 물리적으로는 저장 장치의 폴더이다. 이클립스를 실행하면 로고가 화면에 나타난 후 작업공간 설정 대화상자 [Workspace Launcher]가 표시된다.

■ **그림 2-26** 이클립스 로고와 작업공간 설정 대화상자

대화상자 [Workspace Launcher]의 [Browse] 버튼을 이용하거나 직접 폴더 이름을 입력하여 작업공간을 설정하며, 지정된 폴더가 존재하지 않는다면 이클립스가 자동으로 지정된 폴더를 새로 만들어 작업공간으로 설정한다. 위 그림과 같이 앞으로 폴더 [C:\2009 JSP workspace]를 작업공간으로 지정하여 JSP 프로그래밍을 수행하도록 한다.

새로 만든 작업공간을 지정하면 다음과 같이 [Welcome] 창으로 이클립스의 초기 화면이 실행된다. [Welcome] 창을 이용하여 이클립스의 개괄적인 설명과 튜토리얼 등을 활용할 수 있다.

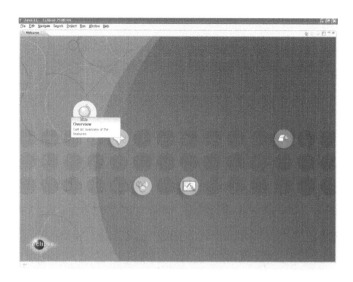

■ **그림 2-27** 새로운 작업공간을 지정한 경우의 이클립스 초기화면

위와 같은 이클립스 화면에서 [Welcome] 창을 종료하거나 최소화시키면 다음과 같은 [자바 EE 퍼스펙티브] 화면이 표시된다. 이 [자바 EE 퍼스펙티브] 화면은 JSP 프로젝트를 수행하는 기본 화면으로 오른쪽에는 [Project Explorer], 왼쪽에는 [Outline]이라는 창을 볼 수 있으며 이러한 창을 뷰(View)라 부른다.

■ **그림 2-28** [자바 EE 퍼스펙티브] 화면

5.2 기본 환경 설정

JRE의 수정

이클립스에서 주요 환경 설정은 메뉴 [Window] 하부 [Preference]에서 수행한다. 메뉴 [Preferences]를 실행하여 표시된 대화상자에서 왼쪽의 [java]/[Installed JREs]를 선택하면 현

재 이클립스에서 이용되는 JRE를 확인할 수 있다. 초기 설치 시 JRE는 다음과 같이 [Program Files]의 하부 폴더의 JRE이다.

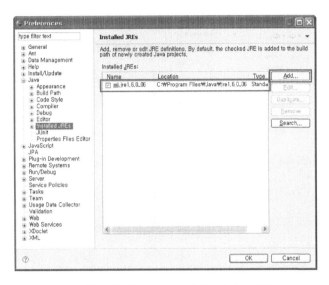

■ **그림 2-29** [Preferences]의 Installed JRE

편의를 위하여 기본 JRE를 설치된 JDK의 하부 JRE로 수정해보자. 이 수정은 편의를 위한 수정이므로 환경 설정에서 필수 사항은 아니다. 여기서 편의란 주요 자바 클래스의 소스를 확인한다든가 다른 버전의 JRE를 이용하는 등의 편리성을 말한다. [Preferences] 대화상자에서 오른쪽 [Add...] 버튼을 이용하여 [Add JRE] 대화상자를 실행한 후, [Standard VM]을 선택하여 [Next] 버튼을 눌러 다음 화면으로 이동한다. [JRE Home]을 지정하기 위해 버튼 [Directory]를 이용하여 설치한 JDK의 폴더 하부의 jre를 지정한다. [JRE system libraries]가 표시된 것을 확인하고 [Finish] 버튼을 누르면 현재 지정한 JRE가 추가된다.

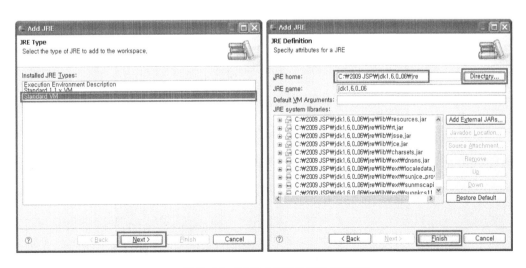

■ **그림 2-30** JRE를 추가하기 위한 대화상자

지금 추가된 [jdk1.6.0.06]의 JRE의 체크박스를 선택한 후 [OK]를 누르면 이클립스에서 이용하는 JRE를 수정할 수 있다.

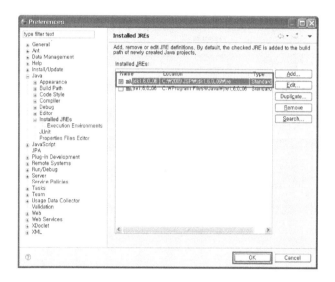

■ **그림 2-31** [Preferences]의 Installed JRE의 수정

▌톰캣 서버 실행 환경 설정

JSP 서버로 톰캣을 이용하는 JSP 프로그래밍을 수행하려면 이클립스에서 톰캣 서버를 실행 환경으로 설정해야 한다. 이를 위하여 [Preferences] 대화상자의 왼쪽 항목 [Server]/[Runtime Environment]를 선택한다. 서버 실행 환경이 하나도 지정되지 않은 초기에는 다음과 같이 오른쪽 서버 실행 환경 목록에 자료가 전혀 없다. 이제 [Add...] 버튼을 이용하여 이전에 설치된 톰캣을 지정하고 서버 실행 환경을 추가하자.

■ **그림 2-32** [Preferences]의 Server Runtime Environment

[Add…] 버튼에 의한 [New Server Runtime Environment] 대화상자에서 추가할 JSP 서버인 [Apache Tomcat v6.0]을 선택하고 [Next] 버튼을 눌러 이미 설치된 톰캣의 설치 폴더인 [C:\2009 JSP\Tomcat 6.0]을 지정한다.

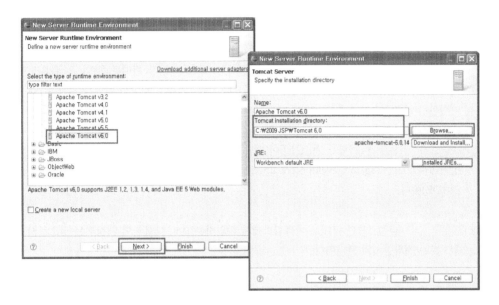

■ **그림 2-33** 새로운 서버 실행 환경으로 Apache Tomcat v6.0을 추가하는 절차

위와 같이 지정한 후 [New Server Runtime Environment] 대화상자에서 [Finish] 버튼을 누르면 다음과 같이 새로운 서버 실행 환경으로 Apache Tomcat v6.0이 추가된 [Preferences] 대화상자를 확인할 수 있다.

■ **그림 2-34** 새로운 서버 실행 환경으로 Apache Tomcat v6.0이 추가된 [Preferences] 대화상자

6. 연습문제

1. 다음에서 괄호 부분을 채우시오.

① JSP 개발환경을 살펴보면, 첫 번째로 (   )(이)가 필요하며, 두 번째로 JSP (   )(와)과 웹 서버 역할을 수행하는 웹 서버와 컨테이너가 필요하고, 세 번째로 개발의 편의를 위하여 JSP 통합 개발환경(IDE: Integrated Development Environment)이 필요하다.

② (   )(은)는 이클립스 컨소시엄이 개발한 유니버셜 도구 플랫폼으로 모든 부분에 대해 개방형이며 PDE(Plug-in Development Environment) 환경을 지원하여 확장 가능한 통합개발환경(IDE)이다.

③ (   )(은)는 표현 그대로 이클립스에서 작업하는 여러 내용물이 저장되는 장소로서 물리적으로는 저장장치의 폴더이다.

2. 자바 홈페이지에 접속하여 현재 내려 받을 수 있는 JDK 버전이 무엇인지 알아보시오.

3. 톰캣 홈페이지에 접속하여 현재 내려 받을 수 있는 톰캣 버전이 무엇인지 알아보시오.

4. 톰캣 홈페이지에 접속하여 현재 내려 받을 수 있는 이클립스의 종류를 알아보고, JSP 개발에 사용할 수 있는 가장 적합한 이클립스가 무엇인지 알아보시오.

JSP 첫 프로그래밍

1. JSP 프로그래밍을 위한 작업공간과 프로젝트

2. JSP 소스의 작성과 실행

3. 이클립스 기본 환경설정

4. 연습문제

3장에서 JSP 첫 프로그램을 위한 기본 지식을 학습한다. 본 단원에서 소개되는 예제 소스는 기본적인 HTML 지식만 있으면 쉬운 예제이다. JSP와 관련된 자세한 문법은 잘 모르더라도 전체적인 구조만 이해하길 바란다. 특히 이클립스에서 JSP 프로그램을 위한 프로젝트의 생성과 JSP 소스의 작성, 그리고 실행 방법에 익숙해지도록 실습하는 것이 중요하다.

- 작업공간의 개념을 이해하고 원하는 폴더로 작업공간 지정하기

- 다이나믹 웹 프로젝트의 생성 방법 이해하기

- 다이나믹 웹 프로젝트에서 JSP 소스 생성 방법 알아보기

- 간단한 문장을 출력하는 JSP 프로그래밍 이해하기

- 다이나믹 웹 프로젝트에서 JSP 프로그램 실행 이해하기

- 이클립스 편집기의 줄 번호 추가, 폰트 수정 알아보기

- JSP 템플릿 생성 방법 알아보기

- 이클립스에서 웹 브라우저를 외부로 실행하기

- 기존 웹 서버를 이용하여 JSP 프로그램 실행하기

1. JSP 프로그래밍을 위한 작업공간과 프로젝트

1.1 작업공간과 프로젝트

█ 이클립스 실행과 작업공간

이클립스를 실행하면 로고와 함께 2장에서 설정한 작업공간이 지정된 [Workspace Launcher]를 확인할 수 있다. 여기서 하단의 [Use this as the default and do not ask again] 체크박스는 다음 실행부터 현재 설정된 [C:\2009 JSP workspace] 폴더를 작업공간으로 하며 다음 실행 때부터 이 대화상자가 화면에 표시되지 않게 한다.

■ **그림 3-1** [Workspace Launcher] 대화상자와 체크박스

만일 위 체크박스를 체크한 이후에 다시 [Workspace Launcher] 대화상자를 나타나게 하려면 이클립스의 메뉴 [Window]/[Preferences]를 선택한 대화상자에서 항목 [General]/[Startup and Shutdown]을 선택하여 오른쪽 [Prompt for workspace on startup] 체크박스를 다시 체크한다.

■ **그림 3-2** 대화상자 [Preferences]의 항목 [General]/[Startup and
　　　　　 Shutdown]에서 [Prompt for workspace on startup] 체크박스

이클립스를 실행하여 이전에 적어도 한 번 이클립스를 실행한 작업공간이라면 [Welcome] 창이 없이 바로 [Java EE Perspective]가 표시되는 것을 알 수 있다.

퍼스펙티브와 뷰

이클립스에서 표시하는 기본 화면을 퍼스펙티브(Perspective)라 한다. 이클립스에서 퍼스펙티브는 특정 타스크(task) 유형을 수행하거나 특정 자원 유형에 대해 작업할 기능 세트를 제공한다. 하나의 퍼스펙티브를 구성하는 각각의 창을 뷰(view)라 한다. 이클립스는 기본적으로 약 16개의 퍼스펙티브를 제공하며, 그 중 대표적인 것이 [Java Perspective], [Java EE Perspective]이다. 일반 자바 응용 프로그램을 위한 기본 퍼스펙티브는 [Java Perspective]이며, JSP 프로그램을 위한 기본 퍼스펙티브는 [Java EE Perspective]이다. 이클립스는 퍼스펙티브에 따라 구성되는 메뉴와 뷰의 종류 및 레이아웃이 달라진다. 실행된 이클립스 화면의 오른쪽 상단에는 현재의 퍼스펙티브가 표시된다. [Open Perspective]를 누르면 다음과 같이 [debug], [Java], [Resource] 등의 다른 퍼스펙티브를 선택할 수 있다.

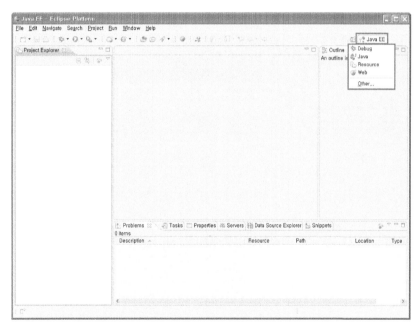

■ **그림 3-3** [Java EE Perspective]로 시작된 이클립스 화면

JSP 프로그램을 위한 기본 퍼스펙티브인 [Java EE Perspective]는 [Project Explorer], [Outline], [Server], [Console] 등의 뷰로 구성된다.

다이나믹 웹 프로젝트 생성

JSP 프로그래밍을 위해 제일 먼저 해야 할 일은 프로젝트를 만드는 일이다. 메뉴 [File]/[New]/[Dynamic Web Project]를 선택하여 [New Dynamic Web Project] 대화상자에서 프로젝트 이름을 입력한다. 프로젝트 이름은 [ch03]으로 하고 표시되는 기본값을 살펴보기로 하자.

[New Dynamic Web Project] 대화상자의 [Projects Contents]는 프로젝트 관련 파일이 저장되는 폴더로 작업공간 하부에 프로젝트 이름의 폴더인 [C:\2009 JSP workspace\ch03]으로 지정되는 것을 알 수 있다. [Target Runtime]은 JSP 프로그램이 실행되는 웹 서버로 현재 Apache Tomcat 6.0임을 확인하자. 이 서버는 2장의 [Server Runtime Environment]에서 지정한 서버 중에서 표시된다. 만일 이 서버 지정이 되지 않는다면 오른쪽 [New...]로 직접 Apache Tomcat 6.0을 지정할 수 있다. [Server Runtime Environment]와 같은 환경 설정은 작업공간마다 설정을 해야 한다. 즉 새로운 작업공간을 이용한다면 [Server Runtime Environment]를 다시 지정해야 한다.

■ **그림 3-4** 메뉴 [File]/[New]/[Dynamic Web Project]와 대화상자

[New Dynamic Web Project] 대화상자에서 다시 한 번 입력한 프로젝트 이름 [ch03]을 확인한 후 [Finish]로 종료하면 다음과 같이 [Project Explorer] 뷰(view)에 프로젝트 아이콘 ch03 을 볼 수 있다. 프로젝트 하부에는 JSP 프로그램을 실행하기 위한 관련 라이브러리, 자바 프로그램 등이 모여있는 [Java Resources: src]가 있으며, 실제 JSP, html 파일이 저장되는 [WebContent] 등이 있다.

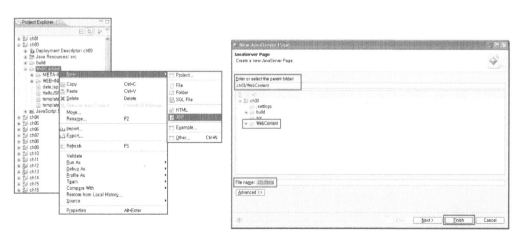

■ **그림 3-5** 프로젝트 [ch03]이 생성된 이후의 [Project Explorer]

2. JSP 소스의 작성과 실행

2.1 JSP 소스 생성

프로젝트를 생성했으니 이제 첫 JSP 프로그램을 작성하자. JSP 소스를 작성하려면 프로젝트를 오른쪽 클릭하고 메뉴 [New]/[JSP]를 선택한다. 표시된 [New JavaServer Page] 대화상자에서 소스가 저장되는 상위 폴더인 [ch03/WebContent]를 확인한 후 파일 이름 HelloJSP를 입력한다. 파일 이름은 대소문자를 구분하고 빈 문자(space)도 가능하며, 확장자 jsp가 없으면 자동으로 붙여준다.

■ **그림 3-6** JSP 소스를 생성하기 위한 메뉴와 대화상자

다음은 프로젝트 [ch03]에 JSP 소스 HelloJSP.jsp가 작성된 이후의 이클립스 [Java EE Perspective] 화면으로, 뷰 [Package Explorer]에서 [WebContent] 하부에 JSP 소스가 생성된 것을 확인할 수 있다. 만일 이 JSP 소스가 다른 장소에 있으면 문제가 생기므로 JSP 소스의 장소가 [WebContent] 하부라는 사실을 반드시 확인하는 습관을 기르도록 한다. 이제 이클립스 중앙에는 JSP 소스 편집기가 자동으로 생성된 JSP 소스를 보여주고 있으며 원하는 편집이 가능하다. 또한 화면의 오른쪽에는 [Outline] 뷰가 있어 JSP 소스의 내부 구조를 계층 구조로 보여주고 있다.

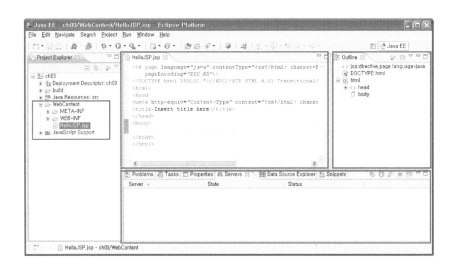

■ **그림 3-7** JSP 소스 HelloJSP.jsp가 생성된 이후의 이클립스 화면

JSP 프로그램을 위한 모든 준비가 끝났으니 탐색기를 이용하여 작업공간이 있는 폴더를 확인해 보자. 프로젝트 [ch03]이 작업공간 [2009 JSP workspace] 하부에 생성되었으며 폴더 [ch03]/[WebContent] 하부에 JSP 소스 HelloJSP.jsp가 생성된 것을 확인할 수 있다.

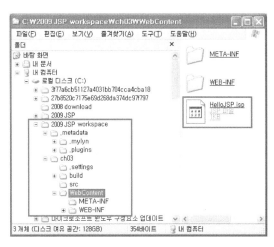

■ **그림 3-8** 작업공간과 프로젝트가 생성된 폴더

2.2 가장 간단한 JSP 프로그램 작성과 실행

▌ JSP 소스 작성

자동으로 생성된 JSP 소스는 항상 아래와 같으며, 문법적인 의미에 따라 텍스트의 색상이 다르다는 것을 알 수 있다. 소스를 보면 첫 문장 <%@ page ... %>인 JSP 지시자를 제외한 대부분이 HTML 소스인 것을 알 수 있다.

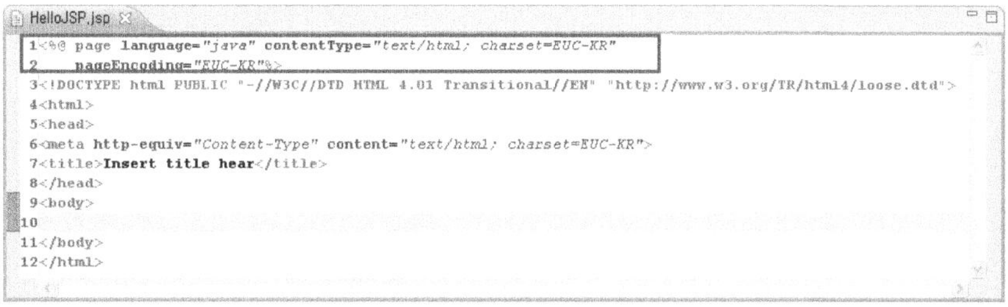

```
HelloJSP.jsp 🗙
1<%@ page language="java" contentType="text/html; charset=EUC-KR"
2     pageEncoding="EUC-KR"%>
3<!DOCTYPE html PUBLIC "-//W3C//DTD HTML 4.01 Transitional//EN" "http://www.w3.org/TR/html4/loose.dtd">
4<html>
5<head>
6<meta http-equiv="Content-Type" content="text/html; charset=EUC-KR">
7<title>Insert title hear</title>
8</head>
9<body>
10
11</body>
12</html>
```

■ **그림 3-9** 자동으로 만들어진 초기 jsp 소스

　자동으로 생성된 소스에서 <body> 태그 내부에 원하는 문장을 <p> 태그와 함께 입력한다. 물론 이 소스는 HTML 문서로도 가능한 프로그램으로 매우 간단한 JSP 프로그램이다.

🖥 **예제 3-1 HelloJSP.jsp**

```
01  <%@ page language="java" contentType="text/html; charset=EUC-KR"
02      pageEncoding="EUC-KR"%>
03  <!DOCTYPE html PUBLIC "-//W3C//DTD HTML 4.01 Transitional//EN"
    "http://www.w3.org/TR/html4/loose.dtd">
04  <html>
05  <head>
06  <meta http-equiv="Content-Type" content="text/html; charset=EUC-KR">
07  <title>JSP 예제 HelloJSP.jsp</title>
08  </head>
09  <body>
10
11  <p>
12  처음하는 JSP 프로그래밍입니다.
13  <p>
14  원하는 문장을 출력하고 있습니다.
15
16  </body>
17  </html>
```

소스 실행

이제 작성한 JSP 프로그램을 실행하자. 실행하려는 소스에서 메뉴 [Run As]/[Run on Server]
를 선택한다.

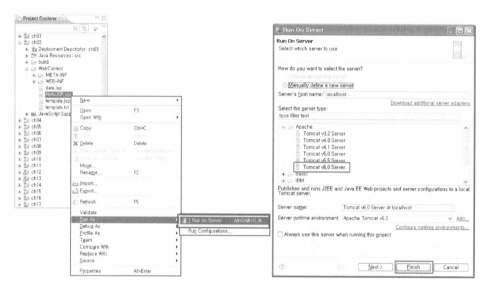

■ **그림 3-10** JSP 실행 메뉴 [Run on Server]

표시된 [Run on Server] 대화상자에서 서버 유형이 [Tomcat v6.0 Server]임을 확인하고
[Finish] 버튼을 누른다. 이클립스 내부에서 처음 톰캣 서버를 실행한다면 [Manually define a
new server] 라디오 버튼만을 선택할 수 있다.

이클립스 화면 하단에 위치한 [Console] 뷰에 톰캣 서버의 실행을 알리는 메시지가 여러
줄 표시되고 [Servers] 뷰에 서버 이름과 함께 현재 상태가 표시되며 편집기가 있던 중앙 부분
에 웹 브라우저가 나타나 JSP 프로그램이 실행된다.

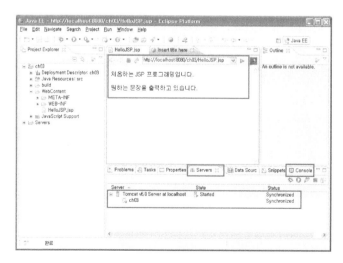

■ **그림 3-11** HelloJSP.jsp 프로그램 실행 후 이클립스 화면

[Servers] 뷰의 [Tomcat v6.0 Server at localhost]를 확장하면 생성된 프로젝트 [ch03]을 확인할 수 있으며 이클립스의 중앙에 소스 HelloJSP.jsp가 실행된 웹 브라우저가 표시된다. 웹 브라우저의 URL을 보면 [http://localhost:8080/ch03/HelloJSP.jsp]가 표시된 것을 알 수 있다.

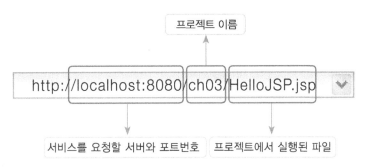

■ **그림 3-12** URL의 의미

JSP 프로그램 실행 시 다음과 같은 대화상자의 오류가 발생하면 외부나 내부에 이미 톰캣 서버 또는 8080 포트 번호로 다른 서버가 실행되어 있는 것이므로 그 서버를 종료한 후 다시 실행하도록 한다. 이러한 문제가 발생하더라도 쉽게 8080 포트를 이용하는 다른 서버를 찾을 수 없는 경우가 있을 수 있으니 이런 경우, 이클립스를 종료한 후 다시 실행하거나 아예 윈도우 시스템을 종료한 후 다시 시작하기 바란다.

■ **그림 3-13** 8080 포트를 이용하는 다른
서버가 이미 실행 중인 문제를 표시

JSP 소스의 수정과 실행

이미 실행해 본 소스 HelloJSP.jsp의 소스를 수정해 실행해 보자. 다음과 같이 헤드 태그인 <h1>과 줄 삽입 태그 <hr>를 입력하여 소스를 수정하면 편집기의 소스 이름 앞에 소스가 수정되었다는 표시인 *가 붙는 것을 볼 수 있다.

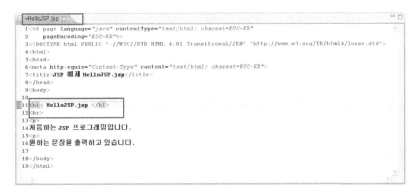

■ **그림 3-14** HelloJSP.jsp 소스의 수정

소스를 메뉴나 아이콘을 이용하여 저장한 후 바로 브라우저에서 URL 좌측부분에 있는 [Refresh] 버튼을 누르면 수정된 소스를 다시 실행한 결과가 표시된다.

■ **그림 3-15** 브라우저에서 [Refresh] 버튼에 의한 수정된 소스의 실행

3. 이클립스 기본 환경설정

3.1 편집기의 환경 설정

█ 편집기의 줄 번호 추가

편집기 왼쪽에 줄 번호를 표시하려면 [Preferences] 대화상자에서 항목 [General]/[Editors]/[Text Editors]을 선택하여 [Show line numbers]를 체크한다. 또한 같은 대화상자 하단부 목록 [Appearance color options:]에서 [Line number foreground]를 선택한 후 [Color:]를 눌러 원하는 색상으로 수정하면 줄 번호의 색상도 선택할 수 있다.

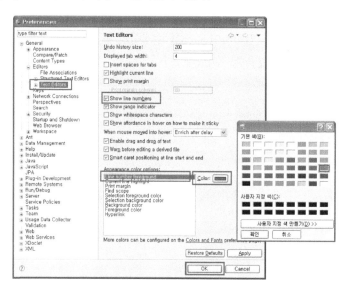

■ **그림 3-16** 편집기의 줄 번호 옵션 설정

편집기의 폰트 수정

JSP 편집기의 폰트를 수정하려면 [Preferences] 대화상자에서 항목 [General]/[Appearance]/
[Colors and Fonts]을 선택하고 오른쪽에서 [Basic]를 확장하여 [Text Font]를 선택한 후, 버튼
[Change…]를 눌러 원하는 폰트를 선택하여 적용한다.

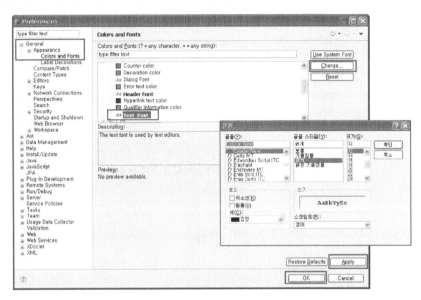

■ **그림 3-17** 일반 편집기의 폰트 수정

만일 JSP 파일의 편집기 폰트만 수정하고 다른 일반적인 파일의 폰트는 수정하고 싶지 않
으면 [General]/[Appearance]/[Colors and Fonts]을 선택하고 오른쪽에서 [Structured Text
Editors]를 확장하여 [Structured Text Editor Text Font]를 선택한 후, 버튼 [Change…]를 눌
러 원하는 폰트를 선택하여 적용할 수도 있다.

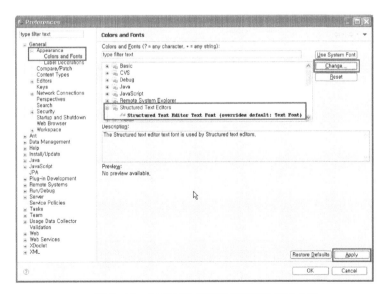

■ **그림 3-18** JSP와 같은 구조적 편집기의 폰트 수정

다음은 줄 번호가 표시되고 폰트가 수정된 편집기에서 소스 HelloJSP.jsp 파일이 열린 모습이다.

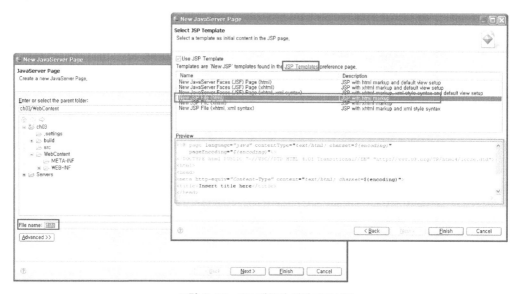

■ **그림 3-19** 줄 번호가 표시되고 폰트가 수정된 편집기

3.2 자동생성 소스 JSP 템플릿의 편집

JSP 템플릿 생성

JSP 소스를 생성하면 자동으로 만들어지는 소스인 JSP 템플릿을 수정해 보자. 프로젝트 [ch03]의 [WebContent] 하부에 JSP 소스 date.jsp 생성한다. JSP를 생성하는 대화상자에서 [Next >] 버튼을 누르면 자동소스가 저장되어 있는 JSP 템플릿을 선택할 수 있는 대화상자가 표시된다. 지금까지 기본으로 선택된 자동소스 템플릿의 이름은 [New JSP File (html)]이었고 새로이 템플릿을 하나 만들어 보도록 하자. 대화상자에서 템플릿 목록 바로 위에 밑줄 친 [JSP Templates]를 누르면 새로운 JSP 소스 템플릿을 생성할 수 있는 대화상자로 이동한다.

■ **그림 3-20** JSP 템플릿 선택 대화상자

예제 3-2 새로운 JSP 소스 템플릿

```
01  <%@ page language="java" contentType="text/html; charset=${encoding}"
    pageEncoding="${encoding}"%>
02  <html>
03  <head>
04  <meta http-equiv="Content-Type" content="text/html; charset=$
    {encoding}">
05  <title>JSP 예제</title>
06  </head>
07  <body>
08  ${cursor}
09  </body>
10  </html>
```

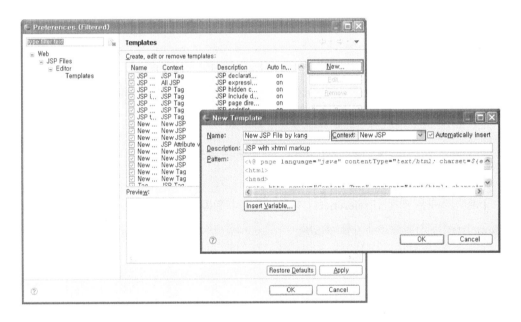

■ **그림 3-21** 대화상자 [Preferences]의 [Templates]에서 소스 템플릿 생성

표시된 [Preferences]의 [Templates]에서 버튼 [New…]를 눌러 [New Template] 대화상자를 열어 다음과 같이 [Context]를 반드시 [New JSP]로 하고 [Pattern]은 위의 예제 소스로 한다. 그리고 [Name]은 [New JSP File by kang]으로 하고 [description] 등 나머지 부분을 입력한다. 다시 돌아온 [Preferences]에서 생성된 템플릿 목록을 확인한 후 [Apply]와 [OK]를 누른다.

다시 돌아온 [New JavaServer Page] 대화상자에서 생성된 [New JSP File by kang] 템플릿을 확인할 수 있으며, 이를 선택하고 [Finish] 버튼을 누르면 우리가 만든 JSP 소스 템플릿이 담겨진 소스 date.jsp가 생성된 것을 볼 수 있다.

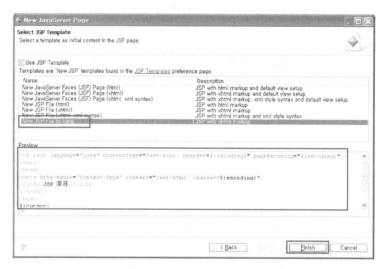

■ **그림 3-22** 새로운 JSP 템플릿 보기

■ **그림 3-23** 새로운 JSP 템플릿으로 생성된 JSP 소스

JSP 템플릿은 직접 [Preferences] 대화상자에서 왼쪽 항목 [Web]/[JSP Files]/[Editors]/
[Templates]를 선택하고 추가할 수 있다.

3.3 웹 브라우저 실행 방법

웹 브라우저의 외부 실행

JSP에서 자바 문장을 이용하여 원하는 것을 출력하는 프로그램을 작성하기 위해서 객체 **out**을
이용한다. 객체 **out**의 메소드 **print()**를 이용하여 브라우저에 원하는 문자열이나 객체를 출
력한다.

예제 3-3 date.jsp

```
01  <%@ page language="java" contentType="text/html; charset=EUC-KR"
    pageEncoding="EUC-KR"%>
02  <html>
03  <head>
```

```
04  <meta http-equiv="Content-Type" content="text/html; charset=EUC-KR">
05  <title>JSP 예제 date.jsp</title>
06  </head>
07  <body>
08
09  <% java.util.Date today = new java.util.Date(); %>
10  <% out.print("현재 시각은 [" + today + "] 입니다"); %>
11
12  </body>
13  </html>
```

JSP에서 자바 문장을 기술하기 위해서는 태그 <%로 시작하여 %>로 종료한다. 클래스 Date로 현재의 시간 정보를 저장한 객체 today를 생성하여 이를 출력하는 예제 프로그램 date.jsp를 실행해보자.

■ **그림 3-24** 외부 웹 브라우저를 이용하도록 설정하는 대화상자

대화상자 [Preferences]에서 [General]/[Web Browser]를 선택한 후, 오른쪽에서 [Use external Web Browser]를 선택하면 JSP 프로그램을 실행하는 웹 브라우저를 외부에서 이용할 수 있다. 위와 같이 지정한 후, date.jsp를 실행하면 다음과 같이 외부 웹 브라우저에서 JSP가 실행되는 것을 볼 수 있다. 물론 외부 브라우저를 띄운 후 URL에 직접 http://localhost:8080/ch03/date.jsp를 기술해도 프로그램 date.jsp가 실행된다.

■ **그림 3-25** 외부에서 실행된 예제 date.jsp

▌기존 웹 서버의 이용

이클립스에서 이전에 톰캣 서버를 실행한 후, 다시 JSP 프로그램을 실행하는 경우, 다음과 같이 기존 서버를 이용하여 실행할 수 있다. 물론 새로운 서버를 정의하여 실행할 수도 있으나 이런 경우, 기존의 서버와 동일하다면 이전 서버의 작동을 중지한 후, 새로운 서버를 정의해야한다. 즉 동일한 포트를 이용하는 서버를 동시에 여러 개 실행할 수 없기 때문이다.

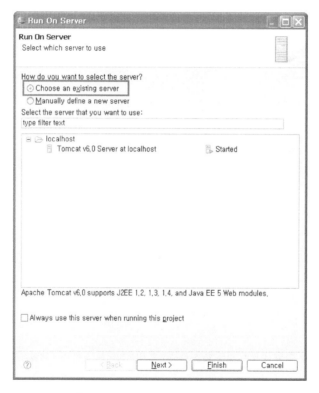

■ **그림 3-26** 현재 서버를 그대로 이용하여 실행

4. 연습문제

1. 이클립스에서 JSP 프로그램을 위한 프로젝트를 다음 조건에 맞도록 생성하시오.

① 작업공간은 [C:\JSP exercise]로

② 이클립스 서버의 실행환경을 Tomcat v6.0으로 추가하고

③ 프로젝트 이름은 [ex03]으로

④ 소스 이름은 [hello.jsp]로 하며

⑤ 본인의 이름과 학번을 출력하는 프로그램을 작성하여

⑥ 실행하시오.

2. out.print()와 HTML 태그 **
**을 이용하여 다음을 출력하는 프로그램을 작성하시오.

3. 이클립스에서 다음 소스를 이용하여, 이름이 New JSP File by me JSP 템플릿을 생성하시오.

```
01  <%@ page language="java" contentType="text/html; charset=${encoding}"
    pageEncoding="${encoding}"%>
02
03  <html>
04  <head>
05  <title>JSP 예시 by me</title>
06  </head>
```

```
07  <body>
08
09  ${cursor}
10
11  </body>
12  </html>
```

4. 위 JSP 템플릿을 이용하여 다음 프로그램을 작성하고 실행하시오.

```
01  <%@ page language="java" contentType="text/html; charset=EUC-KR"
    pageEncoding="EUC-KR"%>
02
03  <html>
04  <head>
05  <title>JSP 예제 by me</title>
06  </head>
07  <body>
08
09  <% out.print("JSP 탬플릿을 추가하려면 <br>"); %>
10  <% out.print("[Preferences] 대화상자에서 [Web]/[JSP Files]/[Editors]/
    [Templates]에서 추가한다. <br>"); %>
11
12  </body>
13  </html>
```

5. 클래스 date의 메소드 **toLocaleString()**을 이용하여 다음과 같이 출력되도록 예제 date.jsp를 수정하시오.

CHAPTER 04

JSP 기본 문법

1. 스크립트 태그
2. 스크립트릿과 표현식
3. 서블릿 변환과 오류 점검
4. 선언과 주석
5. 지시자
6. 연습문제

4장에서는 JSP 프로그래밍을 위한 스크립트 태그 문법을 알아본다. 스크립트 태그는 스크립트 원소와 지시자로 구성되며, 스크립트 원소는 스크립트릿, 표현식, 선언, 주석으로 구성된다. 하나의 JSP 파일은 하나의 서블릿 프로그램으로 변환되어 실행되며, 실행 시 컴파일 오류 또는 실행 오류가 발생할 수 있다. 이런 경우 소스를 적절히 수정하여 다시 실행하도록 한다.

- JSP에서 이용되는 태그 종류인 스크립트 태그와 액션 태그, 커스텀 태그 알아보기

- JSP 스크립트 원소인 스크립트릿, 표현식, 선언, 주석 알아보기

- JSP에서 자바 코딩 방법 알아보기

- JSP에서 표현식 출력 방법 알아보기

- JSP에서 생성된 서블릿 소스 이해하기

- JSP에서 발생하는 오류 이해하기

- JSP에서 소속변수 선언과 메소드 구현 방법 알아보기

- JSP에서 이용되는 주석 알아보기

- JSP에서 지시자의 종류와 사용 방법 알아보기

1. 스크립트 태그

1.1 JSP 문법의 기본

▌ 태그의 이용

JSP는 태그를 이용하여 고유한 문법을 기술하는 서버 프로그래밍 방식이다. JSP의 태그 방식은 스크립트 태그(Script Tag)와 액션 태그(Action Tag), 커스텀 태그(Custom Tag)로 나뉜다.

다음은 스크립트 태그 방식의 5가지 종류로 모두 <% … %>를 사용한다. 태그의 시작인 <와 %사이에 빈 공간 문자(space)가 없어야 하며, 마찬가지로 종료 태그인 %> 사이에도 빈 문자를 허용하지 않는다.

종류	태그 형식	사용 용도
지시어(directives)	<%@ %>	JSP 페이지의 속성을 지정
선언(declaration)	<%! %>	소속변수 선언과 메소드 정의
표현식(expression)	<%= %>	변수, 계산식, 함수 호출 결과를 문자열 형태로 출력
스크립트릿(scriptlet)	<% %>	자바 코드를 기술
주석(comments)	<%-- --%>	JSP 페이지의 설명 추가

■ **표 4-1** JSP 스크립트 태그 종류

액션 태그는 XML 스타일의 태그로 기술한 동작 기능을 수행하는 방식이며, 커스텀 태그는 새로운 태그를 정의하여 이용하는 방법인데, JSP만의 고유한 방식으로 14장에서 자세히 학습할 예정이다.

종류	태그 형식	사용 용도
액션 태그 (Action Tag)	`<jsp:include page="test.jsp" />`	현재 JSP 페이지에서 다른 페이지를 포함
	`<jsp:forward page="test.jsp" />`	현재 JSP 페이지의 제어를 다른 페이지에 전달
	`<jsp:plugin type="applet"` `        code="test" />`	자바 애플릿을 플러그인
	`<jsp:useBean id="login"` `        class="LoginBean" />`	자바빈을 사용

액션 태그 (Action Tag)	`<jsp:setProperty name="login"` `    property="pass" />`	자바빈의 속성을 지정하는 메소드를 호출
	`<jsp:getProperty name="login"` `    property="pass" />`	자바빈의 속성을 반환하는 메소드를 호출
커스텀 태그 (Custom Tag)	`<tag:printData dbname="mydb"` `    table="memb" />`	사용자가 직접 정의한 태그를 이용

■ **표 4-2** JSP 액션 태그와 커스텀 태그

▎ JSP 스크립트 요소

자바 프로그래밍 코드가 삽입되는 선언, 표현식, 스크립트릿 그리고 문법과 관계없이 설명을 기술하는 주석을 JSP 스크립트 요소(JSP Script Elements)라 한다.

2. 스크립트릿과 표현식

2.1 스크립트릿

▎ 자바 코드 삽입

JSP에서 자바 코드를 삽입하려면 태그 <% … %>의 스크립트릿(scriptlet)을 이용한다.

```
<% code fragment %>
```

간단한 문장은 주로 한 줄에 태그와 코드를 함께 표현한다. 변수나 객체 또는 문자열의 출력을 자바 코드로 표현하려면 객체 out의 print() 또는 println() 메소드를 이용한다.

```
<% out.print("스크립트릿 태그"); %>
```

여러 문장을 한 번의 태그에 이용하려면 다음과 같이 코딩할 수 있다.

```
<%
    String str = "스크립트릿 태그";
    out.print(str);
%>
```

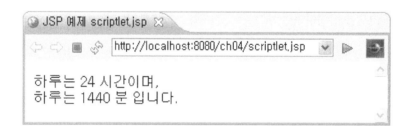 예제 4-1 scriptlet.jsp

```
01  <%@ page language="java" contentType="text/html; charset=EUC-KR"
    pageEncoding="EUC-KR"%>
02  <html>
03  <head>
04  <meta http-equiv="Content-Type" content="text/html; charset=EUC-KR">
05  <title>JSP 예제 scriptlet.jsp</title>
06  </head>
07  <body>
08    <% int i = 24; %>
09    <%
10      out.println("하루는 " + i + " 시간이며, <br>");
11      out.println("하루는 " + i*60 + " 분 입니다.");
12    %>
13  </body>
14  </html>
```

```
🌐 JSP 예제 scriptlet.jsp ✖
⇐ ⇒ ■ ⟳  http://localhost:8080/ch04/scriptlet.jsp  ▾  ▷  ⏩

하루는 24 시간이며,
하루는 1440 분 입니다.
```

위 소스 9줄에서 메소드 println()을 이용하더라도 출력에
 태그를 기술하지 않으면 웹브라우저 화면에서 두 줄에 출력되지 않는다. 즉 출력에 이용되는 out.println()은 html 소스에서 출력되는 내용을 다음 줄로 이동시키지만 브라우저의 결과에는 다음 줄로 이동이 반영되지 않는다. 그림 4-1에서 왼쪽은 위 소스 실행에서 메뉴 [소스 보기]를 한 html 소스이며, 오른쪽은 out.println() 두 문장을 모두 out.print()로 프로그래밍 한 경우의 html 소스이다. 출력된 문장이 모두 한 줄에 출력된 것을 볼 수 있으나, 이 소스의 브라우저의 결과는 왼쪽 소스와 모두 동일하다.

■ **그림 4-1** out.print()와 out.println()의 차이는 html에서 소스의 차이

2.2 표현식

▌변수의 출력

표현식 태그 <%= … %>를 이용하여 변수, 계산식, 함수 호출 결과를 문자열 형태로 출력한다. 표현식에서 expression은 String 유형으로 변환되어 out 객체를 통해 클라이언트에 전달된다.

```
<%= expression %>
```

표현식 태그에서 <%와 = 사이에 공백이 없어야 하며, 출력하는 변수 또는 계산식 expression은 하나의 결과 값이어야 하고 expression 이후에 ;(세미콜론)이 없어야 한다는 것에 주의하자. 이는 JSP 페이지가 서블릿으로 변환될 경우, expression이 변환된 자바 문장인 out.print(expression);의 인자로 이용되기 때문이다. 그러므로 자바의 기본 자료형은 모두 표현식으로 출력 가능하며 참조 자료형으로는 메소드 toString()의 결과가 출력된다.

```
<% String exp = "표현식"; %>
<%= exp %>

<% int a = 100; %>
<%= a %>
```

예제 4-2 expression.jsp

```
01  <%@ page language="java" contentType="text/html; charset=EUC-KR"
    pageEncoding="EUC-KR"%>
02  <html>
03  <head>
04  <meta http-equiv="Content-Type" content="text/html; charset=EUC-KR">
05  <title>JSP 예제 expression.jsp</title>
06  </head>
07  <body>
08      <% int year = 365; %>
09
10      <% out.println("1년은 약 몇 주일까요? <p>"); %>
11      <%= year / 7 %>
12      <%= " 주 입니다." %>
13  </body>
14  </html>
```

위 예제와 같이 JSP에서 출력하는 방법은 2가지로, 첫 번째는 스크립트릿 내부에서 자바 코드의 out.print(), out.println()을 사용하는 방법이며, 두 번째는 직접 expression을 바로 표현식으로 이용하여 <%= expression %>와 같이 출력하는 방법이다.

표현식에서 expression은 out.print(expression);의 인자로 문법상 문제가 있으면 서블릿 변환 시 오류가 발생하며, expression을 String 유형으로 변환할 수 없는 경우, 실행 시 ClassCastException 예외가 발생할 수 있다.

3. 서블릿 변환과 오류 점검

3.1 JSP 소스의 서블릿 변환

▌ 이클립스에서 서블릿의 위치

톰캣 JSP 엔진은 JSP 소스인 *.jsp를 자바 프로그램인 서블릿 소스 *_jsp.java로 자동 생성하여 서블릿 클래스를 실행한다. 다음 예제 소스를 작성하여 실행하고 생성된 서블릿 소스를 찾아보자.

🖥 **예제 4-3 increment.jsp**

```
01  <%@ page language="java" contentType="text/html; charset=EUC-KR"
        pageEncoding="EUC-KR"%>
02  <html>
03  <head>
04  <meta http-equiv="Content-Type" content="text/html; charset=EUC-KR">
05  <title>JSP 예제 increment.jsp</title>
06  </head>
07  <body>
08    <% int i = 0; %>
09    i = <%= ++i %>
10  </body>
11  </html>
```

JSP 소스인 increment.jsp에서 생성되는 서블릿 소스 파일 이름은 JSP 엔진마다 다를 수 있는데, 톰캣 서버의 경우, 서블릿 파일은 increment_jsp.java이다. 현재 이클립스의 설정에서 JSP 파일을 실행하면 가상의 톰캣 서버를 생성하여 실행하므로 서블릿 파일의 위치는 다음과 같이 작업공간 [C:\2009 JSP workspace] 하부의 [.metadata\.plugins\org.eclipse.wst.server. core\tmp0\work\Catalina\localhost\ch04\org\apache\jsp] 폴더 하부에 위치한다. 여기서 [tmp0]는 생성하는 서버의 수에 따라 [tmp+번호]와 같으며, [ch04]는 프로젝트의 이름이다.

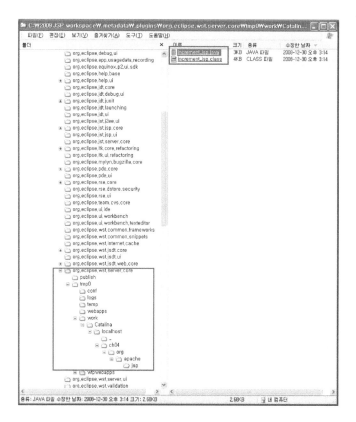

■ **그림 4-2** ■ 서블릿 파일 increment_jsp.java 위치

서블릿 소스 확인

JSP 파일에서 생성된 서블릿 소스 increment_jsp.java를 이클립스에서 직접 편집기로 열어보면 다음과 같은 클래스 increment_jsp를 구현한 자바 프로그램이다. 처음에는 서블릿 increment_jsp.java 소스가 다소 복잡하고 어렵다고 느낄 수 있으나 이클립스의 오른쪽 아웃라인 뷰를 살펴보면 그 구조가 의외로 간단하다. 아웃라인 뷰에서 보듯이 클래스 increment_jsp 는 _jspxFactory 등 4개의 소속 변수와 _jspInit(), _jspDestroy(), _jspService() 등 4개의 메소드로 구성된다는 것을 알 수 있다.

```
package org.apache.jsp;

import javax.servlet.*;

public final class increment_jsp extends org.apache.jasper.runtime.HttpJspBase
    implements org.apache.jasper.runtime.JspSourceDependent {

  private static final JspFactory _jspxFactory = JspFactory.getDefaultFactory();

  private static java.util.List _jspx_dependants;

  private javax.el.ExpressionFactory _el_expressionfactory;
  private org.apache.AnnotationProcessor _jsp_annotationprocessor;

  public Object getDependants() {

  public void _jspInit() {

  public void _jspDestroy() {

  public void _jspService(HttpServletRequest request, HttpServletResponse response)
        throws java.io.IOException, ServletException {

    PageContext pageContext = null;
    HttpSession session = null;
    ServletContext application = null;
    ServletConfig config = null;
    JspWriter out = null;
    Object page = this;
    JspWriter _jspx_out = null;
    PageContext _jspx_page_context = null;


    try {
      response.setContentType("text/html; charset=EUC-KR");
      pageContext = _jspxFactory.getPageContext(this, request, response,
              null, true, 8192, true);
      _jspx_page_context = pageContext;
      application = pageContext.getServletContext();
      config = pageContext.getServletConfig();
      session = pageContext.getSession();
      out = pageContext.getOut();
      _jspx_out = out;

      out.write("\r\n");
      out.write("<html>\r\n");
      out.write("<head>\r\n");
      out.write("<meta http-equiv=\"Content-Type\" content=\"text/html; charset=EUC-KR\">\r\n");
      out.write("<title>JSP 예제 increment.jsp</title>\r\n");
      out.write("</head>\r\n");
      out.write("<body>\r\n");
      out.write("\t");
int i = 0;
      out.write("\r\n");
      out.write("\ti = ");
      out.print( ++i );
      out.write("\r\n");
      out.write("</body>\r\n");
      out.write("</html>");
    } catch (Throwable t) {
      if (!(t instanceof SkipPageException)){
        out = _jspx_out;
        if (out != null && out.getBufferSize() != 0)
          try { out.clearBuffer(); } catch (java.io.IOException e) {}
        if (_jspx_page_context != null) _jspx_page_context.handlePageException(t);
      }
    } finally {
      _jspxFactory.releasePageContext(_jspx_page_context);
    }
  }
}
```

Outline 창 내용:

```
org.apache.jsp
import declarations
increment_jsp
  _jspxFactory : JspFactory
  _jspx_dependants : List
  _el_expressionfactory : ExpressionFactory
  _jsp_annotationprocessor : AnnotationProcessor
  getDependants()
  _jspInit()
  _jspDestroy()
  _jspService(HttpServletRequest, HttpServletResponse)
```

JSP 소스 창 내용:

```
1 <%@ page language="java" contentType="text/html; charset=EUC-KR" pageEncoding="EUC-KR"%>
2 <html>
3 <head>
4 <meta http-equiv="Content-Type" content="text/html; charset=EUC-KR">
5 <title>JSP 예제 increment.jsp</title>
6 </head>
7 <body>
8     <% int i = 0; %>
9     i = <%= ++i %>
10 </body>
11 </html>
```

■ **그림 4-3** JSP 소스 increment.jsp에서 생성된 서블릿 소스 increment_jsp.java

위 서블릿 소스를 살펴보면 JSP 파일 increment.jsp에서 코딩된 HTML의 <body> 태그 부분 코딩이 메소드 _jspService() 내부에 구현된 것을 확인할 수 있다. 즉 JSP 스크립트릿 코딩인 int i = 0; 부분은 모두 메소드 _jspService() 내부에 그대로 구현되었고, 표현식 부분인 ++i는 out.print(++i);로 구현된 것을 확인할 수 있다.

3.2 JSP 실행 시 오류 발생

▌ 서블릿 변환 후 컴파일 오류

JSP 소스를 서블릿으로 변환한 후 컴파일 시 발생하는 오류는 문법 오류(syntax error)이다. 이러한 컴파일 오류는 일반 자바 프로그램의 컴파일 오류와 같은 문제에서 발생하는 오류로 이클립스 편집기에서도 소스 코딩 순간에 오류 표시를 즉시 해준다.

예제 4-4 error.jsp

```
01  <%@ page language="java" contentType="text/html; charset=EUC-KR"
    pageEncoding="EUC-KR"%>
02  <html>
03  <head>
04  <meta http-equiv="Content-Type" content="text/html; charset=EUC-KR">
05  <title>JSP 예제 error.jsp</title>
06  </head>
07  <body>
08    <% String []str = {"감사합니다.", "Thank you."}; %>
09    한국어로 [<%= str[0]; %>]는  <br>
10    영어로 [<%= str[2] %>]이다.
11  </body>
12  </html>
```

위 예제를 코딩한 이클립스의 편집기를 살펴보자. 다음과 같이 문법적인 오류가 발생하는 9줄 번호 왼쪽에 오류 마크 ⊗가 표시되고, 세미콜론에 밑줄이 표시되는 것을 볼 수 있다. 이 오류는 표현식에서 출력할 변수 뒤에 세미콜론을 붙여서 발생하는 문법 오류로, 편집기에서 마우스를 오류가 발생하는 줄 번호에 위치시키면 오류 메시지와 처리 방법을 알려준다. 또한 이클립스의 패키지 탐색기를 살펴보면 JSP 소스에서 발생한 문법 오류로 인해, 소스 파일, 이 파일이 저장된 상위의 [WebContent], 그리고 소속된 프로젝트 아이콘에도 오류가 표시되는 것을 볼 수 있다.

■ **그림 4-4** JSP 소스의 문법적인 오류의 표시

위 소스를 그대로 실행하면 웹 브라우저에 [Unable to compile class for JSP] 오류가 표시된다. 오류 메시지를 살펴보면, 오류가 예상되는 줄 번호와 그 부분의 소스가 출력되는 것을 볼 수 있다.

■ **그림 4-5** JSP 소스의 문법 오류로 인한 컴파일 오류

▌ 서블릿 실행 시 오류

다음 예제는 위 예제의 문법 오류를 수정하여 문법 오류는 없으나 실행 시 오류가 발생한다. 이러한 오류는 변환된 서블릿을 실행할 때 발생하는 오류이다.

📟 예제 4-5 runerror.jsp

```
01  <%@ page language="java" contentType="text/html; charset=EUC-KR"
        pageEncoding="EUC-KR"%>
02  <html>
03  <head>
04  <meta http-equiv="Content-Type" content="text/html; charset=EUC-KR">
05  <title>JSP 예제 runerror.jsp</title>
06  </head>
07  <body>
08      <% String []str = {"감사합니다.", "Thank you."}; %>
09      한국어로 [<%= str[0] %>]는  <br>
10      영어로 [<%= str[2] %>]이다.
11  </body>
12  </html>
```

위 소스 10줄에서 출력에 이용되는 문자열 배열 str은 유효한 첨자가 0과 1이므로, str[2]의 첨자 2는 그 유효 범위를 벗어난다. 이러한 실행 오류는 컴파일 시간에는 발견되지 않는 오류로 편집기에는 오류가 표시되지 않으며 실행 시간에 오류가 다음과 같이 브라우저에 표시된다.

■ 그림 4-6 실행 오류 ArrayIndexOutOfBoundsException의 표시와
변환된 실제 서블릿 소스 runerror_jsp.java

브라우저의 오류 메시지를 살펴보면, JSP 소스 파일 이름인 runerror.jsp와 오류 발생 예상 위치인 10줄, 그리고 그 주위의 소스를 보이고 있으며, 메시지의 중간 부분에 [근원 원인(root cause)]으로 [ArrayIndexOutOfBoundsException : 2]처럼 오류 원인의 클래스 이름과 값 2를 보이고 있다. 또한 다음 줄에는 [runerror_jsp.java(67)]로 오류가 발생하는 서블릿 파일과 오류 위치가 67 줄임을 표시하고 있다. 다음은 잘못된 배열 첨자 2를 1로 수정한 프로그램과 실행 결과이다.

예제 4-6 runerrorhandle.jsp

```
01  <%@ page language="java" contentType="text/html; charset=EUC-KR"
        pageEncoding="EUC-KR"%>
02  <html>
03  <head>
04  <meta http-equiv="Content-Type" content="text/html; charset=EUC-KR">
05  <title>JSP 예제 runerrorhandle.jsp</title>
06  </head>
07  <body>
08      <% String []str = {"감사합니다.", "Thank you."}; %>
09      한국어로 [<%= str[0] %>]는  <br>
10      영어로 [<%= str[1] %>]이다.
11  </body>
12  </html>
```

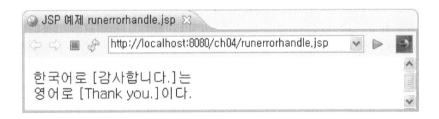

4. 선언과 주석

4.1 선언

변수의 선언과 메소드 구현

선언 태그는 <%! … %>를 이용하며 소속 변수를 선언하거나 메소드를 구현하는 태그이다.

```
<%! declaration %>
```

선언 태그에서 선언되는 변수는 소속 변수(membered variables)라는 것을 명심하자. 반
대로 스크립트릿에서 선언되는 변수는 메소드 _jspService() 내부에서 선언되는 지역 변수
(local variables)이다.

다음 예제는 원의 반지름을 인자로 원의 면적을 구하는 프로그램으로, 메소드 getArea()
를 구현하며 변수 radius는 이 서블릿 클래스의 소속변수로 선언된다.

예제 4-7 declaration.jsp

```
01  <%@ page language="java" contentType="text/html; charset=EUC-KR"
        pageEncoding="EUC-KR"%>
02  <html>
03  <head>
04  <meta http-equiv="Content-Type" content="text/html; charset=EUC-KR">
05  <title>JSP 예제 declaration.jsp</title>
06  </head>
07  <body>
08     <%! double radius = 4.8; %>
09     <%!
10       public double getArea(double r) {
11          return r * r * 3.14;
12       }
13     %>
14     반지름이 <%= radius %>인 원의 면적은 <%= getArea(radius) %>이다.
15  </body>
16  </html>
```

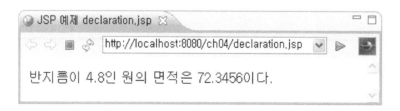

다음 소스는 스크립트릿 태그로 지역변수를 선언하는 것과 선언 태그로 소속변수를 선언
하는 것의 차이를 알아보는 프로그램이다. 즉 변수 i는 지역변수이고 변수 memi는 소속변수
이다. 그러므로 변수 i는 변수를 선언한 문장 이후, 스크립트릿에서만 참조가 가능하나 변수
memi는 변수 선언 문장 이전에도 스크립트릿에서 참조가 가능하다.

```
<% int i = 0; %>
<%! int memi = 0; %>
```

예제 4-8 membervar.jsp

```
01  <%@ page language="java" contentType="text/html; charset=EUC-KR"
    pageEncoding="EUC-KR"%>
02  <html>
03  <head>
04  <meta http-equiv="Content-Type" content="text/html; charset=EUC-KR">
05  <title>JSP 예제 membervar.jsp</title>
06  </head>
07  <body>
08      <% int i = 0; %>
09      [지역변수] i = <%= ++i %>
10      <p>
11      [소속변수] memi = <%= ++memi %>
12      <%! int memi = 0; %>
13  </body>
14  </html>
```

실행할 때마다 소속변수 memi가
증가하는 것을 알 수 있다.

위 예제 소스에서 지역변수 i를 참조하는 9줄은 8줄 이전에 위치할 수 없으나, 소속변수 memi를 참조하는 11줄은 변수 선언 12줄보다 앞에 위치할 수 있다. 위 예제를 처음 실행한 후, 웹 브라우저에서 계속 refresh를 하면 지역변수 i는 계속 1이 출력되나 소속변수인 memi는 1씩 계속 증가하는 것을 알 수 있다. 즉, 변수 memi는 소속변수로서 이전 값이 계속 남아있기 때문이다.

```
 membervar_jsp.java 23
 1  package org.apache.jsp;
 2
 3⊕import javax.servlet.*;□
 6
 7  public final class membervar_jsp extends org.apache.jasper.runtime.HttpJspBase
 8      implements org.apache.jasper.runtime.JspSourceDependent {
 9
10  int memi = 0;
11   private static final JspFactory _jspxFactory = JspFactory.getDefaultFactory();
12
13   private static java.util.List _jspx_dependants;
14
15   private javax.el.ExpressionFactory _el_expressionfactory;
16   private org.apache.AnnotationProcessor _jsp_annotationprocessor;
17
```

. . . . . .

```
61      out.write("\t");
62  int i = 0;
63      out.write("\r\n");
64      out.write("\t[지역변수] i = ");
65      out.print( ++i );
66      out.write(" \r\n");
67      out.write("\t<p>\r\n");
68      out.write("\t[소속변수] memi = ");
69      out.print( ++memi );
70      out.write('\r');
71      out.write('\n');
72      out.write('    ');
73      out.write("\r\n");
74      out.write("</body>\r\n");
75      out.write("</html>");
76  } catch (Throwable t) {
77    if (!(t instanceof SkipPageException)){
78      out = _jspx_out;
```

■ 그림 4-7 JSP에서 변환된 서블릿 소스 membervar_jsp.java

위 그림은 변환된 서블릿 소스 membervar_jsp.java로서, 소속변수 memi는 10줄에 소속변수로 선언된 것을 확인할 수 있으며 변수 i의 선언과 참조, 그리고 소속변수 memi의 참조도 모두 메소드 _jspService() 내부에서 구현된 것을 볼 수 있다.

4.2 주석

▌ HTML 주석과 JSP 주석

JSP에서 이용되는 주석은 HTML에서 이용하는 주석과 JSP 자체의 주석으로 나뉜다. HTML 주석은 <!-- … -->이며, JSP 주석은 <%-- … --%>이다.

```
<!-- 이것은 HTML 주석으로 웹 브라우저의 [소스 보기]에서 보입니다. -->
<%-- 이것은 JSP 주석으로 브라우저의 [소스 보기]에서 안보입니다.--%>
```

HTML 주석은 HTML 태그를 위한 주석으로 웹 브라우저의 [소스 보기]에서 HTML 내용과 함께 그 주석 내용이 보이나, JSP 주석은 JSP 서버 프로그램을 위한 주석으로 실행된 웹 브라우저의 [소스 보기]에서 표시되지 않는다.

다음과 같이 HTML 주석 내부에서 JSP의 스크립트릿 태그나 표현식 태그를 출력으로 이용할 수 있다.

```
<%
    String str = "오후";
%>
<!-- 지금은 <%= str %>입니다. -->
```

예제 4-9 jspcomments.jsp

```
01  <%@ page language="java" contentType="text/html; charset=EUC-KR"
    pageEncoding="EUC-KR"%>
02  <html>
03  <head>
04  <meta http-equiv="Content-Type" content="text/html; charset=EUC-KR">
05  <title>JSP 예제 jspcomments.jsp</title>
06  </head>
07  <body>
08  <h1> HTML 주석과 JSP 주석의 차이  </h1>
09  <!-- 이것은 HTML 주석으로 웹 브라우저의 [소스 보기]에서 보입니다. -->
10      <%-- 다음은 자바 코드의 스크립트릿입니다.--%>
11      <%
12        String str;
13        if (java.util.Calendar.getInstance().get(java.util.  ⏎
        Calendar.HOUR_OF_DAY) >= 12)
14            str = "오후";
15        else
16            str = "오전";
17      %>
18      <!-- 지금은 <%= str %>입니다. -->
19      지금 시각은 <%= new java.util.Date() %> 입니다.
20  </body>
21  </html>
```

위 예제 결과의 웹 브라우저에서 [소스 보기]를 해보면 위와 같이 JSP 주석은 보이지 않는 것을 확인할 수 있다.

자바 주석의 이용

JSP 주석은 *.jsp의 소스에서만 보이는 주석이며 실행 시 생성된 서블릿 프로그램에서는 보이지 않는다. 일반 자바 주석은 JSP 소스의 자바 코딩이 가능한 부분에서 이용될 수 있을 뿐 아니라, 실행 시 생성된 서블릿 프로그램에서도 볼 수 있다.

📺 예제 4-10 comments.jsp

```
01  <%@ page language="java" contentType="text/html; charset=EUC-KR"
    pageEncoding="EUC-KR"%>
02  <html>
03  <head>
04  <meta http-equiv="Content-Type" content="text/html; charset=EUC-KR">
05  <title>JSP 예제 comments.jsp</title>
06  </head>
07  <body>
08  <!-- 이것은 HTML 주석으로 웹 브라우저의 [소스 보기]에서 보입니다. -->
09    <%-- 이것은 JSP 주석으로 브라우저의 [소스 보기]에서 안보입니다.--%>
10    <%!
11      /*
12         절대값을 반환하는 메소드 abs()
13      */
14      public int abs(int a) {  //메소드 구현
15         //if 문장을 활용
16         if (a < 0) return -a; //음수이면 양수로 반환
17         else return a;          //양수이면 그대로 반환
18      }
19    %>
```

```
20      원주율은   <%= Math.PI %>이다. <br>
21      -3의 절대값은 <%= abs(-3) %>이다.
22    </body>
23    </html>
```

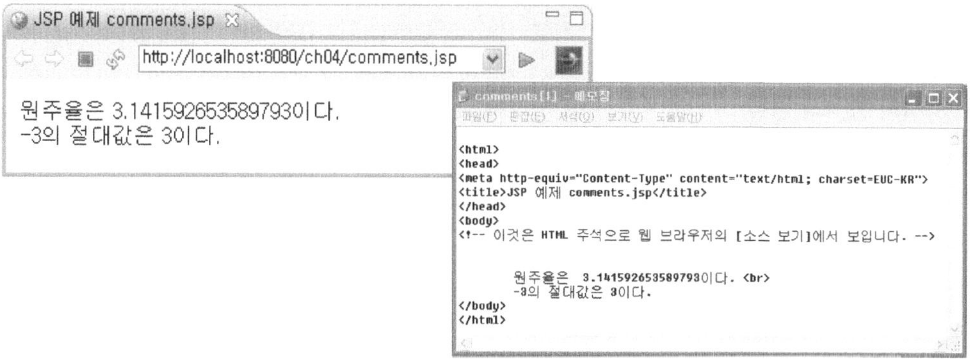

위 프로그램을 실행한 후 생성된 comments_jsp.java 소스를 보면 다음과 같이 메소드의 구현 부분에 기술된 코드와 자바 주석을 모두 확인할 수 있다.

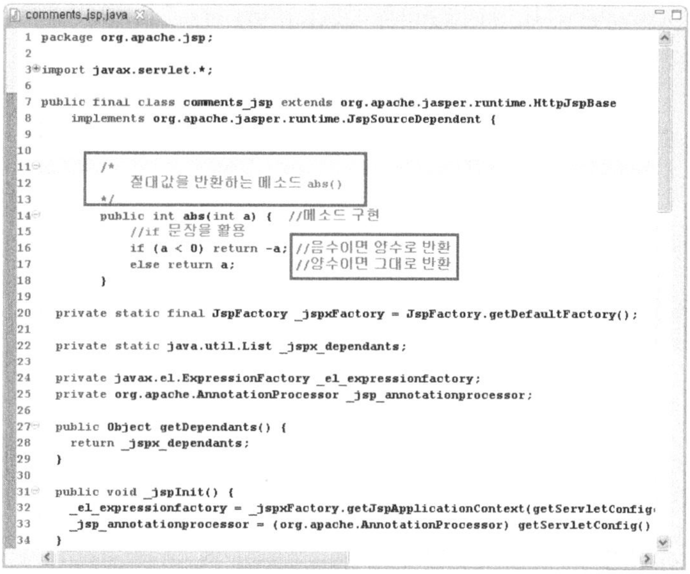

■ **그림 4-8** 서블릿 소스 comments_jsp.java에서의 자바 코드와 주석

5. 지시자

5.1 지시자 개요

지시자 형식과 종류

지시자(directives)는 일반적인 프로그램 언어와는 달리 태그 형태를 이용하여 JSP 페이지에 대한 속성 또는 특별한 지시 사항을 지정하는 태그이다. 지시자는 다음과 같은 형식을 취하며 지시어 directives와 속성 property 모두 대소문자를 구분하고 속성 값은 반드시 "속성값"과 같이 큰 타옴표 또는 작은 따옴표를 이용하여 둘러싼다.

```
<%@ directives property="property-value" %>
```

JSP 지시자의 종류는 page, include, taglib 3가지가 있다. 이번 장에서 page 지시자와 include 지시자를 자세히 학습할 예정이다. taglib 지시자는 새로이 정의된 커스텀 태그의 이용을 선언하는 지시자로 13장 JSTL에서 살펴 볼 예정이다.

종류	형태	용도
page	`<%@ page property="property-value" %>`	JSP 페이지에 대한 속성 지정
include	`<%@ include file="file-name" %>`	태그 부분에 지정한 페이지를 정적으로 삽입
taglib	`<%@ taglib uri="uri-value" prifix="pfx-value" %>`	새로운 태그를 정의하여 이용

■ **표 4-3** JSP 지시자의 종류

5.2 page 지시자

속성 종류

page 지시자는 JSP 컨테이너에서 JSP 페이지에 대한 여러 속성과 값을 지정하는 지시자이다. page 지시자는 JSP 페이지 첫 줄에 기술되는 경우가 많은데 우리가 이용하는 이클립스의 템플릿에서도 소스의 첫 줄에 다음과 같은 page 지시자로 시작하는 것을 볼 수 있다. page 지시자는 language, contentType, pageEncoding 등의 속성을 지정하고, 한 번에 서로 다른 여러 개의 속성을 지정할 수 있다.

```
<%@ page language="java" contentType="text/html; charset=EUC-KR"
pageEncoding="EUC-KR"%>
```

다음은 page 지시자의 모든 속성 지정 방법을 표현하고 있는데, 대괄호 […]는 필요하면 해당하는 속성을 기술할 수 있다는 옵션을 의미한다. 설정 값에서 "true | false"는 true와 false 두 개 중에서 하나를 기술할 수 있으며 기술하지 않으면 진한 글씨인 true가 기본 값이라는 것을 의미한다. 또한 설정 값에서 "*text*"와 같이 뉘어 쓴 문자열은 그에 해당하는 적당한 값을 넣으라는 것을 의미한다.

```
<%@ page
[language="java"] [extends="package.class"]
[import="{package.class | package.*}, ..."]
[session="true | false"]
[buffer="none | 8kb | sizekb"] [autoFlush="true | false"]
[isThreadSafe="true | false"] [info="text"]
[errorPage="relativeURL"] [isErrorPage="true l false"]
[contentType="{mimeType [ ; charset=characterSet] |
    text/html ; charset=ISO-8859-1"]
[pageEncoding="{characterSet | ISO-8859-1"]
[isELIgnored="true | false"]
%>
```

■ **그림 4-9** Page 지시자의 속성 종류와 기본 값

▌ language 속성

language 속성은 JSP 페이지의 표현식, 선언, 스크립트릿에서 사용할 스크립트 언어의 종류를 지정하는 속성이다. 현재 language 속성은 기본 값도 java이고, 대부분의 JSP 컨테이너가 java 이외에 지정할 다른 언어를 제공하고 있지 않으나 향후 JSP의 확장을 위해 만든 속성이다.

```
<%@ page language="java" %>
```

▌ contentType 속성

contentType 속성은 JSP 페이지의 MIME(Multipurpose Internet Mail Extension) 유형

(type)을 지정하는 속성으로 지정하지 않으면 다음과 같이 "text/html"이 기본 값이다. MIME 유형이란 JSP 페이지 자료를 네트웍에서 주고 받을 때, 서로 주고 받는 문서의 타입을 정 의함으로써 이를 보내고 받는 시스템에서 원활하게 자료를 처리하려는 목적에서 나온 속성이다.

```
<%@ page contentType="text/html" %>
```

contentType 속성은 MIME 유형과 함께 MIME에서의 문자셋을 지정할 수 있는데, MIME 속성 다음에 구분자인 ;(세미콜론)을 연결하여 "; charset=방식" 형태로 기술한다.

```
<%@ page contentType="text/html; charset=ISO-8859-1" %>
```

charset 값을 기술하지 않으면 위와 같이 [ISO-8859-1]이 기본 값이므로 한글을 지원하 기 위해서는 다음과 같이 [ECU-KR]을 지정한다.

```
<%@ page contentType="text/html; charset=EUC-KR" %>
```

여기서 [EUC-KR]은 소문자인 [euc-kr]도 가능하고 [Extended Unix Code KOREA]를 의 미하며 한글지원을 위한 문자 코드를 말한다.

▌pageEncoding 속성

pageEncoding 속성은 JSP 페이지의 문자 인코딩 방식을 기술하는 속성으로 지정하지 않으면 기본 값이 [ISO-8859-1]이다.

```
<%@ page pageEncoding ="ISO-8859-1" %>
```

한글을 지원하기 위해서는 다음과 같이 pageEncoding 속성을 [EUC-KR]로 지정한다.

```
<%@ page pageEncoding ="EUC-KR" %>
```

info 속성

info 속성은 JSP 페이지 전체에 대한 설명이나 버전, 작성자, 작성일자와 같은 정보를 문자열로 기술하는 부분으로 길이에는 제한이 없다. info 속성을 이용하여 페이지 관리를 손쉽게 할 수 있다.

```
<%@ page info="JSP 페이지에 대한 설명이나 정보" %>
```

이전의 예제에서 보았듯이 우리가 필요한 최소한의 page 지시자 속성이 첫 줄에 자동으로 삽입되었다. 다음은 두 번째 줄에 info 속성을 추가한 예제이다.

```
<%@ page info="page 지시자를 다루는 예제 페이지" %>
```

예제 4-11 info.jsp

```
01  <%@ page language="java" contentType="text/html; charset=EUC-KR"
    pageEncoding="EUC-KR"%>
02  <%@ page info="page 지시자를 다루는 예제 페이지" %>
03  <html>
04  <head>
05  <meta http-equiv="Content-Type" content="text/html; charset=EUC-KR">
06  <title>JSP 예제 info.jsp</title>
07  </head>
08  <body>
09  <h2>page 지시자 </h2>
10  &lt;%@ page info="page 지시자를 다루는 예제 페이지" %&gt;
11  </body>
12  </html>
```

▌import 속성

import 속성은 자바의 import 문장을 대체하는 속성으로 이용할 클래스를 지정하는 방법이다. 자바의 import 문장과 달리, 필요하면 구분자 ,(콤마)를 이용하여 여러 개의 클래스를 지정할 수 있다. 또한 JSP 페이지에 여러 개의 import 페이지 속성도 기술할 수 있다.

```
<%@ page import="java.util.*" %>
<%@ page import="java.util.Date, java.sql.*" %>
```

일반 자바 프로그램과 같이, JSP 페이지는 패키지 [java.lang.*]을 import할 필요가 없으며, 서블릿에서 기본적으로 제공되는 패키지인 [javax.servlet.*], [javax.servlet.http.*], [javax.servlet.jsp.*]도 import할 필요가 없다.

📺 예제 4-12 import.jsp

```
01  <%@ page language="java" contentType="text/html; charset=EUC-KR"
    pageEncoding="EUC-KR"%>
02  <html>
03  <head>
04  <meta http-equiv="Content-Type" content="text/html; charset=EUC-KR">
05  <title>JSP 예제 import.jsp</title>
06  </head>
07  <body>
08    <h2> page 지시자의 import 속성</h2>
09    <%@ page import="java.util.Date" %>
10    현재 시각 : <%= new Date().toLocaleString() %>
11  </body>
12  </html>
```

위 예제의 서블릿 소스 [import_jsp.java]를 살펴보면 3에서 5줄까지 자동으로 삽입된
import 문장과 6 줄에서는 지시어에 의해 삽입된 import 문장을 볼 수 있다.

```
import_jsp.java ☒
 1 package org.apache.jsp;
 2
 3 import javax.servlet.*;
 4 import javax.servlet.http.*;
 5 import javax.servlet.jsp.*;
 6 import java.util.Date;
 7
 8 public final class import_jsp extends org.apache.jasper.runtime.HttpJspBase
 9      implements org.apache.jasper.runtime.JspSourceDependent {
10
```

■ **그림 4-10** 지시자 page의 속성 import로 생성된 서블릿 소스

isErrorPage 속성

isErrorPage 속성은 JSP 페이지가 오류를 처리하는 페이지인지를 true 또는 false로 지정하
는 속성이다. isErrorPage 속성은 지정하지 않으면 기본값이 false이고 필요하면 true로 지
정한다.

```
<%@ page isErrorPage="true" %>
```

실질적으로 에러처리(error handling)를 담당하는 JSP 페이지에 위와 같이 isErrorPage를
true로 지정하면 내장 객체라 부르는 exception 변수를 사용하여 에러를 처리할 수 있다.

errorPage 속성

errorPage 속성은 JSP 페이지에서 발생한 오류를 처리하는 JSP 페이지를 기술하는 방법이다.

```
<%@ page errorPage="exception.jsp" %>
```

이러한 errorPage를 지정해서 오류를 처리하는 전담 JSP 페이지를 지정하면, 이 시스템
을 사용하는 사용자에게 일관성 있게 오류 처리를 해줄 수 있어 시스템의 신뢰성을 높일 수
있는 장점이 있다. 다음은 이전 예제 error.jsp에서 발생하는 실행 오류를 담당하는 페이지
exception.jsp를 지정한 예제이다.

예제 4-13 errorpage.jsp

```
01 <%@ page language="java" contentType="text/html; charset=EUC-KR"
   pageEncoding="EUC-KR"%>
02 <html>
03 <head>
04 <meta http-equiv="Content-Type" content="text/html; charset=EUC-KR">
05 <title>JSP 예제 errorpage.jsp</title>
06 </head>
07 <body>
08    <%@ page errorPage="exception.jsp" %>
09    <% String []str = {"감사합니다.", "Thank you."}; %>
10    한국어루 [<%= str[0] %>]는  <br>
11    영어로 [<%= str[2] %>]이다.
12 </body>
13 </html>
```

다음 예제 exception.jsp를 작성한 후 위 예제 errorpage.jsp를 실행하면 위와 같이 errorpage.jsp에서 발생한 오류를 exception.jsp에서 내장 객체라 부르는 exception의 적절한 메소드를 이용하여 유용한 메시지를 보여줄 수 있다.

예제 4-14 exception.jsp

```
01 <%@ page language="java" contentType="text/html; charset=EUC-KR"
   pageEncoding="EUC-KR"%>
02 <html>
03 <head>
04 <meta http-equiv="Content-Type" content="text/html; charset=EUC-KR">
05 <title>JSP 예제 exception.jsp</title>
06 </head>
07 <body>
08    <%@ page isErrorPage="true" %>
09    <h2> 처리 중 문제 발생 </h2>
```

```
10    빠른 시일 내에 복구하도록 하겠습니다. <p>
11    exception.getMessage() : <%= exception.getMessage() %> <p>
12    exception.toString() : <%= exception.toString() %>
13  </body>
14  </html>
```

isThreadSafe 속성

isThreadSafe 속성은 동시 사용자 접속 처리에 대한 지정 방법으로 true 또는 false로 지정하며, 지정하지 않으면 true가 기본 값이다.

```
<%@ page isThreadSafe="false" %>
```

JSP는 하나의 서블릿에 대하여 여러 사용자가 접속할 경우 쓰레드(thread) 처리를 한다. 쓰레드 처리란 동시에 여러 명의 사용자가 접속한 경우라도 자원 참조에 문제가 발생할 수 없도록 동기화를 해주는 것이다. isThreadSafe 속성을 false로 지정하면 쓰레드를 사용하지 않겠다는 것으로 이러한 경우는 매우 드문 일이다.

isELIgnored 속성

isELIgnored 속성은 표현 언어인 EL(Expression Language)의 사용 여부를 지정하는 방법으로, 지정하지 않으면 false가 기본 값으로 표현 언어를 사용한다는 의미이다. 만일 표현 언어를 사용하지 않으려면 값을 true로 지정한다. 표현 언어는 12장에서 학습할 예정이다.

```
<%@ page isELIgnored="true" %>
```

buffer 속성

buffer 속성은 JSP 페이지의 출력 버퍼링 메모리 크기를 지정하는 방법으로, 지정하지 않으면 8kb가 기본 값이다. buffer 속성 값은 none 또는 16kb와 같이 다른 크기의 값으로 지정할 수 있다.

```
<%@ page buffer="16kb" %>
```

버퍼링은 일반적으로 입력이나 출력에 이용하는 방식으로 프로세스의 처리 속도보다 입출력의 속도가 느리기 때문에 어느 정도 자료를 모아서 입출력을 처리하는 방법이다. 즉 양동이에 어느 정도의 물이 차야 물을 쏟아내는 양동이와 같이 버퍼링 메모리에 지정한 크기만큼의 자료가 쌓여야 출력을 하는 방식이 버퍼링이다. buffer 속성 값이 none이면 버퍼링을 하지 않겠다는 의미로 출력 자료가 버퍼를 거치지 않고 바로 웹 브라우저에 출력된다.

```
<%@ page buffer="none" %>
```

▌ autoFlush 속성

autoFlush 속성은 버퍼가 모두 찼을 때 자동으로 출력하는지를 지정하는 방법으로 지정하지 않으면 true가 기본 값으로, 버퍼 크기의 자료가 모두 찼을 때 자동으로 웹 브라우저에 출력한다는 의미이다. 만일 autoFlush 속성을 false로 지정하면 버퍼 크기만큼 차기 전, 중간 중간에 수동으로 직접 버퍼를 비워야 출력이 가능하며, 버퍼 크기의 자료가 모두 찼을 경우, 오버플로우(overflow) 예외가 발생한다.

```
<%@ page autoFlush="false" %>
```

다음과 같이 autoFlush 값이 false이면 수동으로 버퍼링을 해야 하는데, buffer 값을 none으로 지정하면 버퍼링을 하지 않겠다는 것으로 잘못된 지정 방법이다.

```
<%-- 다음은 잘못된 page 버퍼 지정 방법이다. --%>
<%@ page buffer="none" %>
<%@ page autoFlush="false" %>
```

▌ session 속성

session 속성은 JSP 페이지에서 세션의 사용 여부를 지정하는 방법으로 지정하지 않으면 true가 기본 값으로 세션을 이용할 수 있다.

```
<%@ page session="false" %>
```

세션(session)은 웹 브라우저의 사용자를 구분하는 단위로 사용자 별로 웹 서버에 필요한 정보를 임시로 저장하는 방법이다. 어느 사이트에 접속했을 때 한 번 로그인 한 후 어느 정도 시간이 지나면 세션이 끊겨져 더 이상 사용할 수 없다거나, 장바구니에 새로운 상품을 이전 목록에 추가하는 것이 모두 세션을 이용한 구현 방법이다. 자세한 사항은 7장 쿠키와 세션에서 알아보자.

5.3 include 지시자

▌file 속성

include 지시자는 태그를 기술한 위치에, 지정한 파일을 삽입하는 유일한 속성으로 삽입 파일을 지정하는 file을 갖는다.

```
<%@ include file="file_name" %>
```

다음 예제 include.jsp는 include 지시자를 사용하여 두 파일 header.jsp와 footer.html 파일을 각각 처음과 마지막에 삽입하는 예제와 그 결과이다.

예제 4-15 include.jsp

```
01  <%@ page language="java" contentType="text/html; charset=EUC-KR"
        pageEncoding="EUC-KR"%>
02  <html>
03  <head>
04  <meta http-equiv="Content-Type" content="text/html; charset=EUC-KR">
05  <title>JSP 예제 include.jsp </title>
06  </head>
07  <body>
08      <%@ include file="header.jsp" %>
09      <hr> <p>
10      include 지시자 : &lt;%@ include file="file_name" %&gt; <p>
11      <hr> <p>
12      <%@ include file="footer.html" %>
13  </body>
14  </html>
```

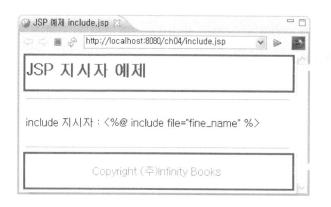

JSP 파일 hearer.jsp
파일이 추가된 결과

HTML 파일 footer.html
파일이 추가된 결과

💻 **예제 4-16 header.jsp**

```
01  <%@ page language="java" contentType="text/html; charset=EUC-KR"
    pageEncoding="EUC-KR"%>
02  <html>
03  <head>
04  <meta http-equiv="Content-Type" content="text/html; charset=EUC-KR">
05  <title>JSP 예제</title>
06  </head>
07  <body>
08    <h2><font color=blue>JSP 지시자 예제</font></h2>
09  </body>
10  </html>
```

💻 **예제 4-17 footer.html**

```
01  <%@ page contentType="text/html; charset=EUC-KR" %>
02    <center>
03    <font color=red>Copyright (주)Infinity Books</font>
04    </center>
```

삽입되는 JSP 파일 header.jsp는 일반적인 JSP 파일과 동일한 구조이나 현실적으로 <html>, <head> 등의 구조적인 HTML 태그는 원래의 include.jsp 파일에 있으므로 다음 소스와 같이 생략하는 것이 좋다.

```
<%@ page language="java" contentType="text/html; charset=EUC-KR"
pageEncoding="EUC-KR"%>
<h2><font color=blue>JSP 지시자 예제</font></h2>
```

즉 위의 실행 결과의 웹 브라우저에서 [소스 보기]로 HTML 소스를 살펴 보면 <html>, <head> 등의 구조적인 HTML 태그가 중복되는 것을 알 수 있으나 다행히 page 지시자는 중복되지 않아 오류는 발생하지 않는다. include 지시자는 삽입되는 파일의 JSP 지시자에 해당하는 부분을 그대로 삽입하지 않으며 처리 단계를 거쳐 HTML 또는 일반 텍스트만 삽입된다. 삽입되는 파일은 JSP, HTML, 일반 텍스트 파일 등이며, 결과 화면에서 한글이 잘 처리되려면 JSP 파일이 아닌 경우에도 다음 문장을 첫 줄에 추가해야 한다.

```
<%@ page contentType="text/html; charset=EUC-KR" %>
```

다음은 위 예제의 include 지시자 결과와 HTML 소스를 한 눈에 살펴보기 위한 그림이다. include 지시자가 있는 위치에 삽입될 파일의 내용이 삽입되어 하나의 서블릿 include_jsp.java 프로그램으로 생성되는 것을 확인할 수 있다.

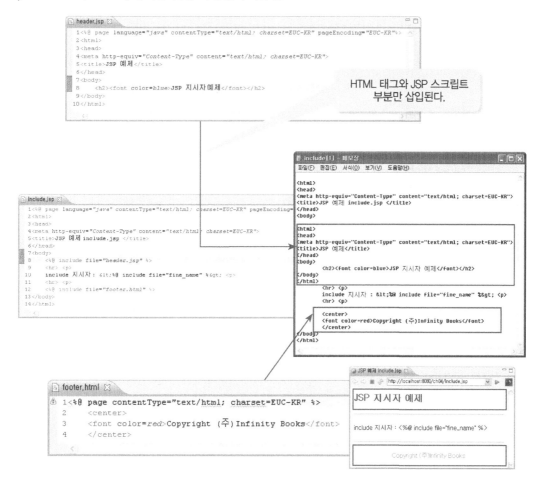

■ **그림 4-11** 예제 include 지시자의 소스와 결과

6. 연습문제

1. JSP 스크립트 태그의 종류를 기술하시오.

2. JSP 표현식을 이용하여 다음과 같이 본인의 이름과 학번을 출력하는 JSP 프로그램을 작성하시오.

3. 다음 프로그램의 실행 결과를 쓰시오.

```
01  <%@ page language="java" contentType="text/html; charset=EUC-KR"
    pageEncoding="EUC-KR"%>
02
03  <html>
04  <head>
05  <title>JSP 예제 ex03.jsp</title>
06  </head>
07  <body>
08
09    <%! String s1 = "소속변수"; %>
10    <% String s1 = "지역변수"; %>
11    s1 = <%= s1 %> <br>
12    this.s1 = <%= this.s1 %>
13  </body>
14  </html>
```

4. 다음 소스에서 오류를 수정하여 실행하시오.

```
01 <%@ page language="java" pageEncoding="EUC-KR"%>
02 <%@ page contentType="text/html; charset=EUC-KR" pageEncoding="EUC-
   KR"%>
03
04 <html>
05 <head>
06 <title>JSP 예제 ex04.jsp</title>
07 </head>
08 <body>
09
10     원주율은 <%= Math.PI; %> 이다.
11
12 </body>
13 </html>
```

5. 다음 프로그램의 실행 결과를 쓰시오.

```
01 <%@ page language="java" contentType="text/html; charset=EUC-KR"
   pageEncoding="EUC-KR"%>
02
03 <html>
04 <head>
05 <title>JSP 예제 ex05.jsp</title>
06 </head>
07 <body>
08
09    <% int i, j; %>
10    <%
11      for (i=2; i<10; i++) {
12         for (j=1; j<10; j++) {
13            out.print("[" + i + "*" + j + " = " + i*j + "] ");
14         }
15         out.print("<br>");
16      }
17    %>
18 </body>
19 </html>
```

6. for 문장을 이용하여 다음과 같이 1부터 100까지의 합이 출력되도록 JSP 프로그램을 작성하시오.

JSP 내장 객체

1. 내장 객체
2. 내장 객체 request
3. 한글 처리
4. 내장 객체 response와 out
5. 내장 객체 application과 exception
6. 내장 객체 pageContext, page, session, config
7. 연습문제

5장에서는 JSP 프로그램에서 자주 이용되는 내장 객체에 대하여 알아본다. 내장 객체의 종류에는 request, response, out, application, exception, pageContext, page, session, config 9 개가 있다. 특히 내부 객체 request, response, out, application, exception 등의 사용 방법을 자세히 학습하고, 특히 JSP 톰캣 엔진과 연동된 한글 처리 방법을 알아 보자.

- JSP의 내장 객체 개념 이해하기

- JSP의 내장 객체 종류 알아보기

- JSP 내장 객체 request 이해하기

- JSP 내장 객체 request의 메소드 알아보기

- 전송 방식 get과 post에서 한글 처리 방법 알아보기

- JSP 내장 객체 response와 out 이해하기

- JSP 내장 객체 application과 exception 이해하기

- JSP 내장 객체 pageContext, page, session, config 이해하기

1. 내장 객체

1.1 내장 객체 개요

▌내장 객체란?

내장 객체(Implicit Object)란 JSP 페이지의 스크립트릿과 표현에서 선언 없이 이용할 수 있는 객체 변수를 말한다. 즉 웹 브라우저의 출력에 이용하던 객체 변수 out은 JSP 서블릿의 _jspService() 메소드에서 자동으로 선언되므로 JSP 페이지의 스크립트릿에서 선언 없이 out.println()을 사용할 수 있었다. 객체 변수로는 out을 비롯하여 request와 response, session, application, config, exception, page, pageContext 9개가 있다.

내장 객체	소속 패키지	클래스 이름	사용 용도
request	javax.servlet.http	<<interface>> HttpServletRequest	클라이언트의 요청에 의한 폼 양식 정보 처리
response	javax.servlet.http	<<interface>> HttpServletResponse	클라이언트의 요청에 대한 응답
session	javax.servlet.http	<<interface>> HttpSession	클라이언트에 대한 세션 정보 처리
application	javax.servlet	<<interface>> ServletContext	웹 애플리케이션 정보 처리
config	javax.servlet	<<interface>> ServletConfig	현재 JSP 페이지에 대한 환경 처리
exception	java.lang	<<interface>> Throwable	예외처리를 위한 객체
page	java.lang	<class> Object	현재 JSP 페이지에 대한 클래스 정보
pageContext	javax.servlet.jsp	<class> PageContext	현재 JSP 페이지에 대한 페이지 켄텍스트
out	javax.servlet.jsp	<class> JspWriter	출력 스트림

■ 표 5-1 JSP 내장 객체의 종류

내장 객체의 자료유형을 살펴보면 패키지 javax.servlet과 javax.servlet.http 그리고 javax.servlet.jsp, java.lang에 속하는 인터페이스와 클래스로 구성된다. 9개의 내장 객체를 그 사용 용도에 따라 4개의 부류로 나누어 보면 다음과 같다.

부류	java.lang	javax.servlet	javax.servlet. http	javax.servlet.jsp
JSP 페이지에 관련된 객체	page	config		
페이지 입출력에 관련된 객체			request response	out
컨텍스트에 관련된 객체		application	session	pageContext
예외에 관련된 객체	exception			

▪ **표 5-2** JSP 내장 객체의 4가지 부류

내장 객체는 JSP 서블릿의 _jspService() 메소드의 첫 부분에 선언되거나 메소드의 매개 변수 목록의 변수이다. 이전에 생성했던 JSP 서블릿 소스를 살펴보면 다음과 같이 내부 객체의 변수를 확인할 수 있다. 내부 객체 중에서 exception은 페이지 지시자의 속성 isErrorPage="true"인 경우에 선언되는 변수이다.

```
1 package org.apache.jsp;
2
3 import javax.servlet.*;
4 import javax.servlet.http.*;
5 import javax.servlet.jsp.*;
6
7 public final class error_jsp extends org.apache.jasper.runtime.HttpJspBase
8     implements org.apache.jasper.runtime.JspSourceDependent {
9
```

```
28
29  public void _jspService(HttpServletRequest request, HttpServletResponse response)
30        throws java.io.IOException, ServletException {
31
32    PageContext pageContext = null;
33    HttpSession session = null;
34    Throwable exception = org.apache.jasper.runtime.JspRuntimeLibrary.getThrowable(request);
35    if (exception != null) {
36      response.setStatus(HttpServletResponse.SC_INTERNAL_SERVER_ERROR);
37    }
38    ServletContext application = null;
39    ServletConfig config = null;
40    JspWriter out = null;
41    Object page = this;
42    JspWriter _jspx_out = null;
43    PageContext _jspx_page_context = null;
44
```

▪ **그림 5-1** JSP 서블릿 소스에서의 내부 객체 선언

내부 객체는 서블릿 클래스의 _jspService() 메소드 내부에서 이용할 수 있는 지역 변수 또는 매개 변수이므로 JSP의 선언에서는 이용할 수 없다. 또한 내부 객체와 같은 이름으로 JSP의 선언에 이용하더라도 지역 변수인 내부 객체와 이름이 충돌하므로 소속 변수로 이용할 수 없다.

```
<%! int application = 0; %>
<%= application /* 정수 0이 아니라 내부객체 application임 */ %>
```

J2EE API 문서와 톰캣 엔진의 JSP API 문서

클래스 HttpServletRequest, HttpServletResponse와 같이 JSP와 서블릿과 관련된 클래스 라이브러리의 API 문서를 살펴보려면 사이트 [java.sun.com/j2ee/1.4/docs/api]를 접속하던지, 아니면 사이트 [java.sun.com/j2ee/1.4/download.html]에서 J2EE 문서 파일 [j2eeri-1_4-doc-api.zip]을 내려 받아 본인의 PC에 설치한 후 이용할 수 있다.

■ **그림 5-2** J2EE 문서 파일 [j2eeri-1_4-doc-api.zip]을 내려 받기

J2EE API 문서에서 내장 객체인 request와 request가 소속된 패키지인 javax.servlet. http를 클릭하면 그 패키지에 소속된 인터페이스와 클래스의 정보를 자세히 확인할 수 있다.

■ **그림 5-3** J2EE API 문서 [java.sun.com/j2ee/1.4/docs/api]

톰캣 엔진의 JSP 관련 API 문서를 살펴 보려면 웹 사이트 [tomcat.apache.org/tomcat-6.0-doc/api/index.html]에 접속한다. 이 JSP API 사이트는 톰캣 홈페이지 [tomcat.apache.org]에 접속한 후, 왼쪽 메뉴 [Documentation]에서 원하는 버전으로 접속한 후 다시 왼쪽 메뉴 [Javadocs]를 눌러 접속할 수 있다. 다음은 패키지 org.apache.jasper.runtime의 클래스 HttpJspBase를 찾은 그림이다. 클래스 HttpJspBase는 톰캣에서 모든 JSP 서블릿의 상위 클래스이다.

■ **그림 5-4** 톰캣의 API 문서 : org.apache.jasper.runtime.HttpJspBase

2. 내장 객체 request

2.1 request의 자료 유형과 인자 전달

█ 인터페이스 HttpServletRequest

내장 객체 request는 클라이언트가 서버에게 전송하는 관련 정보를 처리하는 객체이다. 즉 HTML 폼에 입력하여 값을 전송하는 경우, 내장 객체 request를 사용한다. 내장 객체 request는 인터페이스 HttpServletRequest로, 상위 인터페이스로는 인터페이스 javax. servlet.ServletRequest를 갖는다.

  ■ **그림 5-5** 내장 객체 request의 상위 인터페이스 ServletRequest

그러므로 내장 객체인 request는 인터페이스 javax.sevlet.ServletRequest의 다음과 같은 여러 메소드를 상속 받아 이용할 수 있다.

반환 값	메소드	사용 용도
void	setCharacterEncoding(String env)	요청 페이지에 env의 인코딩 방법을 적용
String	getParameter(String name)	name의 요청 인자 값을 반환, 없으면 null을 반환, 만일 값이 여러 개이면 첫 번째 값만 반환
String[]	getParameterValues(String name)	지정한 name의 요청 인자 값을 문자열 배열로 반환, 없으면 null을 반환
Enumeration	getParameterNames()	모든 인자의 이름을 Enumeration으로 반환
String	getProtocol()	사용중인 프로토콜을 반환
String	getRemoteAddr()	클라이언트의 IP 주소를 반환

String	getRemoteAddr()	클라이언트의 호스트 이름을 반환
String	getServerName()	요청된 서버의 호스트 이름을 반환
int	getServerPort()	요청된 서버의 포트 번호를 반환

■ **표 5-3** 내장 객체 request의 주요 상속 메소드

HTML 폼 정보의 전송

간단한 학생정보를 입력 받아 JSP 페이지 request.jsp에 정보를 전송하는 예제 request.html
을 작성하자. 태그 <form>에서 자료 전송 방식을 post로 하고 <input>과 <select> 태그를
이용하여 성명과 학번 등의 정보를 전송한다.

예제 5-1 request.html

```
01  <!DOCTYPE html PUBLIC "-//W3C//DTD HTML 4.01 Transitional//EN" "http:
    //www.w3.org/TR/html4/loose.dtd">
02  <html>
03  <head>
04  <meta http-equiv="Content-Type" content="text/html; charset=EUC-KR">
05  <title>예제 request</title>
06  </head>
07  <body>
08
09  <h2> 학생 정보 입력</h2>
10
11  <form method="post" action="request.jsp">
12
13      성명 : <input type="text" name="name"><p>
14      학번 : <input type="text" name="studentNum"><p>
15      성별 : 남자 <input type="radio" name="sex" value="man" checked>
16            여자 <input type="radio" name="sex" value="woman"><p>
17      국적 : <select name="country">
18              <option SELECTED value="대한민국">대한민국</option>
19              <option value="일본">일본</option>
20              <option value="중국">중국</option>
21              <option value="터키">터키</option>
22              <option value="태국">태국</option>
23          </select><p>
24
25      <input type="submit" value="보내기">
26  </form>
27
```

```
28  </body>
29  </html>
```

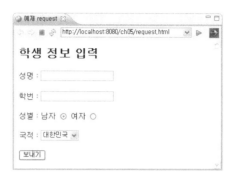

예제 request.jsp는 request.html에서 학생 정보를 전송받아 웹 브라우저에 출력하는 JSP 페이지로서 내장 객체 request의 메소드 setCharacterEncoding()과 getParameter()를 이용한다. 특히 전송 방식 post 방식에서 한글 처리를 위하여 메소드 setCharacterEncoding()을 인자 "euc-kr"로 호출한다. 폼 태그 내부의 여러 형태에 입력된 자료는 메소드 getParameter("인자이름")에 의하여 각각 JSP 페이지에 전송된다.

예제 5-2 request.jsp

```
01  <%@ page language="java" contentType="text/html; charset=EUC-KR"
    pageEncoding="EUC-KR"%>
02  <html>
03  <head>
04  <meta http-equiv="Content-Type" content="text/html; charset=EUC-KR">
05  <title>JSP 예제 request.jsp</title>
06  </head>
07  <body>
08
09  <%
10      request.setCharacterEncoding("euc-kr");
11  %>
12
13  <%
14      String name = request.getParameter("name");
15      String studentNum = request.getParameter("studentNum");
16      String sex = request.getParameter("sex");
17      String country = request.getParameter("country");
18
19      if (sex.equalsIgnoreCase("man")){
```

```
20        sex = "남자";
21     } else {
22        sex = "여자";
23     }
24 %>
25
26 <h2> 학생 정보 입력 결과</h2>
27
28 성명 : <%= name%><p>
29 학번 : <%= studentNum%><p>
30 성별 : <%= sex%><p>
31 국적 : <%= country%><p>
32
33 </body>
34 </html>
```

메소드 getParameter("namevalue")의 인자는 입력 태그에 지정한 속성 name 값인 [name="namevalue"]이며, 반환 값은 입력된 문자열 값이다. 그러므로 입력된 값을 문자열 변수에 저장하기 위해 다음과 같은 문장을 이용한다.

```
String name = request.getParameter("name");
String studentNum = request.getParameter("studentNum");
String sex = request.getParameter("sex");
String country = request.getParameter("country");
```

예제 request.html를 실행하여 여러 학생 정보 값을 입력한 뒤, [보내기] 버튼을 누르면 request.jsp 프로그램이 실행되어 다음과 같이 입력된 학생 정보가 출력된다.

■ **그림 5-6** 〈form〉 태그에서 정보의 전송과 처리

2.2 request의 메소드

다양한 메소드

내장 객체 request의 자료유형인 인터페이스 HttpServletRequest는 다음과 같은 주요 메소드를 제공한다.

반환 값	메소드	사용 용도
Cookie[]	getCookies()	클라이언트에 보내진 쿠키 배열을 반환
String	getQueryString().	URL에 추가된 Query 문자열을 반환
String	getRequestURI()	클라이언트가 요청한 URI 반환, URI는 프로토콜, 서버이름, 포트번호를 제외한 서버의 컨텍스트와 파일의 문자열
String	getRequestURL()	클라이언트가 요청한 URL 반환, URL은 프로토콜과 함께 주소 부분에 기술된 모든 문자열
HttpSession	getSession()	현재의 세션을 반환, 세션이 없으면 새로 만들어 반환
String	getMethod()	요청 방식인 get, post 중의 하나를 반환

■ **표 5-4** 내장 객체 request의 주요 메소드

다음 예제에서 학생의 전공을 입력하는 <select > 태그의 옵션을 multiple로 지정하면 전공을 여러 개 선택할 수 있다. 이런 경우, 선택한 전공을 전송 받아 처리하는 모듈에서 메소드 request.getParameter("major")를 이용하면 전공을 여러 개 선택하더라도 전공 하나만 전송되므로 선택한 여러 개의 전공을 모두 반환 받으려면 메소드 request.getParameterValues("major")를 이용한다. 이 경우, 반환 값이 문자열 배열로 선택한 여러 개 전공을 모두 처리할 수 있다.

```
전공 : <select multiple name="major">
        <option SELECTED value="전산과">전산과 </option>
        <option value="국문과">국문과 </option>
        <option value="기계과">기계 </option>
        <option value="자유전공과">자유전공과 </option>
        <option value="경영학과">경영학과 </option>
    </select><p>
```

예제 5-3 request2.html

```
01  <!DOCTYPE html PUBLIC "-//W3C//DTD HTML 4.01 Transitional//EN" "http
    ://www.w3.org/TR/html4/loose.dtd">
02  <html>
03  <head>
04  <meta http-equiv="Content-Type" content="text/html; charset=EUC-KR">
05  <title>예제 request2</title>
06  </head>
07  <body>
08
09  <h2> 학생 정보 입력</h2>
10
11  <form method="post" action="request2.jsp">
12
13      학번 : <input type="text" name="studentNum"><p>
14      전공 : <select multiple name="major">
15              <option SELECTED value="전산과">전산과 </option>
16              <option value="국문과">국문과 </option>
17              <option value="기계과">기계 </option>
18              <option value="자유전공과">자유전공과 </option>
19              <option value="경영학과">경영학과 </option>
20          </select><p>
21
22      <input type="submit" value="보내기">
23  </form>
24
25  </body>
26  </html>
```

예제 5-4 request2.jsp

```
01  <%@ page language="java" contentType="text/html; charset=EUC-KR"
    pageEncoding="EUC-KR"%>
02  <html>
03  <head>
04  <meta http-equiv="Content-Type" content="text/html; charset=EUC-KR">
05  <title>JSP 예제 request2.jsp</title>
06  </head>
07  <body>
08
09  <%
10      request.setCharacterEncoding("euc-kr");
```

```
11    %>
12
13    <%
14        String studentNum = request.getParameter("studentNum");
15        String[] majors = request.getParameterValues("major");
16    %>
17
18    <h2> 학생 정보 입력 결과</h2>
19
20    학번 : <%= studentNum%><p>
21    전공 : <%
22            if (majors == null) {
23                out.println("전공 없음.");
24            } else {
25                for (int i=0; i < majors.length; i++)
26                    out.println(majors[i] + " ");
27
28                //JDK 1.5 이후부터 다음 코딩 가능
29                //for ( String eachmajor : majors )
30                    //out.println(eachmajor + " ");
31            }
32        %>
33
34    <h2> 요청 정보</h2>
35    요청 방식 : <%= request.getMethod()%><p>
36    요청 URL : <%= request.getRequestURL()%><p>
37    요청 URI : <%= request.getRequestURI()%><p>
38    클라이언트 주소 : <%= request.getRemoteAddr()%><p>
39    클라이언트 호스트 : <%= request.getRemoteHost()%><p>
40    프로토콜 방식 : <%= request.getProtocol()%><p>
41    서버 이름 : <%= request.getServerName()%><p>
42    서버 포트 번호 : <%= request.getServerPort()%><p>
43
44    </body>
45    </html>
```

예제 request2.jsp에서 메소드 request.getParameterValues("major")는 반환 값이 문자열 배열이므로 다음과 같이 변수 **majors**에 저장한다. 만일 선택된 전공이 없다면 메소드 request.getParameterValues("major")는 null 값을 반환하므로 변수 **majors**에는 null 값이 저장된다.

```
<% String[] majors = request.getParameterValues("major"); %>
```

선택된 여러 전공이 저장된 문자열 배열 변수 **majors**를 브라우저에 출력하려면 다음과 같이 반복의 전형적인 for 문을 이용할 수 있다.

```
for (int i=0; i < majors.length; i++)
    out.println(majors[i] + " ");
```

위 for 문장은 JDK 1.5(5.0) 이후부터 다음과 같은 for each 문장으로도 가능한데, for 문장이 반복되면서 String 변수 **eachmajor**에 배열 **majors**의 원소 값이 각각 저장되어 처리되는 것을 알 수 있다.

```
for ( String eachmajor : majors )
    out.println(eachmajor + " ");
```

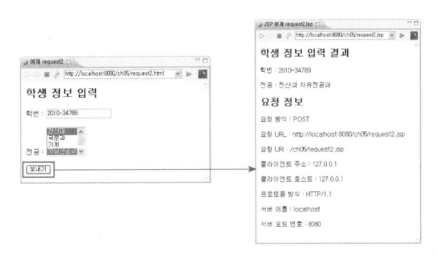

■ **그림 5-7** 예제 request2의 실행 결과

▌ **인자의 이름 전달 메소드** getParameterNames()

내장 객체 **request**의 메소드 **getParameterNames()**는 반환 값이 Enumeration 유형으로 요청 페이지의 모든 인자 이름이 저장된 목록을 반환한다. 다음 예제의 실행 JSP 페이지 **request3.jsp**에서 메소드 **getParameterNames()**를 이용하여 취미와 여행 선호 국가를 브라우저에 출력해 보자.

🖥 **예제 5-5 request3.html**

```
01  <!DOCTYPE html PUBLIC "-//W3C//DTD HTML 4.01 Transitional//EN"
    "http://www.w3.org/TR/html4/loose.dtd">
02  <html>
03  <head>
04  <meta http-equiv="Content-Type" content="text/html; charset=EUC-KR">
05  <title>예제 request3</title>
06  </head>
07  <body>
08
09  <h2> 취미와 가보고 싶은 국가</h2>
10
11  <form method="post" action="request3.jsp">
12
13      1. 좋아하는 취미를 선택하시오. <p>
14      영화 <input type="checkbox" name="hobby" value="영화"><br>
15      독서 <input type="checkbox" name="hobby" value="독서"><br>
16      스키 <input type="checkbox" name="hobby" value="스키"><br>
17      자전거 <input type="checkbox" name="hobby" value="자전거"> <p> <hr>
18
19      2. 여행하고 싶은 국가를 하나 선택하시오. <p>
20      영국 <input type="radio" name="country" value="영국" checked><br>
21      미국 <input type="radio" name="country" value="미국"><br>
22      브라질 <input type="radio" name="country" value="브라질"><br>
23      터키 <input type="radio" name="country" value="터키"> <p>
24
25      <input type="submit" value="보내기">
26  </form>
27
28  </body>
29  </html>
```

태그 <input> 속성 type은 "checkbox"인 경우 다중 선택이 가능하며, "radio"인 경우에는 단일 선택만 가능하다. 실행 페이지 request3.jsp에서 인자 이름 목록을 알기 위해 메소드 getParameterNames()를 이용하며, 이 메소드의 반환 유형 java.util.Enumeration을 사용하기 때문에 페이지 지시자 import 속성을 이용하면 편리하다. 다음 소스에서 변수 e의 자료 유형 Enumeration<String>은 Enumeration 목록의 각 원소 자료 유형이 String임을 표시하는 일반화 유형을 나타낸다.

```
<%@ page import="java.util.Enumeration" %>
<% Enumeration<String> e = request.getParameterNames(); %>
```

위에서 일반화 유형 Enumeration<String>을 이용하면 e.nextElement()에서 String으로 자료 유형 변환이 필요 없이 반환 값을 String 유형 변수 name에 저장할 수 있는 상섬이 있다.

```
while ( e.hasMoreElements() ) {
    //String name = (String) e.nextElement();
    String name = e.nextElement();
    …
}
```

💻 **예제 5-6 request3.jsp**

```
01  <%@ page language="java" contentType="text/html; charset=EUC-KR"
    pageEncoding="EUC-KR"%>
02  <html>
03  <head>
04  <meta http-equiv="Content-Type" content="text/html; charset=EUC-KR">
05  <title>JSP 예제 request3.jsp</title>
06  </head>
07  <body>
08
09  <%@ page import="java.util.Enumeration" %>
10  <%  request.setCharacterEncoding("euc-kr"); %>
11
12  <h2> 취미와 가보고 싶은 국가 결과</h2>
13
14  <%
15      //Enumeration e = request.getParameterNames();
```

```
16      Enumeration<String> e = request.getParameterNames();
17
18      while ( e.hasMoreElements() ) {
19          //String name = (String) e.nextElement();
20          String name = e.nextElement();
21          String [] data = request.getParameterValues(name);
22          if (data != null) {
23             for ( String eachdata : data )
24                out.println(eachdata + " ");
25          }
26          out.println("<p>");
27      }
28   %>
29
30   </body>
31   </html>
```

다음과 같이 요청된 인자의 이름을 직접 알지 못하더라도 e.nextElement()로 인자의 이름을 알 수 있으며, 다시 인자의 이름을 이용한 request.getParameterValues(name)으로 선택한 자료 값 배열 data를 얻을 수 있다.

```
while ( e.hasMoreElements() ) {
    //String name = (String) e.nextElement();
    String name = e.nextElement();
    String [] data = request.getParameterValues(name);
    if (data != null) {
       for ( String eachdata : data )
           out.println(eachdata + " ");
    }
    out.println("<p>");
}
```

■ **그림 5-8** 메소드 getParameterNames()와 getParametervalues()를 이용한 정보의 전송과 처리

3. 한글 처리

3.1 post 방식

▌request.setCharacterEncoding("euc-kr")

HTML의 <form> 태그에서 정보 전송 방법 중 post 방식은 전송 자료 크기의 제한 없이 사용자가 입력한 내용을 공개하지 않고 전송하는 방식이다. 폼 양식의 post 방식인 경우, 한글 처리를 위하여 정보를 전송받은 JSP 파일에서 내장 객체 **request**를 사용하기 이전에 메소드 request.setCharacterEncoding("euc-kr")을 호출한다.

```
<% request.setCharacterEncoding("euc-kr"); %>
```

🖳 예제 5-7 postrequest.html

```
01  <!DOCTYPE html PUBLIC "-//W3C//DTD HTML 4.01 Transitional//EN"
    "http://www.w3.org/TR/html4/loose.dtd">
02  <html>
```

```
03   <head>
04   <meta http-equiv="Content-Type" content="text/html; charset=EUC-KR">
05   <title>예제 postrequest</title>
06   </head>
07   <body>
08
09   <h2> 메소드 post 방식에서 한글 처리</h2>
10
11   <form method="post" action="postrequest.jsp">
12       한글 성명 : <input type="text" name="korname"><p>
13       영문 성명 : <input type="text" name="engname"><p>
14     <input type="submit" value="보내기">
15   </form>
16
17   </body>
18   </html>
```

예제 5-8 postrequest.jsp

```
01   <%@ page language="java" contentType="text/html; charset=EUC-KR"
     pageEncoding="EUC-KR"%>
02   <html>
03   <head>
04   <meta http-equiv="Content-Type" content="text/html; charset=EUC-KR">
05   <title>JSP 예제 postrequest.jsp</title>
06   </head>
07   <body>
08
09   <% request.setCharacterEncoding("euc-kr"); %>
10
11   <h2> 메소드 post 방식에서 한글 처리</h2>
12   <hr>
13   한글 성명 : <%= request.getParameter("korname")%><p>
14   영문 성명 : <%= request.getParameter("engname")%><p>
15
16   </body>
17   </html>
```

■ **그림 5-9** 전송 방식 post에서 한글 처리 결과

3.2 get 방식

▌ 설정 파일 server.xml에서 URIEncoding="euc-kr"

폼 양식 get 전송 방식은 post와는 달리 전송 자료 크기의 제한이 있으며 사용자가 입력한 내용을 공개하여 전송하는 방식이다. 폼 양식 get 방식인 경우, 한글 처리를 위해서 JSP 엔진의 서버 설정 파일 server.xml에서 사용하는 포트 번호의 〈connector〉 속성에 [URIEncoding="euc-kr"]을 추가해야 한다. JSP 엔진의 서버 설정 파일 server.xml 파일은 [톰캣 설치 폴더]의 하부 [conf] 폴더에 저장되어 있다.

수정 파일 : [톰캣 설치 폴더]/[conf]/server.xml 파일

<connector port="8080" ... /> 에서 속성 [URIEncoding="euc-kr"]을 추가

```
<Connector port="8080" protocol="HTTP/1.1"
    connectionTimeout="20000"
    redirectPort="8443" URIEncoding="euc-kr"> </Connector>
```

server.xml 파일을 간편하게 수정하기 위해, 이클립스 메뉴 [File/Open File...]에서 [톰캣 설치 폴더/conf] 폴더의 server.xml을 열어 다음과 같이 항목 [Server] 하부, [Service] 하부에서 [port=8080]인 [Connector]를 찾는다.

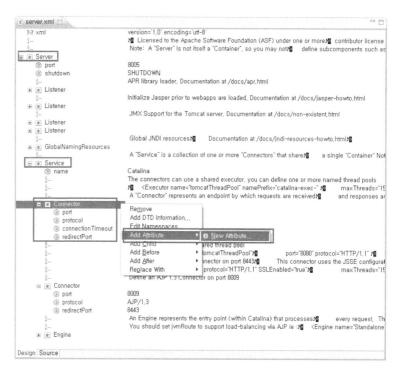

■ **그림 5-10** 톰캣의 server.xml 파일에서 〈connector〉의 속성 추가

    찾은 [Connector]를 클릭한 후, 오른쪽 메뉴에서 [Add Attribute/New Attribute…]를 선택하여 대화상자 [New Attribute]를 띄운다. 대화상자 [New Attribute]에서 다음과 같이 각각 URIEncoding, euc-kr을 입력하여 server.xml 파일을 저장한다. 입력 시 XML 파일은 대소문자를 구분하니 주의하도록 한다. 수정된 server.xml 파일에서 편집기 왼쪽 하단부의 [Design]과 [Source]를 각각 누르면 표와 소스 형태로 다음과 같이 URIEncoding="euc-kr" 정보가 저장된 것을 확인할 수 있다.

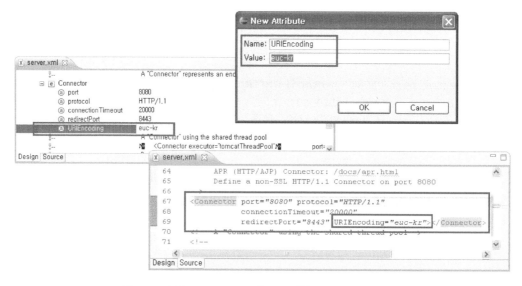

■ **그림 5-11** 속성 URIEncoidng="euc-kr"을 추가한 server.xml 파일

수정된 server.xml 파일을 톰캣 서버에 반영하기 위해서는 이클립스에서 새로운 톰캣 서버를 다시 생성하여 실행해야 한다. 한글 처리 설정을 반영하지 않은 server.xml로 생성하여 사용하던 이전 서버는 한글 처리가 되지 않으므로, 이러한 서버는 다음과 같이 삭제할 수 있다.

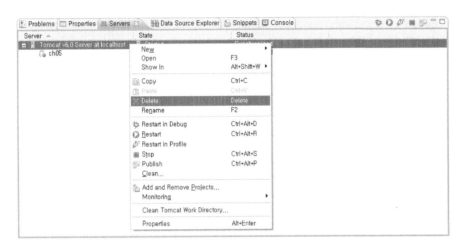

■ **그림 5-12** 이전에 사용하던 필요 없는 톰캣 서버의 삭제

다음 예제를 이용하여 메소드 get 방식에서 한글 처리를 연습하도록 한다.

예제 5-9 getrequest.html

```
01  <!DOCTYPE html PUBLIC "-//W3C//DTD HTML 4.01 Transitional//EN"
    "http://www.w3.org/TR/html4/loose.dtd">
02  <html>
03  <head>
04  <meta http-equiv="Content-Type" content="text/html; charset=EUC-KR">
05  <title>예제 getrequest</title>
06  </head>
07  <body>
08
09  <h2> 메소드 get 방식에서 한글 처리</h2>
10
11  <form method="get" action="getrequest.jsp">
12     한글 성명 : <input type="text" name="korname"><p>
13     영문 성명 : <input type="text" name="engname"><p>
14     <input type="submit" value="보내기">
15  </form>
16
17  </body>
18  </html>
```

■ 예제 5-10 getrequest.jsp

```
01  <%@ page language="java" contentType="text/html; charset=EUC-KR"
    pageEncoding="EUC-KR"%>
02  <html>
03  <head>
04  <meta http-equiv="Content-Type" content="text/html; charset=EUC-KR">
05  <title>JSP 예제 getrequest.jsp</title>
06  </head>
07  <body>
08
09  <h2> 메소드 get 방식에서 한글 처리</h2>
10  <hr>
11  한글 성명 : <%= request.getParameter("korname")%><p>
12  영문 성명 : <%= request.getParameter("engname")%><p>
13
14  </body>
15  </html>
```

다음은 위 예제의 실행 결과이다. 메소드 get 방식은 URL 부분에 전송 자료가 [name1=값1&name2=값2] 형식으로 추가되는 특징이 있다.

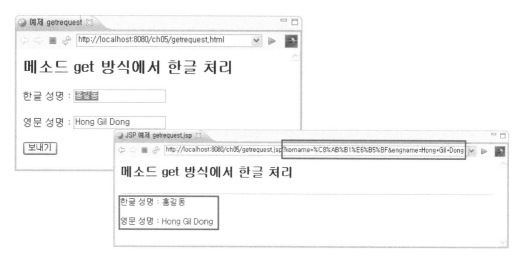

■ **그림 5-13** 메소드 get 방식의 결과

이와 같이 URL 부분에 추가되는 부분을 질의 문자열(query string)이라 한다. 질의 문자열은 다음과 같은 구조를 갖는다.

전체 URL

http://localhost:8080/ch05/getrequest.jsp?korname=%C8%AB%B1%E6%B5%BF&engname=Hong+Gil+Dong

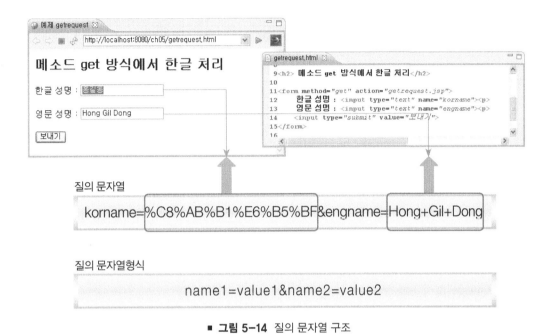

질의 문자열

korname=%C8%AB%B1%E6%B5%BF&engname=Hong+Gil+Dong

질의 문자열형식

name1=value1&name2=value2

■ **그림 5-14** 질의 문자열 구조

4. 내장 객체 response와 out

4.1 response

▌ 인터페이스 HttpServletResponse

내장 객체 response는 서버가 클라이언트에게 요청에 대한 응답을 보내기 위한 객체이다. 내장 객체 response의 자료유형인 인터페이스 HttpServletResponse는 상위 인터페이스로 ServletResponse를 가지며 다음과 같은 주요 메소드를 제공한다.

반환 값	메소드	사용 용도
void	addCookie(Cookie cookie)	쿠키 데이터 기록
void	addHeader(String name, String value)	response 헤더 내용 기록

void	sendRedirect(String location)	지정된 location 페이지로 이동
void	setBufferSize(int size)	버퍼 크기 지정
void	setContentType(String type)	Content Type 지정
int	getBufferSize(int size)	버퍼 크기 반환

■ **표 5-5** 내장 객체 response의 주요 메소드

메소드 sendRedirect()

내장 객체 response의 메소드 sendRedirect()를 이용하여 원하는 페이지로 이동할 수 있다.

```
<%
    String URL = "http://www.naver.com ";
    response.sendRedirect(URL);
%>
```

다음은 입력한 단어로 [네이버]에서 검색하도록 하는 기능을 response의 메소드 sendRedirect()를 이용하여 구현한 예제이다.

예제 5-11 sendredirect.html

```
01  <!DOCTYPE html PUBLIC "-//W3C//DTD HTML 4.01 Transitional//EN"
    "http://www.w3.org/TR/html4/loose.dtd">
02  <html>
03  <head>
04  <meta http-equiv="Content-Type" content="text/html; charset=EUC-KR">
05  <title>예제 sendredirect</title>
06  </head>
07  <body>
08
09  <h2> 검색할 단어를 입력하세요.</h2>
10
11  <form method="get" action="sendredirect.jsp">
12      검색 키워드 : <input type="text" name="word"><p>
13      <input type="submit" value="보내기">
14      <input type="reset" value="취소">
```

```
15   </form>
16
17   </body>
18   </html>
```

```
01   <%@ page language="java" contentType="text/html; charset=EUC-KR"
     pageEncoding="EUC-KR"%>
02   <html>
03   <head>
04   <meta http-equiv="Content-Type" content="text/html; charset=EUC-KR">
05   <title>JSP 예제 sendredirect.jsp</title>
06   </head>
07   <body>
08
09   <%
10      String URL = "http://search.naver.com/search.naver?where=nexearch";
11      String keyword = request.getParameter("word");
12      URL += "&" + "query=" + keyword;
13      response.sendRedirect(URL);
14   %>
15
16   </body>
17   </html>
```

예제 sendredirect.jsp에서 검색할 단어를 네이버 검색 질의 문자열로 만든 문자열 변수 URL
을 이용하여 response.sendRedirect(URL)을 호출한다. 다음은 위 예제의 실행 결과이다.

■ **그림 5-15** 내장 객체 response의 sendRedirect()의 메소드를 이용한 검색 기능

4.2 out

클래스 JspWriter

내장 객체 out은 클래스 javax.servlet.jsp.JspWriter 자료유형으로 JSP 페이지의 출력을 위한 객체이다. 내장 객체 out은 다음과 같이 출력과 버퍼링에 관련된 주요 메소드를 제공한다.

반환 값	메소드	사용 용도
void	print(여러 자료 값)	여러 자료유형을 출력
void	println(여러 자료 값)	여러 자료유형을 출력하고 현재 줄을 종료
void	clearBuffer()	버퍼의 현재 내용물을 제거
void	flush()	버퍼 크기 지정
void	clear()	버퍼의 내용물을 제거
void	close()	스트림을 닫음
int	getBufferSize()	버퍼의 전체 크기를 반환
int	getRemaining()	버퍼의 남아 있는 크기를 반환
boolean	isAutoFlush()	현재 autoFlush 상태를 반환

■ 표 5-6 내장 객체 out의 주요 메소드

내부 객체 out의 메소드 clear()를 호출하면 버퍼의 내용이 모두 제거되므로 이전에 버퍼에 출력한 내용이 모두 사라지며, 메소드 getBufferSize(), getRemaining(), isAutoFlush()를 이용하여 버퍼의 상태를 알 수 있다.

예제 5-13 out.jsp

```
01  <%@ page language="java" contentType="text/html; charset=EUC-KR"
       pageEncoding="EUC-KR"%>
02  <html>
03  <head>
04  <meta http-equiv="Content-Type" content="text/html; charset=EUC-KR">
05  <title>JSP 예제 out.jsp</title>
06  </head>
07  <body>
08    <%
09      out.println("이 부분은 출력되지 않습니다.");
10      out.clear();
```

```
11     %>
12
13     <h2>현재 페이지의 출력 버퍼 상태</h2><p>
14
15     초기 출력 버퍼 크기 : <%=out.getBufferSize()%> byte<p>
16     남은 출력 버퍼 크기 : <%=out.getRemaining()%> byte<p>
17     autoFlush : <%=out.isAutoFlush()%><p>
18
19  </body>
20  </html>
```

버퍼링

페이지 지시자에서 속성 autoFlush가 false이면 버퍼가 가득 차기 전에 flush()를 호출하여 출력을 수동으로 해야 한다. 그러므로 다음과 같이 만일 flush하기 전에 버퍼가 가득 차면 버퍼 오버플로(buffer overflow) 오류가 발생한다.

```
<%@ page autoFlush="false" buffer="1kb" %>
<%
    for (int i = 1; i < 100; i++) {
        out.println("남은 출력 버퍼 크기(out.getRemaining()) : " +
out.getRemaining() + "<br>");
    }
%>
```

JSP 페이지에서 autoFlush는 기본이 true이므로 버퍼가 가득 차기 전에 flush()를 자동으로 호출한다. 그러나 위와 같이 속성 autoFlush를 false로 지정하면 메소드 out.getRemaining()을 이용하여 버퍼가 남은 양이 적으면 flush()를 호출하여 출력을 수동으로 해야 한다.

```
    for (int i = 1; i < 25; i++) {
        out.println("남은 출력 버퍼 크기(out.getRemaining()) : " +
out.getRemaining() + "<br>");
        //autoFlush가 false이면 알아서 버퍼를 출력해야 한다.
        if (out.getRemaining() < 50)
            out.flush();
    }
```

💻 **예제 5-14 autoflush.jsp**

```jsp
01  <%@ page language="java" contentType="text/html; charset=EUC-KR"
    pageEncoding="EUC-KR"%>
02  <html>
03  <head>
04  <meta http-equiv="Content-Type" content="text/html; charset=EUC-KR">
05  <title>JSP 예제 autoflush.jsp</title>
06  </head>
07  <body>
08      <%@ page autoFlush="false" buffer="1kb" %>
09      <h2>현재 aufoFlush = <%=out.isAutoFlush() %></h2><p>
10
11      <%
12          for (int i = 1; i < 25; i++) {
13              out.println("남은 출력 버퍼 크기(out.getRemaining()) : " + out.
    getRemaining() + "<br>");
14              //autoFlush가 false이면 알아서 버퍼를 출력해야 한다.
15              if (out.getRemaining() < 50) {
16                  out.println("<br>");
17                  out.flush();
18              }
19          }
20      %>
21
22      <hr>
23      초기 출력 버퍼 크기 : <%=out.getBufferSize()%> byte<br>
24      남은 출력 버퍼 크기 : <%=out.getRemaining()%> byte
25
26  </body>
27  </html>
```

현재 autoFlush = false

남은 출력 버퍼 크기(out.getRemaining()) : 841
남은 출력 버퍼 크기(out.getRemaining()) : 798
남은 출력 버퍼 크기(out.getRemaining()) : 755
남은 출력 버퍼 크기(out.getRemaining()) : 712
남은 출력 버퍼 크기(out.getRemaining()) : 669
남은 출력 버퍼 크기(out.getRemaining()) : 626
남은 출력 버퍼 크기(out.getRemaining()) : 583
남은 출력 버퍼 크기(out.getRemaining()) : 540
남은 출력 버퍼 크기(out.getRemaining()) : 497
남은 출력 버퍼 크기(out.getRemaining()) : 454
남은 출력 버퍼 크기(out.getRemaining()) : 411
남은 출력 버퍼 크기(out.getRemaining()) : 368
남은 출력 버퍼 크기(out.getRemaining()) : 325
남은 출력 버퍼 크기(out.getRemaining()) : 282
남은 출력 버퍼 크기(out.getRemaining()) : 239
남은 출력 버퍼 크기(out.getRemaining()) : 196
남은 출력 버퍼 크기(out.getRemaining()) : 153
남은 출력 버퍼 크기(out.getRemaining()) : 110
남은 출력 버퍼 크기(out.getRemaining()) : 67

남은 출력 버퍼 크기(out.getRemaining()) : 1024
남은 출력 버퍼 크기(out.getRemaining()) : 980
남은 출력 버퍼 크기(out.getRemaining()) : 937
남은 출력 버퍼 크기(out.getRemaining()) : 894
남은 출력 버퍼 크기(out.getRemaining()) : 851

초기 출력 버퍼 크기 : 1024 byte
남은 출력 버퍼 크기 : 752 byte

```
if (out.getRemaining() < 50) {
        out.println("<br>") ;
        out.flush ;
}
```
위 조건문이 만족하여 실행된 부분으로
〈br〉이 출력되는데 한 줄을 띄고
출력된다.

5. 내장 객체 application과 exception

5.1 application

▌ 인터페이스 ServletContext

내장 객체 application은 javax.servlet.ServletContext 인터페이스 자료 유형으로 웹 애플리케이션에서 유지 관리되는 여러 환경 정보를 관리한다. 여기서 웹 애플리케이션이란 여러 개의 서블릿과 JSP로 구성되는 웹 서비스 응용 프로그램 단위로 내장 객체 application은 서블릿과 서버 간의 자료를 교환하는 여러 메소드를 제공한다.

반환 값	메소드	사용 용도
String	getServerInfo()	JSP 컨테이너의 이름과 버전 반환
Object	getAttribute(String name)	웹 응용에서 지정된 이름의 속성을 반환
void	log(String msg)	지정된 msg의 로그를 저장
void	setAttribute(String name, Object object)	웹 응용에서 지정된 이름으로 object를 저장
void	removeAttribute(String name)	웹 응용에서 지정된 이름의 속성을 삭제

■ **표 5-7** 내장 객체 application의 주요 메소드

▌ 웹 응용 프로그램에서 조회 수 관리

내장 객체 application에서 메소드 getServerInfo()를 이용하면 웹 응용에서 이용하는 JSP 컨테이너의 이름과 버전을 알 수 있다.

서버 컨테이너 정보 : <%=application.getServerInfo() %> <p>

내장 객체 application의 속성 관련 메소드를 이용하여 접속자가 페이지 조회 수를 관리하는 프로그램을 작성해보자. 메소드 setAttribute(속성이름, 속성 값)를 이용하여 속성이름은 "count"로 하고 속성 값은 조회 수를 문자열로 만든 값으로 저장한다.

```
application.setAttribute("count", Integer.toString(++count));
```

이미 지정된 속성 "count"가 있다면 이 값을 가져와 1을 더한 후 출력하며, 만일 반환 값이 null이라면 처음 웹 응용이 시작한 것으로 파악하여 count를 0으로 초기화 한다.

```
String scount = (String) application.getAttribute("count");
if (scount != null) {
   count = Integer.parseInt(scount);
} else {
   count = 0;
}
```

예제 5-15 application.jsp

```
01  <%@ page language="java" contentType="text/html; charset=EUC-KR"
    pageEncoding="EUC-KR"%>
02  <html>
03  <head>
04  <meta http-equiv="Content-Type" content="text/html; charset=EUC-KR">
05  <title>JSP 예제 application.jsp</title>
06  </head>
07  <body>
08
09  <%! int count = 0; %>
10
11  <%
12      String scount = (String) application.getAttribute("count");
13
14      if (scount != null) {
15         count = Integer.parseInt(scount);
16      } else {
17         count = 0;
18      }
19
20      application.setAttribute("count", Integer.toString(++count));
21      application.log("현재까지 조회 수 : " + count);
22  %>
23      서버 컨테이너 정보 : <%=application.getServerInfo() %> <p>
24      현재까지 조회 수 : <%=count %>
```

```
25
26  </body>
27  </html>
```

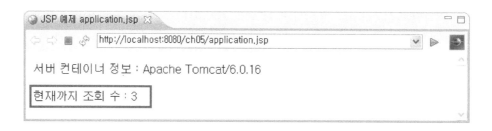

위 예제에서 로그 정보를 남기므로 콘솔 뷰에도 조회 수가 보이는 것을 확인할 수 있다.

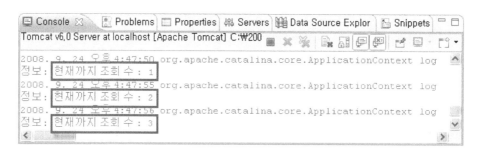

■ **그림 5-16** 로그 정보가 보이는 콘솔 뷰

5.2 exception

예외 처리 객체

예외 처리 exception 객체는 페이지 지시자에서 isErrorPage="true"로 지정한 경우, 이용할 수 있는 내부 객체이다. 내부 객체 exception은 다음과 같은 메소드를 이용하며, 지정한 예외 처리 페이지에서 적절한 예외 처리를 구현한다.

반환 값	메소드	사용 용도
String	getMessage()	예외를 표시하는 문자열을 반환
String	toString()	예외 자체 문자열을 반환
void	printStackTrace()	표준 출력으로 스택 추적 정보 출력

■ **표 5-8** 내장 객체 exception의 주요 메소드

다음과 같은 페이지 지시자는 예외가 발생하면 error.jsp로 이동하여 실행된다. 또한 버퍼의 크기가 1kb이고 autoFlush가 false이므로 버퍼를 비우지 않고, 출력이 1kb를 넘으면 예외가 발생할 것이다.

```
<%@ page autoFlush="false" buffer="1kb" errorPage="error.jsp" %>
```

예제 5-16 bufferoverflow.jsp

```jsp
01  <%@ page language="java" contentType="text/html; charset=EUC-KR"
    pageEncoding="EUC-KR"%>
02  <html>
03  <head>
04  <meta http-equiv="Content-Type" content="text/html; charset=EUC-KR">
05  <title>JSP 예제 bufferoverflow.jsp</title>
06  </head>
07  <body>
08      <%@ page autoFlush="false" buffer="1kb" errorPage="error.jsp" %>
09
10      <%
11        for (int i = 1; i < 25; i++) {
12          out.println("남은 출력 버퍼 크기(out.getRemaining()) : " + out.
    getRemaining() + "<br>");
13        }
14      %>
15  </body>
16  </html>
```

예외를 처리하는 페이지 error.jsp에서는 다음과 같이 페이지 지시자 속성 isErrorPage ="true"로 지정해야 내부 객체 exception을 이용하여 적절한 메시지를 출력할 수 있다.

```
<%@ page isErrorPage="true" %>

오류 문자열[exception.toString()] : <%=exception.toString()    %><br>
오류 메시지[exception.getMessage()] : <%=exception.getMessage() %><br>
```

예제 5-17 error.jsp

```
01  <%@ page language="java" contentType="text/html; charset=EUC-KR"
    pageEncoding="EUC-KR"%>
02  <html>
03  <head>
04  <meta http-equiv="Content-Type" content="text/html; charset=EUC-KR">
05  <title>JSP 예제 error.jsp</title>
06  </head>
07  <body>
08
09    <%@ page isErrorPage="true" %>
10    <h1> 예외처리 페이지</h1>
11
12    오류 문자열[exception.toString()] :<%=exception.toString()  %><br>
13    오류 메시지[exception.getMessage()] :<%=exception.getMessage()  %><br>
14
15  </body>
16  </html>
```

다음은 bufferoverflow를 실행하여 예외처리 모듈 error.jsp가 실행된 결과이다.

■ **그림 5-17** 내부 객체 exception을 이용한 예외 처리 결과

6. 내장 객체 pageContext, page, session, config

6.1 pageContext

▌ 클래스 PageContext

내부 객체 pageContext는 자료유형 클래스 javax.servlet.jsp.PageContext로 JSP 페이지에 관한 정보와 다른 페이지로 제어권을 넘겨줄 때 이용되는 메소드를 제공한다.

반환 값	메소드	사용 용도
void	forward(String)	다른 서블릿 혹은 JSP로 요청을 이동
void	include(String)	지정된 페이지를 현재의 위치에 삽입
Exception	getException()	Exception 객체를 반환
Object	getPage()	page 객체를 반환
JspWriter	getOut()	JspWriter 객체를 반환
ServletRequest	getRequest()	ServletRequest 객체를 반환
ServletResponse	getResponse()	ServletResponse 객체를 반환
ServletConfig	getServletConfig()	ServletConfig 객체를 반환
ServletContext	getServletContext()	ServletContext 객체를 반환
HttpSession	getSession()	HttpSession 객체를 반환
Object	findAttribute(String)	page, request, session, application 범위 내에서 사용 가능한 속성의 값을 반환
void	removeAttribute(String)	지정한 이름의 속성 객체를 제거
Object	getAttribute(String)	page 범위 내에서 특정한 이름에 해당하는 속성 객체를 반환
void	setAttribute(String, Object)	pageContext 객체 안에 지정한 이름과 연관된 속성 객체를 저장

■ **표 5-9** 내장 객체 pageContext의 주요 메소드

특히 내장 객체 pageContext는 8개의 다른 내부 객체를 얻을 수 있는 메소드를 제공한다. 다음은 JSP 서블릿 소스의 _jspService() 메소드의 앞 부분으로 32줄에 pageContext가 자료유형 PageContext로 선언된 것을 시작으로 session, application, config, out, page가 선언된 것을 볼 수 있다.

```
PageContext pageContext = null;
```

```
28
29    public void _jspService(HttpServletRequest request, HttpServletResponse response)
30          throws java.io.IOException, ServletException {
31
32      PageContext pageContext = null;
33      HttpSession session = null;
34      ServletContext application = null;
35      ServletConfig config = null;
36      JspWriter out = null;
37      Object page = this;
38      JspWriter _jspx_out = null;
39      PageContext _jspx_page_context = null;
40
41
42      try {
43        response.setContentType("text/html; charset=EUC-KR");
44        pageContext = _jspxFactory.getPageContext(this, request, response,
45               null, true, 1024, false);
46        _jspx_page_context = pageContext;
47        application = pageContext.getServletContext();
48        config = pageContext.getServletConfig();
49        session = pageContext.getSession();
50        out = pageContext.getOut();
51        _jspx_out = out;
52
53        out.write("\r\n");
54        out.write("<html>\r\n");
```

■ **그림 5-18** JSP 서블릿 소스에서 내장 객체의 선언과 관련 객체 참조의 저장

내장 객체 pageContext의 메소드 getServletContext(), getSevletConfig(), getSession(), getOut() 등을 이용하여 내장 객체 변수 application, config, session, out 등에 각각의 객체를 저장하여 내장 객체를 설정한다.

```
...
application = pageContext.getServletContext();
config = pageContext.getServletConfig();
session = pageContext.getSession();
out = pageContext.getOut();
```

그러므로 JSP에서 내장 객체 out을 이용하는 대신 pageContext.getOut()을 이용해도 out의 메소드를 이용할 수 있다.

```
<% pageContext.getOut().println("include.html을 추가"); %>
```

예제 5-18 pagecontext.jsp

```
01  <%@ page language="java" contentType="text/html; charset=EUC-KR"
    pageEncoding="EUC-KR"%>
02  <html>
03  <head>
04  <meta http-equiv="Content-Type" content="text/html; charset=EUC-KR">
05  <title>JSP 예제 pagecontext.jsp</title>
06  </head>
07  <body>
08      <h2> pageContext 예제</h2>
09
10      <% pageContext.getOut().println("include.html을 추가"); %>
11      <hr>
12      <% pageContext.include("include.html"); %>
13
14  </body>
15  </html>
```

📺 **예제 5-19 include.html**

```
01      <font color=blue>
02      다른 파일을 삽입하는 include(), 제어권을 넘기는 forward() 메소드 제공
03      </font>
```

6.2 page

JSP 페이지 자체를 표현

내장 객체 page는 JSP 페이지 자체를 나타내는 객체로서 _jspService()에 다음과 같이 this

가 저장되어 있다.

```
Object page = this;
```

내장 객체 page는 자바에서 자기 자신을 나타내는 키워드 this로 사용한다. 톰캣에서 this는 자료유형 org.apache.jasper.runtime.HttpJspBase의 객체로서 메소드 getServletInfo()를 제공하며, JSP 페이지 지시자의 속성 info에 지정한 값을 반환한다.

예제 5-20 page.jsp

```
01  <%@ page language="java" contentType="text/html; charset=EUC-KR"
       pageEncoding="EUC-KR"%>
02  <html>
03  <head>
04  <meta http-equiv="Content-Type" content="text/html; charset=EUC-KR">
05  <title>JSP 예제 page.jsp</title>
06  </head>
07  <body>
08
09    <%@ page info="내장 객체 page : page 자기 자신의 객체"  %>
10    <%= this.getServletInfo() %> <p>
11    <%= ((org.apache.jasper.runtime.HttpJspBase) (page)).getServletInfo() %>
12
13  </body>
14  </html>
```

6.3 session

세션 관리를 위한 내부 객체

인터넷 쇼핑몰에서 상품을 구매하는 경우, 장바구니를 생각해 보자. 사용자는 장바구니를 확인하면서 이미 선택한 상품도 보고 다시 다른 페이지로 이동하여 원하는 다른 상품을 더 살 수도 있으며 필요 없는 물건은 장바구니의 구매 목록에서 제거시킬 수도 있다. 이런 경우, 장바구니 페이지는 다른 페이지로 이동하더라도 현재 선택된 상품 목록과 관련 정보를 지속적으로 유지 관리하는데, 이렇게 클라이언트 사용자의 지속성 서비스를 하기 위해 session 내장 객체를 이용한다. 즉 내장 객체 session은 클라이언트마다 세션 정보를 저장 및 유지 관리하기 위한 객체이다.

내장 객체 session은 자료유형이 인터페이스 javax.servlet.http.HttpSession으로 세션관

리를 위한 다양한 메소드를 제공한다. 이에 대한 자세한 설명과 예제는 7장 세션과 쿠키에서
다룰 예정이다.

6.4 config

▌ 자료유형 javax. servlet. ServletConfig

내장 객체 config는 자료유형 javax.servlet.ServletConfig 인터페이스로 서블릿이 초기화되
는 동안, JSP 컨테이너가 환경 정보를 서블릿으로 전달할 때 사용하는 객체이다.

7. 연습문제

1. JSP 내장 객체 9개를 기술하시오.

2. 다음 프로그램의 실행 결과는 1이 아니다. 그 이유를 기술하시오.

```
01  <%@ page language="java" contentType="text/html; charset=EUC-KR"
    pageEncoding="EUC-KR"%>
02  <html>
03  <head>
04  <title>JSP 예제 question2</title>
05  </head>
06  <body>
07        <%! int application = 1; %>
08        <%= application %>
09  </body>
10  </html>
```

3. 다음 프로그램은 오류가 발생한다. 그 이유를 기술하시오.

```
01  <%@ page language="java" contentType="text/html; charset=EUC-KR"
    pageEncoding="EUC-KR"%>
02  <html>
03  <head>
04  <title>JSP 예제 question3</title>
05  </head>
06  <body>
07        <%= exception %>
08  </body>
09  </html>
```

4. 다음 5개의 내장 객체에 대하여 자료유형에 해당하는 패키지와 클래스를 기술하시오.

내장 객체	소속 패키지	클래스 이름
request		
response		

application	
exception	
out	

5. 다음 프로그램의 실행 결과를 쓰시오.

```
01  <%@ page language="java" contentType="text/html; charset=EUC-KR"
    pageEncoding="EUC-KR"%>
02  <html>
03  <head>
04  <title>JSP 예제 question5</title>
05  </head>
06  <body>
07          <%= "1. request" %> <br>
08          <%= "2. response" %> <br>
09          <%= "3. out" %> <br>
10          <% out.clear(); %>
11          <%= "4. application" %> <br>
12          <%= "5. exception" %> <br>
13  </body>
14  </html>
```

6. JSP 내장 객체 중에서 JSP 페이지에 관한 정보와 다른 페이지로 제어권을 넘겨줄 때 이용되는 메소드를 제공하며, 8개의 다른 내부 객체를 얻을 수 있는 메소드를 제공하는 객체는 무엇인가?

7. 다음과 같이 [기술정보 이력서]를 입력 받아 출력하는 하나의 HTML 문서와 하나의 JSP 프로그램을 작성하시오.

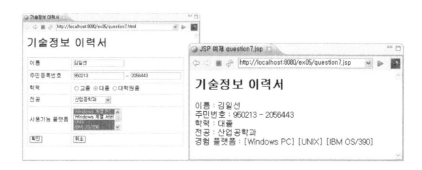

CHAPTER 06

JSP 액션 태그

1. 액션 태그 개요
2. 액션 태그 include
3. 액션 태그 forward
4. 액션 태그 param
5. 액션 태그 plugin
6. 연습문제

JSP는 XML 스타일의 액션 태그를 지원한다. 액션 태그는 태그가 있는 위치에 다른 페이지를 삽입하거나 또는 제어를 넘기고, 필요한 자바 빈즈를 사용할 목적으로 사용한다. 6장에서는 자바 빈즈에서 사용할 액션 태그를 제외한 forward, include, param, plugin 태그에 대하여 학습할 예정이다.

- 액션 태그의 유형과 종류 알아보기

- 액션 태그 include 이해하기

- 액션 태그 include의 속성과 사용 방법 이해하기

- 액션 태그 forward 이해하기

- 액션 태그 forward의 속성과 사용 방법 이해하기

- 액션 태그 include에서 param 태그 이용하기

- 액션 태그 forward에서 param 태그 이용하기

- 액션 태그 plugin 이해하기

1. 액션 태그 개요

1.1 액션 태그의 유형

▌XML 스타일 태그

JSP 액션 태그는 XML 스타일의 태그로 기술하며 특정한 동작 기능을 수행한다. JSP 액션 태그는 다음과 같이 < 와 접두어 `jsp:` 그리고 `forward`, `include`, `param`과 같은 고유한 태그 키워드로 구성된 `<jsp:forward`와 같은 시작 태그로 시작하고, 속성 값을 지정하며, 마지막 종료 태그는 `/>`로 종료한다.

```
<jsp:태그키워드 태그속성="태그값" />
<jsp:include page="sub.jsp" />
```

액션 태그에서 매개 변수 지정과 같은 내용이 있다면, 다음과 같이 시작 태그 `<jsp:태그키워드 … >` 와 종료 태그 `</jsp:태그키워드>`사이에 `<jsp:param … />`과 같은 param 태그를 기술한다. 여기서 주의할 점은 시작 태그 `<jsp:태그키워드 … >`에서 마지막이 종료 태그인 `/>`이 아니라 `>`라는 것이다.

```
<jsp:태그키워드 태그속성="태그값"  >
    매개변수 지정과 같은 다른 내용

</jsp:태그키워드>

<jsp:include page="includesub.jsp"  >
    <jsp:param name="weeks" value="52" />
</jsp:include>
```

1.2 액션 태그의 종류

▌태그 종류 forward, include, param, plugin

JSP 액션 태그로는 `<jsp:forward … / >`, `<jsp:include … / >`, `<jsp:param … / >`,

`<jsp:plugin … />` 등이 있다. 자바 빈즈를 활용하는 액션 태그로 `<jsp:useBean … />`, `<jsp:setProperty … />`, `<jsp:getProperty … />`등이 있으며 이와 같은 자바 빈즈 활용 태그에 대해서는 8장 자바 빈즈에서 학습할 예정이다.

태그 종류	태그 형식	사용 용도

include
 	
 param
	`<jsp:include page="test.jsp" />`
	
	 `<jsp:include page="test.jsp" >`
	`<jsp:param name="id" value="hong" />`
	`</jsp:include>`
		현재 JSP 페이지에서 다른 페이지를 포함

forward
 	
 param
	`<jsp:forward page="test.jsp" />`
	
	 `<jsp:forward page="test.jsp" >`
	`<jsp:param name="id" value="hong" />`
	`</jsp:forward>`
		현재 JSP 페이지의 제어를 다른 페이지에 전달

plugin	`<jsp:plugin type="applet" code="test" />`	자바 애플릿 등을 플러그인
useBean	`<jsp:useBean id="login" class="LoginBean" />`	자바 빈즈를 사용
setProperty	`<jsp:setProperty name="login" property="pass" />`	자바 빈즈의 속성을 지정하는 메소드를 호출
getProperty	`<jsp:getProperty name="login" property="pass" />`	자바 빈즈의 속성을 반환하는 메소드를 호출

■ **표 6-1** JSP 액션 태그 종류

2. 액션 태그 include

2.1 태그 정의

▌ 태그 `<jsp:include page="filename" />`

액션 태그 include는 현재의 JSP 페이지에서 속성 page에 기술된 다른 JSP 페이지를 호출하여 그 결과를 include 태그의 위치에 삽입시키는 역할을 수행한다. 그리고 태그 include에서 속성 page에 삽입할 파일이름을 기술한다.

```
<jsp:include page="sub.jsp" />
```

위 태그는 태그 위치에 파일 sub.jsp의 결과를 삽입시킨다. 다음은 태그 include가 처리되는 과정을 표현한 그림이다. 여기서 태그 include가 있는 파일 main.jsp으로 들어온 요청은 태그 include로 삽입되는 파일 sub.jsp로도 그대로 전달된다.

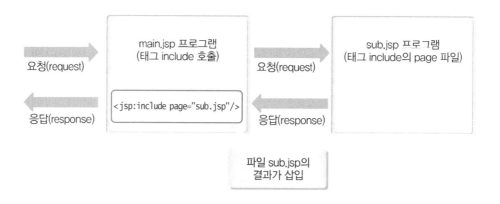

■ **그림 6-1** 〈jsp:include … /〉 태그의 기능

다음은 태그 include를 이용한 예제로 main.jsp 소스 중간에 파일 sub.jsp의 결과를 삽입하도록 액션 태그 include를 기술한다.

🖥 **예제 6-1 main.jsp**

```
01  <%@ page language="java" contentType="text/html; charset=EUC-KR"
    pageEncoding="EUC-KR"%>
02  <html>
03  <head>
04  <meta http-equiv="Content-Type" content="text/html; charset=EUC-KR">
05  <title> JSP 예제 : main.jsp</title>
06  </head>
07  <body>
08    <h2> include 액션 태그 </h2>
09    main.jsp 파일 시작 부분입니다.<br>
10    include 태그는 페이지 속성 파일 결과를 태그 위치에 삽입합니다.<br>
11
12    <jsp:include page="sub.jsp" />
```

```
13
14    main.jsp 파일 끝 부분입니다.
15  </body>
16  </html>
```

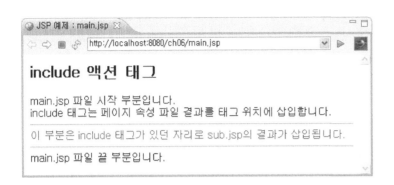

예제 6-2 sub.jsp

```
01  <%@ page language="java" contentType="text/html; charset=EUC-KR"
    pageEncoding="EUC-KR"%>
02  <html>
03  <head>
04  <meta http-equiv="Content-Type" content="text/html; charset=EUC-KR">
05  <title>JSP 예제 : sub.jsp</title>
06  </head>
07  <body>
08    <hr><font color=blue>
09    이 부분은 include 태그가 있던 자리로 sub.jsp의 결과가 삽입됩니다.
10    </font><hr>
11  </body>
12  </html>
```

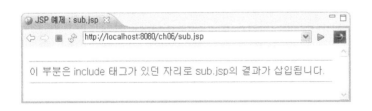

위 예제에서 파일 main.jsp의 태그 <jsp:include page="sub.jsp" /> 가 있는 위치에
sub.jsp의 실행 결과가 삽입되는 것을 확인할 수 있다.

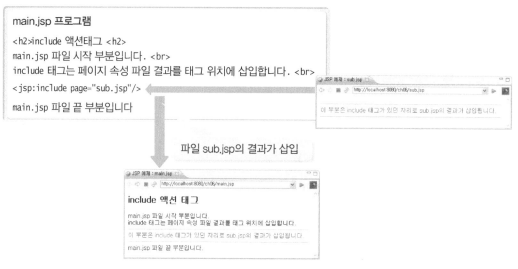

■ **그림 6-2** 예제 main.jsp, sub.jsp에서 태그 〈jsp:include ... /〉의 실행 과정

2.2 지시자 include와 액션 태그 include

▎지시자 include는 소스의 삽입

4장에서 이미 배운 지시자 include와 액션 태그 include의 차이를 알아보자. 지시자 include는 소스 코드 형태로 삽입하며, 액션 태그 include는 처리 결과를 삽입한다.

지시자 include는 소스 코드 형태로 삽입하므로 중복된 소스가 있는 경우 주의가 필요하다. 특히 변수의 선언이 중복되면 오류가 발생한다. 다음과 같이 지시자 include가 있는 페이지 includedirective.jsp에 변수 i와 n이 선언되었다고 가정하자.

```
<% int i = 12; %>
<% int n = 365; %>
<%@ include file="includesub.jsp" %>
```

소스가 삽입되는 페이지 includesub.jsp에 다음과 같이 변수 n이 다시 선언되었다면 파일 includedirective.jsp에서 오류가 발생한다. 페이지 includesub.jsp 자체는 문제가 없으나 이 파일을 삽입하는 includedirective.jsp에 이름이 n인 변수를 선언하므로 중복된 지역변수 선언의 컴파일 오류가 발생한다.

```
<% int n = 52; %>
```

예제 6-3 includedirective.jsp

```
01 <%@ page language="java" contentType="text/html; charset=EUC-KR"
   pageEncoding="EUC-KR"%>
02 <html>
03 <head>
04 <meta http-equiv="Content-Type" content="text/html; charset=EUC-KR">
05 <title>JSP 예제 : includedirective.jsp</title>
06 </head>
07 <body>
08    <% int i = 12; %>
09    <% //int n = 365; %>
10    <% int days = 365; %>
11    1년은 <%=i %> 달 입니다.
12    <%@ include file="includesub.jsp" %>
13    1년은 <%=days %> 일 입니다.
14 </body>
15 </html>
```

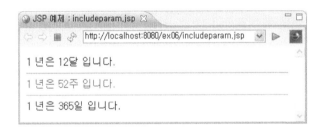

예제 6-4 includesub.jsp

```
01 <%@ page language="java" contentType="text/html; charset=EUC-KR"
   pageEncoding="EUC-KR"%>
02 <html>
03 <head>
04 <meta http-equiv="Content-Type" content="text/html; charset=EUC-KR">
05 <title>JSP 예제 : includesub.jsp</title>
06 </head>
07 <body>
08    <% int n = 52; %>
09    <hr><font color=blue>
10    1 년은 <%=n %> 주 입니다.
11    </font><hr>
12 </body>
13 </html>
```

위 예제 includedirective.jsp, 9줄의 변수 n 선언 문장에서 주석을 빼면 12줄의 지시자에서 지역변수 n의 중복 선언 오류가 발생하는 것을 확인할 수 있다.

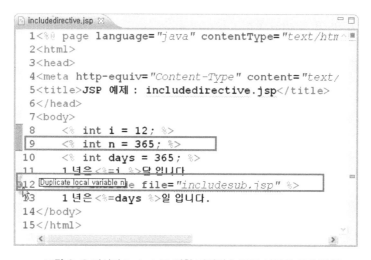

■ **그림 6-3** 지시자 include로 인한 지역변수 중복 선언의 오류 발생

▌액션 태그 include는 결과의 삽입

지시자 include와 다르게 액션 태그 include를 이용했을 경우는 결과 값이 포함되기 때문에 이러한 지역변수 중복 선언의 문제가 발생하지 않는다.

💻 예제 6-5 includeaction.jsp

```
01  <%@ page language="java" contentType="text/html; charset=EUC-KR"
        pageEncoding="EUC-KR"%>
02  <html>
03  <head>
04  <meta http-equiv="Content-Type" content="text/html; charset=EUC-KR">
05  <title> JSP 예제 : includeaction.jsp </title>
06  </head>
07  <body>
08     <% int i = 12; %>
```

```
09      <% int n = 365; %>
10      1 년은 <%=i %> 달 입니다.
11    <jsp:include page="includesub.jsp" />
12      1 년은 <%=n %> 일 입니다.
13    </body>
14    </html>
```

액션 태그 `<jsp:include … />`는 내장 객체 pageContext의 메소드 include()와 같은 기능을 수행한다.

```
<% pageContext.include("includesub.jsp"); %>
<jsp:include page="includesub.jsp" />
```

3. 액션 태그 forward

3.1 태그 정의

█ 태그 `<jsp:forward page="filename" />`

지시자 include와 다르게 액션 태그 include를 이용했을 경우는 결과 값이 포함되기 때문에 이러한 지역변수 중복 선언의 문제가 발생하지 않는다.

```
<jsp:forward page="forwardsub.jsp" />
```

태그 forward에서 지정한 페이지를 호출하면 forward 태그가 있는 현재 페이지의 작업은 모두 중지 되고, 이전에 출력한 버퍼링 내용도 모두 사라지게 되어 출력이 되지 않으며, 모든 제어가 page에 지정한 파일로 이동한다.

■ 그림 6-4 〈jsp:forward … /〉 태그의 기능

다음과 같은 소스라면 태그 forward의 이전과 이후에 있는 내용이 출력되지 않고 바로 파일 "forwardsub.jsp"로 이동하여 프로그램이 실행된다.

```
main.jsp 페이지의 출력 내용은 하나도 출력되지 않습니다.<br>
<jsp:forward page="forwardsub.jsp" />
main.jsp 파일 끝 부분입니다.
```

태그 forward와 include의 차이

태그 include는 page 속성에 지정된 페이지의 처리가 끝나면 다시 현재 페이지로 돌아와 처리를 진행해 나가지만, 태그 forward는 page 속성에 지정된 페이지로 제어가 넘어가면 현재 페이지로 다시 돌아오지 않고 이동된 페이지에서 실행을 종료한다.

다음 예제 forwardmain.jsp 결과를 살펴보면 forwardmain.jsp의 자체에서 출력한 내용은 전혀 출력되지 않고 이동된 페이지 forwardsub.jsp의 내용만 출력되는 것을 볼 수 있다. 그러나 브라우저의 주소 부분에는 실행한 forwardmain.jsp 파일만이 표시되며, 브라우저의 캡션 부분에는 이동된 페이지인 forwardsub.jsp의 태그 `<title>`에 기술된 파일이름이 출력되고 있는 것을 볼 수 있다. 예제 forwardsub.jsp의 자체 실행 결과도 forwardmain.jsp의 실행 결과와 같다. 다만 예제 forwardsub.jsp의 실행에서는 브라우저의 주소가 forwardsub.jsp로 표시된다.

예제 6-6 forwardmain.jsp

```
01  <%@ page language="java" contentType="text/html; charset=EUC-KR"
    pageEncoding="EUC-KR"%>
```

```
02  <html>
03  <head>
04  <meta http-equiv="Content-Type" content="text/html; charset=EUC-KR">
05  <title>JSP 예제 : forwardmain.jsp</title>
06  </head>
07  <body>
08      <h2>forward 액션 태그 </h2>
09      forwardmain.jsp 파일 시작 부분입니다.<br>
10      forward 태그는 페이지 속성 파일로 제어를 넘깁니다.<br>
11      forwardmain.jsp 페이지의 출력 내용은 하나도 출력되지 않습니다.<br>
12
13      <jsp:forward page="forwardsub.jsp" />
14
15      forwardmain.jsp 파일 끝 부분입니다.
16  </body>
17  </html>
```

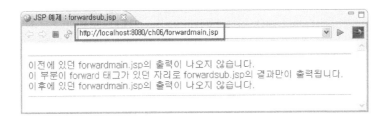

예제 6-7 forwardsub.jsp

```
01  <%@ page language="java" contentType="text/html; charset=EUC-KR"
    pageEncoding="EUC-KR"%>
02  <html>
03  <head>
04  <meta http-equiv="Content-Type" content="text/html; charset=EUC-KR">
05  <title>JSP 예제 : forwardsub.jsp</title>
06  </head>
07  <body>
08      <hr><font color=blue>
09      이전에 있던 forwardmain.jsp의 출력이 나오지 않습니다.<br>
10      이 부분이 forward 태그가 있던 자리로 forwardsub.jsp의 결과만이 출력됩니다.<br>
11      이후에 있던 forwardmain.jsp의 출력이 나오지 않습니다.
12      </font><hr>
13  </body>
14  </html>
```

3.2 태그 forward와 같은 기능의 메소드 forward()

▌내장 객체 pageContext의 메소드 forward()

액션 태그 forward는 실제 JSP 서블릿 소스에서 내장 객체 pageContext의 메소드 forward()로 대체된다. 즉 다음 자바 소스 pageContext.forward()와 태그 <jsp:forward … />는 같은 기능을 수행한다.

```
<% pageContext.forward("send.jsp"); %>
<jsp:forward page="send.jsp" />
```

다음 예제는 forward.html, forward.jsp, send.jsp로 구성되는 예제로 forward.html을 실행하여 접속할 사이트를 입력한 후 버튼을 누르면 지정한 사이트에 접속하는 기능을 수행한다.

🖳 예제 6-8 forward.html

```
01  <html>
02  <head>
03  <meta http-equiv="Content-Type" content="text/html; charset=EUC-KR">
04  <title>JSP 예제 : forward</title>
05  </head>
06  <body>
07    <h2>접속할 사이트를 입력하세요.</h2>
08    <form method=post name=test action="forward.jsp" >
09    URL : <input type=text name=url>
10    <input type="submit" value="보내기">
11    </form>
12  </body>
13  </html>
```

```
01 <%@ page language="java" contentType="text/html; charset=EUC-KR"
   pageEncoding="EUC-KR"%>
02 <html>
03 <head>
04 <meta http-equiv="Content-Type" content="text/html; charset=EUC-KR">
05 <title>JSP 예제 : forward.jsp</title>
06 </head>
07 <body>
08    <%
09    //pageContext.forward("send.jsp");
10    %>
11    <jsp:forward page="send.jsp" />
12 </body>
13 </html>
```

예제 6-10 send.jsp

```
01 <%@ page language="java" contentType="text/html; charset=EUC-KR"
   pageEncoding="EUC-KR"%>
02 <html>
03 <head>
04 <meta http-equiv="Content-Type" content="text/html; charset=EUC-KR">
05 <title>JSP 예제 : send.jsp</title>
06 </head>
07 <body>
08    <% response.sendRedirect("http://" + request.getParameter("url")); %>
09 </body>
10 </html>
```

파일 send.jsp에서 특정한 웹 사이트를 접속하기 위해 내장객체 response의 메소드 sendRedirect()를 다음과 같이 이용한다.

```
<% response.sendRedirect("http://" + request.getParameter("url")); %>
```

다음은 forward.html 화면에서 주소 [www.infinitybooks.co.kr]을 접속한 결과이다.

■ **그림 6-5** 예제 forward.html에서 주소 [www.infinitybooks.co.kr] 접속

태그 forward가 있는 JSP 서블릿 소스 [forward_jsp.java]를 살펴보면 다음과 같이 태그 forward가 내장객체 pageContext의 메소드 forward()로 대체된 것을 확인할 수 있다.

```
_jspx_page_context.forward("send.jsp");
```

```
forward_jsp.java
42    try {
43      response.setContentType("text/html; charset=EUC-KR");
44      pageContext = _jspxFactory.getPageContext(this, request, respo
45              null, true, 8192, true);
46      _jspx_page_context = pageContext;
47      application = pageContext.getServletContext();
48      config = pageContext.getServletConfig();
49      session = pageContext.getSession();
50      out = pageContext.getOut();
51      _jspx_out = out;
52
53      out.write("\r\n");
54      out.write("<html>\r\n");
55      out.write("<head>\r\n");
56      out.write("<meta http-equiv=\"Content-Type\" content=\"text/ht
57      out.write("<title>JSP 예젠 : forward.jsp</title>\r\n");
58      out.write("</head>\r\n");
59      out.write("<body>\r\n");
60      out.write("\t");
61
62      //pageContext.forward("send.jsp");
63
64      out.write('\r');
65      out.write('\n');
66      out.write('  ');
67      if (true) {
68        _jspx_page_context.forward("send.jsp");
69        return;
70      }
71      out.write("\r\n");
72      out.write("</body>\r\n");
73      out.write("</html>");
74    } catch (Throwable t) {
```

■ **그림 6-6** forward.jsp 에서 대체된 forward() 메소드

4. 액션 태그 param

4.1 param 태그 개요

▌ 패라미터 태그 `<jsp:param …/>`

태그 param은 태그 `<jsp:include … >`와 `<jsp:forward …>`와 함께 사용되어 page에 지정된 페이지로 필요한 패라미터의 이름(name)과 값(value)을 전송하는 역할을 수행한다. 그러므로 태그 param은 `<jsp:param name="param_name" value="param_value" />`와 같이 속성 name과 value를 제공한다.

태그 param을 지정하면 태그 `<jsp:include … >`와 `<jsp:forward …>`에서 page에 지정한 페이지로 내장객체 request에 의한 패라미터도 전달되고, 태그 param에 의한 패라미터도 함께 전달되는데, 이름이 같으면 태그 param에 의한 값이 전달된다.

태그 `<jsp:include … >`에서 `<jsp:param … / >` 태그를 이용하는 소스는 다음과 같다. 태그 param을 이용할 때는 include 시작 태그의 마지막이 `/>`이 아니라 `>` 임에 주의하자.

```
<jsp:include page="loginhandle.jsp" >
   <jsp:param name="userid" value="guest" />
   <jsp:param name="passwd" value="anonymous" />
</jsp:include>
```

태그 `<jsp:forward … >`에서 `<jsp:param … / >` 태그를 이용하는 소스도 태그 `<jsp:include … >`와 같으며, 태그 `<jsp:include … >`와 마찬가지로 태그 param을 이용할 때는 forward 시작 태그의 마지막이 `>` 임에 주의하자.

```
<jsp:forward page="forwardloginhandle.jsp" >
   <jsp:param name="userid" value="kdhong" />
   <jsp:param name="snum" value="2010-3459" />
</jsp:forward>
```

4.2 태그 include에서 param 태그 이용

▌ 태그 include에서 지정한 인자의 전송

액션 태그 include에서 삽입되는 페이지로 패라미터를 전송하려면 액션 태그 <jsp:param name="name" value="value" /> 를 이용한다. 액션 태그 include에서 태그 <jsp:param … / > 을 이용하려면 다음과 같이 종료태그 </jsp:include>를 이용해야 한다.

```
<jsp:include page="loginhandle.jsp" >
    <jsp:param name="userid" value="guest" />
    <jsp:param name="passwd" value="anonymous" />
</jsp:include>
```

태그 include에서 삽입되는 페이지에서는 태그 param으로 인자를 전송 받을 뿐만 아니라 기본적으로 내장객체 request도 함께 전달되므로 request.getParameter()에 의해 인자도 함께 전송 받을 수 있다.

다음 예제는 login.html, login.jsp, loginhandle.jsp 3개의 파일로 구성된 프로그램이다. 이 예제는 login.html을 실행하여 [로그인] 버튼을 눌러 실행한다. 파일 login.html의 폼에서 입력 받은 자료를 내장 객체 request로 login.jsp로 전송한다. 프로그램 login.jsp에서는 아이디의 입력이 없으면 다시 param 태그의 인자 userid, passwd를 각각 "guest", "anonymous"로 수정하여 loginhandle.jsp를 include 시킨다. 만일 아이디의 입력이 있으면 param 태그를 이용하지 않으므로 그대로 request에 의해 폼의 입력 값이 전송된다.

```
<%
if (userid.equals("")) {
%>
    <jsp:include page="loginhandle.jsp" >
        <jsp:param name="userid" value="guest" />
        <jsp:param name="passwd" value="anonymous" />
    </jsp:include>
<%
} else {
%>
    <jsp:include page="loginhandle.jsp" />
<%
}
%>
```

예제 6-11 `login.html`

```
01  <html>
02  <head>
03  <meta http-equiv="Content-Type" content="text/html; charset=EUC-KR">
04  <title>로그인 : login</title>
05  </head>
06  <body>
07      <h2>로그인 </h2>
08      <form method="post" action="login.jsp">
09      아이디 : <input type="text" name="userid"><br>
10      암호 : <input type="text" name="passwd"><p>
11      <input type="submit" value="로그인">
12      <input type="reset" value="다시입력">
13      </form>
14  </body>
15  </html>
```

예제 6-12 `login.jsp`

```
01  <%@ page language="java" contentType="text/html; charset=EUC-KR"
    pageEncoding="EUC-KR"%>
02  <html>
03  <head>
04  <meta http-equiv="Content-Type" content="text/html; charset=EUC-KR">
05  <title>JSP 예제 : login.jsp</title>
06  </head>
07  <body>
08      <h2>로그인 예제</h2>
09      <%
10      request.setCharacterEncoding("euc-kr");
11      String userid = request.getParameter("userid");
12      String passwd = request.getParameter("passwd");
13      %>
14      <%
```

```
15        if (userid.equals("")) {
16        %>
17        <jsp:include page="loginhandle.jsp" >
18            <jsp:param name="userid" value="guest" />
19            <jsp:param name="passwd" value="anonymous" />
20        </jsp:include>
21        <%
22        } else {
23        %>
24        <jsp:include page="loginhandle.jsp" />
25        <%
26        }
27        %>
28    </body>
29    </html>
```

🖥 **예제 6-13 loginhandle.jsp**

```
01   <%@ page language="java" contentType="text/html; charset=EUC-KR"
     pageEncoding="EUC-KR"%>
02   <html>
03   <head>
04   <meta http-equiv="Content-Type" content="text/html; charset=EUC-KR">
05   <title>JSP 예제 : loginhandle.jsp</title>
06   </head>
07   <body>
08      <%
09      request.setCharacterEncoding("euc-kr");
10      String userid = request.getParameter("userid");
11      String passwd = request.getParameter("passwd");
12      %>
13      <%
14      if (userid.equals("guest")) {
15        out.println("회원이 아니시군요. 반갑습니다.<br>");
16        out.println("다음으로 로그인 하세요.<hr>");
17      } else {
18        out.println("회원님, 반갑습니다.<hr>");
19      }
20      %>
21      아이디 : <%= userid %>,
22      암호 : <%= passwd %>
23   </body>
24   </html>
```

위 예제의 결과를 살펴보면 아이디의 입력이 없으면 아이디와 암호가 각각 "guest"와 "anonymous"로 출력되며, 아이디의 입력이 있으면 입력한 아이디와 암호를 그대로 출력한다.

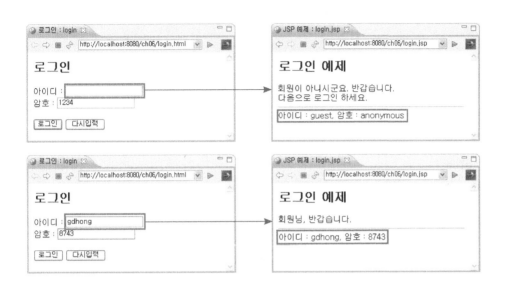

■ **그림 6-7** 예제 login.html 결과

4.3 태그 forward에서 param 태그 이용

▌태그 forward에서 지정한 인자의 전송

액션 태그 forward에서 삽입되는 페이지로 패라미터를 전송하려면 액션 태그 <jsp:param name="name" value="value" />를 이용한다. 액션 태그 forward에서 태그 <jsp:param … />을 이용하려면 다음과 같이 종료 태그 </jsp:forward>를 이용해야 한다.

```
<jsp:forward page="forwardloginhandle.jsp" >
    <jsp:param name="snum" value="2010-3459" />
</jsp:forward>
```

태그 forward에서 삽입되는 페이지에서는 태그 param으로 인자를 전송 받을 뿐만 아니라 기본적으로 내장 객체 request도 함께 전달되므로 request.getParameter()에 의해 인자를 전송 받을 수 있다.

다음 예제는 forwardlogin.jsp, forwardloginhandle.jsp 2개의 파일로 구성된 프로그램이다. 이 예제는 forwardlogin.jsp를 실행하나 그 내부에 forward 태그가 있어 forwardloginhandle. jsp의 실행에서 출력되는 내용만 브라우저에 표시된다. forwardlogin.jsp를 처음 실행하면

userid와 passwd는 항상 null이므로 태그 forward에 의해 forwardloginhandle.jsp으로 이동한다. forwardlogin.jsp가 처음 실행이 아니라면 다음 if 문장의 else 블록에 의해 파라미터 snum으로 값 "2010-3459"를 전송하며 forwardloginhandle.jsp으로 이동한다.

```
<%
if ( userid == null && passwd == null ) {
%>
    <jsp:forward page="forwardloginhandle.jsp" />
<%
} else {
%>
    <jsp:forward page="forwardloginhandle.jsp" >
    <jsp:param name="snum" value="2010-3459" />
    </jsp:forward>
<%
}
%>
```

프로그램 forwardloginhandle.jsp로 이동하면 if 문장에 의해 로그인 폼이 출력되거나 입력한 아이디, 암호 그리고 지정된 학번이 출력된다. 문장 if 에서 조건의 삼항 연산자 (userid == null ? true : userid.equals(""))를 살펴보면 userid가 null이거나 userid가 null이 아니면 userid로 입력 값이 " "일 때, 즉 입력 값이 없을 때 로그인 폼을 출력한다. 그렇지 않으면 입력한 아이디가 있는 경우로, 로그인 폼에 입력한 아이디, 암호 그리고 파일 forwardlogin.jsp에서 param 태그로 지정된 학번 "2010-3459"를 출력한다.

```
<%
if ( userid == null ? true : userid.equals("") ) {
%>
    <h2> 로그인 </h2>
    <form method="post" action="forwardlogin.jsp">
            …
    </form>
<%
} else {
%>
    아이디 : <%= userid %>,

    암호 : <%= passwd %>,
```

```
    학번 : <%= studentnum %>
    <hr> 회원님, 반갑습니다.
<%
}
%>
```

📺 **예제 6-14 forwardlogin.jsp**

```
01  <%@ page language="java" contentType="text/html; charset=EUC-KR"
    pageEncoding="EUC-KR"%>
02  <html>
03  <head>
04  <meta http-equiv="Content-Type" content="text/html; charset=EUC-KR">
05  <title>JSP 예제 : forwardlogin.jsp</title>
06  </head>
07  <body>
08      <h2>forward 태그를 이용한 로그인 예제</h2>
09      <%
10      request.setCharacterEncoding("euc-kr");
11      String userid = request.getParameter("userid");
12      String passwd = request.getParameter("passwd");
13      %>
14      <%
15      if ( userid == null && passwd == null ) {
16      %>
17          <jsp:forward page="forwardloginhandle.jsp" />
18      <%
19      } else {
20      %>
21
22          <jsp:forward page="forwardloginhandle.jsp" >
23              <jsp:param name="userid" value="<%=userid %>" />
24              <jsp:param name="snum" value="2010-3459" />
25          </jsp:forward>
26      <%
27      }
28      %>
29  </body>
30  </html>
```

로그인

아이디 :
암호 :

[로그인] [다시입력]

📖 예제 6-15 `forwardloginhandle.jsp`

```
01  <%@ page language="java" contentType="text/html; charset=EUC-KR"
    pageEncoding="EUC-KR"%>
02  <html>
03  <head>
04  <meta http-equiv="Content-Type" content="text/html; charset=EUC-KR">
05  <title>JSP 예제 : forwardloginhandle.jsp</title>
06  </head>
07  <body>
08     <%
09     request.setCharacterEncoding("euc-kr");
10     String userid = request.getParameter("userid");
11     String passwd = request.getParameter("passwd");
12     String studentnum = request.getParameter("snum");
13     %>
14     <%
15     if ( userid == null ? true : userid.equals("") ) {
16     %>
17        <h2>로그인 </h2>
18        <form method="post" action="forwardlogin.jsp">
19        아이디 : <input type="text" name="userid"><br>
20        암호 : <input type="text" name="passwd"><p>
21        <input type="submit" value="로그인">
22        <input type="reset" value="다시입력">
23        </form>
24     <%
25     } else {
26     %>
27        아이디 : <%= userid %>,
28        암호 : <%= passwd %>,
29        학번 : <%= studentnum %>
30        <hr>회원님, 반갑습니다.
31     <%
```

```
32      }
33      %>
34  </body>
35  </html>
```

다음은 위 예제의 결과로 처음에 실행하면 forwardloginhandle.jsp로 이동하여 로그인 폼이 표시된다. 또한 아이디를 입력하지 않고 [로그인] 버튼을 누르면 계속해서 로그인 폼이 출력된다. 아이디를 입력하고 [로그인] 버튼을 누르면 입력한 아이디와 암호 그리고 param 태그로 지정된 학번 "2010-3459"가 출력된다. 브라우저의 주소 부분에는 첫 프로그램인 forwardlogin.jsp 파일만이 표시되며, 브라우저의 캡션 부분에는 이동된 페이지인 forwardloginhandle.jsp의 태그 <title>에 기술된 파일이름이 출력되는 것을 볼 수 있다.

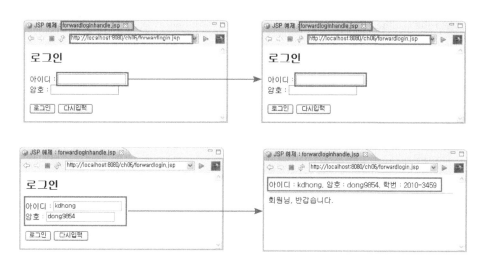

■ **그림 6-8** 예제 forwardlogin.jsp 결과

5. 액션 태그 plugin

5.1 자바 빈즈 또는 애플릿 삽입 태그

▌태그 <jsp:plugin ... >

액션 태그 plugin은 웹 브라우저에서 자바 빈즈 또는 애플릿을 플러그인하여 실행하는 태그

이다. 태그 plugin은 각기 다른 웹 브라우저에서 인식할 수 있도록 마이크로소프트 사의 IE 경우일 때는 OBJECT 태그로 만들어 주며, 넷스케이프 사의 경우일 때는 EMBED 형태의 태그로 만들어 준다.

현재 액션 태그 plugin에서 플러그인 할 수 있는 객체는 자바 빈즈와 애플릿만 가능하며 이에 따라 속성 type에는 bean 또는 applet만을 지정할 수 있다. 액션 태그 plugin에서 사용하는 다른 속성은 다음과 같다.

```
<jsp:plugin
    type = "bean | applet"
    code = "objectCode"
    codebase ="objectCodebase"
    align="alignment"
    archive = "archiveList"
    height = "height"
    hspace = "hspace"
    jreversion = "jreversion"
    name = "componentName"
    vspace = "vspace"
    width = "width"
    nspluginurl = "url"
    iepluginurl = "url" >
    <jsp:params name="paramName" value="paramValue" />
    <jsp:fallback> arbitrary_text </jsp:fallback> >
</jsp:plugin>
```

액션 태그 plugin의 속성 중에서 type, code, codebase만 필수적으로 입력하고 나머지는 선택적으로 사용한다. 이 속성의 기능을 살펴보면 다음과 같다.

속성	사용 용도
type	사용할 플러그인 종류로 applet 또는 bean
code	사용할 클래스 이름을 지정
align	사용할 클래스를 발견할 기본 경로를 지정
archive	jar 혹은 zip과 같은 압축 형태로 배포하는 경우, 플러그인에서 사용할 압축 파일을 지정
height	플러그인의 높이를 지정
width	플러그인의 너비를 지정
jreversion	자바 가상 머신 버전을 지정

name	이름을 지정
hspace	좌우의 여백을 지정
vspace	상하 여백을 지정
nspluginurl	넷스케이프 네비게이터에서 자바 플러그인의 위치를 지정
iepluginurl	익스플로러에서 자바 플러그인의 위치를 지정

■ **표 6-2** 태그 plugin 속성 종류

태그 <jsp:plugin … > 내부에 서브 태그로 사용되는 <params> 태그는 플러그인 객체에 패라미터 값을 전달하며, 다음과 같이 패라미터가 1개일 경우, 태그 params에 직접 속성 name 과 value를 함께 기술하여 종료한다. 패라미터가 여러 개인 경우는 태그 params 내부에 다시 param 태그를 이용한다.

```
<jsp:params name="paramName" value="paramValue" />

<jsp:params>
    <jsp:param name="paramName1" value="paramValue1" />
    <jsp:param name="paramName2" value="paramValue2" />
</jsp:params>
```

<jsp:fallback> 태그는 웹 브라우저가 플러그인을 지원하지 못하는 경우, 출력하는 메시 지를 보여주기 위해 사용한다. 즉 플러그인은 실행 되었지만 클래스를 찾을 수 없거나 에러가 발생하여 실행시킬 수 없을 경우, 사용자에게 메시지를 제공하기 위한 것이다.

```
<jsp:fallback>
    Plugin tag OBJECT or EMBED not supported by browser.
</jsp:fallback>
```

▐ 톰캣 플러그인 예제

설치된 톰캣을 실행하여 JSP 예제로 이동하면 플러그인 예제인 plugin.jsp를 실행할 수 있다.

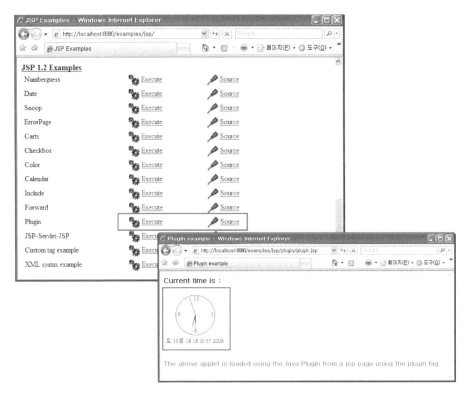

■ **그림 6-9** 톰캣 예제 플러그인 예제 plugin.jsp 결과

위 프로그램은 톰캣 설치 폴더 하부 [webapps]/[examples]/[jsp]/[plugin]의 plug.jsp 파일이다. 이 폴더 하부 [applet] 폴더에 에플릿 프로그램 소스 Clock2.java와 클래스 파일 Clock2.class가 위치한다.

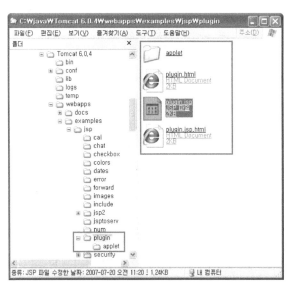

■ **그림 6-10** 톰캣 플러그인 예제 plugin.jsp 폴더

플러그인 예제 plugin.jsp는 애플릿 Clock2.class를 플러그인한 예제로서 다음 소스로 구성된다.

```
<html>
<!--
…
-->
<title> Plugin example </title>
<body bgcolor="white">
<h3> Current time is : </h3>
<jsp:plugin type="applet" code="Clock2.class" codebase="applet"
jreversion="1.2" width="160" height="150" >
    <jsp:fallback>
        Plugin tag OBJECT or EMBFD not supported by browser.
    </jsp:fallback>
</jsp:plugin>
<p>
<h4>
<font color=red>
The above applet is loaded using the Java Plugin from a jsp page using
the plugin tag.
</font>
</h4>
</body>
</html>
```

6. 연습문제

1. 액션 태그의 종류와 그 기능을 설명하시오.

2. 다음 2개의 태그와 같은 기능을 수행하는 내장 객체의 메소드를 각각 기술하시오.

태그 종류	액션 태그	메소드 호출
태그 include	<jsp:include page="sub.jsp" />	
태그 forward	<jsp:forward page="sub.jsp" />	

3. 다음 2개의 파일에서 파일 includeparam.jsp를 실행하면 다음과 같다. 다음 프로그램에서 빈 부분을 코딩하시오.

(1) includeparam.jsp

```
01  <%@ page language="java" contentType="text/html; charset=EUC-KR"
    pageEncoding="EUC-KR"%>
02  <html>
03  <head>
04  <meta http-equiv="Content-Type" content="text/html; charset=EUC-KR">
05  <title> JSP 예제 : includeparam.jsp</title>
06  </head>
07  <body>
08      <% int i = 12; %>
09      <% int n = 365; %>
10      1 년은 <%=i %> 달 입니다.
11      <jsp:include _____="paramsub.jsp" >
12          _____ name="weeks" value="52" __
13      _____
14      1 년은 <%=n %> 일 입니다.
15  </body>
16  </html>
```

(2) paramsub.jsp

```
01  <%@ page language="java" contentType="text/html; charset=EUC-KR"
    pageEncoding="EUC-KR"%>
02  <html>
03  <head>
04  <meta http-equiv="Content-Type" content="text/html; charset=EUC-KR">
05  <title>JSP 예제 : paramsub.jsp</title>
06  </head>
07  <body>
08    <hr><font color=blue>
09    1 년은 <%=_____.getParameter("weeks") %>주 입니다.
10    </font><hr>
11  </body>
12  </html>
```

4. 다음 2개의 파일에서 파일 forwardparam.jsp를 실행하면 무엇이 출력되는가? 또한 웹 브라우
저의 주소와 캡션에는 무엇이 남아있는가?

(1) forwardparam.jsp

```
01  <%@ page language="java" contentType="text/html; charset=EUC-KR"
    pageEncoding="EUC-KR"%>
02  <html>
03  <head>
04  <meta http-equiv="Content-Type" content="text/html; charset=EUC-KR">
05  <title>JSP 예제 : forwardparam.jsp</title>
06  </head>
07  <body>
08    <% int i = 12; %>
09    <% int n = 365; %>
10    1 년은 <%=i %>달 입니다.
11    <jsp:forward page="paramsub.jsp" >
12      <jsp:param name="weeks" value="52" />
13    </jsp:forward>
14    1 년은 <%=n %>일 입니다.
15  </body>
16  </html>
```

(2) paramsub.jsp

```
01  <%@ page language="java" contentType="text/html; charset=EUC-KR"
    pageEncoding="EUC-KR"%>
02  <html>
03  <head>
04  <meta http-equiv="Content-Type" content="text/html; charset=EUC-KR">
05  <title>JSP 예제 : paramsub.jsp</title>
06  </head>
07  <body>
08    <hr><font color=blue>
09    1 년은 <%=request.getParameter("weeks") %>주 입니다.
10    </font><hr>
11  </body>
12  </html>
```

5. 다음 2개의 프로그램에서 빈 부분을 완성하고 includemain.jsp를 실행한 브라우저의 결과를 기술하시오.

(1) includemain.jsp

```
01  <%@ page language="java" contentType="text/html; charset=EUC-KR"
    pageEncoding="EUC-KR"%>
02  <html>
03  <head>
04  <meta http-equiv="Content-Type" content="text/html; charset=EUC-KR">
05  <title>JSP 예제 : includemain.jsp </title>
06  </head>
07  <body>
08    1. 태그 param이 없는 태그 include <p>
09    <jsp:include page="includesub.jsp" ___
10
11    2. 태그 param이 있는 태그 include <p>
12    <jsp:include page="includesub.jsp" ___
13      <jsp:param ____="programming" _____="jsp" ___
14      _____
15  </body>
16  </html>
```

(2) paramsub.jsp

```
01  <%@ page language="java" contentType="text/html; charset=EUC-KR"
    pageEncoding="EUC-KR"%>
02  <html>
03  <head>
04  <meta http-equiv="Content-Type" content="text/html; charset=EUC-KR">
05  <title>JSP 예제 : includesub.jsp</title>
06  </head>
07  <body>
08      <p><font color=blue>
09      <%=request.getParameter("_____") %>
10      </font></p>
11  </body>
12  </html>
```

6. 다음 2개의 프로그램에 대하여 다음 물음에 답하시오.

(1) redirectmain.jsp

```
01  <%@ page language="java" contentType="text/html; charset=EUC-KR"
    pageEncoding="EUC-KR"%>
02  <html>
03  <head>
04  <meta http-equiv="Content-Type" content="text/html; charset=EUC-KR">
05  <title>JSP 예제 : redirectmain.jsp </title>
06  </head>
07  <body>
08      <% response.sendRedirect("hobbysub.jsp"); %>
09  </body>
10  </html>
```

(2) hobbysub.jsp

```
01  <%@ page language="java" contentType="text/html; charset=EUC-KR"
    pageEncoding="EUC-KR"%>
02  <html>
03  <head>
04  <meta http-equiv="Content-Type" content="text/html; charset=EUC-KR">
05  <title>JSP 예제 : hobbysub.jsp </title>
06  </head>
07  <body>
```

```
08    <p><font color=blue> 취미는
09    <%=request.getParameter("hobby") %>입니다.
10    </font></p>
11  </body>
12  </html>
```

① 프로그램 redirectmain.jsp를 실행한 브라우저의 결과를 기술하시오.

② 프로그램 redirectmain.jsp를 실행한 브라우저의 결과가 다음과 같이 나오도록 메소드 redirect의 인자를 바꾸시오.

③ 위와 같은 기능을 수행하도록 액션 태그 forward를 이용한 프로그램 forwardmain.jsp를 작성하시오. 단 파일 hobbysub.jsp는 위 소스를 그대로 이용하시오.

CHAPTER 07

쿠키와 세션

1. 웹의 비연결 특성

2. 쿠키

3. 세션

4. 쿠키와 세션의 이용 비교

5. 연습문제

HTTP의 비연결 특성을 보완하는 방법이 쿠키와 세션이다. 쿠키와 세션의 사용은 쇼핑몰 구축과 같이 지속성 서비스를 제공해야 하는 시스템에서는 중요한 기술이다. 이를 위하여 7장에서는 제일 먼저 비연결성의 특성을 알아 보고 세션과 쿠키의 사용 방법을 학습할 예정이다.

- HTTP 비연결 특성 이해하기

- 웹 서비스의 비연결성을 보완하는 쿠키와 세션 개념 이해하기

- 쿠키를 지원하는 클래스 Cookie 이해하기

- 쿠키의 생성, 저장, 조회 작성하기

- 세션의 개념과 내장객체 session 이해하기

- 세션에서 속성 저장, 조회 작성하기

1. 웹의 비연결 특성

1.1 비연결 특성

█ HTTP의 비연결 특성

웹에서 클라이언트가 요청을 하면 서버는 응답을 한다. 즉 한 페이지의 요청과 그 요청에 대한 응답이 있을 때만 클라이언트와 서버가 연결(connection)될 뿐 그 이후에는 연결이 자동으로 종료된다. 동일한 클라이언트가 다시 서버에 연결을 하더라도 서버는 그 이전 연결에 대한 클라이언트의 어떠한 상태(state) 정보도 가지고 있지 않은 상태에서 다시 연결과 종료가 이루어진다. 즉 웹 서비스에서 클라이언트와 서버는 웹 페이지들 사이에서 서로 연관 없이 각각 독립적으로 연결이 이루어지므로, 상태의 지속성을 유지할 수 없다. 이것은 웹을 지원하는 HTTP 통신 규약이 비연결(connectionless) 또는 무상태(stateless) 특성을 가지기 때문이다.

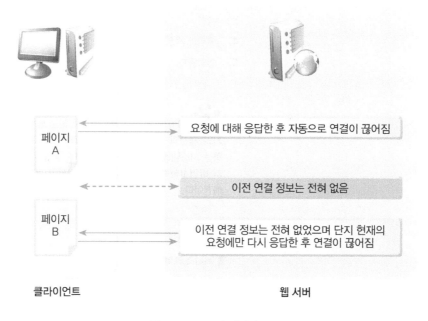

■ **그림 7-1** HTTP의 비연결 특성

█ 비연결성의 장단점

HTTP의 웹 브라우저에서 서버에 정보를 요청하여 그 결과를 얻어 오는 것으로 모든 상태는 단절된다. 이러한 비연결성은 서로 연관 없는 페이지들을 접속할 때는 아무 문제가 되지 않으며, 오히려 서버에 접속한 클라이언트의 수가 많더라도 서버의 부담이 적고 서버의 자원을 효율적으로 사용할 수 있는 등의 장점으로 작용한다. 그러므로 웹의 비연결 특성은 초기에 웹 서비스를 빠르게 성장시킨 계기가 되었다.

그러나 웹 서비스를 이용해 다양하고 복잡한 정보 시스템을 구축하면서 이러한 웹의 비연결 특성은 많은 문제점을 야기 시킬 수 있다. 가장 간단한 예가 쇼핑몰의 장바구니이다. 인터넷 쇼핑몰에서 상품을 구매하는 경우, 사용자는 장바구니를 확인하면서 이미 선택한 상품도 보고 다시 다른 페이지로 이동하여 원하는 다른 상품을 더 살 수도 있으며 필요 없는 물건은 장바구니의 구매 목록에서 제거시킬 수도 있다. 이런 경우, 장바구니 페이지는 다른 페이지로 이동하더라도 현재 선택된 상품 목록과 관련 정보를 지속적으로 유지 관리해야 하는데, HTTP의 비연결성은 이러한 상태 정보의 관리를 어렵게 만든다.

1.2 세션과 쿠키

▌ 비연결성의 보완

HTTP의 비연결 특성은 클라이언트가 이전에 한 작업의 정보를 알 수 없게 한다. 이러한 비연결성을 보완하고 페이지 간의 지속성 서비스를 제공하기 위한 기법이 쿠키(cookie)와 세션(session)이다.

쿠키는 넷스케이프에서 제안한 방식으로 CGI 프로그래밍 방식 때부터 사용하던 클라이언트 정보 관리 방법으로 클라이언트의 사용자 컴퓨터에 사용자 정보를 저장 관리한다. 그러므로 쿠키 방식은 서버에 부하를 주지 않으면서 사용자 정보를 관리할 수 있는 방법이다.

세션은 JSP에서 제공하는 클라이언트의 브라우저 정보 관리 방법으로 브라우저마다 각기 다른 사용자 정보를 서버에 저장하는 방법이다. 즉 세션은 클라이언트 사용자 별로 여러 페이지 이동을 인식하며, 필요한 정보를 서버에 저장하고 조회할 수 있는 방법과 세션을 관리할 수 있는 방법을 제공한다.

▌ 쿠키와 세션의 비교

JSP에서는 쿠키를 지원하기 위한 클래스 Cookie를 제공한다. 또한 JSP에서는 세션의 역할을 담당하는 내장객체 session을 제공한다. 쿠키는 클라이언트 별 사용자 정보를 클라이언트 사용자 컴퓨터에 저장하나 세션은 서버에 저장한다. 그러므로 웹 서버가 종료되더라도 유효기간이 지나지 않은 쿠키는 조회가 가능하지만 세션 정보는 웹 서버가 종료되거나 일정한 시간 동안 서버에 반응을 하지 않으면 자동으로 세션 정보가 삭제된다.

클라이언트   웹서버

■ **그림 7-2** 세션과 쿠키의 비교

쿠키는 하나가 4K Byte 크기로 제한되고, 클라이언트당 쿠키의 최대 용량은 1.2M Byte로 제한이 있으며, 쿠키 값은 문자열을 지원하고, 쿠키 정보는 클라이언트 컴퓨터에 파일 형태로 저장되어 다른 사람이나 시스템이 볼 수 있으므로 비밀유지가 어려운 단점이 있다. 반면에 세션은 클라이언트 별로 모든 객체 형태의 자료를 서버에 저장하므로 클라이언트 JSP 프로그램을 통해서만 참조가 가능하다. 그러므로 세션은 보안 유지에 강력한 장점이 있으며, 또한 서버의 용량만 가능하다면 저장할 수 있는 세션 정보 크기의 한계도 없다.

비교함수	쿠키	세션
사용 클래스 및 인터페이스	class javax.servlet.http. Cookie	interface javax.servlet.http. HttpSession
관련 내장객체	response, request	session
저장 값 유형	문자열(String) 형태만 가능	자바의 모든 객체(Object)
저장 장소	클라이언트에 저장	서버에 저장
정보 크기	총 1.2M로 제한 있음	제한 없음
보안	어려움	강력함

■ **표 7-1** 쿠키와 세션 비교

2. 쿠키

2.1 쿠키 클래스

▌ 쿠키 정의

쿠키는 서버에서 만들어진 작은 정보의 단위로 서버에서 클라이언트의 브라우저로 전송되어 사용자의 컴퓨터에 저장된다. 이렇게 저장된 쿠키는 다시 해당하는 웹 페이지에 접속할 때, 브라우저에서 서버로 전송될 수 있다.

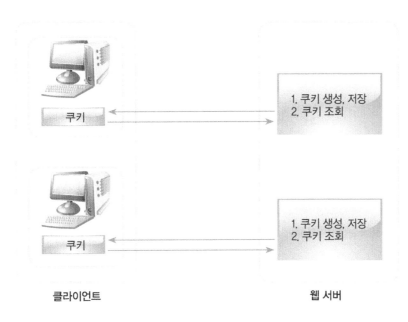

■ **그림 7-3** 클라이언트의 컴퓨터에 저장되는 쿠키

쿠키는 이름(name)과 값(value)으로 구성된 자료를 저장하며, 이러한 이름과 값 외에도 주석(comment), 경로(path), 유효기간(maxage 또는 expiry), 버전(version), 도메인(domain)과 같은 추가적인 정보를 저장할 수 있다.

▌ 클래스 Cookie

JSP에서는 쿠키를 사용하기 위해 javax.servlet.http.Cookie 클래스를 제공한다. 쿠키를 하나 생성하여 저장하려면, Cookie 객체를 하나 생성한 후 내장 객체 response의 addCookie() 메소드를 이용해서 생성된 Cookie 객체를 인자로 클라이언트에게 쿠키를 전송하여 저장한다.

반대로 사용자 컴퓨터에 저장된 쿠키는 내장 객체 **request**의 getCookies() 메소드를 이용해서 모두 서버로 전달하여 조회할 수 있다.

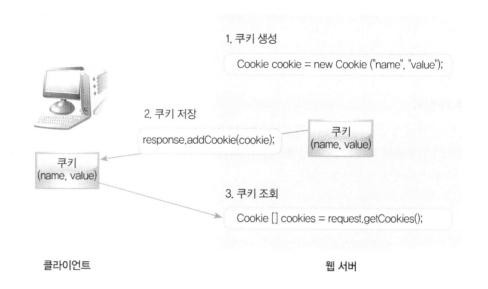

1. 쿠키 생성

Cookie cookie = new Cookie ("name", "value");

2. 쿠키 저장

response.addCookie(cookie);

쿠키
(name, value)

쿠키
(name, value)

3. 쿠키 조회

Cookie [] cookies = request.getCookies();

클라이언트   웹 서버

■ **그림 7-4** 클라이언트 컴퓨터에 쿠키의 저장과 조회

쿠키는 그 수와 크기에 제한이 있는데, 하나의 쿠키는 4K Byte 크기로 제한되고, 브라우저는 각각의 웹사이트당 20개의 쿠키를 허용하며, 모든 웹 사이트를 합쳐 최대 300개를 허용한다. 그러므로 클라이언트당 쿠키의 최대 용량은 1.2M Byte이다.

클래스 Cookie는 패키지 javax.servlet.http에 속하며 다음과 같은 주요 메소드를 제공한다.

반환형	메소드 이름	메소드 기능
int	getMaxAge()	쿠키의 최대지속 시간을 초단위로 지정 -1 일 경우 브라우저가 종료되면 쿠키도 만료
String	getName()	쿠키의 이름을 스트링으로 반환
String	getValue()	쿠키의 값을 스트링으로 반환
void	setMaxAge(int expiry)	쿠키의 만료시간을 초단위로 설정
void	setValue(String newValue)	쿠키에 새로운 값을 설정할 때 사용

■ **표 7-2** 쿠키의 주요 메소드

2.2 쿠키의 사용

▌ 쿠키 추가

쿠키는 다음과 같이 문자열의 인자 2개로 생성하는데, 앞 인자는 쿠키의 이름(name)이고 뒤 인자는 쿠키의 값(value)이다. 즉 쿠키는 (이름, 값)의 쌍 정보를 입력하여 생성한다. 쿠키의 이름은 알파벳과 숫자로만 구성되고, 쿠키 값에는 공백, 괄호, 등호, 콤마, 콜론, 세미콜론 등을 포함할 수 없다.

```
Cookie cookie = new Cookie("user", "kang");
```

생성된 쿠키는 메소드 setMaxAge()로 그 유효기간을 정할 수 있는데, 인자는 유효기간을 나타내는 초이다. 만일 유효기간을 0으로 지정하면 쿠키의 삭제를 의미하며, 음수를 지정하면 브라우저가 종료될 때 쿠키도 함께 삭제된다. 다음은 유효기간을 2분으로 지정하며, 1주일로 지정하려면 (7*24*60*60)로 한다.

```
cookie.setMaxAge(2 * 60); //초 단위 : 2분
```

쿠키는 내장 객체 response의 addCookie 메소드를 이용하여 클라이언트의 컴퓨터에 파일 형태로 저장한다.

```
response.addCookie(cookie);
```

💻 **예제 7-1 addcookie.jsp**

```
01  <%@ page language="java" contentType="text/html; charset=EUC-KR"
    pageEncoding="EUC-KR"%>
02  <html>
03  <head>
04  <meta http-equiv="Content-Type" content="text/html; charset=EUC-KR">
05  <title>JSP 예제 : addcookie.jsp</title>
06  </head>
07  <body>
```

```
08      <h1> 쿠키 만들기 예제</h1>
09      <hr>
10      Cookie cookie = new Cookie("user", "kang"); <br>
11      cookie.setMaxAge(2 * 60); //초 단위 : 2분 <br>
12      response.addCookie(cookie); <br>
13      <%
14         Cookie cookie = new Cookie("user", "kang");
15         cookie.setMaxAge(2 * 60); //초 단위 : 2분
16         response.addCookie(cookie);
17      %>
18      <hr><a href=addtimecookie.jsp >현재 접속 시각을 쿠키로 추가</a>
19   </body>
20   </html>
```

다음은 현재의 시각 정보를 쿠키 이름 "lastconnect"로 저장하는 자바 코드이다. 유효기간을 짧게 10초로 지정하면 10초 이후에 이 쿠키 정보가 삭제되는 것을 확인해 볼 수 있다.

```
String now = new java.util.Date().toString();
Cookie cookie = new Cookie("lastconnect", now);
cookie.setMaxAge(10); //초 단위 : 10초
response.addCookie(cookie);
```

예제 7-2 addtimecookie.jsp

```
01  <%@ page language="java" contentType="text/html; charset=EUC-KR"
    pageEncoding="EUC-KR"%>
02  <html>
03  <head>
04  <meta http-equiv="Content-Type" content="text/html; charset=EUC-KR">
```

```
05  <title>JSP 예제 : addtimecookie.jsp</title>
06  </head>
07  <body>
08      <h1>현재 시각을 쿠키로 저장</h1>
09      <hr>
10      String now = new java.util.Date().toString(); <br>
11      Cookie cookie = new Cookie("lastconnect", now); <br>
12      cookie.setMaxAge(10); //초 단위 : 10초  <br>
13      response.addCookie(cookie); <br>
14      <%
15          String now = new java.util.Date().toString();
16          Cookie cookie = new Cookie("lastconnect", now);
17          cookie.setMaxAge(10); //초 단위 : 10초
18          response.addCookie(cookie);
19      %>
20      <hr><a href=getcookies.jsp >쿠키 조회</a>
21  </body>
22  </html>
```

예제 addtimecookie.jsp의 마지막 부분에 있는 클라이언트에 저장된 쿠키를 서버로 가져와 조회하는 다음 예제 프로그램 getcookie.jsp를 작성하여 링크로 연결하자.

쿠키 조회

클라이언트에 저장된 쿠키를 조회하려면 내장객체 request의 getCookies() 메소드를 이용한다. 메소드 getCookies()의 반환 값은 저장된 모든 쿠키의 배열로, 쿠키가 없으면 null 값이 반환된다.

```
Cookie[] cookies = request.getCookies();
```

반환된 쿠키의 배열 변수 cookies는 다음과 같이 for each 문과 Cookie의 getName(), getValue() 메소드를 이용하여 각각의 쿠키에서 이름과 값을 얻을 수 있다. 다음 for each 문은 예제 소스에서 주석 부문의 전형적인 for 구문과 같은 기능을 수행한다.

```java
for (Cookie c : cookies) {
    out.println("쿠키 이름(name) : " + c.getName() + ", " );
    out.println("쿠키 값(value) : " + c.getValue() + "<br>" );
}
```

🖥 **예제 7-3 getcookies.jsp**

```jsp
01 <%@ page language="java" contentType="text/html; charset=EUC-KR"
   pageEncoding="EUC-KR"%>
02 <html>
03 <head>
04 <meta http-equiv="Content-Type" content="text/html; charset=EUC-KR">
05 <title>JSP 예제 : getcookies.jsp</title>
06 </head>
07 <body>
08   <h1>쿠키 조회 예제</h1>
09   <hr>
10   <%
11     Cookie[] cookies = request.getCookies();
12     if (cookies == null) {
13       out.println("쿠키가 없습니다.");
14     } else {
15       /*
16       for (int i=0; i<cookies.length; ++i) {
17         out.println("쿠키 이름(name) : " + cookies[i].getName() + ", " );
18         out.println("쿠키 값(value) : " + cookies[i].getValue() + "<br>" );
19       }
20       */
21       for (Cookie c : cookies) {
22         out.println("쿠키 이름(name) : " + c.getName() + ", " );
23         out.println("쿠키 값(value) : " + c.getValue() + "<br>" );
24       }
25     }
26   %>
27 </body>
28 </html>
```

지금까지 작성한 예제에서 **addcookie**를 실행하여 링크 [현재 접속 시각을 쿠키로 추가]를 연결하고, 다시 링크 [쿠키 조회]를 연결하면 총 3개의 쿠키가 조회되는 것을 볼 수 있다. 마지막에 조회되는 쿠키 [JSESSIONID]는 시스템이 남기는 쿠키로 브라우저가 종료될 때까지 유효하다. 이 쿠키 [JSESSIONID]의 값이 다음에 배울 세션의 ID이다.

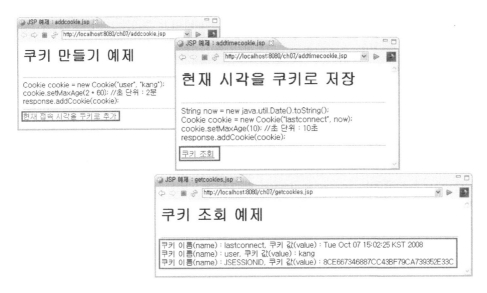

■ **그림 7-5** 예제 addcookie의 링크로 연결한 쿠키 조회 결과

위 결과에서 조회되는 쿠키 [lastconnect]와 [user] 중에서 10초가 경과된 후 getcookie를 다시 조회하면 다음과 같이 유효기간을 10초로 설정한 [lastconnect]는 삭제되고 [user]가 조회되고, 2분 정도가 경과된 후 다시 조회하면 유효기간이 2분인 [user]도 삭제되며, 시스템이 남긴 [JSESSIONID] 쿠키만 조회되는 것을 볼 수 있다.

■ **그림 7-6** 시간 경과에 따른 쿠키의 조회 결과

3. 세션

3.1 세션 개념과 HttpSession 클래스

▌세션 개념

클라이언트의 정보를 클라이언트 PC에 저장하는 것이 쿠키라면 클라이언트의 브라우저마다 각기 다른 정보를 서버에 저장하는 것이 세션이다. 즉 세션은 클라이언트 사용자 별로 여러 페이지 이동을 인식하며, 필요한 정보를 서버에 저장하고 조회할 수 있는 방법과 세션을 관리할 수 있는 방법을 제공한다.

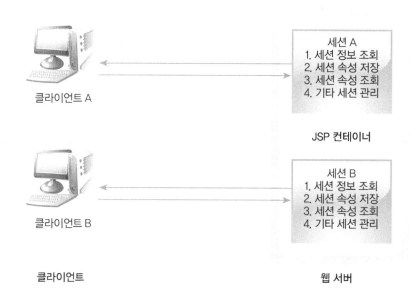

■ **그림 7-7** 세션 개념

▌내장 객체 session

5장에서 나온 내장 객체 session이 세션을 지원하는 내장 객체이다. 내장 객체 session은 패키지 javax.servlet.http에 속하는 인터페이스 HttpSession이다. 내장 객체인 session은 세션 자체의 식별자와 생성시간 정보를 제공하는 메소드인 getId(), getCreationTime() 등을 제공한다.

반환형	메소드 이름	메소드 기능
long	getCreationTime()	1970년 1월 1일 0시를 기준으로 하여 현재 세션이 생성된 시간까지 지난 시간을 계산하여 밀리세컨드로 반환
String	getId()	세션에 할당된 유일한 식별자(ID)를 String 타입으로 반환
int	getMaxInactiveInterval()	현재 생성된 세션을 유지하기 위해 설정된 최대 시간을 초의 정수 형으로 반환, 지정하지 않으면 기본 값은 1800초, 즉 30분이며, 기본 값도 서버에서 설정 가능

■ **표 7-3** 세션의 주요 정보 조회 메소드

세션이 유지되는 동안에 필요한 속성 값은 session 객체의 setAttribute(String name, Object value)으로 저장할 수 있다. 세션의 속성 값으로 저장할 수 있는 형태는 자바가 지원하는 객체이면 모두 가능하다. 저장된 속성 값은 반대로 getAttribute(String name) 메소드를 이용해 조회할 수 있는데, 반환 값 유형이 Object이므로 저장한 객체로 저장하려면 자료 유형 변환이 필요하다. 내장 객체 session은 세션 처리 및 관리를 위한 다음과 같은 메소드를 제공한다.

반환형	메소드 이름	메소드 기능
Object	getAttribute (String name)	name이란 이름에 해당되는 속성 값을 Object 타입으로 반환, 해당되는 이름이 없을 경우에는 null을 반환
Enumeration	getAttributeNames()	속성의 이름들을 Enumeration 타입으로 반환
void	invalidate()	현재 생성된 세션을 무효화 시킴
void	removeAttribute (String name)	name으로 지정한 속성의 값을 제거
void	setAttribute(String name, Object value)	name으로 지정한 이름에 value 값을 할당
void	setMaxInactiveInterval (int interval)	세션의 최대 유지시간을 초 단위로 설정
boolean	isNew()	세션이 새로이 만들어졌으면 true, 이미 만들어진 세션이면 false를 반환

■ **표 7-4** 세션에 속성 값을 저장 및 조회하는 메소드

3.2 세션의 이용

▌세션의 주요 정보 조회

세션은 클라이언트의 브라우저가 서버에 접속하는 순간 생성되며 특별히 지정하지 않으면 세션의 유지 시간은 기본 값으로 30분이 설정되어 있다. 세션의 유지 시간이란 서버에 접속한 후 서버에 어떠한 요청을 하지 않는 최대 시간으로, 30분 이상 서버에 전혀 반응을 보이지 않으면 세션이 자동으로 끊어진다. 이 세션 유지 시간은 서버에서 설정할 수 있는데, 톰캣에서 설치 폴더 하부 [conf] 폴더에 파일 web.xml을 살펴보면 <session-timeout> 30 </session-timeout>으로 30분이 지정되어 있는 것을 확인할 수 있다.

```
web.xml
484  <!-- ================== Default Session Configuration ================== -->
485  <!-- You can set the default session timeout (in minutes) for all newly    -->
486  <!-- created sessions by modifying the value below.                        -->
487
488  <session-config>
489      <session-timeout>30</session-timeout>
490  </session-config>
491
Design Source
```

■ **그림 7-8** 파일 web.xml에 설정되어 있는 기본 세션 유지 시간 30분

내장 객체 session 메소드 getCreationTime()은 현재 세션이 생성된 시간을 1970년 1월 1일 0시를 기준으로 지난 시간을 계산하여 결과를 밀리세컨드로 반환한다. 그러므로 이를 연, 월, 일, 시의 시간정보로 출력하려면 클래스 java.util.Date의 생성자 Date(long mseconds)를 이용하여 객체를 만든 후 출력해야 한다. 생성자 Date(long mseconds)는 인자인 밀리세컨드를 이용하여 1970년 1월 1일 0시를 기준으로 지난 시간 정보를 생성한다. 그러므로 Date(session.getCreationTime())는 세션이 생성된 시간을 연, 월, 일, 시의 시간정보의 객체를 생성한다.

```
long mseconds = session.getCreationTime();
Date time = new Date(mseconds);
```

예제 7-4 session.jsp

```
01  <%@ page language="java" contentType="text/html; charset=EUC-KR"
    pageEncoding="EUC-KR"%>
02  <html>
03  <head>
```

```
04  <meta http-equiv="Content-Type" content="text/html; charset=EUC-KR">
05  <title>JSP 예제 : session.jsp </title>
06  </head>
07  <body>
08      <%@ page import="java.util.Enumeration, java.util.Date" %>
09      <h1>세션 예제</h1>
10      <hr><h2>세션 주요 정보 조회</h2>
11      세션 ID (유일한 식별자) : <%= session.getId() %><br>
12      세션 MaxInactiveInterval (기본 세션 유지 시간) : <%= session.
    getMaxInactiveInterval() %><br>
13
14      <%
15          long mseconds = session.getCreationTime();
16          Date time = new Date(mseconds);
17      %>
18      세션 CreationTime (1970년 1월 1일 0시 이후의 지난 밀리세컨드): <%=mseconds %> <br>
19      세션 CreationTime (시각으로 다시 계산) : <%=time.toLocaleString() %>
20  </body>
21  </html>
```

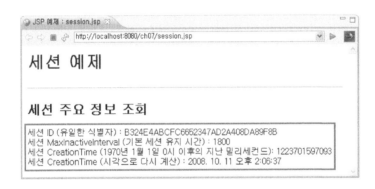

위 예제 결과를 확인한 후 다시 refresh를 해도 동일한 세션이므로 모두 같은 정보를 출력한다. 그러나 브라우저를 바꾸거나 서버를 종료한 후 다시 실행하면 세션 ID와 생성 시간이 바뀌는 것을 확인할 수 있다.

세션에 주요 값 저장과 조회

내장 객체 session 메소드 setAttribute(String name, Object value)는 name과 value의 쌍으로 객체 Object를 저장하는 메소드로서, 세션이 유지되는 동안 저장이 필요한 자료를 저장한다. 다음 소스에서는 저장하는 세션 속성 값의 문자열이 어떠한 객체 유형이라도 가능하다.

```
session.setAttribute("id", "javajsp");
session.setAttribute("pwd", "jdktomcat");
```

세션에 저장된 자료는 다시 getAttribute(String name) 메소드를 이용해 조회할 수 있는데, 반환 값은 Object 유형이므로 저장된 객체로 자료유형 변환이 필요하다. 메소드 setAttribute()에 이용한 name인 "id"를 알고 있다면 다음과 같이 바로 조회가 가능하다.

```
String value = (String) session.getAttribute("id");
```

세션의 속성으로 지정한 이름을 모두 알기 위해서는 메소드 getAttributeNames()가 필요하다. 메소드 getAttributeNames()의 반환 값은 인터페이스 Enumeration으로 패키지 java.util에 속한다. 그러므로 Enumeration을 JSP에서 사용하려면 페이지 지시자의 import 속성을 이용해야 한다.

```
<%@ page import="java.util.Enumeration, java.util.Date" %>
…
Enumeration<String> e = session.getAttributeNames();
```

위 소스에서 메소드 getAttributeNames()의 반환 값을 저장할 객체 e의 자료유형은 Enumeration<String> 이다. 이와 같이 객체 e를 Enumeration<String>과 같이 일반화 유형으로 선언한다면 e.nextElement()의 반환 값을 저장할 때 String으로 자료유형 변환이 필요 없는 장점이 있다. 자료유형 Enumeration은 여러 개의 내부 원소를 일렬로 저장한 구조를 지원하며, 내부 원소를 참조하기 위해 다음 두 메소드를 제공한다.

반환형	메소드 이름	메소드 기능
boolean	hasMoreElements()	enumeration의 내부에 더 이상의 원소가 있는지 결과를 반환, 있다면 true, 없으면 false를 반환
Object	nextElement()	enumeration의 내부에 더 이상의 원소가 있다면 다음 원소를 반환

■ **표 7-5** 인터페이스 java.util.Enumeration의 메소드

자료유형 Enumeration으로 반환된 속성 이름을 얻어, 세션에 저장된 속성 값을 알기 위해서는 다음과 같은 구문을 이용한다.

```
while ( e.hasMoreElements() ) {
    String name = e.nextElement();
    String value = (String) session.getAttribute(name);
    out.println("세션 name : " + name + ", ");
    out.println("세션 value : " + value + "<br>");
}
```

위 소스와 다르게 메소드 getAttributeNames()의 반환 값을 저장할 객체 e의 자료유형을 일반화 유형인 Enumeration<String>이 아니라, 단순히 Enumeration으로도 선언할 수 있다.

```
Enumeration e = session.getAttributeNames();
```

위와 같이 일반화 유형으로 선언하지 않는다면 메소드 nextElement()의 반환 값의 저장에서 (String) e.nextElement()와 같이 자료유형의 변환이 필요하다.

```
while ( e.hasMoreElements() ) {
    String name = (String) e.nextElement();
    String value = (String) session.getAttribute(name);
    out.println("세션 name : " + name + ", ");
    out.println("세션 value : " + value + "<br>");
}
```

🖥 **예제 7-5 sessionattribute.jsp**

```
01  <%@ page language="java" contentType="text/html; charset=EUC-KR"
    pageEncoding="EUC-KR"%>
02  <html>
03  <head>
04  <meta http-equiv="Content-Type" content="text/html; charset=EUC-KR">
05  <title>JSP 예제 : sessionattribute.jsp </title>
06  </head>
```

```
07  <body>
08     <%@ page import="java.util.Enumeration, java.util.Date" %>
09     <h1>세션 예제 </h1>
10     <hr><h2>세션 만들기</h2>
11     <%
12        session.setAttribute("id", "javajsp");
13        session.setAttribute("pwd", "jdktomcat");
14     %>
15     <hr><h2>세션 조회</h2>
16     세션 ID : <%= session.getId() %><br>
17     세션 CreationTime : <%= new Date(session.getCreationTime()) %><br>
   <br>
18     <%
19        Enumeration<String>e = session.getAttributeNames();
20        while ( e.hasMoreElements() ) {
21          String name = e.nextElement();
22          String value = (String) session.getAttribute(name);
23          out.println("세션 name : " + name + ", ");
24          out.println("세션 value : " + value + "<br>");
25        }
26     %>
27     <br>세션 Invalidate : <% session.invalidate(); %>
28  </body>
29  </html>
```

위 예제의 마지막 부분에서 다음과 같이 session.invalidate()를 호출하므로 이전 세션
을 무조건 무효화시킨다. 그러므로 다시 페이지를 refresh하면 항상 세션 ID와 생성시간이 바
뀌는 것을 볼 수 있다.

```
<br>세션 Invalidate : <% session.invalidate(); %>
```

3.3 세션 시간 설정과 속성 삭제

▐ 세션 timeout 시간 설정

내장 객체인 session의 메소드 setAttrribute()를 이용해 세션의 ID와 생성시간을 저장할 수 있으며, 메소드 setMaxInactiveInterval(5)을 이용해 5초 이상 서버에 반응을 하지 않으면 세션을 무효화 시킬 수 있다.

```
session.setAttribute("id", session.getId());
session.setAttribute("time", new Date(session.getCreationTime()));
session.setMaxInactiveInterval(5);
```

▐ 세션 속성 삭제

이미 지정된 세션 속성을 삭제하려면 메소드 removeAttribute("id")와 같이 속성 이름을 인자로 호출한다.

```
session.removeAttribute("id");
```

메소드 isNew()는 세션이 새로 만들어진 것인지를 boolean 유형으로 반환한다. 다음은 메소드 isNew()를 이용해 페이지에서 세션이 새로 만들어지면 세션 속성과 유효시간을 지정하며, 세션이 이미 만들어진 세션이라면 속성 이름 "id"의 속성 값을 삭제하는 소스이다.

```
if ( session.isNew() ) {
    session.setAttribute("id", session.getId());
    session.setAttribute("time", new Date(session.getCreationTime()));
    session.setMaxInactiveInterval(5);
} else {
    session.removeAttribute("id");
}
```

클래스 Date의 메소드 getTime()은 Date의 시간정보를 1970년 1월 1일 0시 이후의 밀리세컨드 초로 반환하므로, 다음 소스로 현재 세션이 만들어진 이후 지난 시간을 출력한다.

```
long nowtime = new Date().getTime();
<% long sessiontime = nowtime - session.getCreationTime(); %>
세션이 만들어진 이후 지난 시간 : <%=sessiontime/1000 %>초
```

현재 페이지에서 서버에 반응을 보이지 않은 시간을 계산하기 위해 현재 시간인 nowtime
에서 이전에 참조한 시간이 저장된 beforetime을 뺀다. 여기서 beforetime은 이전에 참조한
시간을 저장하기 위한 변수이므로 소속 변수로 선언하고 페이지를 종료할 때 다시 nowtime을
beforetime에 저장한다.

```
<%! long beforetime = new Date().getTime();
//이전 페이지 참조 시간을 저장하는 소속 변수 %>

<% long inactiveinterval = nowtime - beforetime; %>
서버에 반응을 보이지 않은 시간 : <%=inactiveinterval/1000 %>초

<% beforetime = nowtime; %>
```

📺 예제 7-6 sessiontimeout.jsp

```
01  <%@ page language="java" contentType="text/html; charset=EUC-KR"
    pageEncoding="EUC-KR"%>
02  <html>
03  <head>
04  <meta http-equiv="Content-Type" content="text/html; charset=EUC-KR">
05  <title>JSP 예제 : sessiontimeout.jsp</title>
06  </head>
07  <body>
08    <%@ page import="java.util.Enumeration, java.util.Date" %>
09    <h1>세션 예제</h1>
10    <hr><h2>세션 만들기</h2>
11    <%! long beforetime = new Date().getTime(); //이전 페이지 참조 시간을 저
    장하는 소속 변수 %>
12    <%
13      long nowtime = new Date().getTime();
14      if ( session.isNew() ) {
15        session.setAttribute("id", session.getId());
16        session.setAttribute("time", new Date(session.getCreationTime()));
17        session.setMaxInactiveInterval(5);
```

```
18        } else {
19            session.removeAttribute("id");
20        }
21    %>
22    <hr><h2>세션 조회</h2>
23    세션 ID (유일한 식별자) : <%= session.getAttribute("id") %><br>
24    세션 CreationTime : <%=session.getAttribute("time") %><br>
25    세션 MaxInactiveInterval : <%=session.getMaxInactiveInterval() %><br>
26    <% long sessiontime = nowtime - session.getCreationTime(); %>
27    세션이 만들어진 이후 지난 시간 : <%=sessiontime/1000 %>초
28
29    <font color=blue><hr>
30    <% long inactiveinterval = nowtime - beforetime; %>
31    서버에 반응을 보이지 않은 시간 : <%=inactiveinterval/1000 %>초 <br>
32    위 시간이 <%=session.getMaxInactiveInterval() %>초를 지나면
33    이전 세션이 무효화되고 새로운 세션이  생성</font><br>
34
35    <% beforetime = nowtime; %>
36 </body>
37 </html>
```

위 결과에서 세션 ID와 생성시간이 세션의 속성 값으로 설정되고 조회되어 출력되는 것을 확인할 수 있다. 세션 유효시간으로 설정한 5초 이전에 다시 페이지를 refresh하면 동일한 세션이므로 세션 ID가 삭제되어 null이 출력되는 것을 볼 수 있다. 만일 세션 유효시간으로 설정한 5초가 지난 후 페이지를 refresh하면 세션이 무효화되어 다시 새로운 세션이 설정되므로 조회되는 세션 ID가 이전 것과 다른 것을 볼 수 있다.

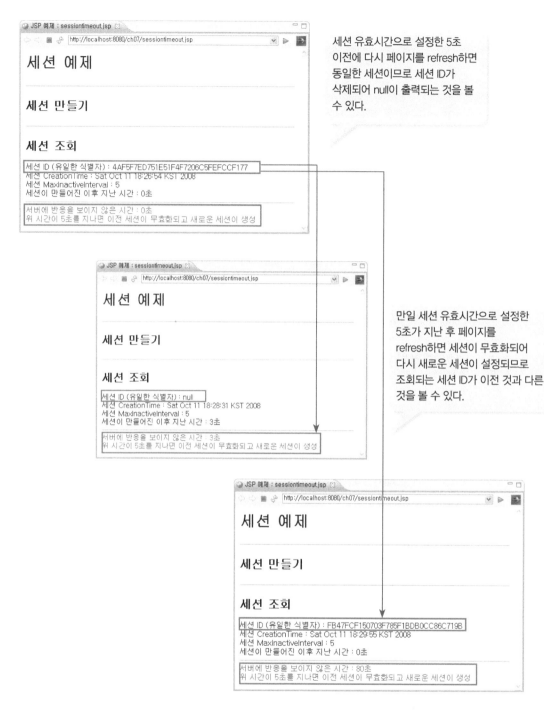

세션 유효시간으로 설정한 5초 이전에 다시 페이지를 refresh하면 동일한 세션이므로 세션 ID가 삭제되어 null이 출력되는 것을 볼 수 있다.

만일 세션 유효시간으로 설정한 5초가 지난 후 페이지를 refresh하면 세션이 무효화되어 다시 새로운 세션이 설정되므로 조회되는 세션 ID가 이전 것과 다른 것을 볼 수 있다.

■ **그림 7-9** 5초가 지난 후 [refresh]하면 새로운 세션 생성

4. 쿠키와 세션 이용 비교

4.1 쿠키 이용

이미 생성하여 사용하고 있는 쿠키를 삭제하려면 setMaxAag(0)을 호출하여 다시 쿠키를 저장한다.

```
Cookie c = new Cookie("user", "hong")
Cookie [] cs = request.getCookies();
for ( Cookie data : cs ) {
    if ( data.getName().equals("user") ) {
        c.setMaxAge(0);
        response.addCookie(c);
    }
}
```

다음은 지금까지 살펴 본 쿠키의 사용 방법을 정리한 표이다.

수행 기능	이용 방법	이용 메소드
쿠키 생성	Cookie c = new Cookie("user", "hong");	[Cookie 생성자] Cookie(String name, String value)
쿠키 유효기간 지정 및 조회	c.setMaxAge(30); int n = c.getMaxAge();	void setMaxAge(int expiry) int getMaxAge()
쿠키 값 수정	c.setValue("kang");	void setValue(String value)
쿠키 저장	response.addCookie(c);	void addCookie(Cookie c)
모든 쿠키 조회	Cookie [] cs = request.getCookies();	Cookie [] getCookies()
개별 쿠키 이름 조회	cs[i].getValue();	String getValue()
쿠키 삭제	c.setMaxAge(0); response.addCookie(c);	void setMaxAge(int expiry)

■ **표 7-6** 쿠키이용방법

4.2 세션 이용

세션에서 이름을 "time"으로 저장하여 사용하던 속성을 삭제하려면 메소드 remove
Attribute("time") 호출한다.

```
session.setAttribute("time", new Date());
session.removeAttribute("time");
```

다음은 지금까지 살펴 본 세션의 사용 방법을 정리한 표이다.

수행 기능	이용 방법	이용 메소드
세션 속성 설정	session.setAttribute("time", new Date());	void setAttribute (String name, Object value)
세션 속성 조회	Date d = (Date) session.getAttribute("time");	Object getAttribute(String name)
세션 유효기간 지정 및 조회	session.setMaxInactiveInterval(30); int n = session.getMaxInactiveInterval();	void setMaxInactiveInterval(int n) int getMaxInactiveInterval()
세션 모든 속성의 이름 조회	Enumeration e = session.getAttributeNames();	Enumeration getAttributeNames()

Enumeration 처리	while (e.hasMoreElements()) {
	    String name = (String) e.nextElement();
	    if (name.equals("time"))
	       Date d =(Date)session.getAttribute(name);
	}
		[인터페이스 Enumeration 메소드]
		boolean hasMoreElements()
		Object nextElement();

세션 ID 조회	String id = session.getId();	String getId()
세션 생성 시간 조회	long ctime = session.getCreationTime();	long getCreationTime()
세션 종료	session.invalidate();	void invalidate();

■ **표 7-7** 세션 이용 방법

5. 연습문제

1. 비연결성, 무상태성이란 무엇인가?

2. 다음은 Cookie와 session을 비교한 표이다. 빈 부분을 채우시오.

태그 종류	액션 태그	메소드 기능
사용 클래스 및 인터페이스	class javax.servlet.http.Cookie	interface javax.servlet.http.HttpSession
관련 내장객체		
저장 값 유형	문자열(String) 형태만 가능	
저장 장소		서버에 저장
정보 크기	총 1.2M로 제한 있음	
보안	어려움	강력함

3. 쿠키의 값으로 한글을 그대로 입력하면 오류가 발생한다. 다음 소스와 같이 클래스 java.net. URLEncoder와 java.net.URLDecoder를 이용하여 한글 자료 입력 시 인코딩, 출력 시 디코딩 처리를 해야한다. 다음 프로그램을 코딩하여 실행하시오.

```
01  <%@ page language="java" contentType="text/html; charset=EUC-KR"
    pageEncoding="EUC-KR"%>
02
03  <html>
04  <head>
05  <title>JSP 예제 : 쿠키 한글 처리</title>
06  </head>
07  <body>
08
09    <%@ page import="java.net.URLEncoder, java.net.URLDecoder" %>
10    <h2>쿠키 한글 입력시 인코딩 처리 삽입, 그대로 출력</h2>
11    <%
12      Cookie user = new Cookie("username", URLEncoder.encode("홍 길
    동", "euc-kr"));
13      Cookie pass = new Cookie("password", URLEncoder.encode("hong길
```

```
     동1234", "euc-kr"));
14       response.addCookie(user);
15       response.addCookie(pass);
16       Cookie[] cs = request.getCookies();
17       if (cs != null) {
18         for ( Cookie cook : cs) {
19          out.println(cook.getName() + ", ");
20            out.println(cook.getValue() + "<br>");
21         }
22       }
23    %>
24    <h2> 쿠키 한글로 디코딩하여 출력</h2>
25    <%
26       if (cs != null) {
27         for ( Cookie cook : cs) {
28          out.println(cook.getName() + ", ");
29            out.println(URLDecoder.decode(cook.getValue(), "euc-kr") + "<br>");
30         }
31       }
32    %>
33
34  </body>
35  </html>
```

4. 다음은 쿠키를 이용하는 프로그램에 대한 설명이다. 다음 설명에 가장 알맞은 자바 코드를 기술하시오. 필요한 객체는 선언하여 이용하시오.

① 이름이 "lang", 값이 "java"인 쿠키 객체를 하나 생성하여 변수에 저장하는 문장을 작성하시오.

② 위에서 작성한 쿠키 객체를 클라이언트 컴퓨터에 저장하는 문장을 작성하시오.

③ 위에서 클라이언트 컴퓨터에 저장한 쿠키 객체를 얻기 위해, 쿠키 배열을 반환하여 쿠키 배열 변수에 저장하는 문장을 작성하시오.

④ 위에서 저장된 쿠키의 배열에서 각각의 쿠키 객체를 참조하여, 쿠키의 이름과 값을 출력하는 모듈을 일반 for 구문으로 작성하시오.

⑤ 위에서 구현한 문장을 for each 구문으로 작성하시오.

5. 다음은 쿠키의 이용 방법을 정리한 표이다. 빈 부분을 채우시오.

수행 기능	이용 방법	이용 메소드
쿠키 생성	Cookie c = new Cookie("user", "hong");	[Cookie 생성자] Cookie(String name, String value)
쿠키 유효기간 지정 및 조회		void setValue(String value)
쿠키 값 수정	c.setValue("kang");	void setValue(String value)
쿠키 저장		void addCookie(Cookie c)
모든 쿠키 조회	Cookie [] cs = request.getCookies();	Cookie [] getCookies()
개별 쿠키 이름 조회		String getName()
개별 쿠키 값 조회		String getValue()
쿠키 삭제	c.setMaxAge(0); response.addCookie(c);	void setMaxAge(int expiry)

5. 다음은 세션의 이용 방법을 정리한 표이다. 빈 부분을 채우시오.

수행 기능	이용 방법	이용 메소드
세션 속성 설정	session.setAttribute ("time", new Date());	void setAttribute (String name, Object value)
세션 속성 조회		Object getAttribute(String name)
세션 유효기간 지정 및 조회	session.setMaxInactiveInterval(30); int n = session.getMaxInactiveInterval();	void setMaxInactiveInterval(int n) int getMaxInactiveInterval()
세션 모든 속성의 이름 조회		Enumeration getAttributeNames()
Enumeration 처리	while (e.hasMoreElements()) { String name = (String) e.next Element(); if (name.equals("time")) Date d = (Date)session.getAttribute (name); }	[인터페이스 Enumeration 메소드] boolean hasMoreElements() Object nextElement();
세션 속성 삭제		void removeAttribute(String name);
세션 ID 조회	String id = session .getId();	String getId()
세션 생성시간 조회	long ctime = session .getCreationTime();	long getCreationTime()
세션 종료		void invalidate();

08

자바 빈즈

1. 자바 빈즈
2. 자바 빈즈 활용
3. 자바 빈즈를 이용한 폼 입력 처리
4. 학생 정보 처리 자바 빈즈
5. 연습문제

JSP 프로그램에서 프리젠테이션 부분과 비즈니스 로직 부분을 분리하여 개발하기 위한 기술이 자바 빈즈(Java Beans)이다. 자바 빈즈는 자바 프로그램에서 특정한 작업인 비즈니스 로직을 독립적으로 수행하는 하나의 프로그램 단위이다. 8장에서는 자바 빈즈를 개발하기 위한 자바 빈즈의 개념과 내용, JSP 페이지에서 작성된 자바 빈즈를 이용하는 액션 태그, 그리고 활용 방법을 학습할 예정이다.

- 자바 빈즈의 개념과 장점 이해하기
- 자바 빈즈에서 필드, getter, setter 이해하기
- JSP 페이지에서 자바 빈즈 이용하는 액션 태그 이해하기
- JSP 페이지에서 필요한 정보를 저장 · 조회하는 자바 빈즈 작성하기
- 자바 빈즈를 이용한 폼 처리 알아보기
- 학생 정보 처리용 자바 빈즈 이해하기

1. 자바 빈즈

1.1 자바 빈즈 개요

▌자바 빈즈란?

JSP 프로그램의 장점 중의 하나는 비즈니스 로직 부분과 프리젠테이션 부분을 나누어 코딩할 수 있다는 점이다. 그러나 지금까지의 JSP 프로그램은 하나의 JSP 프로그램 내부에 로직 부분의 자비 코드와 프리젠테이션 부분의 HTML 코드가 복잡하게 구성된 것이 사실이다. 자바 빈즈는 프로그램의 비즈니스 로직 부분과 프리젠테이션 부분을 분리해서, 비즈니스 로직 부분을 담당하는 자바 프로그램 단위라 할 수 있다. 그러므로 자바 빈즈를 이용하면 JSP 페이지가 복잡한 자바 코드로 구성되는 것을 피하고, JSP 페이지에는 HTML 코드와 쉽고 간단한 자바 코드만을 구성할 수 있다.

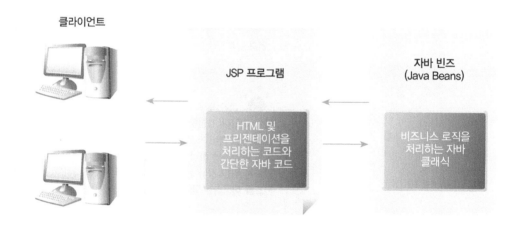

■ **그림 8-1** 비즈니스 로직을 처리하는 자바 클래스인 자바 빈즈

자바 빈즈(Java Beans)는 자바 프로그램에서 특정한 작업인 비즈니스 로직을 독립적으로 수행하는 하나의 프로그램 단위이다. 자바뿐만 아니라 일반 프로그래밍 분야 중 하나의 큰 프로그램에서 독립적으로 수행되는 하나의 작은 프로그램 부품을 컴포넌트(Component)라고 부른다. 그러므로 자바 빈즈는 자바 프로그램에서의 컴포넌트이며, 넓은 의미로 자바 빈즈는 자바의 모든 클래스를 의미할 수도 있다. 이러한 자바 빈즈를 잘 활용한다면 한번 작성된 자바 빈즈를 여러 응용 프로그램에서 재사용하여 프로그램의 개발 기간도 단축할 수 있는 장점을

가져올 수 있다.

자바 빈즈의 구성

　자바 빈즈는 일반 자바 클래스이다. 자바 빈즈는 소속 변수(member variables)인 필드 (fields)와 메소드(methods)로 구성된다. 자바 빈즈의 필드는 일반적으로 외부에서 참조할 수 없도록 private로 선언되며, 외부에서 자바 빈즈의 필드를 참조하기 위해서 public으로 선언된 setter와 getter를 제공한다. 즉 메소드 중에서 특히 필드에 값을 저장하는 메소드를 setter라 하고, 필드에 저장된 값을 반환하는 메소드를 getter라 한다. 자바 빈즈는 getter와 setter 외에 필요하면 다양한 메소드를 제공할 수 있다. 자바 빈즈의 필드를 참조하기 위한 메소드를 setter, getter라고 부르는 이유는, 한 예로 자바 빈즈의 필드 userid를 참조하는 setter, getter를 각각 setUserid(), getUserid()로 명명하기 때문이다.

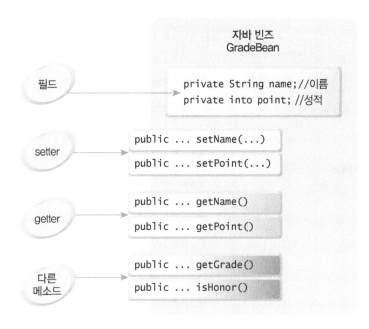

■ **그림 8-2** 자바 빈즈의 구성

1.2 자바 빈즈 태그

자바 빈즈 태그의 종류

자바 빈즈를 이용하는 액션 태그는 XML 태그와 같은 형식이며 다음과 같이 3개를 제공한다.

액션	내용
`<jsp:useBean id="login" … />`	JSP와 연관시켜 자바 빈즈를 생성
`<jsp:setProperty name="login" … />`	생성된 자바 빈즈의 객체를 이용해 setter에 속성 값을 전달
`<jsp:getProperty name="login" … />`	생성된 자바 빈즈의 객체를 이용해 getter로 속성 값을 반환

■ **표 8-1** 자바 빈즈를 활용하는 액션 태그

태그 `<jsp:useBean … / >`에서 이용하는 속성은 id, class, scope가 있으며, `<jsp:setProperty … />`에서 이용하는 속성은 name, property, param, value가 사용되고, `<jsp:getProperty … />`에서 이용하는 속성은 name, property 2개이다.

액션	속성	값 유형	설명
`<jsp:useBean … />`	id	문자열	JSP 페이지내에서 자바 빈즈의 참조 변수를 저장하는 변수 이름을 지정
	class	문자열	생성할 자바 빈즈의 클래스 이름
	scope	page request session application	자바 빈즈의 유효 범위를 나타내며 지정하지 않으면 기본 값은 page
`<jsp:setProperty … />`	name	문자열	〈jsp:useBean〉에서 지정한 id로 지정
	property	문자열	자바 빈즈의 setter()의 이름 setName()에서 set을 제거한 name으로 지정하며, 값이 "*"이면 파라미터의 모든 값을 지정하는 의미
	param	문자열	속성 property와 함께 쓰이며, 지정된 파라미터로 전달받은 파라미터의 이름을 지정
	value	문자열	속성 property와 함께 쓰이며, 자바 빈즈의 setter()의 setName(value)에 지정하는 인자(매개변수) 값인 value를 지정
`<jsp:getProperty … />`	name	문자열	〈jsp:useBean〉에서 지정한 id로 지정
	property	문자열	자바 빈즈의 getter() 이름 getName()에서 name으로 지정

■ **표 8-2** 자바 빈즈 액션 태그의 속성

태그 <jsp:useBean … /> 에서 속성 scope는 자바 빈즈의 유효 범위를 나타내는데 page, request, session, application 중에 하나의 값을 가지며, 지정하지 않으면 기본 값은 page 이다.

액션	내용
page	자바 빈즈가 현재의 JSP 페이지 내에서만 사용 가능하며, 기본 값이므로 특별히 지정하지 않으면 이 옵션이 적용, 가장 좁은 범위 scope 값
request	JSP 페이지는 request 객체가 영향을 미치는 모든 JSP 페이지까지 자바 빈즈 이용 가능
session	세션이 유효한 페이지까지 자바 빈즈 이용 가능
application	응용 프로그램의 모든 페이지에서 자바 빈즈 객체의 사용이 가능하며, 이 값은 가장 넓은 범위 scope 값

■ **표 8-3** 액션 태그 〈jsp:useBean … scope="page" /〉에서 속성 scope 종류

자바 빈즈 태그의 이용

태그 <jsp:useBean … /> 은 JSP 프로그램에서 자바 빈즈를 이용하려는 선언 문장에 해당한다. 태그 <jsp:useBean … /> 은 적어도 속성 id와 class가 있어야 하는데, id는 객체 참조를 저장하는 변수 이름이며 class는 객체 참조의 클래스 이름이다.

```
<jsp:useBean id="test" class="ClassName" />

<% ClassName test = new ClassName(); %>
```

■ **그림 8-3** 태그 〈jsp:useBean … 〉와 같은 의미의 자바 코드

위와 같이 속성 scope를 지정하지 않으면 기본 값으로 page를 말한다.

```
<jsp:useBean id="test" class="ClassName" scope="page" />
```

자바 빈즈의 이용 범위를 모든 응용 프로그램 범위로 지정하려면 다음과 같이 속성 scope 를 application으로 지정한다.

```
<jsp:useBean id="test" class="ClassName" scope="application" />


<jsp:setProperty name="test" property="name" value="김성민" />
```

■ **그림 8-4** 태그 〈jsp:setProperty … 〉의 이용

태그 <jsp:setProperty … />는 이미 선언된 자바 빈즈에서 속성 property로 지정된 이름을 갖는 메소드 setter를 호출하는 문장이다. 태그 <jsp:setProperty … />는 적어도 속성 name과 property는 있어야 하며 속성 name은 반드시 태그 <jsp:useBean id="test"… />에서 이미 지정한 id 값과 일치해야 한다. 태그 <jsp:setProperty … />의 속성 property는 호출할 setter 이름이 setName()이라면 property="name"으로 지정하며, 속성 value는 메소드 setter를 호출할 때의 인자 값이다.

```
<jsp:setProperty name="test" property="name" value="김성민" />


<% test.setName("김성민"); %>
```

■ **그림 8-5** 태그 〈jsp:setProperty … 〉와 같은 의미의 자바 코드

<jsp:setProperty … />에서 속성 property는 다음 4개 중에 하나의 형태로 이용할 수 있다. 속성 property="*"이면 파라미터의 값으로 모든 setter를 호출하는 문장을 의미한다.

```
<jsp:setProperty name="test" property="*" />
<jsp:setProperty name="test" property="name" />
<jsp:setProperty name="test" property="name" param="username" />
<jsp:setProperty name="test" property="name" value="김성민" />
```

■ **그림 8-6** 태그 〈jsp:setProperty … 〉에서 속성 property 이용 방법

<jsp:setProperty … /> 에서 속성 name과 property가 있으면 property로 지정된 같은 이름으로 파라미터 인자를 이용하는 문장이다.

```
<jsp:setProperty name="test" property="name" />

<% test.setName( request.getParamter("name") ); %>
```

■ **그림 8-7** 태그 〈jsp:setProperty … 〉에서 속성 value가 없는 태그와 같은 의미의 자바 코드

`<jsp:setProperty ... / >`에서 속성 `name`과 `property`, `param`이 모두 있으면 지정된 `param`으로 패라미터 인자를 이용하는 문장이다.

```
<jsp:setProperty name="test" property="name" param="username" />

<% test.setName( request.getParamter("username") ); %>
```

■ **그림 8-8** 태그 〈jsp:setProperty … param=… 〉와 같은 의미의 자바 코드

태그 `<jsp:getProperty ... / >`는 2개의 속성 `name`과 `property`가 모두 있어야 하며 속성 `name`은 반드시 태그 `<jsp:useBean id="test"... / >`에서 지정한 `id` 값과 일치해야 한다. 태그 `<jsp:getProperty ... / >`의 속성 `property`는 호출할 `getter` 이름이 `getName()`이라면 `property="name"`으로 지정한다.

```
<jsp:useBean id="test" class="ClassName" scope="application" />

<jsp:getProperty name="test" property="name" />

<%= test.getName(); %>
```

■ **그림 8-9** 태그 〈jsp: getProperty ... 〉와 같은 의미의 자바 코드

2. 자바 빈즈 사용

2.1 간단한 자바 빈즈와 활용 프로그램 구현

▌자바 빈즈를 이용한 자료 값의 저장과 처리

자바 빈즈를 개발하고, 자바 빈즈 태그를 이용하여 학생의 이름과 성적 정보를 저장하여 조회하는 프로그램을 작성해 보자. 이 프로그램은 하나의 JSP 프로그램과 하나의 자바 빈즈로 구성한다. 다음 그림을 통하여 학생의 이름과 성적 정보를 저장하여 조회하는 프로그램의 내용을 살펴보자.

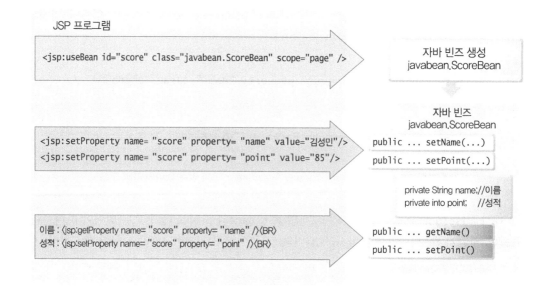

JSP 프로그램

`<jsp:useBean id="score" class="javabean.ScoreBean" scope="page" />`

자바 빈즈 생성
javabean.ScoreBean

자바 빈즈
javabean.ScoreBean

`<jsp:setProperty name= "score" property= "name" value="김성민"/>`
`<jsp:setProperty name= "score" property= "point" value="85"/>`

public ... setName(...)

public ... setPoint(...)

private String name;//이름
private into point;   //성적

이름 : ⟨jsp:getProperty name= "score" property= "name" /⟩⟨BR⟩
성적 : ⟨jsp:setProperty name= "score" property= "point" /⟩⟨BR⟩

public ... getName()

public ... setPoint()

■ **그림 8-10** 자바 빈즈를 이용한 이름과 성적 정보 저장과 처리

먼저 패키지 javabean에 자바 빈즈 클래스 ScoreBean를 만들고, 소속 변수인 이름과 성적을 저장하는 2개의 필드를 각각 `name`, `point`로 만든다. JSP 프로그램에서 가장 먼저 `<jsp:useBean ... >`태그를 이용하여 자바 빈즈를 생성하며, 태그 `<jsp:setProperty ... >`를 이용하여 이름과 성적 정보를 생성된 자바 빈즈 javabean.ScoreBean에 저장한다. 마지막으로 자바 빈즈 javabean.ScoreBean에 저장된 이름과 성적 정보를 다시 조회하기 위해 태그 `<jsp:getProperty ... >`를 이용한다.

▌자바 빈즈 작성

자바 빈즈는 일반 자바 프로그램으로, 이클립스에서 클래스로 생성한다. 자바 빈즈의 클래스를 만들기 위해서는 프로젝트 [ch08] 하부 [Java Resources: src]에서 오른쪽 클릭 후 메뉴 [New]/[Class]를 선택한다. 대화상자 [New Java Class]에서 [Package:]와 [Name:]에 각각 원하는 패키지 이름과 클래스 이름을 입력한다. 패키지는 관련된 클래스가 모여있는 폴더로 주로 소문자로 이름을 붙이며, 클래스는 대문자로 시작하는 식별자를 이용한다.

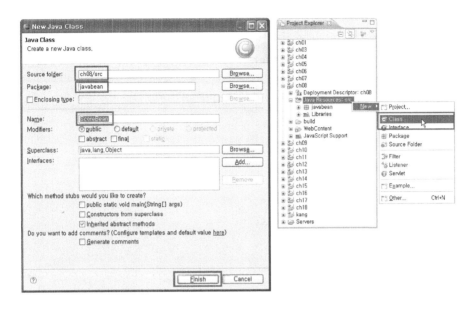

■ **그림 8-11** 자바 빈즈 javabean.ScoreBean을 만들기 위한 클래스 생성

패키지를 javabean, 클래스 이름을 ScoreBean으로 생성한 자바 빈즈 javabean.ScoreBean 의 처음 자동 생성 소스는 다음과 같다. 클래스 ScoreBean의 패키지가 javabean임을 밝히는 문장이 가장 처음에 있는 것을 알 수 있다.

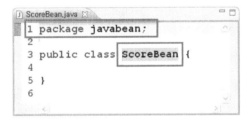

■ **그림 8-12** 클래스 javabean.ScoreBean의 자동 생성된 처음 소스

클래스 ScoreBean에 정보를 저장할 필드 name과 point를 선언한다. 이 필드는 참조 수준 을 private로 하며, 자료유형은 저장할 정보의 유형에 따라 적절히 선언한다.

```
public class ScoreBean {
    private String name;    //이름
    private int point;      //성적
}
```

이제 자바 빈즈의 정보를 저장, 조회하는 getter와 setter를 만든다. getter는 메소드 이름 getXxxx()으로 만들며 setter는 setXxxx(type xxxx)으로 작성하는데, 메소드 이름 xxxx는 필드의 이름을 말한다. 메소드 이름에서 get과 set 다음에 나오는 첫 글자는 대문자로 작성하는 것이 관례이다. getter와 setter는 소속 변수 중에서 저장과 조회가 필요한 필드에 대하여 생성한다.

```java
public String getName() {
    return name;
}

public void setName(String name) {
    this.name = name;
}
```

getter와 setter는 이클립스에서 메뉴 [source]/[Generate Getter and Setters …]를 이용하여 일괄적으로 생성할 수 있다.

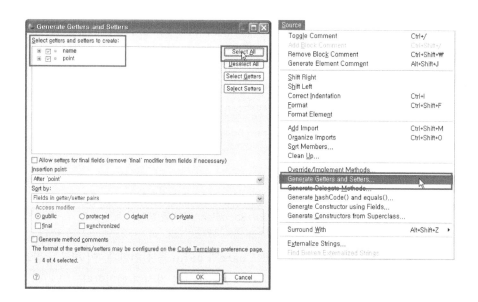

■ **그림 8-13** 메뉴 [Generate Getter and Setters …]와 대화상자

예제 8-1 ScoreBean.java

```java
01  package javabean;
02
03  public class ScoreBean {
04
05      private String name;        //이름
06      private int point;          //성적
07
08      //메뉴 [source]/[Generate Getter and Setters …]를 이용 자동 생성
09      public String getName() {
10          return name;
11      }
12      public void setName(String name) {
13          this.name = name;
14      }
15      public int getPoint() {
16          return point;
17      }
18      public void setPoint(int point) {
19          this.point = point;
20      }
21
22  }
```

▍자바 빈즈에 정보를 저장, 조회하는 JSP 프로그램

태그 <jsp:useBean … />를 이용하여 작성된 자바 빈즈를 생성할 수 있다. 속성 id는 적절한 이름으로 명명하고, class는 패키지 이름을 포함한 자바 빈즈의 클래스 이름으로 지정하며, scope는 4가지 중의 하나를 지정한다.

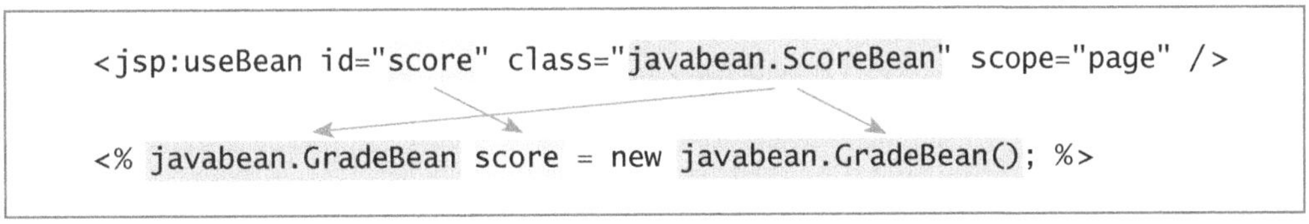

```
<jsp:useBean id="score" class="javabean.ScoreBean" scope="page" />

<% javabean.GradeBean score = new javabean.GradeBean(); %>
```

■ **그림 8-14** 태그 〈jsp:useBean … /〉의 의미

위와 같은 <jsp:useBean … / > 태그는 자료유형 javabean.ScoreBean으로 변수 이름 score를 선언하는 의미와 같다. 그러므로 id="score"로 지정한 score는 javabean.ScoreBean 객체를 저장한 참조 변수로서 계속 이용이 가능하다.

자바 빈즈에 정보를 저장하려면 태그 `<jsp:setProperty … / >`를 이용한다. 즉 태그 `<jsp:setProperty … / >`는 자바 빈즈의 `setter`를 호출하는 방법이다. 속성 `name`은 `<jsp:useBean … / >` 태그의 `id`에 지정한 `score`를 반드시 지정해야 하며, 속성 `property`는 호출할 setter의 이름인 setName()에서 set을 제거한 "name"으로 지정한다. 마지막으로 속성 value는 setter에 지정할 매개변수의 값으로 value="김성민"이면 setName("김성민")을 호출하는 것을 의미한다. 즉 다음 태그는 자바 빈즈인 javabean.ScoreBean 객체에서 메스드 score.setName("김성민")을 호출하는 것과 같다.

```
<jsp:setProperty name="score" property="name" value="김성민" />

<% score.setName("김성민"); %>
```

■ **그림 8-15** 태그 〈jsp:setProperty ... property ="name" ... /〉의 의미

마찬가지로 점수를 자바 빈즈에 저장하려면 다음과 같이 `property`를 "point"로 `value`를 원하는 점수로 지정한다. 다음 `<jsp:setProperty … / >`태그는 다음과 같은 자바 소스를 의미한다.

```
<jsp:setProperty name="score" property="point" value="85"/>

<% score.setPoint(85); %>
```

■ **그림 8-16** 태그 〈jsp:setProperty ... property ="point"/〉의 의미

자바 빈즈에 정보를 조회하려면 태그 `<jsp:getProperty … / >`를 이용한다. 즉 태그 `<jsp:getProperty … / >`는 자바 빈즈의 `getter`를 호출하는 방법이다. 속성 `name`은 `<jsp:useBean … / >` 태그의 `id`에 지정한 `score`를 반드시 지정해야 한다. 또한 속성 `property`는 자바 빈즈에 구현한 getter()인 getName() 이름에서 get 다음의 이름인 "name"으로 지정한다. 다음 `<jsp:getProperty … />`태그는 다음과 같은 자바 소스를 의미한다.

```
<jsp:getProperty name="score" property="name" />

<% out.println( score.getName() ); %> 또는
<%= score.getName() %>
```

■ **그림 8-17** 태그 〈jsp:getProperty ... property="name"/〉의 의미

마찬가지로 점수를 자바 빈즈에 저장된 점수와 학점을 출력하려면 다음과 같이 property를 "point"로 지정한다.

```
<jsp:getProperty name="score" property="point" />

<% out.println( score.getPoint() ); %> 또는
<%= score.getPoint() %>
```

■ **그림 8-18** 태그 〈jsp:getProperty ... properyt="piont" /〉의 의미

다음은 예제 score의 전체 소스와 프로그램 실행 결과이다.

예제 8-2 score.jsp

```
01  <%@ page language="java" contentType="text/html; charset=EUC-KR"
    pageEncoding="EUC-KR"%>
02  <html>
03  <head>
04  <meta http-equiv="Content-Type" content="text/html; charset=EUC-KR">
05  <title>JSP 예제 : score.jsp</title>
06  </head>
07  <body>
08
09      <h2> JavaBeans를 이용한 학생의 이름와 성적의 저장과 조회 예제</h2>
10      <jsp:useBean id="score" class="javabean.ScoreBean" scope="page" />
11
12      <HR>
13      <h3>이름과 성적을 JavaBeans ScoreBean에 저장</h3> <p>
14      이름 : <%= "김성민"%>,
15      성적 : <%= "85" %><p>
16      <jsp:setProperty name="score" property="name" value="김성민"/>
17      <jsp:setProperty name="score" property="point" value="85"/>
18
19      <HR>
20      <h3>JavaBeans ScoreBean에 저장된 정보를 조회 출력</h3><p>
21      이름 : <jsp:getProperty name="score" property="name" /><BR>
22      성적 : <jsp:getProperty name="score" property="point" /><BR>
23
24  </body>
25  </html>
```

205

2.2 간단한 자바 빈즈와 활용 프로그램 구현

▌ 자바 빈즈 이용 태그를 사용하지 않고 자바 빈즈의 이용

자바 빈즈 관련 태그를 이용하지 않고 자바 빈즈를 사용할 수 있다. 그러나 자바 빈즈 관련 태그를 이용하지 않으면 자바 빈즈의 사용 범위인 page, request, session, application을 선택할 수 없다.

다음의 <jsp:useBean ...>태그는 다음과 같이 자바 빈즈 객체의 생성 문장으로 이용할 수 있다.

```
<jsp:useBean id="score" class="javabean.ScoreBean" scope="page" />

<% javabean.ScoreBean score = new javabean.ScoreBean(); %>
```

또한 <jsp:setProperty ...>태그는 객체변수 score를 이용한 setter의 호출로 이용할 수 있다.

```
<jsp:setProperty name="score" property="name" value="김성민"/>
<jsp:setProperty name="score" property="point" value="85"/>

<% score.setName("김성민"); %>
<% score.setPoint(85); %>
```

그리고 <jsp:getProperty ...>태그는 객체변수 score를 이용한 getter의 호출로 출력에 이용할 수 있다.

```
<jsp:getProperty name="score" property="name" /><br>
<jsp:getProperty name="score" property="point" />

<% out.println(score.getName()); %><br>
<% out.println(score.getPoint()); %>
```

다음 프로그램은 위에서 작성한 예제 score.jsp를 자바 빈즈 관련 태그 없이 같은 기능을 구현한 프로그램이다.

예제 8-3 scorenotag.jsp

```
01  <%@ page language="java" contentType="text/html; charset=EUC-KR"
        pageEncoding="EUC-KR"%>
02  <html>
03  <head>
04  <meta http-equiv="Content-Type" content="text/html; charset=EUC-KR">
05  <title>JSP 예제 : scorenotag.jsp </title>
06  </head>
07  <body>
08
09      <h2>태그를 사용하지 않는 방법으로 JavaBeans를 이용하는 예제 </h2>
10      <% javabean.ScoreBean score = new javabean.ScoreBean(); %>
11
12      <HR>
13      <h3>이름과 성적을 JavaBeans ScoreBean에 저장</h3><p>
14      이름 : <%= "김성민"%> ,
15      성적 : <%= "85" %><p>
16      <% score.setName("김성민"); %>
17      <% score.setPoint(85); %>
18
19      <HR>
20      <h3>JavaBeans ScoreBean에 저장된 정보를 조회 출력 </h3><p>
21      이름 : <% out.println(score.getName()); %><br>
22      성적 : <% out.println(score.getPoint()); %>
23
24  </body>
25  </html>
```

207

3. 자바 빈즈를 이용한 폼 입력 처리

3.1 폼의 입력 자료를 자바 빈즈에 저장

▌폼 구성과 프로그램의 내용

예제 score.jsp와 자바 빈즈 javabean.ScoreBean를 수정하고, 이름과 점수를 폼으로 입력 받아 처리하는 프로그램을 작성해 보자. 이름과 점수를 입력 받는 폼을 구성하는 프로그램은 grade.html로 하고, grade.html에서 입력 받은 폼 정보를 다시 자바 빈즈에 전달하는 프로그램은 grade.jsp로 하며, 이름과 점수를 저장하여 그 점수에 해당하는 학점을 반환하는 자바 빈즈 프로그램은 javabean.GradeBean으로 구성한다.

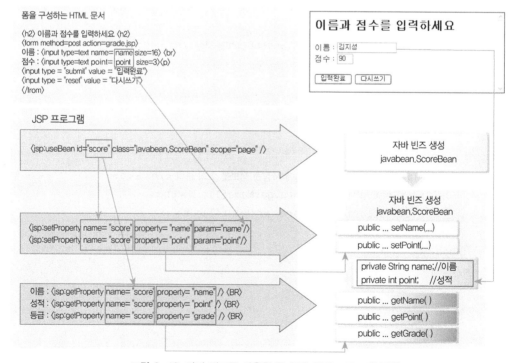

■ **그림 8-19** 자바 빈즈를 이용한 폼 입력 처리 프로그램 구성

3.2 자바 빈즈 및 프로그램 구현

▌ 사용자 입력 폼 작성

폼으로 이름과 점수를 입력 받는 HTML 문서를 작성하자. 폼에서 이름과 점수의 [name] 속성 값으로 지정한 name과 point를 잘 기억하여 자바 빈즈를 작성할 때 소속 변수의 이름을 name 과 point로 명명한다.

```
<form method=post action=grade.jsp>
이름 : <input type=text name=name size=16><br>
점수 : <input type=text name=point size=3><p>
…
</form>
```

예제 8-4 grade.html

```
01  <!DOCTYPE html PUBLIC "-//W3C//DTD HTML 4.01 Transitional//EN"
    "http://www.w3.org/TR/html4/loose.dtd">
02  <html>
03  <head>
04  <meta http-equiv="Content-Type" content="text/html; charset=EUC-KR">
05  <title>예제 grade</title>
06  </head>
07  <body>
08      <h2> 이름과 점수를 입력하세요 </h2>
09      <form method=post action=grade.jsp>
10      이름 : <input type=text name=name size=16> <br>
11      점수 : <input type=text name=point size=3><p>
12      <input type="submit" value="입력완료" >
13      <input type="reset" value="다시쓰기" >
14      </form>
15  </body>
16  </html>
```

▌ 자바 빈즈 작성

클래스 GradeBean은 패키지 javabean으로, 이름과 점수 정보를 저장할 필드는 name과 point 로 선언한다.

```
package javabean;

public class GradeBean {
    private String name;          //이름
    private int point;            //성적
}
```

필드 이름 name과 point는 이름과 점수를 입력 받는 폼에서 사용한 [name] 속성 값인 name과 point와 동일하게 명명한다. 이러한 필드 이름의 사용 관례는 반드시 지켜야 할 규정은 아니나 소속 변수의 getter와 setter를 편하게 만들기 위한 방법이나. 만일 폼의 이름과 필드의 이름이 다르면 태그 <jsp:setProperty … /> 와 <jsp:getProperty … /> 에서 주의가 필요하다.

```
<form method=post action=grade.jsp>
이름 : <input type=text name=name size=16><br>
점수 : <input type=text name=point size=3><p>
…
</form>

                    package javabean;

                    public class GradeBean {
                        private String name;          //이름
                        private int point;            //성적
                    }
```

■ **그림 8-20** 폼의 속성 name과 소속 변수의 이름

이제 자바 빈즈의 정보를 저장, 조회하는 getter와 setter를 만든다. getter와 setter는 필드 중에서 저장과 조회가 필요한 필드에 대하여 생성하는데, 이클립스에서 메뉴 [source]/ [Generate Getter and Setters …]를 이용하여 일괄적으로 생성할 수 있다.

```
public String getName() {
    return name;
}

public void setName(String name) {
    this.name = name;
}
```

자바 빈즈 GradeBean에는 점수를 이용해 학점을 계산하여, 학점인 "A", "B"와 같은 문자열을 반환하는 메소드 getGrade()를 다음과 같이 구현하자.

```java
public String getGrade() {
    String grade = "";
    if (point >= 90)
        grade = "A";
    else if (point >= 80)
        grade = "B";
    else if (point >= 70)
        grade = "C";
    else if (point >= 60)
        grade = "D";
    else
        grade = "F";
    return grade;
}
```

예제 8-5 GradeBean.java

```java
01  package javabean;
02
03  public class GradeBean {
04
05      private String name;        //이름
06      private int point;          //성적
07
08      //메뉴 [source]/[Generate Getter and Setters …]를 이용 자동 생성
09      public String getName() {
10          return name;
11      }
12      public void setName(String name) {
13          this.name = name;
14      }
15      public int getPoint() {
16          return point;
17      }
18      public void setPoint(int point) {
19          this.point = point;
20      }
21
22      //성적의 학점을 계산하는 메소드는 직접 구현
23      public String getGrade() {
```

```
24        String grade = "";
25        if (point >= 90)
26           grade = "A";
27        else if (point >= 80)
28           grade = "B";
29        else if (point >= 70)
30           grade = "C";
31        else if (point >= 60)
32           grade = "D";
33        else
34           grade = "F";
35        return grade;
36    }
37
38  }
```

자바 빈즈를 이용한 정보의 저장 및 조회

태그 <jsp:useBean … /> 를 이용하여 작성된 자바 빈즈를 생성할 수 있다. 속성 id는 score 로 명명하고, class는 패키지 이름을 포함한 자바 빈즈의 클래스 이름으로 지정하며, scope는 4가지 중의 하나를 지정한다.

```
<jsp:useBean id="score" class="javabean.GradeBean" scope="page" />
```

자바 빈즈에 정보를 저장하려면 태그 <jsp:setProperty … /> 를 이용한다. 속성 name은 <jsp:useBean .. /> 태그의 id에 지정한 score를 반드시 지정해야 하며, 속성 property 는 자바 빈즈 객체에서 호출할 메소드 이름인 setName()과 setPoint()에서 set을 제거한 "name"과 "point"로 지정한다. 마지막으로 속성 param은 폼에서 지정한 입력항목의 name 값 인 "name"과 "point"로 지정한다.

```
<jsp:setProperty name="score" property="name" param="name" />
<jsp:setProperty name="score" property="point" param="point" />
```

위 <jsp:setProperty … /> 태그는 다음과 같은 자바 소스를 의미한다.

```
score.setName( request.getParameter("name") );
score.setName( request.getParameter("point") );
```

위 소스에서 속성 property와 param 값이 같으므로 다음과 같이 속성 property 하나만을 기술해도 상관없다. 만일 폼의 이름과 필드의 이름이 다르면 태그 `<jsp:setProperty … />` 에서 폼의 이름은 param에, 필드의 이름은 property에 기술한다.

```
<jsp:setProperty name="score" property="name" />
<jsp:setProperty name="score" property="point" />
```

자바 빈즈에 정보를 조회하려면 태그 `<jsp:getProperty … />`를 이용한다. 호출해야 할 메소드가 각각 getName(), getPoint()이므로 속성 property를 각각 name과 point로 지정한다.

```
<jsp:getProperty name="score" property="name" />
<jsp:getProperty name="score" property="point" />
```

자바 빈즈 javabean.GradeBean은 학점을 반환하는 메소드 getGrade()를 이용할 수 있으므로 다음 태그를 이용하면 학점을 출력할 수 있다.

```
<jsp:getProperty name="score" property="grade" />
```

예제 8-6 grade.jsp

```
01  <%@ page language="java" contentType="text/html; charset=EUC-KR"
    pageEncoding="EUC-KR"%>
02  <html>
03  <head>
04  <meta http-equiv="Content-Type" content="text/html; charset=EUC-KR">
05  <title>JSP 예제 : grade.jsp </title>
06  </head>
07  <body>
08
09      <h2> JavaBeans를 이용한 학생의 점수에 따른 성적 처리 예제 </h2>
10      <% request.setCharacterEncoding("euc-kr"); %>
11      <jsp:useBean id="score" class="javabean.GradeBean" scope="page" />
12
13      <HR>
14      <h3> 폼에서 전달받은 이름과 성적을 JavaBeans GradeBean에 저장 </h3> <p>
15      이름 : <%= request.getParameter("name") %> ,
16      성적 : <%= request.getParameter("point") %> <p>
```

```
17        <jsp:setProperty name="score" property="name" param="name" />
18        <jsp:setProperty name="score" property="point" param="point" />
19
20        <HR>
21        <h3> JavaBeans GradeBean에 저장된 정보를 조회 출력</h3><p>
22        이름 : <jsp:getProperty name="score" property="name" /><BR>
23        성적 : <jsp:getProperty name="score" property="point" /><BR>
24        등급 : <jsp:getProperty name="score" property="grade" /><BR>
25
26    </body>
27    </html>
```

▌ 프로그램 grade.html 실행

예제 grade.html을 실행하여 이름과 점수를 입력한 후, [입력완료] 버튼을 누르면 다음과 같이
입력한 이름과 점수를 자바 빈즈 javabean.GradeBean에 저장 조회하며, 특히 학점을 계산하
여 반환하는 메소드 getGrade()를 호출하여 학점을 출력한다.

■ **그림 8-21** 프로그램 grade.html 실행 결과

▌ 태그 <jsp:setProperty name="score" property="*"/>

태그 <jsp:setProperty ... /> 에서 속성 property와 param 값이 일치하면 다음과 같이
속성 property 하나만을 기술해도 상관없다.

```
<jsp:setProperty name="score" property="name" />
<jsp:setProperty name="score" property="point" />
```

여기서 폼을 구성하는 입력이 위와 같이 2개가 아니라 상당히 많다면 위와 같은 문장을 여러 개 기술해야 할 것이다. 그러나 이러한 문제를 간단히 해결할 수 있는 방법이 property 속성 값 "*"이다. 즉 위 2개와 같은 구조를 갖는 여러 개의 태그 문장은 다음 1개의 태그 문장으로 대체 가능하다.

🖥 예제 8-7 gradeall.jsp

```
01  <%@ page language="java" contentType="text/html; charset=EUC-KR"
    pageEncoding="EUC-KR"%>
02  <html>
03  <head>
04  <meta http-equiv="Content-Type" content="text/html; charset=EUC-KR">
05  <title>JSP 예제 : gradeall.jsp</title>
06  </head>
07  <body>
08
09    <h2>JavaBeans를 이용한 학생의 점수에 따른 성적 처리 예제</h2>
10    <% request.setCharacterEncoding("euc-kr"); %>
11    <jsp:useBean id="score" class="javabean.GradeBean" scope="page" />
12
13    <HR>
14    <h3>폼에서 전달받은 이름과 성적을 JavaBeans GradeBean에 저장</h3><p>
15    이름 : <%= request.getParameter("name") %> ,
16    성적 : <%= request.getParameter("point") %><p>
17    <jsp:setProperty name="score" property="*" />
18
19    <HR>
20    <h3>JavaBeans GradeBean에 저장된 정보를 조회 출력</h3><p>
21    이름 : <jsp:getProperty name="score" property="name" /><BR>
22    성적 : <jsp:getProperty name="score" property="point" /><BR>
23    등급 : <jsp:getProperty name="score" property="grade" /><BR>
24
25  </body>
26  </html>
```

4. 학생 정보 처리 자바 빈즈

4.1 프로그램 구성과 결과

▌ 학생 정보 폼 처리

학생 아이디, 학생 이름, 학생 번호, 태어난 해, 암호, 전자메일 6개의 정보를 입력 받아 자바
빈즈 javabean.StudentBean에 정보를 저장 조회하는 프로그램을 작성하자.

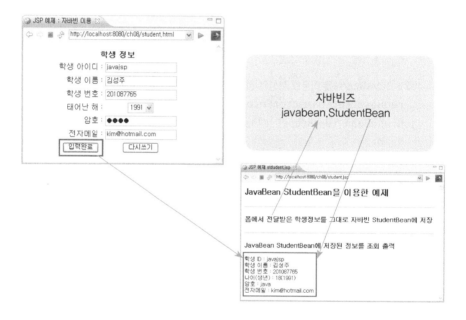

■ **그림 8-22** 자바 빈즈를 이용한 이름과 성적 정보 저장과 처리

출력하는 학생 정보 중에서 나이는 폼에서 입력 받은 태어난 해를 이용하여 자바 빈즈
javabean.StudentBean에서 계산하여 조회할 수 있도록 메소드 `getAge()`를 구현하여 출력
한다.

4.2 프로그램 구현

▌ 학생 정보 폼 입력 프로그램

학생 정보 6개를 입력 받는 폼이 구성되는 프로그램은 student.html 파일이다. 폼에서 6개의
입력 형식 name 속성은 각각 `id, name, snum, year, pass, email` 임을 기억하여 자바 빈즈 코

딩에서 필드 이름으로 사용한다.

예제 8-8 student.html

```
01  <!DOCTYPE html PUBLIC "-//W3C//DTD HTML 4.01 Transitional//EN"
    "http://www.w3.org/TR/html4/loose.dtd">
02  <html>
03  <head>
04  <meta http-equiv="Content-Type" content="text/html; charset=EUC-KR">
05  <title>JSP 예제 : StudentBean 이용</title>
06  </head>
07  <body>
08
09  <form name=student method=post action=student.jsp >
10  <center>
11  <table cellspacing=1 cellpadding-2 >
12    <tr bgcolor=yellow>
13      <td align=center colspan=2><b>학생 정보</b></td>
14    </tr>
15    <tr>
16      <td align=right>학생 아이디 : </td>
17      <td><input type="text" name="id" ></td>
18    </tr>
19    <tr>
20      <td align=right>학생 이름 : </td>
21      <td><input type="text" name="name" ></td>
22    </tr>
23    <tr>
24      <td align=right>학생 번호 : </td>
25      <td><input type="text" name="snum" ></td>
26    </tr>
27    <tr>
28      <td align=right>태어난 해 : </td>
29      <td>
30        <select name="year">
31        <option SELECTED value="1990">1990</option>
32        <option value="1991"> 1991</option> <option value="1992" >
    1992</option>
33        <option value="1993"> 1993</option> <option value="1994" >
    1994</option>
34        <option value="1995"> 1995</option> <option value="1996" >
    1996</option>
35        </select>
36      </td>
```

▌ 학생 정보 자바 빈즈 프로그램

학생 정보를 저장 및 조회하는 자바 빈즈인 javabean.StudentBean은 학생 정보 6개를 필드로
가지며, 이 소속 변수의 getter()와 setter()를 갖는다. 학생의 현재 나이를 구하여 반환하
는 메소드 getAge()에서 사용하는 클래스 Calendar를 위하여 패키지 문장 다음에 import 문
장을 추가한다.

```
package javabean;

import java.util.Calendar;

public class StudentBean {
    private String id;          //ID
    private String name;        //이름
    private String snum;        //학번
    private int year;           //생년
    private String pass;        //암호
    private String email;       //전자메일
    …
}
```

자바 빈즈 javabean.StudentBean의 메소드인 getAge()는 필드 year에 저장된 태어난 해
를 이용하여 현재의 나이를 반환하는 메소드로 클래스 Calendar를 이용하여 현재 연도를 계
산한다. 클래스 Calendar는 패키지 java.util에 있으므로 import 문장을 이용한다.

```
public int getAge() {
    int curyear = Calendar.getInstance().get(Calendar.YEAR);
    return curyear - year + 1;
}
```

클래스 Calendar의 메소드 getInstance()는 현재의 시각 정보인 Calendar 유형을 반
환하는 메소드로서, 반환된 현재 시각 정보로 다시 메소드 get(Calendar.YEAR)을 호출하여
현재 연도를 알 수 있다. 메소드 get(Calendar.YEAR)의 인자는 Calendar.YEAR으로 클래스
Calendar에 있는 상수 값으로 정수 1이다.

```java
01  package javabean;
02
03  import java.util.Calendar;
04
05  public class StudentBean {
06      private String id;          //ID
07      private String name;        //이름
08      private String snum;        //학번
09      private int year;           //생년
10      private String pass;        //암호
11      private String email;       //전자메일
12
13      //메뉴 [source]/[Generate Getter and Setters …]를 이용 자동 생성
14      public String getId() {
15          return id;
16      }
17      public void setId(String id) {
18          this.id = id;
19      }
20      public String getName() {
21          return name;
22      }
23      public void setName(String name) {
24          this.name = name;
25      }
26      public String getSnum() {
27          return snum;
28      }
29      public void setSnum(String snum) {
30          this.snum = snum;
31      }
32      public int getYear() {
33          return year;
34      }
35      public void setYear(int year) {
36          this.year = year;
37      }
38      public String getPass() {
39          return pass;
40      }
41      public void setPass(String pass) {
42          this.pass = pass;
43      }
```

```
44      public String getEmail() {
45          return email;
46      }
47      public void setEmail(String email) {
48          this.email = email;
49      }
50
51      //태어난 해를 이용하여 현재의 나이를 반환하는 메소드는 직접 구현
52      public int getAge() {
53          int curyear = Calendar.getInstance().get(Calendar.YEAR);
54          System.out.println(curyear);
55          return curyear - year + 1;
56      }
57
58  }
```

▌ 학생 정보 자바 빈즈 이용 프로그램

학생 정보 폼을 처리하는 프로그램인 student.jsp는 폼 정보를 자바 빈즈에 저장하고 출력하는 프로그램이다. 폼의 입력 형식이 6개로 태그 <jsp:setProperty … />에서 property="*"로 지정한다.

```
<jsp:setProperty name="student" property="*" />
```

위 태그는 이미 배웠듯이 다음 6개의 문장을 대체한다.

```
<jsp:setProperty name="student"  property="id" />
<jsp:setProperty name="student" property="name" />
<jsp:setProperty name="student" property="snum" />
<jsp:setProperty name="student" property="year" />
<jsp:setProperty name="student" property="pass" />
<jsp:setProperty name="student" property="email" />
```

🖥 예제 8-10 student.jsp

```
01  <%@ page language="java" contentType="text/html; charset=EUC-KR"
    pageEncoding="EUC-KR"%>
02  <html>
```

```
03  <head>
04  <meta http-equiv="Content-Type" content="text/html; charset=EUC-KR">
05  <title>JSP 예제 stdudent.jsp</title>
06  </head>
07  <body>
08
09      <h2>JavaBean StudentBean을 이용한 예제</h2>
10
11      <% request.setCharacterEncoding("euc-kr"); %>
12      <jsp:useBean id="student" class="javabean.StudentBean" scope=
    "page" />
13
14      <hr>
15      <h3>폼에서 전달받은 학생정보를 그대로 자바빈 StudentBean에 저장</h3><p>
16      <jsp:setProperty name="student" property="*" />
17
18      <hr>
19      <h3>JavaBean StudentBean에 저장된 정보를 조회 출력</h3><p>
20
21      학생  ID : <jsp:getProperty name="student"  property="id" /><br>
22      학생 이름 : <jsp:getProperty name="student" property="name" /><br>
23      학생 번호 : <jsp:getProperty name="student" property="snum" /><br>
24      나이(생년) : <%=student.getAge() %>  (<jsp:getProperty name="student"
    property ="year" />)<br>
25      암호 : <jsp:getProperty name="student" property="pass" /><br>
26      전자메일 : <jsp:getProperty name="student" property="email" /><br>
27
28  </body>
29  </html>
```

5. 연습문제

1. JSP 프로그램에서 자바 빈즈의 역할을 기술하시오.

2. 자바 빈즈에서 setter와 getter는 각각 무엇인가?

3. 다음 각각의 액션 태그는 무엇이 문제인가? (단, 다음에서 이용하는 자바 빈즈와 자바 빈즈의 메소드는 모두 적절하다고 가정한다)

①
```
<jsp:useBean id="test" class="ClassName" scope="all" />
```

②
```
<jsp:useBean id="test" class="ClassName" scope="page" />
<jsp:setProperty name="score" property="name" />
```

③
```
<jsp:useBean id="score" class="javabean.Scorebean" scope="page" />

<jsp:setProperty name="score" property="김성민" />
<jsp:setProperty name="score" value="85" />
```

④
```
<jsp:useBean id="score" class="javabean.GradeBean" scope="page" />

<jsp:setProperty name="score" property="name" param="name" />
<jsp:setProperty name="score" property="point" param="point" />

<jsp:getProperty name="score" property="*" />
```

4. 예제 score.jsp와 자바 빈즈 javabean.ScoreBean을 이용하여 다음과 같이 성적에 맞는 학점도 함께 출력되도록 프로그램을 수정하시오. (단 학점을 계산하는 메소드를 자바 빈즈 javabean.ScoreBean에 추가하며, 이 메소드를 `<jsp:getProperty ... />`를 이용하여 출력하고, 학점 90이상은 A, 80이상은 B, 70이상은 C, 60이상은 D, 그리고 60 미만은 F로 처리하시오.)

5. 학생 정보 폼을 처리하는 예제 프로그램인 student.jsp에서 폼의 입력 형식 6개로부터 전달받은 자료를 자바 빈즈에 전달하는데 다음과 같은 태그 하나를 이용하였다. 다음 태그를 입력 형식 6개에 맞도록 6개의 `<jsp:setProperty ... />`태그 문장으로 바꾸어 실행하시오.

```
<jsp:setProperty name="student" property="*" />
```

6. 다음은 자바 빈즈 calculation.Computer를 이용하여 더하기, 빼기, 곱하기, 나누기가 실행되도록 구현한 프로그램이다. 이 프로그램을 구성하는 소스는 3개로, calc.html, calc.jsp, calculation.Computer 이다. 다음에서 빈 부분의 코딩을 완성하시오.

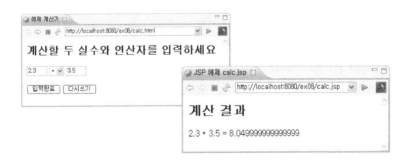

223

① HTML 문서 : calc.html

```
01  <!DOCTYPE html PUBLIC "-//W3C//DTD HTML 4.01 Transitional//EN"
    "http://www.w3.org/TR/html4/loose.dtd">
02  <html>
03  <head>
04  <meta http-equiv="Content-Type" content="text/html; charset=EUC-KR">
05  <title> 예제 계산기</title>
06  </head>
07  <body>
08     <h2> 계산할 두 실수와 연산자를 입력하세요 </h2>
09     <form method=post action=calc.jsp>
10     <input type=text name=operand1 size=5>
11     <select name="operator">
12        <option SELECTED value="+"> +</option>
13        <option value="-"> -</option>
14        <option value="*"> *</option>
15        <option value="/"> /</option>
16     </select>
17     <input type=text name=operand2 size=5> <p>
18     <input type="submit" value="입력완료" >
19     <input type="reset" value="다시쓰기" >
20     </form>
21  </body>
22  </html>
```

② JSP 페이지 : calc.jsp

```
01  <%@ page language="java" contentType="text/html; charset=EUC-KR"
    pageEncoding="EUC-KR"%>
02
03  <html>
04  <head>
05  <title>JSP 예제 calc.jsp </title>
06  </head>
07  <body>
08     <h2> 계산 결과</h2>
09     <% request.setCharacterEncoding("euc-kr"); %>
10     <jsp:useBean id="calc" class="calculation.Computer" scope="page" />
11     <jsp:setProperty name=_____ property=_____ />
12
13     <jsp:getProperty name=_____  property=_____ />
```

```
14     <jsp:getProperty name=_____ property=_____ />
15       <jsp:getProperty name=_____ property=_____ />
16   =<jsp:getProperty name=_____ property=_____ />
17   </body>
18   </html>
```

③ 자바 빈즈 : calculation.Computer

```
01   package _____;
02
03   public class _____ {
04       private double operand1;
05       private double operand2;
06       private String operator;
07
08       public double getOperand1() {
09           return operand1;
10       }
11       public void setOperand1(double operand1) {
12           this.operand1 = operand1;
13       }
14       public double getOperand2() {
15           return operand2;
16       }
17       public void setOperand2(double operand2) {
18           this.operand2 = operand2;
19       }
20       public String getOperator() {
21           return operator;
22       }
23       public void setOperator(String operator) {
24           this.operator = operator;
25       }
26
27       public double getResult() {
28           double result = 0;
29
30           if (operator.equals("+"))
31               _____;
32           else if (operator.equals("-"))
```

```
33                _____;
34      else if (operator.equals("*"))
35                _____;
36      else if (operator.equals("/"))
37                _____;
38
39      return result;
40    }
41 }
```

데이터베이스와 MySQL

1.   데이터베이스 개요
2.   SQL 문장 기초
3.   MySQL 설치와 활용
4.   이클립스에서 MySQL 연동
5.   데이터베이스와 테이블 생성
6.   연습문제

우리가 동적인 인터넷 프로그래밍을 하려면 JSP 프로그래밍 능력뿐 아니라 데이터베이스 프로그래밍 능력도 매우 중요하다. 9장에서는 10장의 JDBC 프로그래밍 능력을 학습하기 위한 기초 과정으로 데이터베이스 자체를 학습하고, 우리가 사용할 DBMS인 MySQL에 대하여 학습한다. 그리고 궁극적으로 웹 시스템에 이용할 데이터베이스를 설계하여 데이터베이스를 구축하도록 한다.

- 데이터베이스와 DBMS의 차이 이해하기
- 테이블, 필드와 레코드, 행과 열 이해하기
- 기본적인 SQL 문장 이해하기
- MySQL 설치 알아보기
- MySQL JDBC 드라이버 내려 받아 설치하기
- 이클립스에서 MySQL 연동하기
- 데이터베이스와 테이블 설계, 테이블 생성하기

1. 데이터베이스 개요

1.1 데이터베이스

▌ 데이터와 정보

데이터(Data)는 단순한 사실에 불과한 아직 처리되지 않은 값이다. 이 데이터가 사람에게 유용한 의미로 쓰여질 수 있도록 처리되면 정보(Information)가 된다. 즉 정보는 의사결정을 위해 조직화되고 체계화된 데이터로서 의사 결정권자에게 의미를 제공해야 한다. 그러므로 단순한 자료인 데이터의 모임을 정보로서 사용할 수 있도록 데이터를 체계적으로 저장하는 방법이 필요할 것이다.

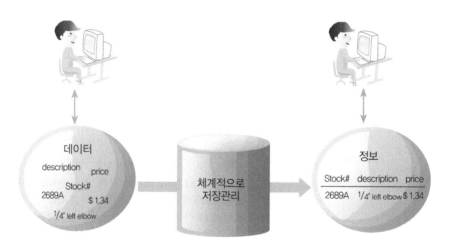

■ **그림 9-1** 데이터에서 정보로 활용하기 위한 체계적 저장 관리

▌ 데이터베이스

데이터베이스는 간단히 '관련 있는 데이터의 저장소'라고 볼 수 있다. 좀 더 자세히 살펴보면 데이터베이스는 여러 사람이나 응용시스템에 의해 참조 가능하도록 서로 논리적으로 연관되어 통합 관리되는 데이터의 모임이다. 데이터베이스에 저장된 자료는 데이터를 추가하고, 공유하고, 찾고, 정렬하고, 분류하고, 요약하고, 출력하는 등의 여러 조작을 통하여 정보로서 활용될 수 있어야 한다.

▌ 데이터베이스 관리시스템

데이터베이스 관리시스템(DBMS: DataBase Management System)은 사용자가 데이터베이스를 만들고, 유지 관리할 수 있도록 돕는 프로그램을 말한다. 즉 데이터와 응용 프로그램 사이에서 중재자 역할을 하며 모든 프로그램들이 데이터베이스를 유용하게 활용할 수 있도록 관리해 주는 소프트웨어이다.

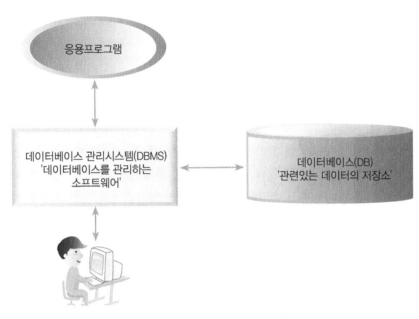

■ **그림 9-2** 데이터베이스 관리시스템(DBMS)

데이터베이스는 '관련 있는 데이터의 저장소'이고, 데이터베이스 관리시스템은 '데이터 베이스를 관리하는 소프트웨어'이다. 이 두 용어의 차이를 이해하도록 하자.

1.2 데이터베이스 구조

▌ 필드와 레코드

자료의 가장 작은 단위는 비트(Bit)이다. 비트가 8개 모이면 바이트(Byte)가 되고, 한두 개의 바이트가 모이면 하나의 문자(Character)를 표현할 수 있다. 문자가 모여 하나의 의미를 나타내는 문자열(String)을 표현할 수 있다. 문자 뿐만 아니라 정수나 실수도 몇 개의 바이트로 표현할 수 있다. 특정한 종류의 데이터를 저장하기 위한 영역을 필드(Fields)라 한다. 여기서 특정한 종류란 그 필드에 저장될 수 있는 데이터의 종류를 말하고 이를 데이터 유형(Data Type)이라 한다.

■ **그림 9-3** 필드와 레코드, 파일

위와 같이 사람에 대한 이름, 학번, 생년월일, 주소가 있다고 가정하자. 이름, 학번, 생년월일, 주소와 같이 논리적인 의미 있는 자료의 단위가 필드이다. 이름 필드에는 문자열이 저장되어야 하므로 이름 필드의 자료 유형은 문자열 유형이며, 학번은 정수 자료 유형이라 할 수 있다. 이러한 필드에는 실제 자료 값이 저장되며 이러한 필드가 여러 개 모이면 하나의 레코드(Record)가 된다. 레코드가 여러 개 모이면 하나의 파일이 된다.

파일과 데이터베이스

여러 개의 레코드가 모여 하나의 파일이 구성된다. 이러한 파일을 여러 개 모아 논리적으로 연결해서 필요한 정보를 적절히 활용할 수 있도록 서로 관련 있는 데이터들로 통합한 파일의 집합을 데이터베이스(Database)라 한다. 다음은 필드가 학번, 이름, 학과, 주소인 학생에 대한 정보를 저장하는 파일1과 또 다른 정보를 저장하는 여러 파일이 모여서 만들어진 데이터베이스를 표현하는 그림이다. 데이터베이스를 구성하는 하나의 파일인 파일1은 학번, 이름, 학과, 주소와 같이 동일한 형태의 필드 집합을 가지며 파일n과 같은 다른 파일은 그 파일의 고유한 다른 형태의 필드 집합을 갖는다.

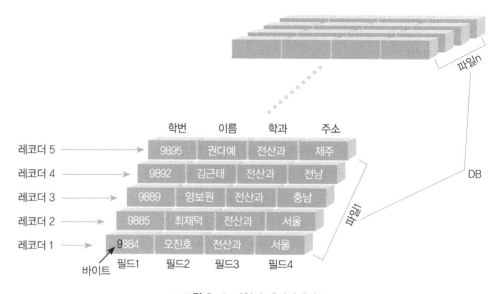

■ **그림 9-4** 파일과 데이터베이스

　　이러한 데이터베이스의 구조는 캐비닛의 구조와 비유할 수 있다. 잘 정리된 항목의 레코드를 파일로 담아 놓은 캐비닛의 구조는 '관련 있는 통합된 데이터의 저장소'인 데이터베이스 구조를 연상시킨다.

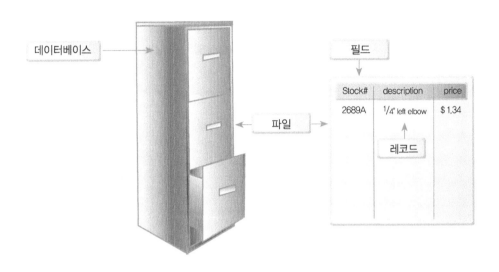

■ **그림 9-5** 캐비닛과 데이터베이스 구조

1.3 관계형 데이터베이스 모델

관계형 모델

관계형 모델은 데이터를 행과 열로 구성된 이차원 테이블의 집합으로 표현한 모델이다. 관계형 모델에서는 포인터가 존재하지 않고 테이블을 구성하는 동일한 열로 데이터의 관계를 표현한다. 관계형 모델은 수학적 기초에 기본을 두고 있으며 현재 가장 널리 활용되는 관계형 데이터베이스(relational database)의 데이터 모델로 사용된다.

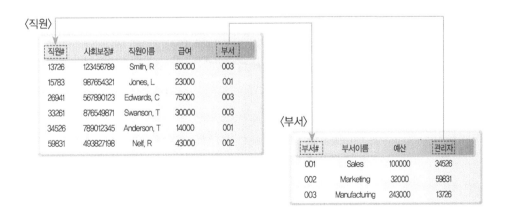

■ **그림 9-6** 관계형 모델

테이블

관계형 모델은 모든 데이터를 이차원의 테이블(table)로 표현한 모델이다. 이 테이블을 관계(relation)라 한다. 관계형 모델은 테이블 내의 필드 중에서 일부를 다른 테이블의 필드와 중복함으로써 여러 테이블 간의 상관 관계를 정의한다. 일반적으로 관계는 관계 스키마(relation schema)와 관계 사례(relation instance)로 구성된다. 관계 스키마는 관계의 구조를 정의하는 것이고 관계 사례는 관계 스키마에 삽입되는 실제 데이터 값을 말한다.

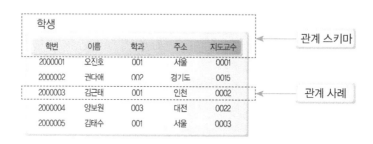

■ **그림 9-7** 관계 스키마와 관계 사례

위 그림에서 관계 이름인 학생과 관계에 대한 속성 구성인 [학생(학번, 이름, 학과, 주소, 지도교수)]이 관계 스키마이며, 실제로 관계 내부에 삽입된 하나의 자료인 '(2000003, 김근태, 001, 인천, 0002)'은 관계 사례이다. 관계 스키마는 관계 이름과 속성 이름이 처음에 한번 결정되면 시간의 흐름과 관계없이 동일한 내용이 계속 유지되는 정적인 특성을 갖는다. 반면에 관계 사례는 시간이 변함에 따라 실제 사례 값이 변하는 동적인 특성이 있다.

행과 열

관계에서 각 열을 속성(attribute)이라 하며 다음 그림과 같이 테이블이 열을 대표하는 제목 부분을 말한다. 한 테이블에서 속성 이름은 유일한 이름이어야 하며 한 관계의 총 속성의 수를 관계의 차수(degree)라 한다. 관계의 각 속성은 각 열에 저장되는 자료 의미를 나타낸다. 속성은 실제 데이터베이스에서는 필드라 말하고 DBMS에서는 열(column)이라고 표현한다.

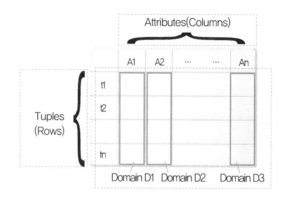

■ **그림 9-8** 관계의 구성요소

하나의 관계에서 각 행을 튜플(tuple)이라 한다. 즉 튜플은 관계에서 정의된 모든 속성 값들의 집합이다. 튜플은 실제 데이터베이스에서는 레코드라 말하고 DBMS에서는 행(row)이라고 표현한다. 도메인은 하나의 속성이 취할 수 있는 모든 값의 범위를 의미한다.

▌키

키(key)는 관계에서 튜플들을 유일(uniqueness)하게 구별할 수 있는 하나 이상의 속성의 집합을 말한다. 한 테이블에 삽입될 수 있는 튜플은 반드시 키 값이 달라야 한다. 키에는 후보 키(candidate key), 주 키(primary key), 외래 키(foreign key) 등이 있다.

하나의 관계에서 유일성과 최소성(minimality)을 만족하는 키가 후보 키이다. 최소성이란 관계 내의 각 튜플을 유일하게 구별하기 위하여 최소한으로 필요한 속성들의 집합을 말한다. 한 관계에서 후보 키는 여러 개일 수 있다. 후보 키 중에서 가장 적합한 식별자로 선정된 키가 주 키이다. 주 키는 관계에서 여러 튜플 중에서 하나의 튜플을 식별하는 역할을 수행한다. 외래 키는 어느 관계의 속성들 중에서 일부가 다른 관계의 주 키가 될 때, 이 키를 외래 키라 한다. 이 외래 키를 이용하여 관계와 관계를 서로 연결할 수 있다.

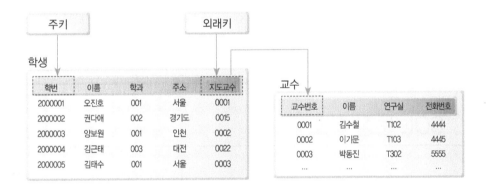

■ **그림 9-9** 관계의 구성요소

위 그림과 같이 학생과 교수의 두 관계를 생각해 보자. 학생 관계에서 학생 튜플을 식별하는 주 키는 학번 속성이고, 교수 관계에서 주 키는 교수번호 속성이 된다. 학생의 지도교수 속성이 교수번호의 주 키가 되므로 학생 관계에서 외래 키에 해당한다.

1.4 데이터베이스 관리시스템 종류

DBMS의 종류를 살펴보면 ORACLE, DB2, Sybase, Ingres, Postgres, mSQL, MySql, SQL Server 등 매우 다양하다. 다음은 기업용 DBMS로 가장 널리 활용되는 ORACLE, 공개 DBMS인 MySql, 그리고 중소 규모에서 널리 활용되는 마이크로소프트의 MS SQL Server에 대한 특징을 설명한 표이다.

DBMS 종류	특징
MySQL	MySQL은 대표적인 오픈 소스 DBMS 제품으로 데이터베이스 시스템을 공부하는 학생들에게 아주 인기가 좋은 DBMS이나 현재는 성능이 향상되어 상용 DBMS로도 널리 사용되는 제품이다. MySQL은 원래 mSQL이라는 DBMS에서 기반이 되어 새로 개발된 DBMS로서 일부 버전은 무료로 내려 받아 이용할 수 있다.
ORACLE	1977년 설립된 오라클(ORACEL) 사가 개발한 오라클은 세계적으로 가장 성공한 DBMS의 한 제품이다. 운영체제가 마이크로소프트라면 DBMS는 단연 오라클이라 말할 수 있을 정도로 오라클은 인터넷의 성장과 함께 기업용 대규모 데이터베이스 시스템의 DBMS로 자리잡았다.
SQLServer	마이크로소프트 사의 SQL 서버(SQL Server)는 인텔 기반의 서버용 컴퓨터에서 널리 사용되는 DBMS이다. 마이크로소프트는 DBMS를 위한 미들웨어(ODBC)인 ODBC(Open DataBase Connectivity) API(Application Programming Interface) 등을 제공해 데이터베이스 개발을 더욱 쉽게 하여 SQL 서버의 성장에 많은 도움을 주었다. ODBC는 데이터베이스를 사용하기 위한 표준 개방형 응용 프로그램으로 DBMS의 종류에 관계없이 어떤 응용 프로그램에서나 모두 접근하여 사용할 수 있도록 마이크로소프트에서 개발한 데이터베이스 표준 접근 방법이다.

■ **표 9-1** 주요 DBMS 종류

2. SQL 문장 기초

2.1 SQL 개요

▌ SQL 문장

SQL(Structured Query Language)은 DBMS에서 사용되는 언어로, 데이터베이스를 구축하고, 새로운 자료를 입력하거나, 데이터를 수정, 삭제, 검색하는데 이용되는 가장 기본적인 언어이다. SQL은 1970년대에 IBM에서 개발하였으며, 1980년대에 오라클에서 세계 최초로 상용 SQL 시스템을 발표하게 되었다. 이후 SQL은 표준화가 되어 대부분의 상용 관계형 DBMS에서 이용되는 표준 언어이다.

SQL은 데이터베이스와 테이블 구조의 생성, 수정, 삭제에 이용되는 DDL(Data Definition Language)과 테이블 자료의 검색, 생성, 수정, 삭제에 이용되는 DML(Data Manipulation Language)로 나눌 수 있다. 다음은 여기서 살펴 볼 DDL과 DML을 정리한 표이다.

SQL 구분	SQL 종류	예문	의미
DDL	create database	create database univdb;	데이터베이스를 생성
	drop database	drop database testdb;	데이터베이스를 제거

	create table	create table professor (
		    id varchar(10) NOT NULL,
		    name varchar(20) NULL
		);
			테이블을 생성

	drop table	drop table professor;	테이블을 제거
	alter table	alter table student rename stud;	테이블의 구조를 수정
DML	select	select * from student;	테이블의 행을 검색
	insert	insert into professor values ("1g", "홍길동");	테이블에 한 행을 삽입
	update	update student set depart='컴퓨터공학과' where depart = '전산학과';	테이블 내용을 수정
	delete	delete from student;	테이블의 행을 삭제

■ **표 9-2** 기초 SQL 문장

▍ 필드 자료형

테이블을 구성하는 필드는 입력되는 자료에 따라 그 유형이 결정된다. 필드의 유형은 크게 숫자형, 시간형, 문자형, 텍스트형, 바이너리형 등으로 구분된다. 주로 문자열을 구성하는 문자 수가 255보다 작은 문자열은 문자형으로 처리하고 그 이상은 텍스트형으로 처리하며, 이진 자료는 바이너리형으로 처리한다.

　DBMS MySQL에서 테이블의 필드가 가질 수 있는 자료유형을 살펴보면 다음과 같다. 숫자형에서 size는 출력에 표현되는 전체 길이를 나타내며, decimal은 소수점 이하의 표현 자리수를 나타낸다. 즉 int(4)는 -999에서 9999의 표현을 의미하며, double(8,2)는 소수점을 포함한 길이가 8이며, 소수점 이하 2자리인 XXXXX.XX의 표현을 나타낸다.

SQL 구분	SQL 종류	저장공간 크기(Bytes)	의미
숫자형	int(size)	4	4 바이트 범위의 정수
	bigint(size)	8	8 바이트 범위의 정수
	float(size)	4	4 바이트 범위의 실수
	double(size,decimal)	8	8 바이트 범위의 실수
	real(size,decimal)	8	8 바이트 범위의 실수
시간형	timestamp	4	열이 수정될 때마다 시간 정보가 수정되는 필드 유형
	date	3	연, 월, 일
	Time	3	시, 분, 초
	datetime	8	날짜와 시간을 동시에 저장
	year	1	연도만 저장
문자형	char(length)	length	항상 지정된 문자 크기 저장
	varchar(length)	length	최대 지정 문자 크기 저장
텍스트 바이너리	text	length + 2	문자열 64KB까지 저장
	blob	length + 2	바이너리 64KB까지 저장
	longtext	length + 4	문자열 4GB까지 저장
	longblob	length + 4	바이너리 4GB까지 저장

■ **표 9-3** MySQL의 주요 필드 자료 유형

필드 유형 char는 고정 길이 문자형으로, 주어진 길이보다 짧은 문자열은 뒤쪽에 공백을 추가하여 길이를 맞춘다. char와 다르게 varchar는 가변 길이 문자형으로 최소 1자부터 255자까지 미리 최대의 길이를 정해놓고 주어진 길이보다 짧은 문자열은 뒤쪽에 공백을 추가하지 않고, 문자열 길이 만큼만 저장된다. 그러므로 길이가 정해져 있지 않은 255자 이하 문자열은 varchar로 유형을 정하는 것이 효율적이다.

2.2 SQL 문장

create 문장

SQL 문 create database는 데이터베이스를 생성하는 문장이다. SQL 문장은 대소문자를

구별하지 않으며, 다음 문장에서 databasename은 대응하는 데이터베이스 이름을 구성하라는 의미이다.

```
create database databasename;
```

다음은 각각 데이터베이스 univdb, testdb, library를 생성하는 문장이다.

```
create database univdb;
create database testdb;
create database library;
```

SQL 문 create table은 테이블을 생성하는 문장이다.

```
create table tablename (fieldname fieldtype, …)
```

다음은 테이블 student를 생성하는 문장이다. 테이블을 생성하려면 다음과 같이 테이블을 구성하는 필드의 이름과 유형, 그리고 NULL 여부를 기술한다. 테이블 생성에서 주 키를 필드 id로 기술하기 위해 PRIMARY KEY(id)를 이용한다.

```
create table student (
    id              varchar(20)         NOT NULL,
    passwd          varchar(20)         NOT NULL,
    name            varchar(20)         NOT NULL,
    year            int                 NULL,
    snum            varchar(10)         NULL,
    depart          varchar(20)         NULL,
    mobile1         char(3)             NULL,
    mobile2         varchar(10)         NULL,
    address         varchar(65)         NULL,
    email           varchar(30)         NULL,
    PRIMARY KEY ( id )
);
```

다음은 테이블 department를 생성하는 문장이다. 필드 departid의 정의에서 속성 auto_increment는 레코드가 입력될 때마다 필드의 값을 기술하지 않거나 0 또는 NULL을 입력하면, 필드의 값이 자동으로 이전 값보다 1씩 증가하는 속성을 표현한다. 주로 주 키에 키 값이 중복되지 않게 auto_increment를 이용하면 편리하다.

```
create table department (
    departid                    int             NOT NULL  auto_increment,
    name                        varchar(30)     NOT NULL,
    numstudent                  int             NULL,
    homepage                    varchar(30)     NULL,
    PRIMARY KEY ( departid )
);
```

drop 문장

SQL 문 drop은 시스템에서 데이터베이스, 케이블, 인덱스 또는 사용자 정의 함수를 영구적으로 삭제할 때 사용하는 SQL 문으로, 이용 시 어떠한 경고문도 없이 관련 자료를 영구히 제거하므로 이용할 때 주의가 필요하다.

SQL 문 drop database는 데이터베이스 전체를 삭제하는 문장이다.

```
drop database databasename;
```

다음은 데이터베이스 univdb를 영구히 삭제하는 문장이다.

```
drop database univdb;
```

SQL 문 drop table은 하나 또는 여러 개의 테이블 전체를 삭제하는 문장이다.

```
drop table name[, name2, …];
```

다음은 테이블 user를 영구히 삭제하는 문장이다.

```
drop table user;
```

다음은 테이블 student와 professor를 삭제하는 문장이다.

```
drop table student, professor;
```

alter 문장

SQL 문 alter는 데이터베이스의 테이블 구조를 바꾸는 문장이다. 다음은 테이블에 칼럼을 추가하는 문장이다.

```
alter table tablename  add column create_clause;
```

다음은 테이블의 필드를 삭제하는 문장이다.

```
alter table tablename  drop columnname;
```

다음은 테이블의 이름을 새로운 newname으로 바꾸는 문장이다.

```
alter table tablename  rename newname;
```

다음은 테이블에서 필드의 유형을 수정하는 문장이다.

```
alter table tablename change column fieldname create_clause;
```

다음은 테이블 student에 새로운 칼럼 address를 추가하는 문장이다.

```
alter table student add column address2 varchar(100);
```

다음은 테이블 student에서 칼럼 year를 제거하는 문장이다.

```
alter table student drop year;
```

다음은 테이블 student의 이름을 stdt로 수정하는 문장이다.

```
alter table student rename stdt;
```

다음은 테이블 student에서 필드 year의 유형을 date로 수정하는 문장이다.

```
alter table student change column year year date;
```

insert 문장

SQL 문 insert는 테이블에 한 행인 레코드를 삽입하는 문장이다.

```
insert [into] table [ (column, …) ] values ( values ) [, ( values ) …];
```

다음은 테이블 student에 문장에서 기술된 값의 레코드를 삽입하는 문장이다.

```
insert into student (id, passwd, name, year, snum, depart, mobile1,
mobile2, address, email)
values ('javajsp', 'java8394', '김정수', 2010, '1077818', '컴퓨터공학과',
'011', '7649-9875', '서울시', 'java2@gmail.com');
```

만일 insert 문장에서 기술된 값의 순서가 테이블 student의 필드 생성 순서와 일치한다면 다음과 같이 필드 이름을 기술할 필요가 없다.

```
insert into student
values ('jdbcmania', 'javajsp', '김수현', 2009, '2044187', '컴퓨터공학과',
'011', '87654-4983', '인천시', 'java@hanmail.com');
```

select 문장

SQL 문 select는 테이블 또는 테이블의 조합에서 조건인 [where] 절을 만족하는 행을 선택하는 문장이다. SQL 문에서 가장 복잡한 문장이 select 문으로 다음과 같은 기본 구문을 이용하며, 더 자세한 사항은 데이터베이스 전문 서적을 참고하자.

```
select value1[, value2 …] from tablename1 [, tablename2 …]
[where fieldname <op> value];
```

다음은 테이블 student에서 모든 레코드를 선택하여 모든 필드를 나타내는 문장이다.

```
select * from student;
```

다음은 테이블 student에서 모든 레코드를 선택하여 필드 name, snum, depart만 나타내는 문장이다.

```
select name, snum, depart from student;
```

다음은 테이블 student에서 필드 name이 '홍길동'인 레코드를 선택하여 모든 필드를 나타내는 문장이다.

```
select * from student where name = '홍길동';
```

다음은 테이블 student에서 필드 name이 '홍'으로 시작하는 모든 레코드를 선택하여 모든 필드를 나타내는 문장이다. 즉 이름이 '홍'으로 시작하는 레코드를 추출하는 문장이다.

```
select * from student where name like '홍%';
```

다음은 테이블 student에서 필드 name 내부에 '홍'이 있는 모든 레코드를 선택하여 모든
필드를 나타내는 문장이다. 즉 이름 내부에 '홍'이 존재하는 레코드를 추출하는 문장이다.

```
select * from student where name like '%홍%';
```

delete 문장

SQL 문 delete는 테이블의 행을 삭제하는 문장이다. 즉 delete는 테이블 구조를 수정하지
않고 where 조건을 만족하는 행 자료를 모두 삭제한다.

```
delete from tablename [where clause];
```

다음은 테이블 student의 모든 자료를 삭제한다. 그러므로 테이블 student는 자료가
하나도 없는 처음에 만들어진 상태가 된다.

```
delete from student;
```

다음은 테이블 student에서 필드 year가 2008인 행을 모두 삭제한다.

```
delete from student where year = 2008;
```

update 문장

SQL 문 update는 테이블의 구조를 바꾸지 않으면서 테이블 내용을 수정하는 문장이다.

```
update tablename set column1=value1 [, column2 = value2 …]
[where clause];
```

다음은 테이블 student에서 필드 depart가 '전산학과'인 것을 모두 선택하여 depart를 '컴퓨터공학과'로 수정하는 문장이다. 즉 학과 이름이 '전산학과'에서 '컴퓨터공학과'로 변경되었다면 데이터베이스에 다음 문장을 실행하여 테이블 student를 효과적으로 수정 할 수 있다.

```
update student set depart='컴퓨터공학과' where depart = '전산학과';
```

다음은 테이블 student에서 필드 id가 'javajsp'인 레코드를 선택하여 필드 year는 2010으로, address는 '인천시'로 수정하는 문장이다.

```
update student set year = 2010, address = '인천시' where id = 'javajsp';
```

▍ use 문장

SQL 문 use는 주어진 데이터베이스를 기본으로 선택하여 이후에 나오는 모든 질의에 대하여 기본 데이터베이스를 대상으로 함을 명시하는 문장이다.

```
use databasename;
```

▍ show 문장

SQL 문 show는 데이터베이스 시스템에 대한 여러 정보를 보여주는 문장이다. 다음은 모든 데이터베이스를 보여주는 문장이다.

```
show databases;
```

다음은 현재 연결된 데이터베이스의 모든 테이블을 보여주는 문장이다.

```
show tables;
```

desc 문장

SQL 문 desc는 테이블의 구조 정보를 보여주는 문장이다.

```
desc tablename;
```

2.3 사용자 관리

사용자 계정 관리

MySQL 운영·관리를 위해 어떤 사용자들이 서버에 연결할 수 있고, 또한 할 수 있는 것이 무엇인지를 알아야 한다. 그러므로 DBMS 운영에서 데이터베이스를 사용하는 사용자 계정 관리(account)는 매우 중요하며, 이를 위하여 MySQL 사용자 계정을 설정하는 방법을 알아야 한다. 사용자 계정 관리의 자세한 사항은 데이터베이스 전문 서적을 참고하길 바라며, 여기서는 간단히 알아 보기로 하자.

MySQL을 처음 설치했다면 데이터베이스의 모든 권한이 있는 사용자 계정 root를 이용하여 데이터베이스를 관리할 것이다. 그러므로 MySQL을 설치하면서 root의 암호를 지정하는 것이 바람직하며, 잘 관리해야 한다.

grant SQL 문장

SQL 문 grant는 사용자의 권한을 지정하는 문장이다. 문장 구조는 다음과 같은데, 권한의 대상인 privileges는 모든 데이터베이스, 지정된 데이터베이스, 또는 테이블, 칼럼 등이고, 권한의 종류인 what은 모든 권한, select, insert, update 등의 질의 종류 등으로 지정될 수 있으며, 사용자 dbuser에게 암호 password로 권한을 부여한다. [with grant option]은 grant 권한을 다시 부여할 수 있는 권한을 지정하는 방법이다.

```
grant privileges [(columns)] on what
to dbuser [identified by 'password']
[with grant option];
```

grant 구문에서 권한을 부여 받는 사용자 계정은 'username'@'hostname'과 같은 포맷으로 된 사용자이름과 사용자가 데이터베이스를 연결해 오는 곳을 지정하는 호스트이름으로 구성된다. 인용부호는 생략할 수 있으나, %와 같은 와일드 카드를 이용할 경우는 반드시 기술해야 한다. 권한 부여에서 사용자뿐 아니라 데이터베이스를 접속하는 컴퓨터의 위치도 지정하여 제한할 수 있다.

다음은 사용자 hskang에게 암호 kang으로 데이터베이스 univdb에 대한 모든 권한을 부여히는 grant 문이다. 다음 문장에서 권한에 해당하는 all privileges는 모든 권한을 의미하며 privileges는 생략 가능하고, 사용자 변수는 user@hostname의 형태를 가진다.

```
grant all privileges on univdb.* to hskang@localhost identified by
'kang' with grant option;
```

다음은 사용자 gdhong에게 암호 hong으로 모든 데이터베이스에 모든 권한을 부여하는 grant 문이다. 즉 사용자 gdhong은 root와 동일한 권한을 갖는다.

```
grant all privileges on *.* to gdhong@localhost identified by 'hong'
with grant option;
```

다음은 사용자 test에게 암호 testdb로 univdb 데이터베이스에 select, insert, update 권한을 부여하는 grant 문이다. 만일 권한 대상을 데이터베이스 univdb의 테이블 student로만 제한한다면 univdb.*를 univdb.student로 수정한다

```
grant select, insert, update on univdb.* to test@localhost
identified by 'testdb' with grant option;
```

위에서 살펴 보았듯이 [on what]에 의하여 권한 대상의 수준을 다음과 같이 조절할 수 있다.

on what의 예	의미
on *.*	모든 데이터베이스와 모든 테이블들
on *	현재 데이터베이스의 모든 테이블들
on dbname.*	지정된 데이터베이스의 모든 테이블들
on dbname.tablename	지정된 데이터베이스의 지정된 테이블들
on tablename	현재 데이터베이스의 지정된 테이블들

■ 표 9-4 grant 문장에서 on 절의 의미

다음은 사용자 jykong에게 암호 diamond로 univdb 데이터베이스에 grant 부여 권한을 제외한 모든 권한을 부여하는 grant 문이다. 여기서 @'%'는 전 세계의 어디에서도 데이터베이스 univdb에 대한 연결 권한이 있음을 의미하는 것으로 '%'는 모든 컴퓨터를 의미한다. 이와 같이 hostname에 '%'를 사용하는 경우는 반드시 인용부호를 이용해야 한다.

```
grant all on univdb.* to 'jykong'@'%' identified by 'diamond';
```

grant 문장의 사용자 계정에서 hostname에 ip 주소와 도메인 이름을 사용할 수 있으며 '%' 문자는 '모든'을 의미하는 와일드카드이다.

'username'@'hostname'의 예	의미
'max'@'%'	전세계의 모든 컴퓨터에서 접속 권한
'max'@'localhost'	현재 컴퓨터에서 접속 권한
'max'@'%.dongyang.com'	지정된 도메인이름 중 dongyang.com의 모든 컴퓨터에서 접속 권한
'max'@'www.dongyang.com'	지정된 도메인이름의 컴퓨터에서 접속 권한
'max'@'193.165.128.3'	지정된 ip주소에서 접속 권한

■ 표 9-5 grant 문장에서 사용자 계정 'username'@'hostname' 지정 방법

revoke SQL 문장

SQL 문 revoke는 이미 부여된 사용자의 권한을 제거하는 문장이다. revoke 문장 구조는 grant와 비슷하지만 to 대신에 from을 사용하고 identified by와 with 절이 없다. 다음 문장은 사용자 account로부터 what에 대한 권한 privileges (column)를 제거하는 문장이다.

```
revoke privileges [(column)] on what from account;
```

위 문장에서 account는 grant에 의하여 권한을 부여한 사용자 계정과 일치해야 하나, 권한 privileges (column)는 반드시 같을 필요는 없고 부여된 권한 중 일부도 취소할 수 있다. 예를 들면 다음의 grant문은 univdb 데이터베이스에 대해 모든 권한을 부여하고, revoke 문은 이 계정에서 존재하는 레코드들에 대해 수정 권한만을 삭제한다.

```
grant all on univdb.* to 'kang'@'localhost' identified by 'diamond';

revoke delete, update on univdb.* from 'kang'@'localhost';
```

권한 grant option은 all에는 포함되지 않으므로 만약 grant option 권한을 부여했다면, revoke 문의 privileges 부분에서 명시적으로 grant option을 명기해야 권한에서 제거할 수 있다.

```
grant all on mytestdb.* to 'eom'@'localhost' identified by 'ruby' with
grant option;

revoke grant option on mytestdb.* from 'eom'@'localhost';
```

3. MySQL 설치와 활용

3.1 MySQL 설치

MySQL 개요

MySQL은 대표적인 오픈 소스 DBMS 제품으로 초기에는 무료로 이용하는 연구용이었으나 현재는 성능이 향상되어 상용 DBMS로도 널리 사용되는 제품이다. MySQL은 원래 mSQL이라는 DBMS에서 기반이 되어 새로 개발된 DBMS로서 범용적으로 많이 이용하는 데이터베이스 관리 시스템이다. 특히 MySQL Community Server 버전은 무료로 공개된 데이터베이스로 교육용 또는 연구 개발용으로 많이 사용된다.

■ **그림 9-10** MySQL 홈페이지 www.mysql.com

MySQL Community Server 버전 내려 받기

MySQL 홈페이지에서 [Download]를 누르고 왼쪽 메뉴 [MySQL Community Server]를 누르면 여러 버전이 표시된다. MySQL Community Server 버전 5.1을 선택한 후, 화면의 아래 부분에서 [Windows]를 클릭한다.

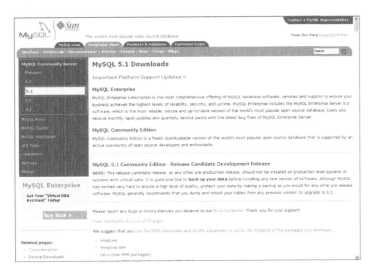

■ **그림 9-11** MySQL Community Server의 [Windows] 버전

여러 종류의 설치 파일 중에서 설치에 편리한 [Windows ZIP/Setup.EXE]를 선택하여 설치 파일 [mysql-5.1.24-rc-win32.zip]을 내려 받는다.

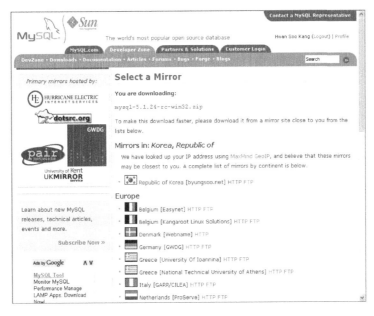

■ **그림 9-12** MySQL Community Server의 내려 받기

MySQL JDBC 드라이버 내려 받기

MySQL DBMS를 이용하여 JDBC 프로그래밍을 하려면 JDBC 드라이버가 필요하다. 이에 대한 자세한 내용은 10장에서 학습하도록 하고 여기서는 MySQL JDBC 드라이버를

내려 받도록 한다. 페이지 [Download]의 왼쪽 메뉴에서 [Connectors]를 선택하여 하부 [Connector/J]를 선택한다. MySQL에서는 JDBC 드라이버를 [Connector/J]라고 부른다. 본인이 설치한 MySQL의 버전에 맞는 [Connector/J]를 선택하여 적당한 형태의 파일로 내려 받는다. 여기서 내려 받을 [Connector/J]는 버전 5.1.6으로서 압축 파일 [mysql-connector-java-5.1.6.zip]이다.

■ **그림 9-13** MySQL Community Server의 내려 받기

MySQL 설치

내려 받은 MySQL 설치 파일 [mysql-5.1.24-rc-win32.zip]에서 압축을 풀어 파일 [Setup.exe]를 실행한다.

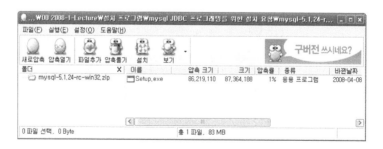

■ **그림 9-14** 압축 프로그램에서 [mysql-5.1.24-rc-win32.zip]

① MySQL 설치 파일 [Setup.exe]의 실행을 시작하여 대화상자 [Setup Type]에서 설치 폴더를 수정하기 위해 [Custom]을 선택한다.

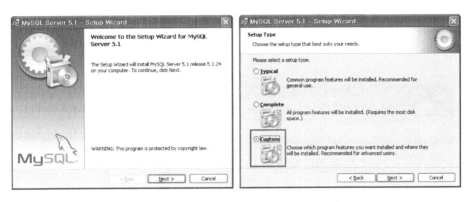

■ **그림 9-15** MySQL 설치 마법사의 설치 유형

② 설치할 프로그램을 확인한 후 편의를 위하여 설치 폴더를 [C:\java\MySQL 5.1]로 수정한다. 설치 폴더를 수정하려면 [Change…] 버튼을 누른 후 폴더 [C:\java\MySQL 5.1]을 지정한다.

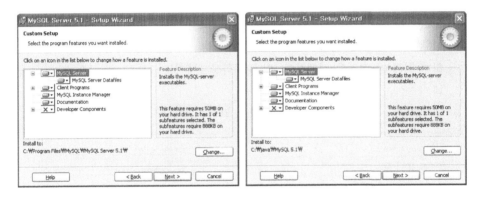

■ **그림 9-16** MySQL 설치 폴더 변경

③ 설치 폴더와 데이터 폴더를 확인한 후 [Install] 버튼을 눌러 설치 완료를 기다린다.

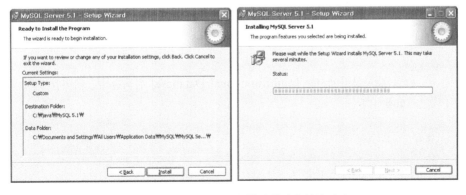

■ **그림 9-17** MySQL 설치 환경 확인과 설치 과정

④ 설치가 완료되면 [Configure the MySQL Server now]를 체크하여 MySQL DBMS의 서
버 설정 마법사를 실행한다. 서버 설정 마법사 실행은 설치 완료 후에도 할 수 있다.

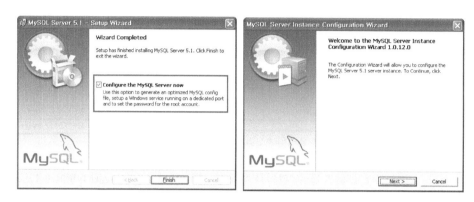

■ **그림 9-18** MySQL 설치 완료 후 설정 마법사 실행

⑤ 서버 설정 마법사에서 [Detailed Configuration]을 선택한 후, [Next] 버튼을 선택한다.
[Detailed Configuration]을 선택하면 조금 복잡할 수 있어도 MySQL에서 설정할 것
이 무엇인지 알 수 있는 기회이며, 데이터베이스 작업 시 한글 처리에 이상이 없도록
하기 위해 이 설정을 선택한다. 다음 대화상자에서는 [Developer Machine]를 선택한
다.

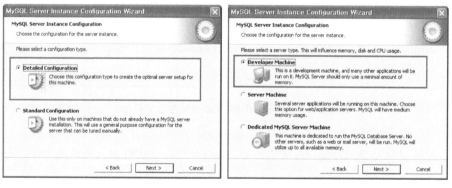

■ **그림 9-19** 서버 설정 마법사의 설정 유형 선택

⑥ 다음 대화상자에서는 [multifunctional Database] 선택한 후, 테이블 저장 공간을
설정한다.

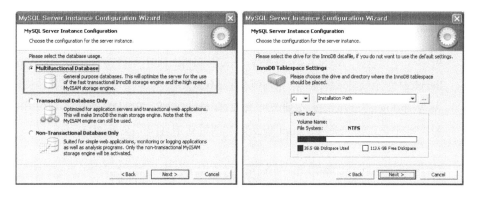

■ **그림 9-20** 데이터베이스 사용 방법과 테이블 저장 공간 설정

⑦ 다음 대화상자에서는 동시 연결자 수를 [Manual Setting]에서 5명 정도로 하고, 다음 대화상자에서는 MySQL 기본 포트번호가 3306임을 확인한다. 그리고 [Enable TCP/IP Networking]과 [Enable Strict Mode] 모두 선택한다.

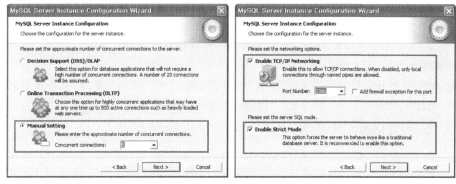

■ **그림 9-21** 데이터베이스 사용 방법과 테이블 저장 공간 설정

⑧ 다음 대화상자는 가장 중요한 [Character Set] 설정으로 한글의 지원을 위해 [Manual Selected Default Character Set / Collation]을 선택한 후, [Character Set]으로 euckr을 설정한다.

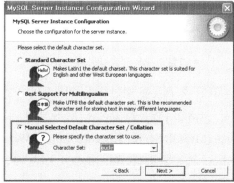

■ **그림 9-22** 문자 집합은 직접 euckr로 선정

⑨ 다음 대화상자에서 [Include Bin Directory in Windows PATH]는 패스 설정을 위해 반드시 선택한다. MySQL의 실행을 윈도우 서비스에서 하려면 [Install As Windows Service]를 선택하도록 한다. 여기에서는 MySQL을 직접 실행해 보기 위하여 [Install As Windows Service]를 선택하지 않도록 한다. 다음 대화상자에서는 데이터베이스 관리에서 중요한 사용자인 root 암호를 지정하고 잘 관리하도록 한다.

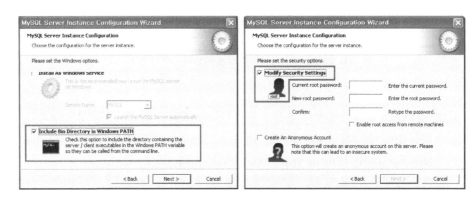

■ **그림 9-23** 윈도우 서비스와 PATH 옵션과 root 암호 설정

⑩ 서버 설정 마법사의 설정 내용을 확인 후 [Execute] 버튼을 누르면 잠시 후에 완료가 표시되는 대화상자가 나타난다. 그러면 [Finish] 버튼을 눌러 서버 설정 마법사를 종료한다. 이제 MySQL의 설치와 서버 설정이 모두 완료되었다.

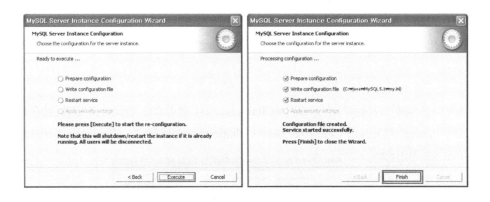

■ **그림 9-24** 설정 내용 확인과 종료

⑪ MySQL의 설치가 완료된 후 메뉴를 확인한다. 윈도우의 바탕화면 [시작] 메뉴의 [모든 프로그램] 하부에서 [MySQL] 메뉴를 찾는다. MySQL의 메뉴는 다음과 같이 3개로 구성되어 있으며, 메뉴 [MySQL Server Instance Config Wizard]는 서버 설정 마법사를 실행하는 메뉴로서, 이 메뉴를 선택하여 [MySQL 설치] 5번에서 설정한 서버 설정을 수정할 수 있다. 메뉴 [MySQL Command Line Client]는 명령어를 직접 입력하여 데

이터베이스를 관리하는 SQL 문장을 실행할 수 있는 클라이언트 프로그램을 실행하는 메뉴이다. 메뉴 [MySQL Manual]은 MySQL 사용 설명서를 볼 수 있는 메뉴다.

■ **그림 9-25** 설치된 MySQL 서버 실행

3.2 MySQL 서버 실행과 종료

▌ MySQL 서버 실행

설치한 MySQL 서버를 실행하기 위해서는 [윈도우 서비스]를 이용하든가 아니면 [명령어 창]에서 직접 MySQL 서버를 실행한다. [명령어 창]을 실행한 후 명령어 mysqld.exe를 입력하여 MySQL 서버를 실행한다. [명령어 창]에서 서버를 실행한 후 계속 이용하려면 다음과 같이 명령어 start로 mysqld를 실행한다.

■ **그림 9-26** [명령어 창]에서 MySQL 서버 실행

현재 MySQL 서버의 실행을 확인하기 위해 [Ctrl+Alt+Del]을 눌러 [윈도우즈 작업 관리자]에서 프로세스 [mysqld.exe]를 확인한다.

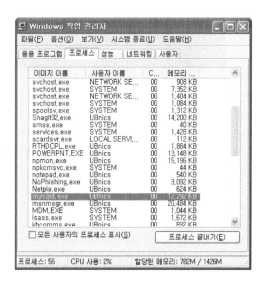

■ **그림 9-27** [윈도우즈 작업 관리자]에서 MySQL 서버의 실행 확인

▌ MySQL 서버 종료

MySQL 서버를 종료하려면 [Windows 작업 관리자]에서 직접 프로세서 [mysqld.exe]를 종료하는 방법이 있으며, 다음과 같은 명령어 mysqladmnin을 직접 [명령어 창]에서 입력하는 방법이 있다.

```
mysqladmnin -u root shutdown
```

▌ MySQL 클라이언트 실행

MySQL을 실행하는 방법은 크게 2가지가 있다. 첫 번째 방법은 메뉴 [MySQL Command Line Client]를 선택하여 암호를 입력하는 방법이다. 만일 암호가 설정되어 있지 않다면 바로 enter 키를 눌러 프로그램 내부로 들어간다.

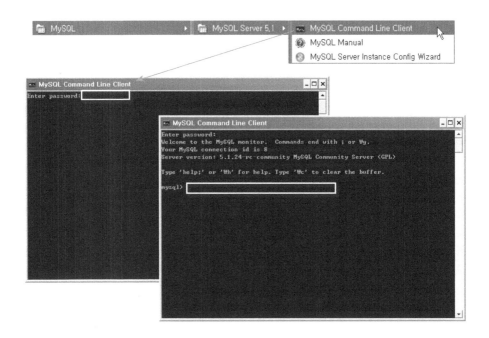

■ **그림 9-28** [명령어 창]에서 MySQL 클라이언트 실행

MySQL 클라이언트는 프롬프트 mysql> 이후에 명령어를 입력하여 필요한 데이터베이스 작업을 수행한다.

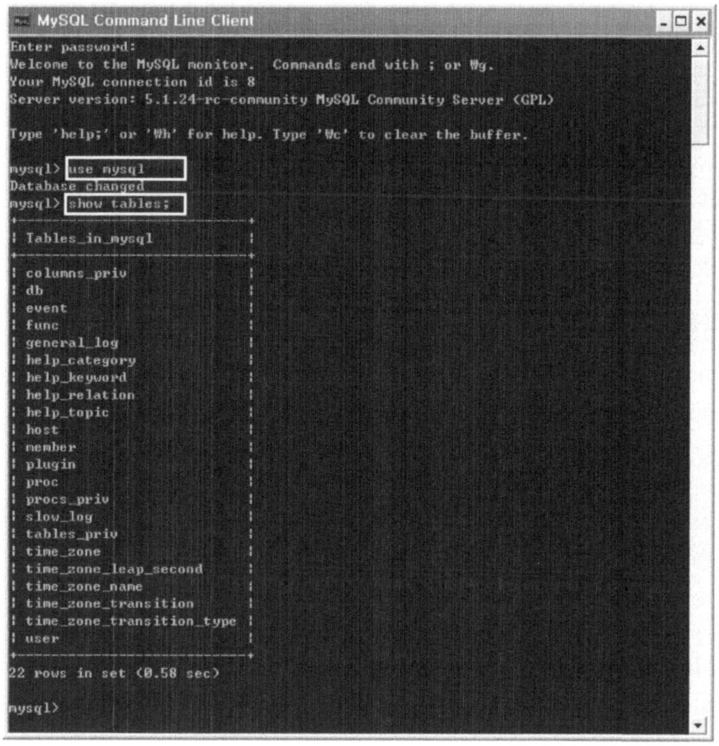

■ **그림 9-29** 실행된 [MySQL 클라이언트]에서 명령어 처리

MySQL을 실행하는 두 번째 방법은 [MySQL Command Line Client]를 실행하는 명령어를 [명령어 창]에서 직접 입력하는 방법이다. 클라이언트를 실행하는 명령어는 mysql이며 옵션으로 -u와 -p가 있다. 각각 데이터베이스에 연결하는 사용자와 암호를 나타내며, 암호가 없으면 -p를 생략할 수 있다.

```
mysql  -u  root
mysql  -u  root  -p
```

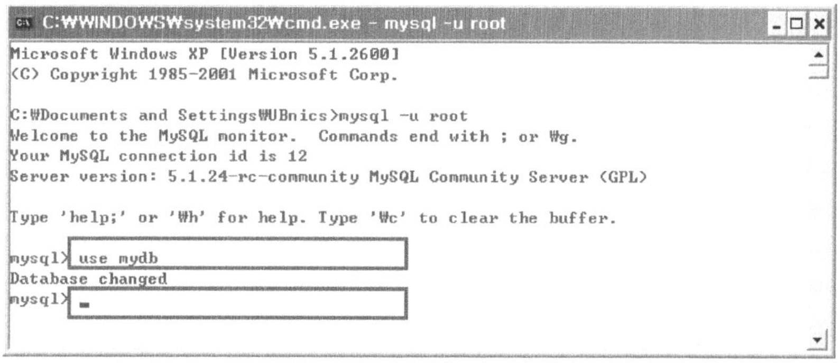

■ **그림 9-30** [명령어 창]에서 [MySQL Command Line Client]를 실행

4. 이클립스에서 MySQL 연동

4.1 이클립스에서 데이터베이스 연결

▌ JDBC 드라이버 설치

MySQL 홈페이지에서 내려 받은 MySQL JDBC 드라이버(Java Database Connectivity) 압축 파일 [mysql-connector-java-5.1.6.zip]을 확인하자. 이 드라이버 압축 파일에서 압축을 풀면 지정한 폴더 하부에 폴더 [mysql-connector-java-5.1.6]가 생성되고 하부에 압축을 푼 여러 파일이 생성된다. 폴더 [mysql-connector-java-5.1.6]를 살펴보면 파일 [mysql-connector-java-5.1.6-bin.jar]을 볼 수 있는데 이 파일이 JDBC 드라이버이다.

- MySQL JDBC 드라이버 : mysql-connector-java-5.1.6-bin.jar

  위 드라이버 [mysql-connector-java-5.1.6-bin.jar] 파일을 다음 폴더 중 하나에 복사한다.

- [Tomcat 설치 폴더]/[lib]
- [jdk 설치폴더]/[jre]/[lib]/[ext]

  JDBC의 내용과 JDBC 드라이버의 설치에 대한 자세한 사항은 다음 10장에서 자세히 학습할 예정이다.

▌ 커넥션 프로파일 만들기

이클립스에서 데이터베이스 작업을 하려면 [Data Source Explorer] 뷰를 이용한다. [Java EE] 퍼스텍티브에서 [Data Source Explorer] 뷰는 전체화면의 하단에 위치가 보이지 않으면 메뉴 [Window]/[Show View]/ [Data Source Explorer]로 실행할 수 있다.

이제 데이터베이스에 연결하기 위해 [커넥션 프로파일]을 하나 만들자. [Data Source Explorer] 뷰의 [Databases]의 왼쪽 메뉴 [New ...]를 선택하거나 상단 [New Connection Profile] 아이콘을 클릭한다.

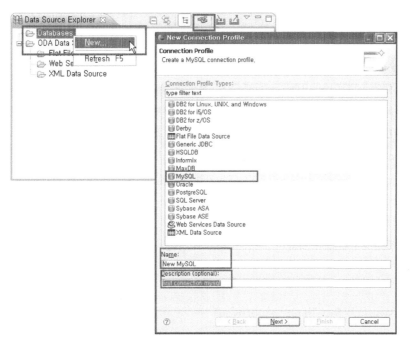

■ **그림 9-31** [New Connection Profile] 생성

생성된 [New Connection Profile] 첫 대화상자에서 [Connection Profile Types]은
연결하려는 DBMS인 MySQL을 지정한다. 또한 커넥션 프로파일 생성 후 구분을 위해
[Name]과 [Description]을 적절히 입력한 후 [Next >] 버튼을 누른다. 속성 [Name]에는
접속하는 DBMS 이름이 들어가도록 한다.

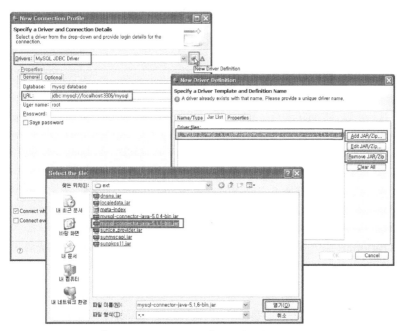

■ **그림 9-32** [New Connection Profile] 대화상자에서 DBMS 드라이버 지정

처음에는 위 화면에서 [Drivers]를 비롯해 대부분의 내용이 비어있는데, 우측 상단의 [New Driver Definition]을 이용해 원하는 데이터베이스 드라이버를 지정해야 한다. 생성된 [New Driver Definition] 대화상자의 [Jar List] 탭에서 오른쪽 [Add JAR/Zip] 버튼을 눌러 폴더 [jdk 설치폴더]/[jre]/[lib]/[ext]에 이미 저장해 놓은 mysql의 JDBC 드라이버인 [mysql-connection-java-5.1.6-bin.jar] 파일을 선택한다.

[New Driver Definition] 대화상자에서 [OK]를 누르면 다시 돌아온 [New Driver Definition] 대화상자에서 [Properties]의 [General]과 [Optional]을 보고 연결할 DB인 mysql의 속성 값으로 적절히 입력한다. 이 중에서 가장 중요한 속성은 URL로 마지막 부분이 접속하려는 데이터베이스 이름인데 이 부분에 접속을 원하는 데이터베이스 이름을 넣어야 한다. 여기서는 DBMS mysql에 기본 데이터베이스인 mysql로 접속해야 하므로 다음과 같이 입력해야 한다. 이에 대한 자세한 사항은 다음 10장에서 학습할 예정이다.

```
jdbc:mysql://localhost:3306/mysql
```

탭 구분	속성	값	의미
General	Database	mysql database	연결과 아이콘 이름으로 접속, 데이터베이스 이름 등으로 구성을 권고
	URL	jdbc:mysql://localhost:3306/mysql	매우 중요, 접속할 데이터베이스
	User name	root	데이터베이스를 접속할 사용자 이름
	Password		데이터베이스를 접속할 사용자 암호
Optional	useUnicode	useUnicode=true	유니코드 사용 여부
	characterEncoding	characterEncoding=euckr	문자 인코딩 방법

■ **표 9-6** [New Connection Profile] 대화상자의 속성

속성 [Optional]에서 [useUnicode=true]와 [characterEncoding=euckr]을 입력하여 [Add]를 누르고 다시 한번 [URL]과 다른 부분의 속성을 확인한 후 우측 하단의 [Test Connection]을 눌러 DB 접속 검사를 한다. DB 접속에 성공하면 다음과 같이 [Success] 대화상자가 나타난다. 만일 속성에 문제가 있으면 [Fail] 대화상자가 표시될 것이다.

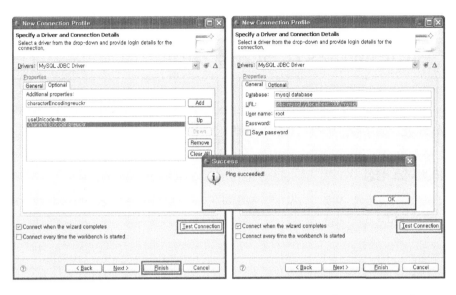

■ **그림 9-33** [New Connection Profile] 대화상자에서 속성 확인 후 [Test Connection] 점검

DB 접속 점검에 성공한 후 버튼 [Finish]를 누르면 [New Connection Profile] 대화
상자에서 지정한 [Name]으로 [New Connection Profile] 아이콘이 생기며, 그 하부에는 속성
[Properties]의 [Database]에 지정한 이름으로 접속한 데이터베이스 아이콘이 생긴다.

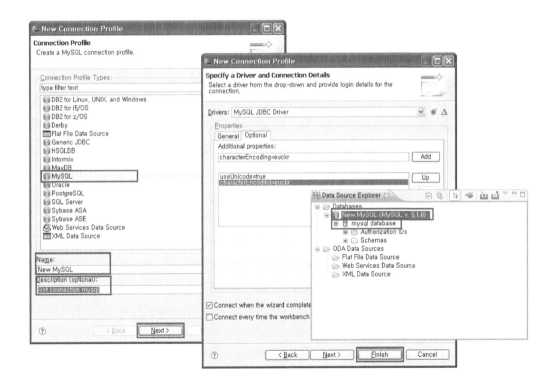

■ **그림 9-34** [Connection Profile] 아이콘과 하부 [Database] 아이콘

5. 데이터베이스와 테이블 생성

5.1 MySQL 클라이언트에서 데이터베이스와 테이블 생성

데이터베이스 생성

MySQL 클라이언트에 사용자 root로 접속하여 데이터베이스 이름 univdb를 create database 명령어로 생성한다.

```
create database univdb;
```

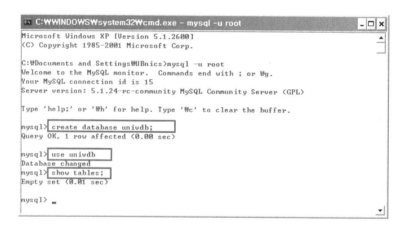

■ **그림 9-35** 데이터베이스 univdb 생성

혹시 이미 데이터베이스 univdb가 만들어져 있거나, 연습을 위해 데이터베이스를 삭제하려면 다음 명령어 drop database를 이용한다.

```
drop database univdb;
```

생성된 데이터베이스로 이동하려면 use 명령어를 이용한다. 현재 데이터베이스에 존재하는 테이블을 확인하기 위해서는 show tables; 명령어를 이용한다. 물론 데이터베이스 univdb가 처음 생성되었다면 테이블이 하나도 없을 것이다.

```
use univdb

show tables;
```

테이블 생성

데이터베이스 univdb에서 테이블 student를 생성한다. 테이블 student는 학생 정보를 저장하는 테이블로 다음 구조로 만든다.

필드번호	이름	내용	유형	크기	주 키	NULL
1	id	아이디	varchar	20	PK	No
2	passwd	암호	varchar	20		No
3	name	이름	varchar	20		No
4	year	입학년도	int			Yes
5	snum	학생번호	varchar	10		Yes
6	depart	학과	varchar	20		Yes
7	mobile1	전화번호(국)	char	3		Yes
8	mobile2	전화번호	varchar	10		Yes
9	address	주소	varchar	65		Yes
10	email	전자메일	varchar	30		Yes

■ **표 9-7** 테이블 student의 구조

테이블 student 필드는 대부분은 가변 길이 문자 유형인 varchar로 하며, 입학년도는 int 로, 휴대폰 전화번호의 국번호는 3자리로 고정 길이 문자 유형인 char(3)로 설계한다. 또한 테이블 student의 주 키는 id로 지정한다. 테이블 student를 만들기 위한 SQL 문은 다음과 같다.

```
create table student (
    id                  varchar(20)         NOT NULL ,
    passwd              varchar(20)         NOT NULL ,
    name                varchar(20)         NOT NULL ,
    year                int                 NULL     ,
    snum                varchar(10)         NULL     ,
    depart              varchar(20)         NULL     ,
    mobile1             char(3)             NULL     ,
    mobile2             varchar(10)         NULL     ,
    address             varchar(65)         NULL     ,
    email               varchar(30)         NULL     ,
    PRIMARY KEY ( id )
);
```

■ **그림 9-36** 테이블 student 생성 SQL 문장

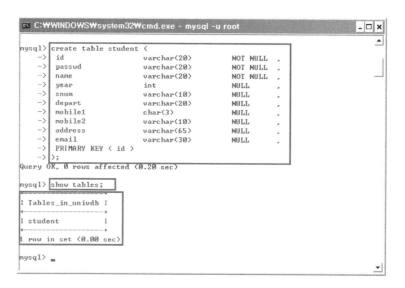

■ **그림 9-37** 테이블 student 생성 SQL 질의와 결과

생성된 테이블을 확인하기 위해 **show tables** 명령어를 사용해 보고, 테이블의 필드 구성을 살펴볼 수 있는 명령어 **desc**를 이용한다.

```
show tables;

desc student;
```

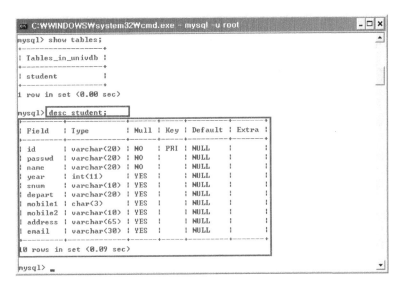

■ **그림 9-38** 명령어 desc로 테이블 student 구조 확인

테이블 레코드(행) 삽입

테이블 student를 생성한 후 insert SQL 문장으로 학생을 삽입한다.

```
insert into student (id, passwd, name, year, snum, depart, mobile1,
mobile2, address, email)
values ('javajsp', 'java8394', '김정수', 2010, '1077818', '컴퓨터공학과',
'011', '7649-9875', '서울시', 'java2@gmail.com');
```

테이블 student의 생성 순서와 동일하게 필드 값을 입력한다면 다음과 같이 필드 이름은 기술하지 않고 insert 문을 간단히 입력할 수도 있다.

```
insert into student
values ('jdbcmania', 'javajsp', '김수현', 2009, '2044187', '컴퓨터공학과',
'011', '87654-4983', '인천시', 'java@hanmail.com');
```

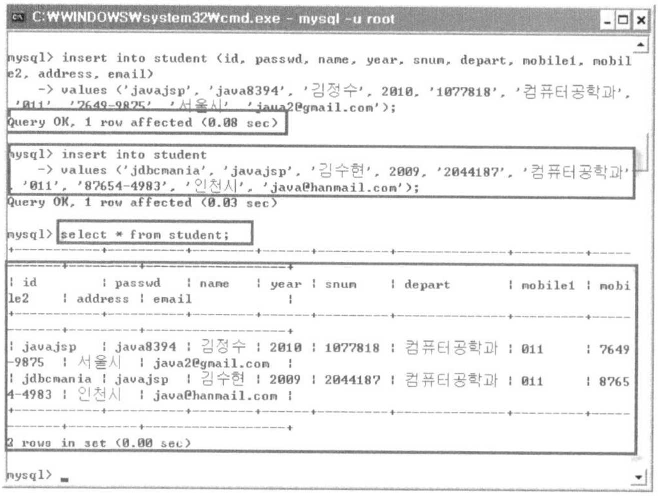

■ **그림 9-39** 테이블 student에 insert 문 실행

어느 정도 테이블 student에 학생 레코드를 삽입했다면 select 문으로 삽입된 레코드를 확인한다.

```
select * from student;
```

10장에서 학습할 JDBC 데이터베이스 프로그래밍을 위해 여러 명의 학생 레코드를 입력하길 바란다.

```
insert into student (id, passwd, name, year, snum, depart, mobile1,
mobile2, address, email)
values ('gonji', 'young', '공지영', 2009, '2065787', '컴퓨터공학과', '016',
'2975-9854', '인천시', 'gong@hotmail.com');

insert into student (id, passwd, name, year, snum, depart, mobile1,
mobile2, address, email)
values ('water', 'javayoung', '조수영', 2010, '1176432', '인터넷비즈니스과',
'011', '5531-6677', '서울시', 'singer@gmail.com');

insert into student (id, passwd, name, year, snum, depart, mobile1,
mobile2, address, email)
values ('novel', 'elephant', '조경란', 2011, '2056485', '기술경영과', '016',
'3487-9919', '부산시', 'novel@hanmail.com');
```

```
insert into student (id, passwd, name, year, snum, depart, mobile1,
mobile2, address, email)
values ('korea', '9943inner', '안익태', 2010, '1987372', '컴퓨터공학과',
'017', '2670-4593', '천안시', 'wing@gmail.com');
```

■ **그림 9-40** 테이블 student에 학생 레코드를 입력하는 insert 문

5.2 이클립스에서 데이터베이스와 테이블 생성

▎ MySQL의 데이터베이스 mysql을 접속하는 프로파일 생성

이클립스에서 직접 데이터베이스에 연결해 테이블을 생성하려면 가장 먼저 [커넥션 프로파일]
을 만들어야 한다. 우선 적당한 이름으로 데이터베이스 mysql을 연결하는 [커넥션 프로파일]
을 하나 생성한다. 앞에서 이미 만든 [커넥션 프로파일]이 있다면 그것을 이용한다.

여기에서는 [커넥션 프로파일] 이름을 [New MySQL]로 하고, 데이터베이스 이름에는 접속
하는 데이터베이스 이름인 mysql이 들어가도록 [mysql database]로 하며, 한글 처리가 되도록
다음 옵션을 추가한다.

- useUnicode=true
- characterEncoding=euckr

■ **그림 9-41** 데이터베이스 mysql을 연결하는
커넥션 프로파일 [New MySQL]

▌ 데이터베이스 mysql의 [질의 뷰] 생성

이제 데이터베이스를 생성할 DDL SQL 문장을 실행하는 [질의 뷰]를 하나 생성한다. 이를 위하여 다음 그림처럼 앞에서 만든 커넥션 프로파일 [New SQL(MySQL v. 5.1.0)]의 하부 데이터베이스 [mysql database]에서 메뉴 [Generate DDL …]를 선택한다.

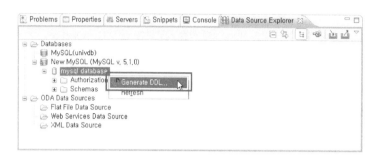

■ **그림 9-42** 메뉴 [Generate DDL …] 선택

[Generate DDL] 대화상자에서 문장이 없는 [질의 뷰]를 만들기 위해 [Deselect All]를 눌러 선택된 체크박스가 없도록 하고 [next >] 버튼을 눌러 마지막 대화상자에 도달하도록 한다. DDL 문장을 자동으로 생성하고 싶다면 적당한 관련 문장의 체크박스에 체크를 할 수 있다.

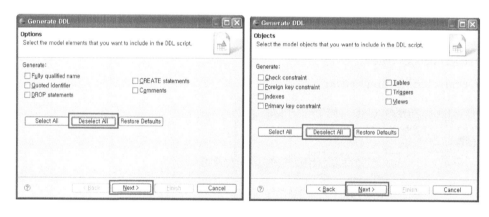

■ **그림 9-43** DDL 질의 뷰를 만들기 위한 과정

다음 [Generate DDL] 대화상자에서 편의를 위하여 폴더를 현재 프로젝트 하부 [WebContent]로 지정하고, 파일 이름을 적당히 [mysql.sql]로 지정하며, [질의 뷰]를 생성한 후, 바로 편집기에서 열기 위해 [Open DDL file for editing] 체크박스를 체크한다. [Next] 버튼을 눌러 다음으로 이동하여 내용을 확인한 후, [Finish]를 눌러 [질의 뷰]를 생성한다.

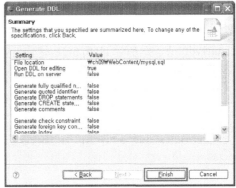

■ **그림 9-44** DDL [질의 뷰]를 mysql.sql로 저장

처음 생성된 [질의 뷰]에서는 데이터베이스 연결 정보가 하나도 지정되어 있지 않다. 즉 [질의 뷰] 상단의 [Connection profile]을 보면 Type, Name, Database 3개의 데이터베이스 연결 정보가 비어있는 것을 볼 수 있다. 이 3개의 속성은 다음과 같은 데이터베이스 연결 정보를 나타낸다. 생성된 [질의 뷰]에서 SQL문을 실행하려면 이 3개의 속성을 연결하려는 데이터베이스의 정보로 선택해 주어야 한다.

- Type : DBMS의 종류
- Name : 이용할 [커넥션 프로파일] 이름
- Database : 연결할 [커넥션 프로파일]의 데이터베이스 이름

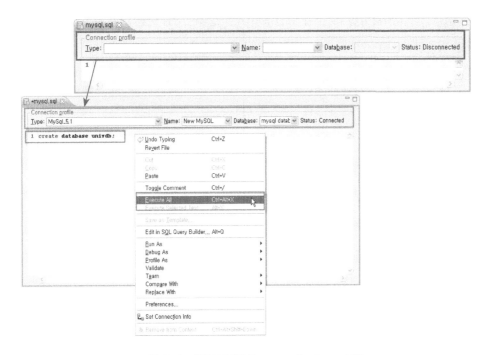

■ **그림 9-45** [질의 뷰]에서 create database 실행

[질의 뷰] 상단의 Type, Name, Database 3개의 데이터베이스 연결 정보를 각각 [MySql_5.1], [New MySQL], [mysql database]로 지정한 후, [질의 뷰] 편집기에서 데이터베이스 univdb 생성을 위한 DDL SQL 문장을 기술한다. SQL 문장 실행을 위해 메뉴 [Execute All]을 선택한다.

```
create database univdb;
```

오류가 없으면 다음과 같이 [SQL Result] 뷰에서 질의 성공의 결과가 표시된다.

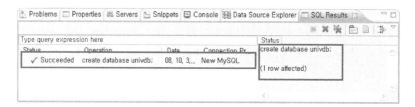

■ **그림 9-46** [질의 뷰]에서 create database 실행 결과에 표시되는 [SQL Results] 뷰

데이터베이스 univdb의 테이블 생성

데이터베이스 univdb를 생성했으면, 이제 univdb를 연결하는 [커넥션 프로파일]을 하나 생성한다. 이 경우, 이미 만든 mysql [커넥션 프로파일]을 복사(duplicate)해서 생성하면 간편하다. 즉 기존의 mysql이 연결된 [커넥션 프로파일]을 클릭하고, 오른쪽 메뉴에서 [duplicate]를 선택하면 기존의 속성을 그대로 갖는 새로운 커넥션 프로파일이 하나 생성된다.

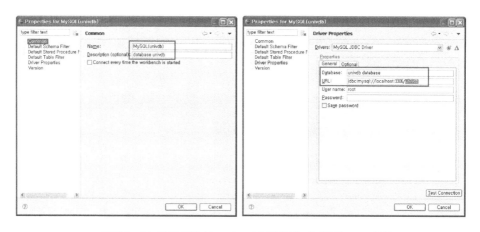

■ **그림 9-47** 데이터베이스 univdb를 연결하는 [커넥션 프로파일]

생성된 [커넥션 프로파일]에서 메뉴 [Properties]를 선택하여 위와 같이 데이터베이스 univdb를 접속하기 위한 속성으로 적절히 수정한다. 커넥션 프로파일 [MySQL(uivdb)]가 만

들어지면 전과 동일하게 [질의 뷰] 파일 [univdb.sql]를 하나 다시 생성한다.

[질의 뷰]인 [univdb.sql]에서 다음과 같이 Name을 커넥션 프로파일 [MySQL(univdb)]으로, 접속할 데이터베이스인 Database를 [univdb database]로 접속하여 테이블 생성 SQL 문장을 실행한다.

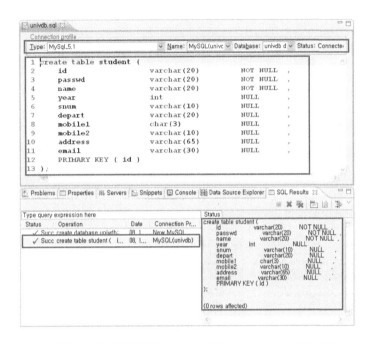

■ **그림 9-48** 데이터베이스 univdb에서 create table 문장 실행

데이터베이스 univdb에 테이블 student가 생성되면 [데이터 소스 탐색기]의 univdb [커넥션 프로파일]에서 다음과 같이 그 내용을 한 눈으로 확인할 수 있다.

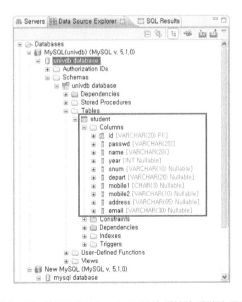

■ **그림 9-49** 데이터베이스 univdb에서 생성된 테이블 구조 확인

테이블 student에 학생 레코드 삽입

이제 마지막으로 [질의 뷰]에서 테이블 student에 학생 레코드를 삽입하는 SQL 문장을 실행하자. 다음 그림과 같이 정확한 insert 문장을 여러 개 입력하고 실행하면, 테이블 student에 학생 레코드가 삽입될 것이다.

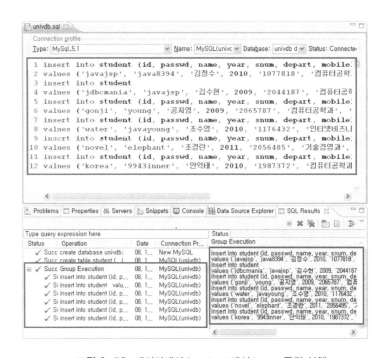

■ **그림 9-50** 데이터베이스 univdb에서 insert 문장 실행

이제 테이블 student에 삽입된 학생 레코드를 확인하기 위해 select 문장을 실행하여 확인하자.

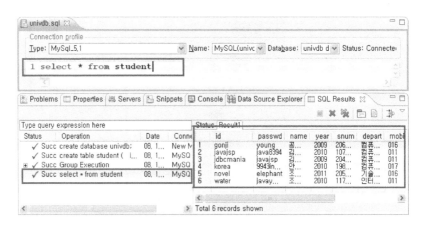

■ **그림 9-51** 데이터베이스 univdb에서 select 문장 실행

1.3 커넥션 프로파일에서 테이블 보기와 수정

테이블 보기

데이터베이스 univdb를 연결한 커넥션 프로파일에서 하부를 확장하면 테이블 student를 확인할 수 있다. 테이블 student에서 메뉴 [Data]/[Edit]를 선택하면 편집기에서 표 모양의 테이블 student를 볼 수 있다.

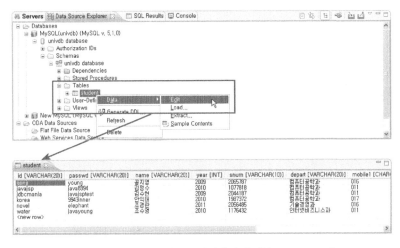

■ **그림 9-52** 커넥션 프로파일에서 테이블 student 보기

테이블 수정

데이터베이스 univdb의 커넥션 프로파일에서 생성한 [테이블] 뷰에서는 내용을 수정하여 데이터베이스에 반영할 수 있다. [테이블] 뷰에서 각 셀은 메뉴 [Edit value]로 수정할 수 있는데, 수정된 셀은 다음과 같이 노란색으로 변하며 [저장] 아이콘을 누르면 데이터베이스에 수정이 반영되어 노란 색상이 없어진다.

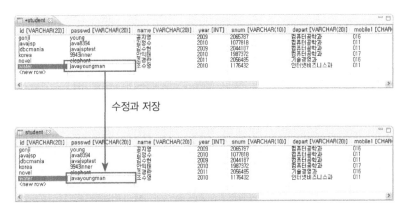

■ **그림 9-53** 커넥션 프로파일에서 테이블 student의 셀 수정과 저장

[테이블] 뷰에서 메뉴 [Insert Row]를 눌러 새로운 행에 적절한 데이터를 입력한 후 [저장] 아이콘을 누르면 데이터베이스에 입력한 행이 삽입된다.

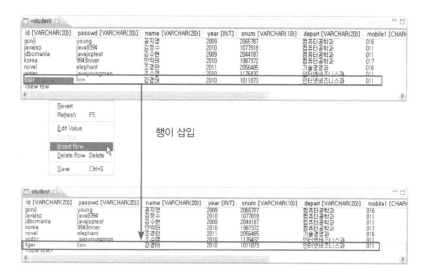

행이 삽입

■ **그림 9-54** 커넥션 프로파일에서 테이블 student의 셀 수정과 저장

마찬가지로 [테이블] 뷰에서 한 셀을 선택한 후 메뉴 [Delete Row]를 누르면 [테이블] 뷰에서 행이 사라지고, 다시 [저장] 아이콘을 누르면 데이터베이스에도 행이 삭제된다.

6. 연습문제

1. 데이터베이스와 데이터베이스 관리시스템(DBMS)을 구분하여 설명하시오.

2. SQL 문장을 DDL과 DML로 나누어 설명하시오.

3. 다음 지시 사항에 따라 데이터베이스, 테이블을 설계하여 생성하고, 테이블에 자료를 삽입하시오.

(1) 데이터베이스 이름 : `world`

(2) 테이블 이름 : `city`

필드 `id`를 `auto_increment` 제약을 주어, 행을 삽입할 때 `id` 열의 값을 `null` 또는 `0`으로 명시하거나 아예 입력하지 않으면 이전에 마지막으로 삽입되었던 `id`보다 `1` 큰 값으로 자동으로 입력되도록 한다. 여기서 제일 처음에 행을 삽입하면 `id` 값은 자동으로 1이 입력되고, 그 이후부터 2, 3, 4 … 순으로 입력된다.

필드번호	이름	내용	유형	크기	주 키	NULL
1	id	아이디	int		PK	No
2	name	이름	varchar	50		No
3	major	시장이름	varchar	20		Yes
4	pop	인구	int			Yes

(3) 테이블 `city`를 생성한 후 테이블을 구성하는 필드 정보를 표시하도록 질의

(4) 테이블 city에 다음 자료를 삽입

서울, 이명길, 20000000
인천, 김동훈, 3500000
대구, 강수복, 3000000
부산, 남기문, 5000000
목포, 신용현, 2000000

4. 이클립스에서 앞 데이터베이스 world에 접속하는 커넥션 프로파일을 다음 조건에 만족하도록 만드시오.

① 커넥션 프로파일 이름 : mysql(world)

② 데이터베이스 이름 : world database

5. 위에서 만든 커넥션 프로파일을 이용하여 하나의 [질의 뷰]를 만들어 다음을 만족하는 질의를 실행하여 결과를 알아보시오.

① 테이블 city의 모든 행과 열을 출력

② 인구가 300만 명이 넘는 도시의 모든 열을 출력

③ 인구가 300만 명 미만인 도시의 이름과 시장을 표시

④ 도시 목포의 모든 정보를 출력

⑤ 도시 목포를 삭제

6. 사용자 권한을 부여하는 다음 질문에 대하여 grant 문장을 완성하시오.

① 사용자 david는 암호 4327로 데이터베이스 world에 대하여 모든 권한을 부여

② 사용자 maybe는 암호 morning으로 데이터베이스 world에 대하여 grant 부여 권한을 제외한 모든 권한을 부여

③ 사용자 wonder는 암호 girls로 데이터베이스 world의 테이블 city에 대하여 grant 부여 권한을 제외하고 select 권한만을 부여

JDBC 프로그래밍

1. JDBC 개요
2. JDBC 프로그래밍 절차
3. 테이블 조회와 검색 및 메타데이터 처리
4. 데이터베이스 커넥션 풀
5. 연습문제

C 또는 모든 C++를 이용하여 DBMS에 독립적인 데이터베이스 프로그램을 작성하려면 ODBC(Open DataBase Connectivity)를 이용한다. 마찬가지로 자바를 이용하여 DBMS에 독립적인 데이터베이스 프로그램을 작성하려면 JDBC(Java DataBase Connectivity)를 이용한다. 10장에서는 JSP에서 데이터베이스에 접속하여 관련 데이터베이스 프로그래밍을 하기 위한 여러 기술을 학습할 예정이다.

- JDBC의 정의와 역할 그리고 JDBC 드라이버 이해하기

- JDBC 프로그래밍 절차 이해하기

- JDBC 관련 클래스와 인터페이스 이해하기

- 테이블 조회 JSP 프로그래밍 이해하기

- 테이블 검색 JSP 프로그래밍 이해하기

- 메타데이터 처리 방법 이해하기

- 데이터베이스 커넥션 풀 개념 이해하기

- 자카르타 DBCP를 이용한 프로그래밍 이해하기

1. JDBC 개요

1.1 JDBC의 이해

▌ JDBC 정의

JDBC(Java DataBase Connectivity)는 자바 프로그램에서 데이터베이스와 연결하여 데이터베이스 관련 작업을 할 수 있도록 해주는 자바 프로그래밍 인터페이스를 위한 API (Application Programming Interface) 규격이다.

■ **그림 10-1** JDBC 정의

JDBC는 Driver, DriverManager, Connection, Statement, PreparedStatement, CallableStatement, ResultSet, ResultSetMetaData, DatabaseMetaData, Types, DataSource 등 여러 개의 클래스와 인터페이스로 구성된 패키지 java.sql와 javax.sql로 구성되어 있다. 즉 JDBC는 다음과 같은 데이터베이스 기능을 지원하기 위한 표준 API를 제공하고 있다.

- 데이터베이스를 연결하여 테이블 형태의 자료를 참조
- SQL 문을 질의
- SQL 문의 결과를 처리

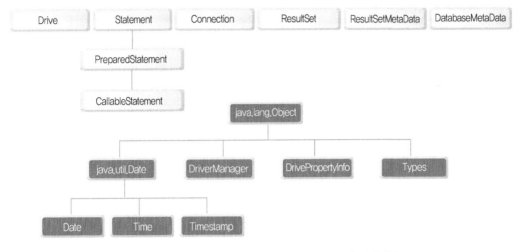

■ **그림 10-2** JDBC API 패키지 java.sql의 클래스와 인터페이스

JDBC 역할

ODBC(Open DataBase Connectivity)는 JDBC보다 먼저 마이크로소프트 사가 개발한 것으로, C 또는 C++ 등의 언어를 이용하여 DBMS에 독립적으로 데이터베이스 프로그래밍을 가능하도록 하는 API 규격이다. JDBC도 ODBC와 마찬가지로 DBMS의 종류에 상관없이 쉽게 SQL 문을 수행하고 그 결과를 처리할 수 있도록 설계되어 있다. 즉 한번 JDBC로 작성된 프로그램은 오라클(ORACLE), MySQL, SQLServer, DB2 등 어떤 DBMS를 사용하든지 소스의 수정을 최소화하여 바로 실행할 수 있다. 물론 이러한 DBMS에 독립적인 프로그래밍을 가능하도록 하려면 JDBC와 함께 JDBC 드라이버(JDBC Driver)도 필요하다.

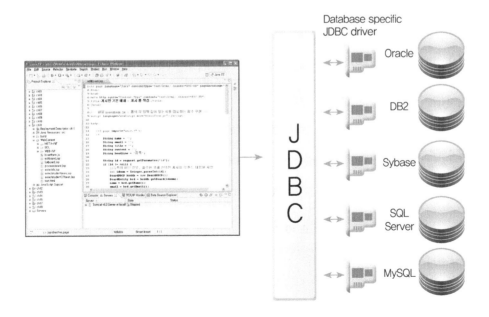

■ **그림 10-3** JDBC의 역할

1.2 JDBC 드라이버

드라이버 종류

JDBC 드라이버는 JDBC 인터페이스에 맞추어 해당 DBMS에서 JDBC 관련 API 호출이 가능하도록 관련 인터페이스와 클래스를 구현한 클래스 라이브러리이다.

DBMS를 만든 업체나 다른 연구 기관에서 JDBC 드라이버를 만드는데 JDBC 드라이버는 DBMS에 따라 매우 다양하다. 자바 소프트에서는 JDBC 드라이버를 유형 1, 2, 3, 4로 크게 4가지로 분류하며, 각각의 JDBC 드라이버의 특징을 기술하면 다음 표와 같다.

- JDBC-ODBC 브릿지 드라이버
- Native-API 드라이버
- Net-Protocol 드라이버
- Native-Protocol 드라이버

JDBC 유형	유형 이름	유형
유형 1	JDBC–ODBC 브릿지 드라이버	자바 소프트에서 제공하고 있는 ODBC 드라이버를 위한 JDBC–ODBC 브릿지 드라이버를 말한다. 즉 데이터베이스에 연결하기 위해 JDBC–ODBC 브릿지 드라이버는 단지 ODBC를 호출하는 역할만 수행한다. 이 드라이버를 이용하려면 JDBC–ODBC 브릿지 드라이버와 ODBC 드라이버가 설치되어 있어야 한다.
유형 2	Native–API 드라이버 (Partial Java JDBC Driver)	JDBC에서 데이터베이스의 API를 직접 호출하는 방식으로, 자바 코드와 일부의 C/C++의 API를 이용하는 드라이버이다.
유형 3	Net–Protocol 드라이버 (Pure Java JDBC Driver With middleware)	JDBC와 데이터베이스 사이에 미들웨어(middleware)를 설치하여 처리하는 방식으로 JDBC 호출을 데이터베이스에 독립적인 프로토콜을 이용하여 해당 데이터베이스와 통신하는 드라이버로 순수 자바로 만들어진다.
유형 4	Native–Protocol 드라이버 (Pure Java JDBC Driver)	순수 자바 기반의 드라이버 JDBC 호출을 데이터베이스에 직접 전달하는 방식이다. 그러므로 가장 처리 속도가 빠르고 드라이버 외에는 추가적인 라이브러리가 필요 없다. 다만 각각의 해당 데이터베이스 회사에서 드라이버를 각각 제공해야 하고, 데이터베이스가 바뀌면 다시 그 데이터베이스 전용 드라이버를 설치해야 한다.

■ 표 10-1 JDBC 드라이버 종류

위 표에서 각각의 JDBC 드라이버 유형에 따른 특징을 그림으로 표현하면 다음과 같다.

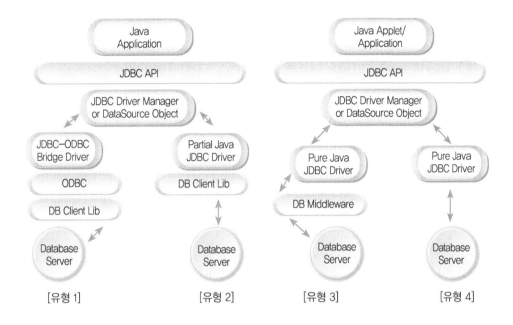

■ **그림 10-4** JDBC 드라이버 유형에 따른 데이터베이스 구성 관계

DBMS에 따른 JDBC 드라이버의 종류를 알아보려면 다음 사이트에서 검색할 수 있다.

- http://developers.sun.com/product/jdbc/drivers

MySQL JDBC 드라이버 설치

9장에서 내려 받은 MySQL JDBC 드라이버 압축 파일 [mysql-connector-java-5.1.6.zip]을 확인하자. 이 드라이버 압축 파일에서 압축을 풀면 지정한 폴더 하부에 폴더 [mysql-connector-java-5.1.6]가 생성되고 하부에 압축을 푼 여러 파일이 생성된다. 폴더 [mysql-connector-java-5.1.6]를 살펴보면 파일 [mysql-connector-java-5.1.6-bin.jar]을 볼 수 있는데 이 파일이 JDBC 드라이버이다.

- MySQL JDBC 드라이버 : mysql-connector-java-5.1.6-bin.jar

위 드라이버 파일을 설치하려면 다음 3가지 방법 중에 하나를 선택하여 한 폴더에 JDBC 드라이버 [mysql-connector-java-5.1.6-bin.jar] 파일을 복사하면 된다.

- [JDK 설치 폴더]/[jre]/[lib]/[ext]
- [Tomcat 설치 폴더]/[lib]
- [이클립스 프로젝트 하부의 WebContent]/[WEB-INF]/[lib]

여기에서는 위에서 두 번째 방법으로 [Tomcat 설치 폴더]/[lib]에 JDBC 드라이버를 복사하는 방법을 선택하며, 이클립스의 패키지 탐색기에서 폴더 [Java Resources: src] 하부를 열어 [Libraries]/[Apache Tomcat v6.0]를 열면 JDBC 드라이버 파일 [mysql-connector-java-5.1.6-bin.jar]을 볼 수 있다.

■ **그림 10-5** 이클립스의 패키지 탐색기에서 본 JDBC 드라이버

2. JDBC 프로그래밍 개요

2.1 JDBC 프로그래밍 절차

▍ JDBC 프로그래밍 절차 6단계

일반적으로 JDBC 자바 프로그래밍 절차는 6단계로 구성된다. 첫 번째 단계 [JDBC 드라이버 로드]에서부터 마지막 여섯 번째 단계 [JDBC 객체 연결 해제]까지 6단계를 거쳐 JDBC 프로그래밍 과정이 이루어진다.

■ **그림 10-6** JDBC 프로그래밍 절차 6단계

▍ JDBC 관련 기본 클래스

JDBC 프로그래밍에 이용되는 클래스로는 가장 먼저 JDBC 드라이버를 로드하는 클래스 java.lang.Class가 있으며, 패키지 java.sql에 소속된 클래스 DriverManager, 인터페이스 Connection, Statement, ResultSet 등이 있다. 이러한 클래스의 용도와 이용 메소드를 정리하면 다음과 같다.

패키지	인터페이스(클래스)	클래스 용도	이용 메소드
java.lang	클래스 Class	지정된 JDBC 드라이버를 실행시간동안 메모리에 로드	forName();
java.sql	클래스 DriverManager	여러 JDBC 드라이버를 관리하는 클래스로 데이터베이스를 접속하여 연결 객체 반환	getConnection();
	인터페이스 Connection	특정한 데이터베이스 연결 상태를 표현하는 클래스로 질의할 문장 객체 반환	createStatement(); close();
	인터페이스 Statement	데이터베이스에 SQL 질의 문장을 질의하여 그 결과인 결과집합 객체를 반환	executeQuery(); close()

	인터페이스
	ResultSet
		질의 결과의 자료를 저장하며 테이블 구조	next();
			getString();
			getInt();
			close();

■ 표 10-2 JDBC 관련 기본 클래스, 인터페이스와 메소드 이용

2.2 JDBC 프로그래밍 절차 6단계

1단계 : JDBC 드라이버 로드

JDBC 프로그래밍을 하기 위해 가장 먼저 해야 할 일은 JDBC 드라이버를 로드하는 일이다. 이미 설치한 JDBC 드라이버 내부를 살펴보면 드라이버의 파일 이름이 [Driver]이고, 패키지가 [org.gjt.mm.mysql]인 것을 알 수 있다.

그러므로 로드할 드라이버의 클래스 이름을 [org.gjt.mm.mysql.Driver]로 지정하여 문장 Class.forName()을 호출한다. 즉 문장 Class.forName()은 동적으로 JDBC 드라이브 클래스를 로드하는 것으로, 지정한 드라이버 클래스가 객체화 되고 객체화와 동시에 자동적으로 DriverManager.registerDriver()를 호출하여 DriverManager에서 관리하는 드라이버 리스트에 등록이 이루어진다. 이제 DriverManager를 이용해서 데이터베이스에 연결을 할 수 있는 환경을 갖춘 것이다.

```
String driverName = "org.gjt.mm.mysql.Driver";
Class.forName(driverName);
```

위의 문장은 다음 문장으로도 가능하다. DBMS MySQL은 JDBC 드라이버 이름을 [com.mysql.jdbc.Driver]로도 제공한다.

```
String driverName = "com.mysql.jdbc.Driver";
Class.forName(driverName);
```

다음은 여러 DBMS에 따라서 이용하는 드라이버 클래스 이름을 정리한 표이다.

DBMS 종류	JDBC 드라이버 로드 문장
ORACLE	`Class.forName("oracle.jdbc.driver.OralDriver");`
MS SQLServer	`Class.forName("com.microsoft.jdbc.sqlserver.` `SQLServerDriver");`
mSQL	`Class.forName("com.imaginay.sql.msql.MsqlDriver");`
MySQL	`Class.forName("org.gjt.mm.mysql.Driver");` `Class.forName("com.mysql.jdbc.Driver");`
ODBC	`Class.forName("sun.jdbc.odbc.JdbcOdbcDriver");`

■ **표 10-3** DBMS 종류에 따른 JDBC 드라이버 로드

2단계 : 데이터베이스 연결

1단계에서 이미 로드된 드라이버 클래스에게 지정한 데이터베이스로 연결을 요구하는 단계로 DriverManager.getConnection()을 호출한다. 클래스 DriverManager의 static 메소드인 getConnection()을 호출하면 등록된 드라이버 중에서 주어진 URL로 데이터베이스에 연결할 수 있는 드라이버를 찾아서 그 Driver 클래스의 메소드 connect()를 호출하고, 결과인 Connection 객체를 반환하게 된다. 메소드인 getConnection()은 필요 시 인자로 데이터베이스 URL, 데이터베이스 사용자이름, 암호를 이용한다.

```
String dbURL = "jdbc:mysql://localhost:3306/univdb";
Connection con = DriverManager.getConnection(dbURL, "root", "");
```

반환된 Connection 객체의 역할은 데이터베이스와 애플리케이션 간의 연결을 유지시켜주는 것이다. 데이터베이스의 연결은 Connection 객체의 close 메소드가 호출될 때까지 지속된다.

드라이버로부터 Connection 객체를 가져오기 위해서는 실제 DBMS가 있는 장소를 알려주어야 하는데, 이는 문자열 형태의 데이터베이스 URL 정보로 표현된다. 데이터베이스

URL 정보는 다음과 같이 JDBC 프로토콜을 의미하는 jdbc로 시작하며 다음에 <subprotocol>, <subname>을 기술하는데, 세 부분을 콜론(:)으로 구분한다.

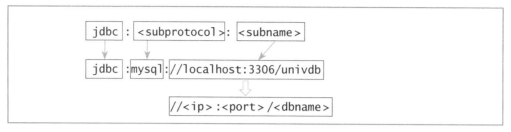

■ **그림 10-7** 데이터베이스 연결 URL 구조

  MySql DBMS인 경우, URL에서 DBMS를 지정하는 <subprotocol>은 [mysql]이며 마지막으로 연결하려는 데이터베이스 소스인 <subname>은 [//localhost:3306/univdb]를 지정한다. MySql의 <subname>은 [//localhost:3306/univdb]으로 표현하는데, 구조는 //<ip>:<port>/<dbname>과 같다. 즉 [localhost]는 데이터베이스가 있는 서버이름이고, [3306]은 DBMS가 서비스되는 포트 번호이며 마지막 [univdb]는 접속하려는 데이터베이스 이름이다. 데이터베이스 서비스 포트 번호는 기본 값이 [3306]으로, 기본 값을 이용하는 경우에는 생략할 수 있다.

표현 요소	표현 내용	다른 표현	의미
//⟨host or ip⟩	//localhost	//203.214.34.67	MySQL이 실행되는 DBMS 서버를 지정, IP주소 또는 도메인 이름
:⟨port⟩	:3306	:3308	DBMS 서비스 포트 번호로서, 3306으로 서비스된다면 생략 가능
/⟨dbname⟩	/univdb	/mydb	접속할 데이터베이스 이름

■ **표 10-4** MySQL의 URL에서 ⟨subname⟩ 요소

여러 DBMS에 따른 데이터베이스 URL을 살펴보면 다음과 같다.

DBMS 종류	JDBC URL
ORACLE	"jdbc:oracle.thin:@localhost:1521:ORA"
MS SQLServer	"jdbc:microsoft:sqlserver://localhost:1433"
mSQL	"jdbc:msql://localhost:1114/univdb"
MySQL	"jdbc:mysql://localhost:3306/univdb"
ODBC	"jdbc:odbc:mydb"

■ **표 10-5** DBMS에 따른 데이터베이스 URL

▌ 3단계 : SQL을 위한 Statement 객체 생성

이제 반환된 Connection 객체를 이용해서 SQL문을 실행하고 그 결과를 반환 받을 수 있는 Statement, PreparedStatement, CallableStatement 객체를 생성하는 단계이다. 인터페이스인 Statement, PreparedStatement, CallableStatement는 질의 문장인 SQL 문을 추상화시킨 인터페이스이다. 이들은 Connection 객체의 메소드 createStatement()를 호출하여 Statement 객체를 얻어온다.

```
Statement stmt = con.createStatement();
```

마찬가지로 Connection 객체의 다음 메소드 prepareStatement(), prepareCall()를 이용해 PreparedStatement, CallableStatement도 얻을 수 있다. 다만 이 메소드를 호출할 때는 SQL 문장을 인자로 이용해야 한다.

```
PreparedStatement pstmt = con.prepareStatement(SQL);
CallableStatement cstmt = con.prepareCall(SQL);
```

JDBC는 Statement보다 그 기능이 향상된 PreparedStatement와 CallableStatement를 제공한다. PreparedStatement는 순전히 자바 언어로만 Statement의 단점을 극복한 인터페이스이고 CallableStatement는 DBMS의 저장 함수인 Stored Procedure를 사용하기 위한 인터페이스이다. PreparedStatement는 Statement를 상속받고, CallableStatement는 PreparedStatement를 상속받은 관계이다.

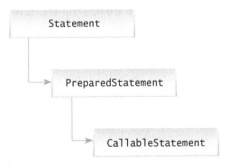

■ **그림 10-8** 인터페이스 Statement, PreparedStatement, CallableStatement 상속관계

위 3개의 Statement 중에서, 가장 쉽게 이용할 수 있는 인터페이스가 Statement이나 성능이 떨어지는 단점이 있다. PreparedStatement는 SQL 문장에서 일정 부분만 변하면서 여러 번 반복해서 사용되는 SQL을 이용할 때 상당히 편리하고 효율적이다.

질의 문장을 위한 인터페이스 종류	특징
Statement	Connection 객체에서 createStatement() 메소드를 호출로 생성, 단순한 SQL 문장을 보낼 때 사용되며, 성능이나 효율성에서 가장 낮음
PreparedStatement	Connection 객체에서 prepareStatement() 메소드를 호출로 생성, 주로 PreparedStatement 클래스는 한번 사용되고 마는 SQL문이 아니라 여러 번 반복해서 사용되는 SQL을 다룰 때 편리, 컴파일할 때 에러를 체크하기 때문에 좀 더 효율적이며 처리하는 속도 역시 훨씬 빠름.
CallableStatement	Connection 객체에서 prepareCall 메소드의 호출로 생성, CallableStatement 객체는 저장 함수(Stored Procedure)를 호출할 때 사용

■ **표 10-6** 질의 문장을 위한 인터페이스 종류

4단계 : SQL 문장 실행

질의 문장을 실행하기 위해, 객체 Statement의 메소드 executeQuery(SQL)의 인자로 SQL 문장을 넣어 호출한다. DML의 한 종류인 select 문장은 질의 결과로 테이블 형태의 결과를 반환한다. 메소드 executeQuery()도 select 문장과 같이 질의 결과로 테이블 형태의 결과를 반환하는데, 이 반환 유형이 인터페이스 ResultSet이다.

```
ResultSet result = stmt.executeQuery("select * from student;");
```

즉 메소드 executeQuery()는 데이터베이스 구조와 테이블의 내용에 영향을 미치지 않는 select 문 등의 질의에 적합하다. 또한 객체 Statement는 메소드 executeUpdate()를 제공하는데 이는 create 또는 drop과 같은 DDL(Data Definition Language)이나 insert, delete, update와 같이 테이블의 내용을 변경하는 DML 문장에 사용한다. 메소드 executeUpdate()는 질의 문장이 DML(Data Manipulation Language)인 경우 변경된 행의 수인 정수를 반환하고, DML인 경우 0을 반환한다.

```
int rowCount = stmt.executeUpdate("delete from student where
name = '홍길동';");
```

객체 Statement는 메소드 execute()도 제공하는데, execute()는 메소드 executeQuery()와 executeUpdate(), 둘 중에서 어느 것을 사용해야 할 지 모를 때

유용하다. 메소드 execute()는 DML, DDL 등의 모든 질의 문장에 사용할 수 있으며, 테이블 형태의 결과인 ResultSet을 얻기 위해서는 메소드 호출 후 별도로 마련된 메소드 getResultSet()을 사용해야 한다. 마찬가지로 질의 결과로 수정된 행 수를 얻기 위해서는 메소드 호출 후, 메소드 getUpdateCount()을 사용한다.

```
stmt.execute("select * from student;");
ResultSet result = stmt.getResultSet();

stmt.execute("delete from student where name = '홍길동';");
int updateCount = stmt.getUpdateCount();
```

객체 Statement에서 SQL 질의 문장을 실행하는 메소드 executeQuery()와 executeUpdate(), execute() 3가지를 정리하면 다음과 같다.

질의 메소드 종류	반환 자료유형	특징
executeQuery()	ResultSet	주로 select와 같이 데이터베이스에 변경을 주지 않는 SQL문을 실행할 경우에 사용하며, 그 결과로 하나의 ResultSet 객체를 반환
executeUpdate()	int	데이터베이스의 값 또는 구조를 변경시키는 MDL인 insert, update, delete와 같은 질의와 create, drop 과 같은 DDL 구문을 사용할 때 주로 이용하며, 질의 수행 후, 영향을 받은 테이블의 행 수인 정수를 반환하는데, DDL인 경우 0을 반환
execute()	boolean 첫 결과가 ResultSet이면 true, 결과가 행수 또는 없으면 false	실행해야 할 SQL문이 어떠한 종류의 것인지를 모를 경우에 유용하며, Statement 객체를 실행한 결과가 하나 이상의 ResultSet 객체를 반환하거나 ResultSet 객체와 데이터에 영향을 끼친 열의 수 등이 함께 반환될 경우에 사용, 또한 반환될 객체가 어떤 형태인지 예측 할 수 없을 경우에도 사용

■ 표 10-7 인터페이스 Statement의 질의 메소드 종류

▌ 5단계 : 질의 결과 ResultSet 처리

객체 Statement의 메소드 executeQuery()를 호출하여 반환 받은 객체 ResultSet은 테이블 형태의 결과를 추상화한 인터페이스이다. 메소드 executeQuery()는 질의 결과가 없더라도 null을 반환하지는 않는다.

```
ResultSet result = stmt.executeQuery("select * from student;");
```

ResultSet에는 결과의 현재 행(row)을 가리키는 커서(cursor)라는 개념이 있으며, 이 커서를 다음 행으로 이동시키는 메소드가 next()이다. ResultSet은 실질적으로 질의 결과의 자료가 있는 영역과 함께 첫 행 자료 이전(Before the First Row)에 BOF(Begin Of File) 행과 마지막 행 자료 이후(After the Last Row)에 EOF(End Of File)라는 실제 자료가 없는 영역이 있다. 각각의 행에서 각 칼럼은 select 문에서 이용한 칼럼이름 또는 번호 순으로 식별할 수 있는데, 편의를 위하여 번호는 1번부터 시작한다.

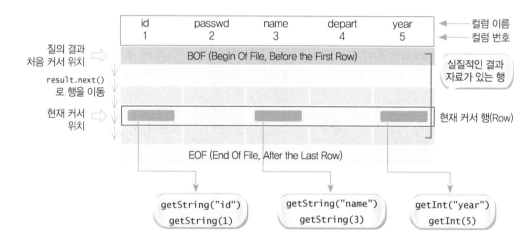

■ **그림 10-9** 질의 결과를 저장하는 객체 ResultSet 구조

메소드 executeQuery()로부터 ResultSet을 받은 경우, 제일 처음에는 커서가 바로 BOF 행에 위치한다. 메소드 next()는 커서를 다음 행으로 한 행 이동하며, 이동된 행이 실질적인 자료가 있는 행이면 true를 반환하고, 그렇지 않고 BOF나 EOF과 같이 실질적인 자료가 없는 행이면 false를 반환한다. 그러므로 다음과 같이 while 문장을 이용하면, ResultSet에서 결과 자료가 있는 1행부터 마지막 행까지 순회할 수 있다.

```
while ( result.next() ) {
    //현재 커서가 있는 행의 컬럼을 처리
    ...
}
```

커서가 있는 행에서 칼럼 자료를 참조하기 위해 ResultSet이 제공하는 메소드 getString()을 이용한다. getString()의 인자는 칼럼이름을 문자열로 직접 쓰거나 또는 칼럼 번호를 이용할 수 있다. 칼럼 값의 자료유형에 따라 메소드 getString() 뿐만 아니라 getInt(), getDouble(), getDate() 등 다양한 칼럼 반환 메소드를 제공한다. JDBC 드라이버는 getXXX() 메소드를 사용하여 특정 칼럼 값을 가져올 때 데이터베이스의 자료 유형을 해당하는 가장 유사한 자바 유형으로 변환하여 반환한다.

```
while ( result.next() ) {
    <%= result.getString(1) %>
    <%= result.getString("passswd") %>
    <%= result.getString(3) %>
    <%= result.getString("depart") %>
    <%= result.getInt(5) %>
}
```

SQL 질의 결과에서 ResultSet 객체가 실제로 처리결과 자료 자체를 가지고 있는 것은 아니며, ResultSet 객체는 해당 자료에 대한 포인터의 역할을 수행하는 인덱스만을 가지고 있다. 그러므로 ResultSet은 커서를 이동하면서 필요한 자료를 그때 그때 가져오므로 ResultSet의 작업이 모두 종료한 이후에 연결을 해제해야 한다.

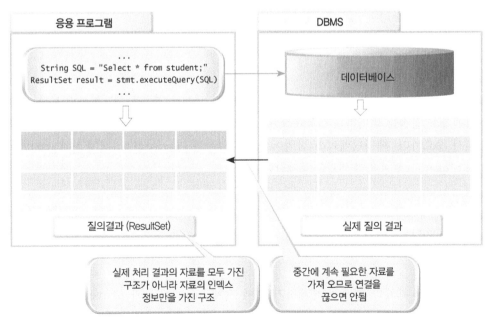

■ **그림 10-10** 실제 SQL 결과와 ResultSet의 관계

클래스 ResultSet에서 이용되는 주요 메소드를 정리하면 다음과 같다.

반환 자료유형	메소드	기능
boolean boolean boolean boolean boolean boolean boolean	absolute(int row) next() previous() first() last() afterLast() beforeFirst()	커서 이동 메소드로 이동한다면 true, 이동할 수 없으면 false 반환
int	findColumn(String cname)	인자인 칼럼의 이름이 ResultSet 객체의 몇 번째 열인지 위치 값을 반환
Date String int long float double	getDate() getString() getInt() getLong() getFloat() getDouble()	칼럼 자료 값 반환
ResultSetMetaData	getMetaData()	ResultSet의 Column에 대한 자료유형과 속성에 대한 정보를 얻어오기 위해 ResultSetMetaData 객체를 반환
void	close()	ResultSet 객체의 연결 해제

■ 표 10-8 클래스 ResultSet의 주요 메소드

▌6단계 : JDBC 객체 연결 해제

JDBC 프로그래밍의 마지막 단계는 이미 사용한 JDBC 객체의 연결을 해제하는 일이다. 특히 데이터베이스 연결을 의미하는 Connection 객체의 연결 해제는 메모리와 서버의 부하의 관점에서 중요하다. 데이터베이스 작업이 종료되었으면 Connection 객체 변수 con에서 메소드 close()를 이용하여 연결을 해제한다.

```
con.close();
```

Connection 객체의 연결을 해제하기 전에 객체 ResultSet과 Statement도 메소드 close()를 호출하여 명시적으로 연결을 해제함으로써 시스템 자원을 효율적으로 이용하도록 하는 것이 좋다.

```
result.close();
pstmt.close();
```

JDBC 객체의 연결 해제는 관련 작업의 종료를 의미하므로 데이터 처리 시점과 연결 해제 시점을 잘 고려해야 할 것이다.

2.3 JDBC 관련 인터페이스와 클래스

▌ 패키지 java.sql

JDBC 프로그래밍을 하기 위해 지금까지 살펴본 JDBC 관련 클래스와 인터페이스 중에서 패키지 java.sql에 소속된 인터페이스와 클래스에서 메소드 호출과 상속 관계를 표현하면 다음과 같다.

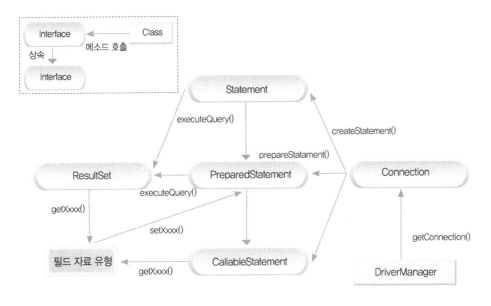

■ **그림 10-11** 패키지 java.sql에 소속된 인터페이스와 클래스의 상관 관계

3. 테이블 조회와 검색 및 메타데이터 처리

3.1 JSP 데이터베이스 조회 프로그램

▌ 첫 데이터베이스 연결 프로그램

이미 만든 데이터베이스 univdb에 JDBC 드라이버를 이용하여 연결하는 JSP 프로그램을 작성해 보자. 편의를 위하여 가장 먼저 MySQL용 JDBC 드라이버 클래스 이름을 변수 driverName에 저장하고, 데이디베이스 연결 시 필요한 URL을 변수 dbURL에 저장한다. 변수 dbURL의 문자열 마지막 부분에서 연결하려는 데이터베이스 이름이 [univdb]가 맞는지 확인한다.

```
String driverName = "org.gjt.mm.mysql.Driver";
String dbURL = "jdbc:mysql://localhost:3306/univdb";
```

이제 드라이버를 로드하기 위해 Class의 메소드 forName()을 호출한다. 마지막으로 클래스 DriverManager의 메소드 getConnection()을 이용하여 데이터베이스에 연결한다. 메소드 getConnection()의 인자로는 dbURL, 사용자, 암호를 각각 입력한다.

```
Class.forName(driverName);
Connection con = DriverManager.getConnection(dbURL, "root", "");
```

여러 가지 이유로 오류가 발생할 수 있으므로 예외처리를 위한 try catch 문을 이용한다. 만일 블록 try 내부에서 오류가 발생하면 catch 블록으로 이동하여 오류 메시지를 출력한다.

```
try {
    …
    Class.forName(driverName);
    Connection con = DriverManager.getConnection(dbURL, "root", "");
    out.println("MySql 데이터베이스 univdb에 성공적으로 접속했습니다");
```

```
      con.close();
  }
  catch (Exception e) {
      out.println("MySql 데이터베이스 univdb 접속에 문제가 있습니다. <hr>");
      out.println(e.getMessage());
      e.printStackTrace();
  }
```

예제 10-1 dbconnect.jsp

```
01  <%@ page language="java" contentType="text/html; charset=EUC-KR"
    pageEncoding="EUC-KR"%>
02  <html>
03  <head>
04  <meta http-equiv="Content-Type" content="text/html; charset=EUC-KR">
05  <title>데이터베이스 예제 : dbconnect.jsp</title>
06  </head>
07  <body>
08
09  <%@ page import="java.sql.*" %>
10
11  <h2>데이터베이스 드라이버와 DB univdb 연결 점검 프로그램 </h2>
12  <%
13  try {
14      String driverName = "org.gjt.mm.mysql.Driver";
15      String dbURL = "jdbc:mysql://localhost:3306/univdb";
16
17      Class.forName(driverName);
18      Connection con = DriverManager.getConnection(dbURL, "root", "");
19      out.println("MySql 데이터베이스 univdb에 성공적으로 접속했습니다");
20      con.close();
21  }
22  catch (Exception e) {
23      out.println("MySql 데이터베이스 univdb 접속에 문제가 있습니다. <hr>");
24      out.println(e.getMessage());
25      e.printStackTrace();
26  }
27  %>
28
29  </body>
30  </html>
```

만일 위 예제에서 실행 오류가 발생한다면 가장 먼저 소스에서 변수 driverName과 dbURL의 내용을 다시 한 번 확인하도록 한다. 다음과 같은 여러 원인이 있을 수 있으니 점검한 후 다시 실행해 보자.

구분	예상 오류 발생 위치	
	문제 종류	점검 사항
JDBC 드라이버 점검	Class.forName("org.gjt.mm.mysql.Driver");	
	드라이버가 적당한 폴더에 존재하는가?	[Tomcat 설치폴더]/[lib]에 파일 [mysql-connector-java-5.1.6-bin.jar] 확인
	문장에서 드라이버의 이름이 정확한가?	소스에서 다시 한 번 확인
데이터베이스 내부 점검	String dbURL = "jdbc:mysql://localhost:3306/univdb"; Connection con = DriverManager.getConnection(dbURL, "root", "");	
	URL이 정확한가?	소스에서 다시 한 번 확인
	데이터베이스가 실행하고 있는가?	[윈도우 작업 관리자]에서 확인
	데이터베이스 univdb가 존재하는가?	MySQL 클라이언트 도구에서 확인
	연결 시 사용자, 암호가 있으며, 정확한가?	소스에서 다시 한 번 확인 MySQL 클라이언트 도구에서 확인

■ 표 10-9 데이터베이스 접속 오류 시 점검 사항

테이블 조회 프로그램

JDBC 인터페이스를 이용하여 이미 만든 테이블 student의 모든 내용을 질의하여 브라우저에 출력하는 프로그램을 작성하자. 질의를 위하여 가장 간단한 인터페이스 Statement를 이용하며, 테이블 조회의 결과 처리를 위하여 인터페이스 ResultSet을 이용한다. 가장 먼저 드라이버를 로드하고 데이터베이스를 연결한다.

```
Statement stmt = null;
    …
try {
    Class.forName(driverName);
    con = DriverManager.getConnection(dbURL, "root", "");
```

다음으로 데이터베이스 연결에 성공한 Connection 객체의 메소드 createStatement()를 호출하여 객체 Statement를 반환 받아 변수 stmt에 저장한다. 객체 Statement에서 질의문 "select * from student;"를 인자로 메소드 executeQuery를 호출하여, 그 결과를 ResultSet 객체 변수 result에 저장한다.

```
stmt = con.createStatement();
ResultSet result = stmt.executeQuery("select * from student;");
    …
```

마지막으로 테이블 조회의 결과가 저장된 ResultSet 객체 변수 result에서 메소드 next()를 호출하며 while 반복을 수행한다. 클래스 ResultSet의 메소드 next()는 조회 결과의 테이블에서 모든 행을 순회하도록, 행의 조회가 완료되면 false를 반환하여 while 반복을 종료한다. 조회 결과 테이블의 행에서 각각의 필드를 조회하기 위해 클래스 ResultSet의 메소드 getString()을 이용한다. 메소드 getString()의 인자는 필드 이름이나 필드 번호를 사용하며 필드 번호는 만들어진 순서에 따라 1번부터 순서대로 정해진다. 그러므로 다음 소스는 질의한 결과를 테이블 형태로 출력한다.

```
<%
    while (result.next()) {
%>
    <tr>
        <td align=center><%= result.getString(1) %></td>
        <td align=center><%= result.getString(2) %></td>
        …
        <td align=center><%= result.getString(8) %></td>
        <td align=center><%= result.getString(9) %></td>
        <td align=center><%= result.getString(10) %></td>
    </tr>
<%
    }
    result.close();
```

다음은 테이블 student의 모든 내용을 질의하여 브라우저에 출력하는 예제 selectdb의
소스와 결과이다.

예제 10-2 selectdb.jsp

```
01  <%@ page language="java" contentType="text/html; charset=EUC-KR"
    pageEncoding="EUC-KR"%>
02  <html>
03  <head>
04  <meta http-equiv="Content-Type" content="text/html; charset=EUC-KR">
05  <title>데이터베이스 예제 : 테이블 student 조회</title>
06  </head>
07  <body>
08
09  <%@ page import="java.sql.*" %>
10
11  <h2>데이터베이스 univdb의 테이블 student 조회 프로그램 </h2>
12
13  <hr><center>
14  <h2>학생정보 조회</h2>
15
16  <%
17      Connection con = null;
18      Statement stmt = null;
19      //String driverName = "org.gjt.mm.mysql.Driver";
20      String driverName = "com.mysql.jdbc.Driver";
21      String dbURL = "jdbc:mysql://localhost/univdb";
22
23      try {
24          Class.forName(driverName);
25          con = DriverManager.getConnection(dbURL, "root", "");
26          stmt = con.createStatement();
27          ResultSet result = stmt.executeQuery("select * from student;");
28  %>
29      <table width=100% border=2 cellpadding=1>
30      <tr>
31        <td align=center><b>아이디</b></td>
32        <td align=center><b>암호</b></td>
33        <td align=center><b>이름</b></td>
34        <td align=center><b>입학년도</b></td>
35        <td align=center><b>학번</b></td>
36        <td align=center><b>학과</b></td>
37        <td align=center><b>휴대폰1</b></td>
```

```
38          <td align=center><b>휴대폰2</b></td>
39          <td align=center><b>주소</b></td>
40          <td align=center><b>이메일</b></td>
41      </tr>
42  <%
43          while (result.next()) {
44  %>
45      <tr>
46          <td align=center><%= result.getString(1) %></td>
47          <td align=center><%= result.getString(2) %></td>
48          <td align=center><%= result.getString(3) %></td>
49          <td align=center><%= result.getString(4) %></td>
50          <td align=center><%= result.getString(5) %></td>
51          <td align=center><%= result.getString(6) %></td>
52          <td align=center><%= result.getString(7) %></td>
53          <td align=center><%= result.getString(8) %></td>
54          <td align=center><%= result.getString(9) %></td>
55          <td align=center><%= result.getString(10) %></td>
56      </tr>
57  <%
58          }
59          result.close();
60      }
61      catch(Exception e) {
62          out.println("MySql 데이터베이스 univdb의 student 조회에 문제가 있습니
    다. <hr>");
63          out.println(e.toString());
64          e.printStackTrace();
65      }
66      finally {
67          if(stmt != null) stmt.close();
68          if(con != null) con.close();
69      }
70  %>
71  </table>
72  </center>
73
74  </body>
75  </html>
```

위 예제 `selectdb`에서 문제가 발생한다면 다음과 같은 결과가 예상된다. 다음 결과에서 오류 메시지를 잘 살펴보면, 질의문에서 테이블 이름을 [`studnet`]로 잘못 써서 발생한 오류인 것을 알 수 있다. 이와 같이 브라우저에 표시된 오류 메시시에 따라, 소스와 JDBC 환경 그리고 데이터베이스를 다시 한 번 확인한 후 실행에 성공하도록 한다.

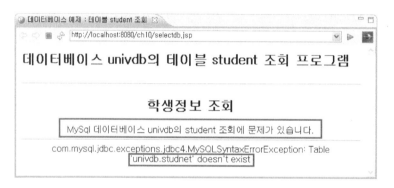

■ **그림 10-12** 예제 selectdb.jsp의 질의문에서 테이블 이름을 잘못 사용한 경우의 오류 결과

3.2 인터페이스 PreparedStatement를 이용한 데이터베이스 검색 프로그램

인터페이스 PreparedStatement

인터페이스 `PreparedStatement`는 미리 컴파일된 SQL 문장을 포함함으로써 `Statement` 객체보다 실행 속도가 빠르며 여러 번 실행할 SQL 문장의 실행에 효율적이다. SQL 문의 조건(where)에 사용할 값이나 필드가 사용자의 선택이나 특정 작업 결과에 따라서 결정되어야 하는 경우, 인터페이스 `PreparedStatement`에 사용할 SQL 문장에는 표시 [?]인 매개변수를 포함하고, 이후에 `setXxxx()` 메소드로 그 매개변수에 값을 지정함으로써 SQL 문장을 완성시켜 실행한다.

```
String sql = "select * from student where name == ?";
String name = request.getParameter("sname");

PreparedStatement pstmt = con.prepareStatement(sql);
pstmt.setString(1, name);
ResultSet result = pstmt.executeQuery();
```

다음은 인터페이스 PreparedStatement를 이용하여 테이블 student에서 학생 이름으로
검색하는 예제로, 그 결과를 브라우저에 출력하는 프로그램을 작성하자. 예제 selectname.
html에서 학생이름을 입력 받을 폼을 구성하여 [보내기] 버튼을 누르면, 예제 selectname.
jsp를 실행하여 테이블 student에서 학생 이름으로 검색하도록 한다. 검색은 입력된 문자열로
시작하는 모든 이름을 검색하도록 하며 결과는 학생 정보를 모두 출력한다.

예제 10-3 selectname.html

```
01  <html>
02  <head>
03  <meta http-equiv="Content-Type" content="text/html; charset=EUC-KR">
04  <title>테이블 student에서 이름으로 조회</title>
05  </head>
06  <body>
07     <h2>테이블 student에서 이름으로 조회하는 프로그램 </h2><hr>
08     <h3>조회할 이름을 입력하세요.</h3>
09     <form method=post name=test action="selectname.jsp" >
10     이름 : <input type=text name=sname>
11     <input type="submit" value="보내기">
12     </form>
13  </body>
14  </html>
```

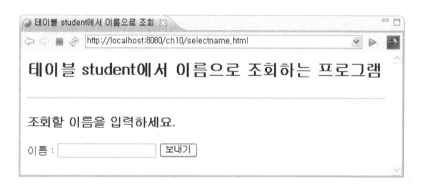

인터페이스 PreparedStatement를 사용하기 위해 질의문 내부에 검색에 따라 변하는 부분을 [?]로 삽입한다. 그리고 질의문 [?] 부분에 대입할 문자열을 [request. getParameter("sname") + "%"]로 구성한다. 입력된 문자열로 시작하는 모든 이름의 학생을 찾는 검색 조건을 만족시키기 위해, 질의문에서 where 절은 like 문장으로 하고, 폼에서 입력한 이름 뒤에 [%]를 붙여 입력한 문자열로 시작하는 모든 이름을 검색하도록 한다.

```
String sql = "select * from student where name like ?";
String name = request.getParameter("sname") + "%";
```

인터페이스 PreparedStatement 객체를 얻기 위하여, 위에서 만든 질의문 sql을 인자로 Connection 객체 변수 con의 메소드 prepareStatement(sql)를 호출한다. 다음으로 아직 완성되지 않은 질의문 [?] 부분에 지정할 값을 대입하기 위해 객체 변수 pstmt로 메소드 setString(1, name)을 호출한다. 이 때 인자 1은 첫 번째 미완성 위치인 [?] 부분을 의미하며, 인자 name은 지정된 [?] 부분에 대체될 자료 값을 의미한다.

```
con = DriverManager.getConnection(dbURL, "root", "");
pstmt = con.prepareStatement(sql);
pstmt.setString(1, name);
ResultSet result = pstmt.executeQuery();
```

만일 변수 name의 문자열 값이 "조%"라면 문장 pstmt.setString(1, name)에 의하여 다음과 같은 질의문이 완성된다. 객체 변수 pstmt에서 인자 없이 메소드 executeQuery()를 호출하여 그 결과를 ResultSet 객체변수 result에 대입한다.

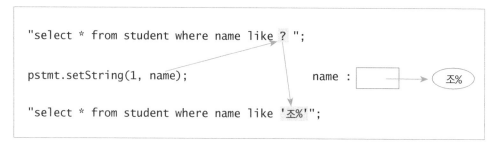

■ **그림 10-13** 인터페이스 PreparedStatement에서 매개변수 지정

조회된 전체 건수를 알기 위해 ResultSet의 while 루프 내부에 rowCount 변수를 증가시켜,

프로그램 종료 전에 적절히 출력한다.

```java
while (result.next()) {
   …
   rowCount++;
}
…
if (rowCount == 0)
   out.println("조회된 결과가 없습니다.");
else
   out.println("조회된 결과가" + rowCount + "건 입니다.");
```

예제 10-4 selectname.jsp

```jsp
01  <%@ page language="java" contentType="text/html; charset=EUC-KR"
       pageEncoding="EUC-KR"%>
02  <html>
03  <head>
04  <meta http-equiv="Content-Type" content="text/html; charset=EUC-KR">
05  <title>데이터베이스 예제 : 테이블 student name으로 조회</title>
06  </head>
07  <body>
08
09  <%@ page import="java.sql.*" %>
10  <% request.setCharacterEncoding("euc-kr"); %>
11
12  <h2>테이블 student에서 이름으로 조회하는 프로그램 </h2>
13  <hr><center>
14  <h2>학생정보 조회</h2>
15
16  <%
17     Connection con = null;
18     PreparedStatement pstmt = null;
19     String driverName = "org.gjt.mm.mysql.Driver";
20     String dbURL = "jdbc:mysql://localhost:3306/univdb";
21     String sql = "select * from student where name like ?";
22     String name = request.getParameter("sname") + "%";
23     int rowCount = 0;
24
25     try {
26        Class.forName(driverName);
27
```

```
28        con = DriverManager.getConnection(dbURL, "root", "");
29        pstmt = con.prepareStatement(sql);
30        pstmt.setString(1, name);
31        ResultSet result = pstmt.executeQuery();
32 %>
33    <table width=100% border=2 cellpadding=1>
34    <tr>
35        <td align=center><b> 아이디</b></td>
```

위 예제 selectname.html 폼에서 이름에 [조]를 입력하여 [보내기]를 실행하면, 프로그램 selectname.jsp에서 질의문 [select * from student where name like '조%']을 수행하여 그 결과를 출력한다.

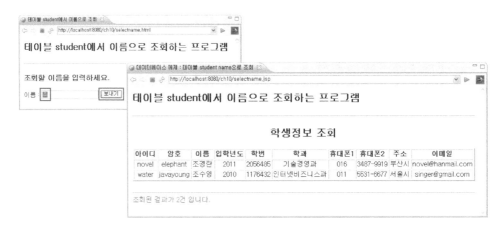

■ **그림 10-14** 예제 selectname.html, selectname.jsp 결과

3.3 메타데이터 조회

메타데이터

메타데이터는 데이터를 위한 데이터를 말한다. 데이터베이스에서 메타데이터란 데이터베이스 자체에 대한 정보 또는 테이블 자체 및 칼럼에 대한 정보를 말한다. 이러한 메타데이터 정보를 지원하기 위해 JDBC는 인터페이스 DatabaseMetaData와 ResultSetMetaData를 제공한다.

인터페이스 ResultSetMetaData의 주요 메소드를 살펴보면 다음과 같다.

반환 유형	메소드 이름	기능
int	getColumnCount()	ResultSet의 칼럼 수를 반환
int	getColumnDisplaySize(int col)	인자 col에 지정한 칼럼의 문자 최대 표현 크기를 반환
String	getColumnLabel(int col)	인자 col에 지정한 칼럼의 제목을 반환
String	getColumnName(int col)	인자 col에 지정한 칼럼의 이름을 반환
int	getColumnType(int col)	인자 col에 지정한 칼럼의 유형을 반환, 반환 값을 java.sql.Types에 정의된 정수 상수로 반환
String	getColumnTypeName(int col)	인자 col에 지정한 칼럼의 자료유형 이름을 반환
String	getTableName(int col)	인자 col이 있는 테이블 이름을 반환
boolean	isAutoIncrement(int col)	인자 col에 지정한 칼럼이 autoincrement 여부를 반환

■ **표 10-10** 인터페이스 ResultSetMetaData의 주요 메소드

인터페이스 DatabaseMetaData에서 드라이버와 데이터베이스에 관한 주요 메소드를 살펴보면 다음과 같다.

반환 유형	메소드 이름	기능
int	getDriverMajorVersion()	드라이버의 주 버전을 반환
int	getDriverMinorVersion()	드라이버의 부 버전을 반환
String	getDriverName()	드라이버 이름을 반환
String	getDriverVersion()	드라이버의 버전을 반환
int	getDatabaseMajorVersion()	데이터베이스의 주 버전을 반환
int	getDatabaseMinorVersion())	데이터베이스의 부 버전을 반환
String	getDatabaseProductName()	데이터베이스 상품 이름을 반환
String	getDatabaseProductVersion()	데이터베이스의 상품 버전을 반환

■ **표 10-11** 인터페이스 DatabaseMetaData의 드라이버와 데이터베이스에 관한 주요 메소드

ResultSetMetaData

인터페이스 ResultSetMetaData를 이용하여 테이블 student의 칼럼이름, 칼럼유형, 칼럼크기 정보 등의 메타정보를 출력하는 프로그램을 작성하자. 데이터베이스를 연결하는 모듈은 지금까지의 프로그램과 동일하며 인터페이스 ResultSetMetaData의 객체를 얻기 위해 테이블 student를 모두 조회하는 SQL 문장으로 ResultSet 객체를 반환하여 저장한다.

인터페이스 ResultSet의 메소드 getMetaData()를 호출하여 ResultSetMetaData의 객체를 변수 rsmd에 저장한다. 인터페이스 ResultSetMetaData의 메소드 getColumn Count()는 ResultSet의 칼럼 수를 반환한다.

```
ResultSet result = stmt.executeQuery("select * from student;");
ResultSetMetaData rsmd = result.getMetaData();
int cCount = rsmd.getColumnCount();
```

칼럼 수만큼 반복을 하면서 ResultSetMetaData의 메소드 getColumnName()을 이용하여 칼럼의 이름을 반환 받아 출력한다.

```
for ( int i = 1; i <= cCount; i++ ) {
   <td align=center><%= rsmd.getColumnName(i) %></td>                    }
```

마찬가지로 칼럼 수만큼 반복을 하면서 ResultSetMetaData의 메소드 getColumn TypeName()을 이용하여 칼럼의 유형을 반환 받아 출력한다.

```
<td align=center><%= rsmd.getColumnTypeName(i) %></td>
```

또한 ResultSetMetaData의 메소드 getPrecision()을 이용하여 칼럼의 크기를 반환 받아 출력한다.

```
<td align=center><%= rsmd.getPrecision(i) %></td>
```

예제 10-5 resultsetmetadata.jsp

```
01  <%@ page language="java" contentType="text/html; charset=EUC-KR"
    pageEncoding="EUC-KR"%>
02  <html>
03  <head>
04  <meta http-equiv="Content-Type" content="text/html; charset=EUC-KR">
05  <title>인터페이스 ResultSetMetaData 조회</title>
06  </head>
07  <body>
08
09  <%@ page import="java.sql.*" %>
10
11  <h2>테이블 student의 테이블 메타데이터 조회 프로그램 </h2>
12
13  <hr><center>
14  <h2>인터페이스 ResultSetMetaData 이용</h2>
15
16  <%
17      Connection con = null;
18      Statement stmt = null;
19      //String driverName = "org.gjt.mm.mysql.Driver";
20      String driverName = "com.mysql.jdbc.Driver";
21      String dbURL = "jdbc:mysql://localhost:3306/univdb";
22
23      try {
24          Class.forName(driverName);
25          con = DriverManager.getConnection(dbURL, "root", "");
26          stmt = con.createStatement();
27          ResultSet result = stmt.executeQuery("select * from student;");
28          ResultSetMetaData rsmd = result.getMetaData();
29          int cCount = rsmd.getColumnCount();
30  %>
31      <table width=100% border=2 cellpadding=1>
32      <tr>
33        <td align=center><b>아이디</b></td>
34        <td align=center><b>암호</b></td>
35        <td align=center><b>이름</b></td>
36        <td align=center><b>입학년도</b></td>
37        <td align=center><b>학번</b></td>
38        <td align=center><b>학과</b></td>
39        <td align=center><b>휴대폰1</b></td>
40        <td align=center><b>휴대폰2</b></td>
41        <td align=center><b>주소</b></td>
42        <td align=center><b>이메일</b></td>
43      </tr>
```

```
44       <tr>
45  <%
46        for ( int i = 1; i <= cCount; i++ ) {
47  %>
48          <td align=center><%= rsmd.getColumnName(i) %></td>
49  <%
50        }
51  %>
52      </tr>
53      <tr>
54  <%
55        for ( int i = 1; i <= cCount; i++ ) {
56  %>
57        <td align=center> <%= rsmd.getColumnTypeName(i) %></td>
58  <%
59        }
60  %>
61      </tr>
62      <tr>
63  <%
64        for ( int i = 1; i <= cCount; i++ ) {
65  %>
66        <td align=center><%= rsmd.getPrecision(i) %></td>
67  <%
68        }
69  %>
70      </tr>
71  <%
72          result.close();
73      }
74      catch(Exception e) {
75          out.println("MySql 데이터베이스 univdb의 student 조회에 문제가 있습니다. <hr > ");
76          out.println(e.toString());
77          e.printStackTrace();
78      }
79      finally {
80          if (stmt != null) stmt.close();
81          if (con != null) con.close();
82      }
83  %>
84  </table>
85  </center>
86
87  </body>
88  </html>
```

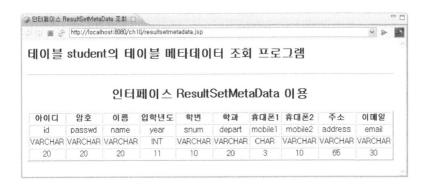

4. 데이터베이스 커넥션 풀

4.1 커넥션 풀 개념

일반적인 데이터베이스 연결 프로그램의 문제점

지금까지 배운 JDBC 프로그램을 생각해 보자. 일반적으로 JDBC 프로그래밍 절차의 단계 1에서 단계 6까지 모두를 하나의 JSP 페이지 내부에서 실행하였다. 만일 하나의 프로젝트를 수행한다고 보면 수 많은 JSP 페이지에서 이러한 데이터베이스 연결 모듈을 구현하고, 구현된 페이지는 수 많은 클라이언트의 요청에 따라 데이터베이스 연결 과정과 연결 해제 과정을 끊임없이 반복할 것이다. 즉 클라이언트의 요청이 있을 때마다 `DriverManager`객체로부터 `Connection`객체를 얻어와 데이터베이스 작업을 수행한 후 다시 `Conncetion`객체를 해제한다.

이러한 데이터베이스 연결 작업은 서버의 자원을 이용하는 작업으로, 계속적으로 발생한다면 시스템에 상당히 부하를 주는 요소이다. 그러므로 대규모 시스템일수록 데이터베이스의 커넥션 연결은 매우 중요하며, 일관된 커넥션 관리가 필요하다. 이러한 커넥션 문제를 해결하기 위해 고안된 방식이 데이터베이스 커넥션 풀(Database Connection Pool) 관리 기법이다.

커넥션 풀 정의

커넥션 풀(Connection Pool)이란 미리 여러 개의 데이터베이스 커넥션을 만들어 확보해 놓고 클라이언트의 요청이 있는 경우, 커넥션을 서비스해 주는 커넥션 관리 기법이다.

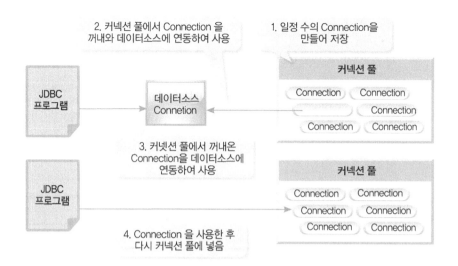

2. 커넥션 풀에서 Connection 을
꺼내와 데이터소스에 연동하여 사용

1. 일정 수의 Connection을
만들어 저장

3. 커넥션 풀에서 꺼내온
Connection을 데이터소스에
연동하여 사용

4. Connection 을 사용한 후
다시 커넥션 풀에 넣음

■ **그림 10-15** 커넥션 풀 기법

커넥션 풀을 사용하면, 일정 수의 커넥션을 미리 생성하여 풀에 두고, 클라이언트의 요청이 있을 경우에 이미 확보한 커넥션 객체를 서비스하며, 클라이언트의 데이터베이스 작업이 끝난 후 커넥션 객체를 다시 풀로 반환한다. 이러한 커넥션 풀을 이용하면 동시 사용자 수가 많고 데이터베이스 작업이 많은 시스템에 효율적이다.

커넥션 풀 이용 방법

초기에는 커넥션 풀을 개인이 직접 개발하여 사용하는 경우가 많았으나, 이러한 커넥션 풀은 그 검증이 쉽지 않고 개인마다 공통의 노력을 해야 하는 비합리적인 일이다. 현재는 미들웨어나 애플리케이션 서버가 검증된 커넥션 풀을 제공하는 경우가 대부분이며 이러한 커넥션 풀을 사용하는 것이 일반화되었다.

우리가 이용하는 톰캣 서버도 검증된 커넥션 풀 모듈인 [아파치 자카르타 DBCP(DataBase Connection Pool)]를 제공한다. 이제 [아파치 자카르타 DBCP]의 사용 방법을 알아보자.

4.2 아파치 자카르타에서 제공하는 DBCP

자카르타 DBCP(DataBase Connection Pool)

톰캣을 개발하여 배포하는 아파치 소프트웨어 파운데이션(ASF: Apache Software Foundation)은 자카르타 프로젝트(Jakarta Projects)라는 이름으로 자바와 관련된 공개 솔루션을 위한 여러 프로젝트를 진행하고 있다. 아파치 자카르타 DBCP(Apache Jakarta DBCP Services)는 자카르타 프로젝트 중, Commons 프로젝트에서 제공하는 공개 커넥션 풀 모듈이다. 앞으로 이를 자카르타 DBCP라 부를 예정이다.

자카르타 DBCP는 커넥션 풀 기능을 DBCP API로 이용하며, 톰캣의 외부에 저장된 리소스로 자카르타 DBCP를 이용하는데, JNDI(Java Naming and Directory Interface) 기술을 이용해 접근한다. 여기서 JNDI인 네이밍 디렉토리 서비스는 사용자가 원하는 리소스를 등록하고 찾기 위한 자바 API이다.

자카르타 DBCP도 톰캣뿐만 아니라 여러 응용 프로그램에서도 이용할 수 있다. 자카르타의 DBCP 홈페이지는 [commons.apache.org/dbcp]로 라이브러리 자체와 API, 샘플 소스 등의 자료를 제공한다.

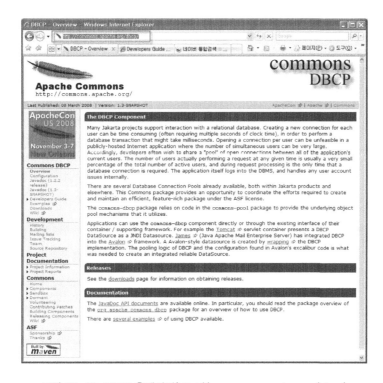

■ **그림 10-16** DBCP 홈페이지(http://commons.apache.org/dbcp)

자카르타 DBCP는 다음의 자카르타 공통 콤포넌트(Jakarta-Commons Component)로 구성된다. 여러분이 톰캣을 설치했다면 이미 자카르타 DBCP가 설치되어 있는데, 톰캣의 설치 폴더 [Tomcat 설치폴더]/[lib] 하부의 파일 [tomcat-dbcp.jar] 하나에 다음의 자카르타 DBCP의 콤포넌트를 모두 담고 있다. 그러므로 톰캣에서 자카르타 DBCP를 이용한다면 설치는 필요 없으나, 외부 응용 프로그램에서 이용한다면 다음 파일을 설치해야 한다.

- Jakarta-Commons DBCP : [commons_dbcp.jar]
- Jakarta-Commons Collections : [commons_collections.jar]
- Jakarta-Commons Pool : [commons_pool.jar]

4.3 DBCP 환경 설치

자카르타 DBCP 환경 점검

톰캣의 JSP 프로그램에서 자카르타 DBCP를 사용하려면 톰캣에서 자카르타 DBCP를 위한 JNDI(Java Naming and Directory Interface) 데이터소스 환경 설정을 해야 한다. 홈페이지 [http://tomcat.apache.org/tomcat-6.0-doc/jndi-datasource-examples-howto.html]에서 아파치 DBCP 환경 설정을 위한 문서를 제공한다. 이 문서를 기초로 톰캣과 연동된 이클립스에서 환경 설정 방법을 알아보자.

■ 그림 10-17 자카르타 DBCP 환경 설정

파일 [server.xml]의 컨텍스트에 리소스 설정

가장 먼저, 파일 [server.xml]의 컨텍스트에서 컨넥션 풀에 이용할 리소스를 추가해야 한다. 이 리소스에서 데이터베이스의 접속에 필요한 드라이버 이름, 사용자 이름, 암호, URL 등을 기술한다. 즉 우리가 데이터베이스에 접속하기 위해 자바 프로그램에서 직접 작성했던 부분에 대한 정보를 프로그램 외부인 파일 [server.xml]에 기술하는 것이다. 이와 같이 자바 소스에 정보를 두지 않고 외부 파일에 실제 정보를 기재해두어, 자바 프로그램에서 외부 파일을 찾아낼 수 있는 이름 값만 적어주면 데이터베이스 정보의 변경에 상관없이 안정적인 서비스가 가능하다.

이클립스에서 프로젝트의 컨텍스트가 정의되어 있는 파일 [server.xml] 파일은 작업공간(workspace) 폴더 하부 [Servers]/[Tomcat v6.0 Server at localhost-config] 폴더에 위치한다. 여기서 [Tomcat v6.0 Server at localhost-config]는 이클립스에서 JSP를 실행하기 위해 생성한 서버 이름이다. 물론 이클립스에서 JSP 실행을 위해 한번도 서버를 생성하지 않았다면 이 폴더는 없으나, 이 단원의 이전 예제를 실행했다면 당연히 있을 것이며, 여러 개의 서버를 생성했다면 여러 개의 폴더가 있다. 이클립스와 연동하지 않는 독립적인 톰캣에서는 [Tomcat 설치폴더]/[conf] 폴더 하부에 있는 파일 [server.xml]을 수정해야 한다.

우선, 실행할 서버 설정 폴더의 하부 파일 [server.xml]에서 현재 실행하려는 프로젝트의 컨텍스트를 찾는다. 여기와 같이 프로젝트 이름이 [ch10]이라면, <Context docBase="ch10" … />을 찾는다. [server.xml] 파일에서 마지막 부분을 살펴보면 다음과 같은 컨텍스트를 찾을 수 있을 것이다. 이 태그는 Context의 몸체가 없이 끝나는 구조로 <Context … />이다.

```
...
<Context docBase="ch10" path="/ch10" reloadable="true"
source="org.eclipse.jst.jee.server:ch10"/> </Host>
...
```

위 <Context … /> 태그에서 다음 <Resource name="jdbc/mysql" … /> 태그를 삽입한다. 태그 Resource에서 주의 깊게 살펴보아야 할 속성은 name, username, password, driverClassName, url 부분으로, name은 리소스를 대표하는 식별자(ID) 역할을 하며, 나머지는 JDBC에서 이용한 속성과 같다. 즉 name은 식별자로 이용할 문자열을 지정하고, 나머지 부분은 연결할 데이터베이스에 따라 적절히 지정해야 한다.

```
<Resource name="jdbc/mysql" auth="Container" type="javax.sql.DataSource"
    maxActive="100" maxIdle="30" maxWait="10000"
    username="root" password="" driverClassName="com.mysql.jdbc.Driver"
    url="jdbc:mysql://localhost:3306/univdb?autoReconnect=true"/>
```

태그 Context에 몸체 태그인 Resource 태그의 삽입에 주의를 요한다. 이전에 <context … />에서 마침 종료 태그 />를 >로 수정하고 위 내용인 태그 <Resource name="jdbc/mysql" … />를 삽입한 후 종료 태그 </Context>를 추가한다. 원래부터 있던 종료 태그 </host>는 그대로 둔다. 다음이 수정된 <Context docBase="ch10" … > … </Context > 태그로, 음영으로 된 부분이 수정된 부분이고, 네모박스 부분이 삽입된 태그 Resource 부분이다.

```
<Context docBase="ch10" path="/ch10" reloadable="true" source="org.
eclipse.jst.jee.server:ch10">

  <Resource name="jdbc/mysql" auth="Container" type="javax.sql.DataSource"
        maxActive="100" maxIdle="30" maxWait="10000"
        username="root" password="" driverClassName="com.mysql.jdbc.Driver"
        url="jdbc:mysql://localhost:3306/univdb?autoReconnect=true"/>

</Context>
</host>
```

■ **그림 10-18** 컨텍스트에 리소스 설정

다음은 이클립스의 편집기에서 본 수정된 server.xml 파일이다. [패키지 탐색기] 뷰의
하단부 폴더 [Servers] 하부에서 현재 생성된 서버의 설정 폴더를 볼 수 있으면 그 하부에
server.xml 파일이 존재하는 것을 알 수 있다.

■ **그림 10-19** 이클립스에서 수정한 server.xml 파일

파일 [web.xml]에서 리소스 참조 설정

다음은 설정 파일 [web.xml]에서 이미 [server.xml] 파일에 등록한 리소스를 찾는 방법을
기술하는 일이다. 이클립스에서 현재 프로젝트 폴더 하부 [WebContent]/[WEB-INF]에 있는
파일 [web.xml]을 살펴보면 다음과 같다.

```
web.xml
 1<?xml version="1.0" encoding="UTF-8"?>
 2<web-app xmlns:xsi="http://www.w3.org/2001/XML
 3  <display-name>ch09</display-name>
 4  <welcome-file-list>
 5    <welcome-file>index.html</welcome-file>
 6    <welcome-file>index.htm</welcome-file>
 7    <welcome-file>index.jsp</welcome-file>
 8    <welcome-file>default.html</welcome-file>
 9    <welcome-file>default.htm</welcome-file>
10    <welcome-file>default.jsp</welcome-file>
11  </welcome-file-list>
12</web-app>
Design Source
```

■ **그림 10-20** 파일 [web.xml]의 수정 전 내용

수정 전 파일 [web.xml]의 <web-app … > 태그 내부에 다음 내용을 추가한다. 태그 <res-ref-name >의 내용인 [jdbc/mysql]은 파일 [server.xml]의 컨텍스트의 수정에서 <Resource name="jdbc/mysql" … >으로 입력한 name 속성인 [jdbc/mysql]와 같아야 한다.

```
<description>MySQL Test App</description>
<resource-ref>
    <description>DB Connection</description>
    <res-ref-name>jdbc/mysql</res-ref-name>
    <res-type>javax.sql.DataSource</res-type>
    <res-auth>Container</res-auth>
</resource-ref>
```

```
web.xml
 1<?xml version="1.0" encoding="UTF-8"?>
 2<web-app xmlns:xsi="http://www.w3.org/2001/XML
 3  <display-name>ch09</display-name>
 4  <welcome-file-list>
 5    <welcome-file>index.html</welcome-file>
 6    <welcome-file>index.htm</welcome-file>
 7    <welcome-file>index.jsp</welcome-file>
 8    <welcome-file>default.html</welcome-file>
 9    <welcome-file>default.htm</welcome-file>
10    <welcome-file>default.jsp</welcome-file>
11  </welcome-file-list>
12</web-app>
Design Source
```

```
web.xml
 1<?xml version="1.0" encoding="UTF-8"?>
 2<web-app xmlns:xsi="http://www.w3.org/2001/XMLSc
 3  <display-name>ch10</display-name>
 4  <welcome-file-list>
 5    <welcome-file>index.html</welcome-file>
 6    <welcome-file>index.htm</welcome-file>
 7    <welcome-file>index.jsp</welcome-file>
 8    <welcome-file>default.html</welcome-file>
 9    <welcome-file>default.htm</welcome-file>
10    <welcome-file>default.jsp</welcome-file>
11  </welcome-file-list>
12
13  <description>MySQL Test App</description>
14  <resource-ref>
15    <description>DB Connection</description>
16    <res-ref-name>jdbc/mysql</res-ref-name>
17    <res-type>javax.sql.DataSource</res-type>
18    <res-auth>Container</res-auth>
19  </resource-ref>
20</web-app>
Design Source
```

■ **그림 10-21** 파일 [web.xml]의 수정 전과 수정 후 내용

다음은 이클립스의 편집기에서 열린 수정된 web.xml 파일이다. [패키지 탐색기] 뷰에서 프로젝트 폴더 하부 [WebContent]/[WEB-INF] 하부를 살펴보면 web.xml 파일이 있는 것을 알 수 있다.

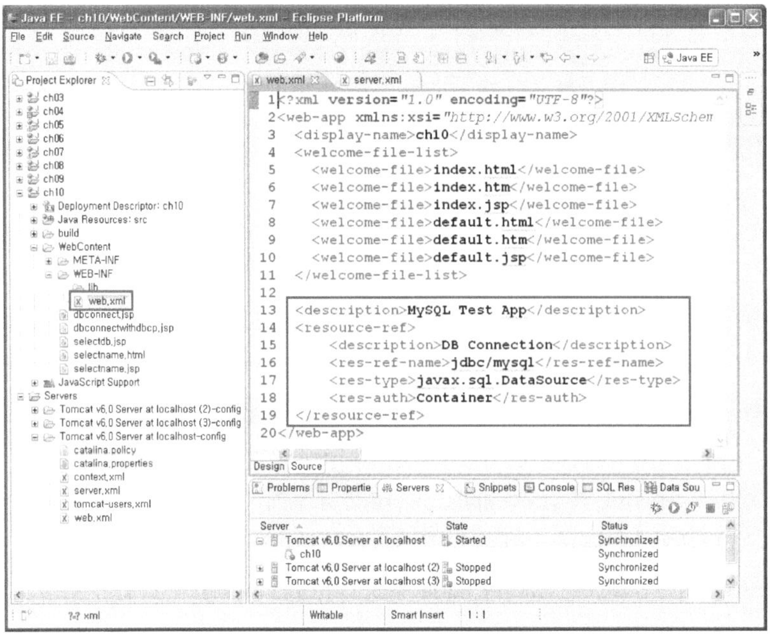

■ **그림 10-22** 이클립스에서 수정한 web.xml 파일

4.4 DBCP 이용 프로그래밍

▌DBCP를 이용한 데이터베이스 연결 프로그램

DBCP를 이용한 데이터베이스 프로그래밍 방법을 알아보자. DBCP 프로그램에서는 클래스 `javax.naming.InitialContext`, 인터페이스 `javax.sql.DataSource`의 사용을 위하여 다음과 같은 import 페이지 지시자가 필요하다.

```
<%@ page import="java.sql.*, javax.sql.*, javax.naming.*" %>
```

다음으로 가장 먼저 InitialContext 객체가 필요하므로 객체를 하나 생성한다. 클래스 `javax.naming.InitialContext`는 JNDI 서비스를 하기 위해 객체 `InitialContext`를 생성하기 위한 클래스이며, 객체 `InitialContext`가 생성되면 이미 저장한 DBCP를 위한 리소스를 참조하게 된다.

```
InitialContext ctx = new InitialContext();
```

다음은 위 문장으로 얻은 InitialContext 객체 변수 ctx의 메소드 lookup을 이용해 DataSource 객체를 찾는 일이다. 인터페이스 javax.sql.DataSource는 커넥션 풀을 위해 만든 인터페이스로 DBMS 커넥션 풀을 구현한 객체를 표현한다. 즉 톰캣의 JNDI 설정에서 우리가 지정한 "jdbc/mysql" 이름으로 커넥션 풀을 위한 객체를 찾아 DataSource 객체 변수 ds에 저장한다.

```
DataSource ds = (DataSource) ctx.lookup("java:comp/env/jdbc/mysql");
```

메소드 lookup()의 인자를 살펴보면 "java:com/env"는 그대로 입력하고 마지막 문자열 [jdbc/mysql]은 환경 설정에서 파일 [server.xml]의 태그 <Resource >에서 속성 name=" jdbc/mysql"으로 기술한 name 속성 값이다. 인터페이스 DataSource도 패키지 javax.sql에 속하므로 import기 필요하다.

```
"java:comp/env/jdbc/mysql"
```

지금까지 살펴본 문장은 다음과 같이 2개의 문장이다.

```
InitialContext ctx = new InitialContext();
DataSource ds = (DataSource) ctx.lookup("java:comp/env/jdbc/mysql");
```

위 문장은 다음과 같이 3개의 문장으로도 실행이 가능하다.

```
Context initCtx = new InitialContext();
Context env = (Context) initCtx.lookup("java:comp/env/");
DataSource ds = (DataSource) env.lookup("jdbc/mysql");
```

이제 마지막으로 DataSource 객체의 메소드 getConnection()를 호출하여 Connection 객체 con을 얻는다.

```
Connection con = ds.getConnection();
```

　이로써 JDBC 프로그래밍을 위한 6단계 중에서 DBCP를 이용한 JDBC 드라이버 로드와 데이터베이스 연결이 완료되었다. 이제 이 이후에 필요한 JDBC 프로그래밍 절차인 SQL을 위한 Statement 객체 생성, SQL 문장 실행, 질의 결과 ResultSet 처리, JDBC 객체 연결 해제는 일반적인 JDBC 프로그래밍과 동일하다.

예제 10-6 **dbconnectwithdbcp.jsp**

```
01  <%@ page language="java" contentType="text/html; charset=EUC-KR"
    pageEncoding="EUC-KR"%>
02  <html>
03  <head>
04  <meta http-equiv="Content-Type" content="text/html; charset=EUC-KR">
05  <title>Jakarta DBCP</title>
06  </head>
07  <body>
08
09  <%@ page import="java.sql.*, javax.sql.*, javax.naming.*" %>
10
11  <h2>Jakarta DBCP를 이용한 DB univdb 연결 점검 프로그램 </h2>
12  <%
13  try {
14     InitialContext ctx = new InitialContext();
15     DataSource ds = (DataSource) ctx.lookup("java:comp/env/jdbc/mysql");
16     Connection con = ds.getConnection();
17
18     /*
19     Context initCtx = new InitialContext();
20     Context env = (Context) initCtx.lookup("java:comp/env/");
21     DataSource ds = (DataSource) env.lookup("jdbc/mysql");
22     Connection con = ds.getConnection();
23     */
24
25     out.println("MySql 데이터베이스 univdb에 성공적으로 접속했습니다");
26     con.close();
27  } catch (Exception e) {
28     out.println("MySql 데이터베이스 univdb 접속에 문제가 있습니다. <hr>");
29     out.println(e.getMessage());
30     e.printStackTrace();
31  }
```

```
32  %>
33
34  </body>
35  </html>
```

DBCP를 사용하는 경우, 여러 가지로 데이터베이스 연결에 오류가 발생할 원인이 많기 때문에 주의가 필요하다. 다음은 DBMS MySQL을 실행하지 않고 위 프로그램을 실행한 경우의 브라우저 화면이다.

■ **그림 10-23** DBMS를 실행하지 않고 예제 10-6 dbconnectwithdbcp.jsp를 실행한 경우의 브라우저 오류 결과

DBCP를 이용한 레코드 삽입 프로그램

DBCP를 이용해 테이블 student에 레코드 하나를 삽입하는 프로그램을 작성해 보자. 레코드 삽입을 위해 SQL 문에서 변수를 효과적으로 처리하는 인터페이스 Prepared Statement를 이용하고 SQL 문장을 위해 클래스 StringBuffer를 이용한다. 물론 String으로 이용해도 상관없다. 클래스 StringBuffer의 메소드 append()를 이용해 SQL 문장을 계속 추가할 수 있다. SQL 문장은 PreparedStatement의 사용을 위해 실제 삽입할 자료 값 부분을 [?]로 구성한다.

```
PreparedStatement pstmt = null;
StringBuffer SQL = new StringBuffer("insert into student");
SQL.append("values (?, ?, ?, ?, ?, ?, ?, ?, ?, ?)");
```

다음은 이미 학습한 DBCP를 이용해 데이터베이스에 연결하는 모듈이다.

```
Context initCtx = new InitialContext();
Context env = (Context) initCtx.lookup("java:comp/env/");
DataSource ds = (DataSource) env.lookup("jdbc/mysql");
con = ds.getConnection();
```

Connection 객체의 prepareStatement() 메소드를 호출하여 PreparedStatement 객체를 얻는다. 이 때 인자로 SQL 문이 저장된 StringBuffer 객체 SQL을 이용하는데, 인자의 유형이 String이므로 SQL.toString()을 호출한다. PreparedStatement의 SQL 문에서 아직 완성되지 않은 [?] 부분을 지정하기 위해 setString()과 setInt()를 이용한다.

```
pstmt = con.prepareStatement(SQL.toString());
//삽입할 학생 레코드 데이터 입력
pstmt.setString(1, "DBCP");
pstmt.setString(2, "commons");
pstmt.setString(3, name);
pstmt.setInt(4, 2010);
…
pstmt.setString(10, "dbcp@gmail.com");
```

PreparedStatement 객체의 메소드 executeUpdate()를 호출하여 SQL 문을 실행한다. 메소드 executeUpdate()는 SQL 문을 실행하여 수정된 레코드(행) 수를 반환하므로 그 반환 값을 다음과 같이 이용할 수 있다.

```
int rowCount = pstmt.executeUpdate();
if (rowCount == 1)
    out.println("<hr> 학생 [" + name + "] 레코드 하나가 성공적으로 삽입 되었습니다.<hr> ");
else
    out.println("학생 레코드 삽입에 문제가 있습니다.");
```

다음이 DBCP를 이용해 테이블 student에 레코드 하나를 삽입하는 프로그램 소스와 그 결과이다.

```
01  <%@ page language="java" contentType="text/html; charset=EUC-KR"
    pageEncoding="EUC-KR"%>
02  <html>
03  <head>
04  <meta http-equiv="Content-Type" content="text/html; charset=EUC-KR">
05  <title>DBCP 이용 : 테이블 student 레코드 삽입</title>
06  </head>
07  <body>
08
09  <%@ page import="java.sql.*, javax.sql.*, javax.naming.*" %>
10
11  <h2>데이터베이스 univdb의 테이블 student에 학생 삽입 프로그램 </h2>
12
13  <hr><center>
14  <h2> 학생 삽입</h2>
15
16  <%
17      Connection con = null;
18      PreparedStatement pstmt = null;
19      Statement stmt = null;
20      StringBuffer SQL = new StringBuffer("insert into student ");
21      SQL.append("values (?, ?, ?, ?, ?, ?, ?, ?, ?, ?)");
22      String name = "전미정";
23
24      try {
25          Context initCtx = new InitialContext();
26          Context env = (Context) initCtx.lookup("java:comp/env/");
27          DataSource ds = (DataSource) env.lookup("jdbc/mysql");
28          con = ds.getConnection();
29
30          pstmt = con.prepareStatement(SQL.toString());
31          //삽입할 학생 레코드 데이터 입력
32          pstmt.setString(1, "DBCP");
33          pstmt.setString(2, "commons");
34          pstmt.setString(3, name);
35          pstmt.setInt(4, 2010);
36          pstmt.setString(5, "1039653");
37          pstmt.setString(6, "전산정보과");
38          pstmt.setString(7, "011");
39          pstmt.setString(8, "2398-9750");
40          pstmt.setString(9, "인천시");
41          pstmt.setString(10, "dbcp@gmail.com");
```

```
42
43        int rowCount = pstmt.executeUpdate();
44        if (rowCount == 1) out.println("<hr>학생 [" + name+ "] 레코드 하
나가 성공적으로 삽입 되었습니다.<hr>");
45        else out.println("학생 레코드 삽입에 문제가 있습니다.");
46
47        //다시 학생 조회
48        stmt = con.createStatement();
49        ResultSet result = stmt.executeQuery("select * from student;");
50 %>
51    <table width=100% border=2 cellpadding=1>
52    <tr>
53      <td align=center><b>아이디</b></td>
54      <td align=center><b>암호</b></td>
55      <td align=center><b>이름</b></td>
56      <td align=center><b>입학년도</b></td>
57      <td align=center><b>학번</b></td>
58      <td align=center><b>학과</b></td>
59      <td align=center><b>휴대폰1</b></td>
60      <td align=center><b>휴대폰2</b></td>
61      <td align=center><b>주소</b></td>
62      <td align=center><b>이메일</b></td>
63    </tr>
64 <%
65        while (result.next()) {
66 %>
67    <tr>
68      <td align=center><%= result.getString(1) %></td>
69      <td align=center><%= result.getString(2) %></td>
70      <td align=center><%= result.getString(3) %></td>
71      <td align=center><%= result.getString(4) %></td>
72      <td align=center><%= result.getString(5) %></td>
73      <td align=center><%= result.getString(6) %></td>
74      <td align=center><%= result.getString(7) %></td>
75      <td align=center><%= result.getString(8) %></td>
76      <td align=center><%= result.getString(9) %></td>
77      <td align=center><%= result.getString(10) %></td>
78    </tr>
79 <%
80        }
81        result.close();
82    }
83    catch(Exception e) {
84        out.println("MySql 데이터베이스 univdb의 student에 삽입 또는 조회에 문제가
```

```
          있습니다.<hr>");
85              out.println(e.toString());
86              e.printStackTrace();
87          }
88          finally {
89              if(pstmt != null) pstmt.close();
90              if(con != null) con.close();
91          }
92  %>
93  </table>
94  </center>
95
96  </body>
97  </html>
```

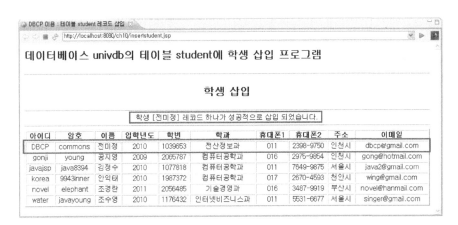

위 브라우저는 예제 10-7 insertstudent.jsp의 결과로서 학생 [전미정] 레코드가 성공적으로 삽입되고, 테이블을 다시 조회하여 삽입한 학생의 정보가 보이는 그림이다. 만일 예제 소스를 한번 성공한 후 다시 실행한다면 다음과 같이 중복된 id로 인한 오류 결과가 표시될 것이다. 만일 예제 insertstudent.jsp를 여러 번 실행하려면 실행 하기 전에 프로그램에서 직접 새로운 id와 다른 칼럼 값을 지정하고 실행한다.

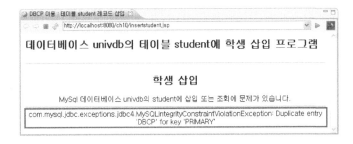

■ **그림 10-24** 이미 테이블에 있는 학생 id로 레코드를 삽입한 경우의 웹 브라우저 오류 결과

5. 연습문제

1. JDBC 드라이버의 유형과 특징을 설명하시오.

2. JDBC 프로그래밍 절차 6단계를 설명하시오.

3. 다음은 JDBC 프로그래밍에 이용되는 기본 클래스와 인터페이스의 설명에 이용되는 메소드를 나타낸 표이다. 다음 표의 빈 부분을 채우시오.

패키지	인터페이스 (클래스)	클래스 용도	이용 메소드
java.lang	클래스 Class	지정된 JDBC 드라이버를 실행시간 동안 메모리에 로드	
java.sql		여러 JDBC 드라이버를 관리하는 클래스로 데이터베이스를 접속하여 연결 객체 반환	getConnection();
	인터페이스 Connection	특정한 데이터베이스 연결 상태를 표현하는 클래스로 질의할 문장 객체 반환	
	인터페이스 Statement	데이터베이스에 SQL 질의 문장을 질의하여 그 결과인 결과집합 객체를 반환	executeQuery(); close()

		질의 결과의 자료를 저장하며 테이블 구조	next();
			getString();
			getInt();
			close();

4. JDBC는 SQL 문장을 처리하는 Statement, PreparedStatement, CallableStatement 3개의 인터페이스를 제공한다. 다음 표에서 각각은 무슨 인터페이스를 설명하고 있는가?

질의 문장을 위한 인터페이스 종류	특징
	Connection 객체에서 createStatement() 메소드를 호출로 생성, 단순한 SQL 문장을 보낼 때 사용되며, 성능이나 효율성에서 가장 낮음

	Connection 객체에서 prepareStatement() 메소드를 호출로 생성, 주로 PreparedStatement 클래스는 한번 사용되고 마는 SQL문이 아니라 여러 번 반복해서 사용되는 SQL을 다룰 때 편리, 컴파일할 때 에러를 체크하기 때문에 좀더 효율적이며 처리하는 속도 역시 훨씬 빠름.
	Connection 객체에서 prepareCall 메소드의 호출로 생성, CallableStatement 객체는 저장 함수(Stored Procedure)를 호출할 때 사용

5. 데이터베이스 univdb에 다음 테이블을 생성하고 JSP 프로그래밍을 작성하려고 한다. 다음 각각의 물음에 답하시오.

(1) 다음 DDL로 테이블 department를 생성하시오.

```
create table department (
    departid         int              NOT NULL  auto_increment,
    name             varchar(30)      NOT NULL  ,
    numstudent       int              NULL      ,
    homepage         varchar(30)      NULL      ,
    PRIMARY KEY ( departid )      );
```

(2) 다음 SQL 문장을 참고로 테이블 department에 적당한 레코드를 5개 이상 삽입하시오.

```
insert into department (name, numstudent, homepage) values ('전산학과',
80, 'wwww.computer.ac.kr');
```

(3) 다음은 테이블 department에서 전체 레코드를 조회하여 출력하는 프로그램이다. 다음 브라우저의 결과를 참고로 소스의 빈 부분을 완성하시오.

```
01  <%@ page language="java" contentType="text/html; charset=EUC-KR"
    pageEncoding="EUC-KR"%>
02  <html>
03  <head>
04  <meta http-equiv="Content-Type" content="text/html; charset=EUC-KR">
05  <title>데이터베이스 예제 : 테이블 department 조회</title>
06  </head>
```

```
07  <body>
08
09  <%@ page import="_____" %>
10
11  <h2>테이블 department 조회 프로그램 </h2>
12
13  <hr><center>
14  <h2>학과정보 조회</h2>
15
16  <%
17     Connection con = null;
18     Statement stmt = null;
19     String driverName = "_____";
20     String dbURL = "_____";
21
22     try {
23        Class.forName(driverName);
24        con = DriverManager._____(dbURL, "root", "");
25        stmt = con._____;
26        _____ result = stmt._____("select * from
    department;");
27  %>
28     <table width=100% border=2 cellpadding=1>
29     <tr>
30        <td align=center><b>학과번호</b></td>
31        <td align=center><b>학과이름</b></td>
32        <td align=center><b>정원</b></td>
33        <td align=center><b>홈페이지</b></td>
34     </tr>
35  <%
36        while ( result._____ ) {
37  %>
38     <tr>
39        <td align=center><%= result.getInt(1) %></td>
40        <td align=center><%= result._____ %></td>
41        <td align=center><%= result._____ %></td>
42        <td align=center><%= result._____ %></td>
43     </tr>
44  <%
45        }
46        result.close();
47     }
48     catch(Exception e) {
49        out.println("MySql 데이터베이스 univdb의 department 조회에 문제가
    있습니다. <hr>");
```

```
50        out.println(e.toString());
51        e.printStackTrace();
52      }
53    finally {
54      if(stmt != null) stmt.close();
55      if(con != null) con.close();
56    }
57 %>
58 </table>
59 </center>
60
61 </body>
62 </html>
```

6. 다음은 ResultSetMetaData의 객체를 얻기 위해 테이블 student를 모두 조회하는 SQL
   문장으로 ResultSet 객체를 반환하여 저장하는 모듈이다. 또한 ResultSetMetaData의 객체를
   이용하여 테이블 student의 칼럼 수를 변수 nCount에 저장하고자 한다. 다음 소스에서 빈
   부분을 완성하시오.

```
…
ResultSet result = stmt.executeQuery("select * from student;");
ResultSetMetaData _____ = _____;
int cCount = rsmd._____;

…
```

7. 다음은 DBCP를 이용해 데이터베이스에 연결하는 모듈의 소스이다. 다음 소스의 빈 부분을
완성하시오.

```
…
<%@ page import="java.sql.*, _____, _____" %>
…
Context initCtx = new InitialContext();
Context env = (Context) _____("java:comp/env/");
_____ ds = (_____) env.lookup("jdbc/mysql");
con = ds.getConnection();
…
```

11

자바빈즈를 이용한
JDBC 프로그래밍

1. JDBC를 위한 자바빈즈
2. 기본 게시판을 위한 데이터베이스와 자바빈즈
3. 기본 게시판 JSP 프로그래밍
4. 연습문제

11장에서는 10장에서 학습한 JDBC 프로그래밍 방식보다 발전된 자바빈즈를 이용한 JDBC 프로그래밍 기법을 학습할 예정이다. 자바빈즈를 이용한 JDBC 프로그래밍 방식은 비즈니스 로직 처리와 프리젠테이션 처리를 분리하여 개발할 수 있어 보다 발전된 프로그래밍 방식이다. 누구나 사용해 본 게시판 구현을 통하여 자바빈즈를 이용한 JDBC 프로그래밍 기법을 학습한다.

- JDBC 프로그래밍에 자바빈즈를 이용하는 장점 이해하기
- 정보저장 자바빈즈와 데이터베이스 처리 자바빈즈 이해하기
- DBCP를 이용한 데이터베이스 처리 자바빈즈 구현 이해하기
- 게시판 구현을 위한 데이터베이스 구축 이해하기
- 게시판 구현을 위한 자바빈즈 이해하기
- 게시판 등록 구현 이해하기
- 게시판 수정과 삭제 구현 이해하기

1. JDBC를 위한 자바빈즈

1.1 데이터베이스 연동 자바빈즈

▌데이터베이스 처리 작업과 화면 표현 작업의 분리

JSP 프로그램 장점 중의 하나가 비즈니스 로직 처리와 프리젠테이션 처리를 분리하여 개발할 수 있다는 것이다. 10장에서 학습한 JDBC 프로그래밍에서는 데이터베이스 연결 및 처리 작업과 데이터베이스에서 질의 결과로 얻은 자료를 출력하는 부분이 모두 JSP 프로그램 내부에서 구현되었다.

이러한 개발 방식과는 달리 자바빈즈를 이용한 JDBC 프로그래밍 방식은 비즈니스 로직 처리와 프리젠테이션 처리를 분리하여 개발할 수 있어 보다 발전된 프로그래밍 방식이다. 즉 자바빈즈를 이용한 JDBC 프로그래밍 방식은 자바빈즈의 목적을 살려 데이터베이스 연동 자바빈즈에서 데이터베이스 연결 및 처리 작업을 하고 그 결과인 자료 출력은 JSP 프로그램에서 수행하는 프로그램 방식이다.

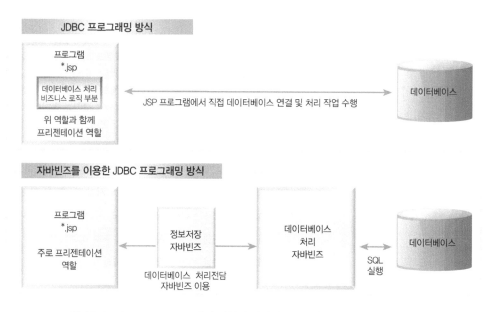

■ **그림 11-1** JSP JDBC 프로그래밍 방식과 자바빈즈를 이용한 JDBC 프로그래밍 방식

자바빈즈 JDBC 프로그램에서 사용되는 자바빈즈는 크게 2가지로 나뉘는데, 그 하나는 정보 저장용 자바빈즈로 JSP 프로그램에서 데이터베이스로 자료를 전달하고, 다시 반대로 데이터베이스로부터 자료를 전달 받아 JSP 프로그램으로 전달하는 자바빈즈가 필요하다.

또 하나는 데이터베이스 연결과 각종 SQL 문을 직접 실행 처리하는 데이터베이스 처리용 자바빈즈이다.

학생 정보를 저장하는 자바빈즈

10장에서 구현해 본, 학생 테이블 student의 모든 학생을 출력하는 프로그램 selectdb.jsp를, 자바빈즈를 이용한 JDBC 프로그래밍 방식으로 개선해 보자.

테이블 student에서 1명의 학생 정보를 저장하는 자바빈즈 StudentEntity를 작성하자. 이미 학습한 대로, 이클립스에서 현재 작업 프로젝트 폴더 하부 [Java Resources: src] 하부에서 클래스 StudentEntity를 생성한다. 클래스 StudentEntity는 패키지를 univ로 하며, 참조권한 속성 private로 테이블 student의 필드 이름과 동일하게 소속 변수를 선언한다. 필드 regdate의 자료유형이 Date이므로 클래스 정의 위에 import 문이 필요하다.

```java
package univ;

public class StudentEntity {

    private String id;
    private String passwd;
    private String name;
    private int year;
    private String snum;
    private String depart;
    private String mobile1;
    private String mobile2;
    private String address;
    private String email;

    //여기에 getter와 setter를 생성
}
```

이클립스에서 메뉴 [source]/[Generate Getters and Setters …]를 이용하여, 대화상자 [Generate Getters and Setters]에서 7개의 모든 필드에 대한 getter와 setter를 자동으로 생성한다.

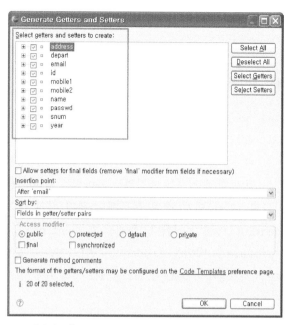

■ **그림 11-2** 대화상자 [Generate Getters and Setters]를 이용하여 모든 필드에 대한 getter와 setter를 자동으로 생성

다음은 학생 정보를 저장하는 자바빈즈 `StudentEntity.java`의 전 소스이다.

예제 11-1 StudentEntity.java

```
01   package univ;
02
03   public class StudentEntity {
04
05       private String id;
06       private String passwd;
07       private String name;
08       private int year;
09       private String snum;
10       private String depart;
11       private String mobile1;
12       private String mobile2;
13       private String address;
14       private String email;
15
16       public String getId() {
17           return id;
18       }
19       public void setId(String id) {
20           this.id = id;
21       }
```

```java
22      public String getPasswd() {
23          return passwd;
24      }
25      public void setPasswd(String passwd) {
26          this.passwd = passwd;
27      }
28      public String getName() {
29          return name;
30      }
31      public void setName(String name) {
32          this.name = name;
33      }
34      public int getYear() {
35          return year;
36      }
37      public void setYear(int year) {
38          this.year = year;
39      }
40      public String getSnum() {
41          return snum;
42      }
43      public void setSnum(String snum) {
44          this.snum = snum;
45      }
46      public String getDepart() {
47          return depart;
48      }
49      public void setDepart(String depart) {
50          this.depart = depart;
51      }
52      public String getMobile1() {
53          return mobile1;
54      }
55      public void setMobile1(String mobile1) {
56          this.mobile1 = mobile1;
57      }
58      public String getMobile2() {
59          return mobile2;
60      }
61      public void setMobile2(String mobile2) {
62          this.mobile2 = mobile2;
63      }
64      public String getAddress() {
65          return address;
```

```
66        }
67        public void setAddress(String address) {
68            this.address = address;
69        }
70        public String getEmail() {
71            return email;
72        }
73        public void setEmail(String email) {
74            this.email = email;
75        }
76
77   }
```

데이터베이스 연동을 위한 자바빈즈

데이터베이스 연동을 위한 자바빈즈는 JDBC 프로그래밍 절차를 모두 구현하는 프로그램이다. 학생 테이블 student의 모든 레코드를 선택해오는 질의 수행을 위한 데이터베이스 연동 자바빈즈 프로그램 StudentDatabase.java를 작성해 보자.

프로그램 StudentDatabase에서 가장 먼저 데이터베이스 연결을 위한 드라이버이름, 연결 URL, 사용자, 암호를 저장하기 위한 상수를 선언한다. 만일 데이터베이스 사용자 계정 root의 암호가 있다면 기술한다.

```
// 데이터베이스 연결 관련 상수 선언
private static final String JDBC_DRIVER = "org.gjt.mm.mysql.Driver";
private static final String JDBC_URL = "jdbc:mysql://localhost:3306/univdb";
private static final String USER = "root";
private static final String PASSWD = "";
```

다음으로 데이터베이스 연결 관련 주요 객체 Connection, Statement를 저장할 변수 con과 stmt를 소속변수로 선언한다.

```
// 데이터베이스 연결 관련 변수 선언
private Connection con = null;
private Statement stmt = null;
```

데이터베이스 연동 자바빈즈 StudentDatabase.java는 다음과 같이 univ 패키지에, 2개의 import 문과 6개의 필드, 1개의 생성자와 3개의 메소드로 구성된다.

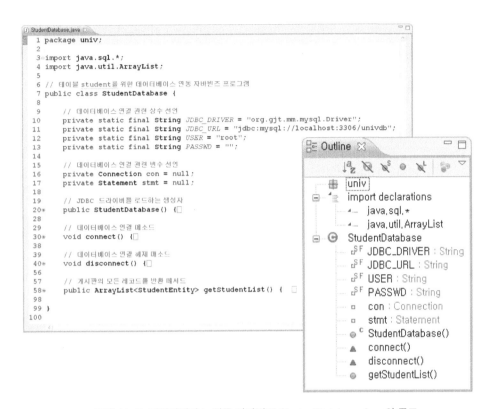

```java
1  package univ;
2
3  import java.sql.*;
4  import java.util.ArrayList;
5
6  // 테이블 student를 위한 데이터베이스 연동 자바빈즈 프로그램
7  public class StudentDatabase {
8
9      // 데이터베이스 연결 관련 상수 선언
10     private static final String JDBC_DRIVER = "org.gjt.mm.mysql.Driver";
11     private static final String JDBC_URL = "jdbc:mysql://localhost:3306/univdb";
12     private static final String USER = "root";
13     private static final String PASSWD = "";
14
15     // 데이터베이스 연결 관련 변수 선언
16     private Connection con = null;
17     private Statement stmt = null;
18
19     // JDBC 드라이버를 로드하는 생성자
20*    public StudentDatabase() {
28
29     // 데이터베이스 연결 메소드
30*    void connect() {
38
39     // 데이터베이스 연결 해제 메소드
40*    void disconnect() {
56
57     // 게시판의 모든 레코드를 반환 메서드
58*    public ArrayList<StudentEntity> getStudentList() {
98
99  }
100
```

Outline

- univ
  - import declarations
    - java.sql.*
    - java.util.ArrayList
  - StudentDatabase
    - JDBC_DRIVER : String
    - JDBC_URL : String
    - USER : String
    - PASSWD : String
    - con : Connection
    - stmt : Statement
    - StudentDatabase()
    - connect()
    - disconnect()
    - getStudentList()

■ **그림 11-3** 데이터베이스 연동 자바빈즈 StudentDatabase.java의 구조

데이터베이스 연동 자바빈즈 StudentDatabase는 기본 생성자에서 JDBC 드라이버를 로드하며, 3개의 메소드에서 데이터베이스 작업을 수행한다.

반환 유형	메소드 이름	기능
생성자	StudentDatabase()	데이터베이스 연결을 위한 데이터베이스 드라이버를 로드
void	connect()	DriverManager를 이용하여 데이터베이스에 연결, Connection 객체를 소속변수 con에 저장
void	disconnect()	데이터베이스 관련 객체의 연결을 해제
ArrayList<StudentEntity>	getStudentList()	테이블 student의 각 행을 StudentEntity에 저장하여 모든 학생의 StudentEntity를 추가한 ArrayList를 반환

■ **표 11-1** 자바빈즈 StudentDatabase.java 생성자와 메소드

생성자 StudentDatabase()의 데이터베이스 작업에서 가장 먼저 수행할 작업인 DBMS용 데이터베이스 드라이버를 로드한다.

```
public StudentDatabase() {
   …
      Class.forName(JDBC_DRIVER);
   …
}
```

메소드 connect()에서 DriverManager의 getConnection(JDBC_URL, USER, PASSWD)을 호출하여 데이터베이스에 연결, Connection 객체를 소속변수 con에 저장한다.

```
public void connect() {
   …
      con = DriverManager.getConnection(JDBC_URL, USER, PASSWD);
   …
}
```

메소드 disconnect()에서 데이터베이스 작업 후에 수행할 작업인 데이터베이스 관련 객체 변수 stmt와 con의 연결을 해제한다.

```
public void disconnect() {
   …
      stmt.close();
   …
      con.close();
   …
}
```

메소드 getStudentList()는 테이블 student의 모든 행을 조회하여 각 행을 StudentEntity에 저장하며, 모든 학생의 StudentEntity를 추가한 ArrayList를 반환하는 메소드이다.

```
public ArrayList<StudentEntity> getStudentList() {
    connect();
    // 질의 결과를 저장할 ArrayList를 선언
    // ArrayList 내부에는 학생정보를 저장한 StudentEntity가 삽입
    ArrayList<StudentEntity>list = new ArrayList<StudentEntity> ();
    …
    String SQL = "select * from student";
    …
    return list;
}
```

질의 결과인 ResultSet 객체 rs에서 모든 행을 반복하면서 각 필드의 자료를 StudentEntity 객체 stu에 저장한다. 각각의 행을 저장한 StudentEntity 객체는 다시 ArrayList 객체 list에 추가되어 반환된다.

```
try {
    stmt = con.createStatement();
    ResultSet rs = stmt.executeQuery(SQL);

    //ResultSet의 결과에서 모든 행을 각각의 StudentEntity 객체에 저장
    while (rs.next()) {
        //한 행의 학생정보를 저장할 학생을 위한 빈즈 객체 생성
        StudentEntity stu = new StudentEntity();

        //한 행의 학생정보를 자바 빈즈 객체에 저장
        stu.setId ( rs.getString("id") );
        stu.setPasswd ( rs.getString("passwd") );
        stu.setName ( rs.getString("name") );
        stu.setYear ( rs.getInt("year") );
        …
        //ArrayList에 학생정보 StudentEntity 객체를 추가
        list.add(stu);
    }
    …
}
```

예제 11-2 StudentDatabase.java

```java
01  package univ;
02
03  import java.sql.*;
04  import java.util.ArrayList;
05
06  // 테이블 student를 위한 데이터베이스 연동 자바빈즈 프로그램
07  public class StudentDatabase {
08
09      //  데이터베이스 연결 관련 상수 선언
10      private static final String JDBC_DRIVER = "org.gjt.mm.mysql.Driver";
11      private static final String JDBC_URL = "jdbc:mysql://localhost:3306/
        univdb";
12      private static final String USER = "root";
13      private static final String PASSWD = "";
14
15      //  데이터베이스 연결 관련 변수 선언
16      private Connection con = null;
17      private Statement stmt = null;
18
19      // JDBC   드라이버를 로드하는 생성자
20      public StudentDatabase() {
21          // JDBC   드라이버 로드
22          try {
23              Class.forName(JDBC_DRIVER);
24          } catch (Exception e) {
25              e.printStackTrace();
26          }
27      }
28
29      //  데이터베이스 연결 메소드
30      public void connect() {
31          try {
32              //  데이터베이스에 연결, Connection 객체 저장
33              con = DriverManager.getConnection(JDBC_URL, USER, PASSWD);
34          } catch (Exception e) {
35              e.printStackTrace();
36          }
37      }
38
39      //  데이터베이스 연결 해제 메소드
40      public void disconnect() {
41          if(stmt != null) {
42              try {
```

```
43            stmt.close();
44         } catch (SQLException e) {
45              e.printStackTrace();
46         }
47      }
48      if(con != null) {
49         try {
50              con.close();
51         } catch (SQLException e) {
52              e.printStackTrace();
53         }
54      }
55   }
56
57   // 게시판 모든 레코드를 반환하는 메소드
58   public ArrayList<StudentEntity>getStudentList() {
59      connect();
60      // 질의 결과를 저장할 ArrayList를 선언
61      // ArrayList 내부에는 학생정보를 저장한 StudentEntity가 삽입
62      ArrayList<StudentEntity>list = new ArrayList<StudentEntity> ();
63
64      String SQL = "select * from student";
65      try {
66         stmt = con.createStatement();
67         ResultSet rs = stmt.executeQuery(SQL);
68
69         //ResultSet의 결과에서 모든 행을 각각의 StudentEntity 객체에 저장
70         while (rs.next()) {
71              //한 행의 학생정보를 저장할 학생을 위한 빈즈 객체 생성
72              StudentEntity stu = new StudentEntity();
73
74              //한 행의 학생정보를 자바 빈즈 객체에 저장
75              stu.setId ( rs.getString("id") );
76              stu.setPasswd ( rs.getString("passwd") );
77              stu.setName ( rs.getString("name") );
78              stu.setYear ( rs.getInt("year") );
79              stu.setSnum ( rs.getString("snum") );
80              stu.setDepart ( rs.getString("depart") );
81              stu.setMobile1 ( rs.getString("mobile1") );
82              stu.setMobile2 ( rs.getString("mobile2") );
83              stu.setAddress ( rs.getString("address") );
84              stu.setEmail ( rs.getString("email") );
85              //ArrayList에 학생정보 StudentEntity 객체를 추가
86              list.add(stu);
```

```
87        }
88            rs.close();
89        } catch (SQLException e) {
90            e.printStackTrace();
91        }
92        finally {
93            disconnect();
94        }
95        //완성된 ArrayList 객체를 반환
96        return list;
97    }
98
99 }
```

학생 조회 프로그램

위에서 구현한 자바빈즈 StudentEntity와 StudentDatabase를 이용하여 테이블 student의 학생을 조회하여 출력하는 JSP 프로그램을 구현하자.

useBean 태그를 이용하여 데이터베이스 연동 자바빈즈 StudentDatabase를 변수 stdtdb로 사용한다.

```
<jsp:useBean id="stdtdb" class="univ.StudentDatabase" scope="page" />
```

자바빈즈 StudentDatabase의 객체 변수 stdtdb의 메소드 getStudentList()를 호출하여 출력하려는 모든 학생의 정보를 ArrayList 객체 변수 list에 저장하고, 전체 학생 수를 출력하기 위해 변수 counter에 list.size()의 반환 값을 저장한다.

```
ArrayList<StudentEntity> list = stdtdb.getStudentList();
int counter = list.size();
```

for 문을 이용하여 객체 변수 list를 순회하면서 배열 형태로 저장되어 있는 Student Entity 객체를 하나씩 조회하여 브라우저에 출력한다.

```
for( StudentEntity stdt : list ) {

    …
  <tr>
    <td align=center><%= stdt.getId() %></td>
    <td align=center><%= stdt.getPasswd() %></td>

    …
    <td align=center><%= stdt.getAddress() %></td>
    <td align=center><%= stdt.getEmail() %></td>
  </tr>

    …
}
```

다음은 selectstudentbean.jsp의 모드 소스로, 자바빈즈 StudentDatabase에서 데이터베이스 작업에 필요한 모든 비즈니스 로직을 구현하므로, 프로그램 selectstudentbean.jsp가 같은 기능을 구현한 selectdb.jsp보다 한결 간결해진 것을 알 수 있다.

예제 11-4 selectstudentbean.jsp

```
01  <%@ page language="java" contentType="text/html; charset=EUC-KR"
    pageEncoding="EUC-KR"%>
02  <html>
03  <head>
04  <meta http-equiv="Content-Type" content="text/html; charset=EUC-KR">
05  <title>데이터베이스 자바 빈즈 예제 : 테이블 student 조회</title>
06  </head>
07  <body>
08
09  <%@ page import="java.util.ArrayList, univ.StudentEntity" %>
10
11  <h2>자바 빈즈 StudentDatabase를 이용한 테이블 student 조회 프로그램 </h2>
12  <hr><center>
13  <h2>학생정보 조회</h2>
14
15      <jsp:useBean id="stdtdb" class="univ.StudentDatabase" scope="page" />
16  <%
17      ArrayList<StudentEntity>list = stdtdb.getStudentList();
18      int counter = list.size();
19      if (counter >0) {
20  %>
21        <table width=100% border=2 cellpadding=1>
22        <tr>
```

```
23        <td align=center><b>아이디</b></td>
24        <td align=center><b>암호</b></td>
25        <td align=center><b>이름</b></td>
26        <td align=center><b>입학년도</b></td>
27        <td align=center><b>학번</b></td>
28        <td align=center><b>학과</b></td>
29        <td align=center><b>휴대폰1</b></td>
30        <td align=center><b>휴대폰2</b></td>
31        <td align=center><b>주소</b></td>
32        <td align=center><b>이메일</b></td>
33     </tr>
34  <%
35        for( StudentEntity stdt : list ) {
36  %>
37     <tr>
38        <td align=center><%= stdt.getId() %></td>
39        <td align=center><%= stdt.getPasswd() %></td>
40        <td align=center><%= stdt.getName() %></td>
41        <td align=center><%= stdt.getYear() %></td>
42        <td align=center><%= stdt.getSnum() %></td>
43        <td align=center><%= stdt.getDepart() %></td>
44        <td align=center><%= stdt.getMobile1() %></td>
45        <td align=center><%= stdt.getMobile2() %></td>
46        <td align=center><%= stdt.getAddress() %></td>
47        <td align=center><%= stdt.getEmail() %></td>
48     </tr>
49  <%
50        }
51     }
52  %>
53  </table>
54  </center>
55
56  <p><hr> 조회된 학생 수가 <%=counter%> 명 입니다.
57
58  </body>
59  </html>
```

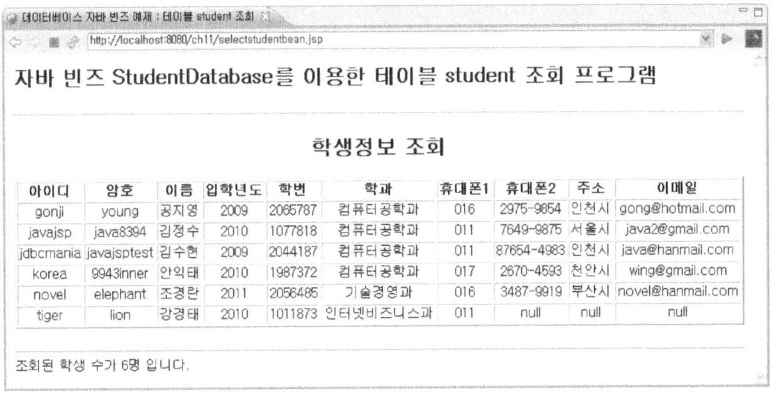

아이디	암호	이름	입학년도	학번	학과	휴대폰1	휴대폰2	주소	이메일
gonji	young	공지영	2009	2065787	컴퓨터공학과	016	2975-9854	인천시	gong@hotmail.com
javajsp	java8394	김정수	2010	1077818	컴퓨터공학과	011	7649-9875	서울시	java2@gmail.com
jdbcmania	javajsptest	김수현	2009	2044187	컴퓨터공학과	011	87654-4983	인천시	java@hanmail.com
korea	9943inner	안익태	2010	1987372	컴퓨터공학과	017	2670-4593	천안시	wing@gmail.com
novel	elephant	조경란	2011	2056485	기술경영과	016	3487-9919	부산시	novel@hanmail.com
tiger	lion	강경태	2010	1011873	인터넷비즈니스과	011	null	null	null

1.2 DBCP를 이용한 데이터베이스 연동 자바빈즈

지금 구현해 본 데이터베이스 연동 자바빈즈 StudentDatabase를 수정하여, DBCP를 이용한 데이터베이스 연동 자바빈즈 프로그램을 작성해 보자.

설정 파일 수정

10장 DBCP에서 살펴보았듯이 DBCP를 이용하려면 설정파일 [server.xml]과 [web.xml]을 수정해야 한다. 파일 [server.xml]에는 이용할 커넥션 풀의 이용 정보 리소스를 추가한다. 또한 파일 [web.xml]에서는 이미 [server.xml] 파일에 등록한 리소스를 찾는 방법을 기술한다.

현재 이클립스의 프로젝트 [ch11]에서 실행을 가정한다면, 실행할 서버 설정 폴더 하부에 위치한 파일 [server.xml]에서 이용할 커넥션 풀의 이용 정보 리소스를 추가한다. 먼저 파일 [server.xml]에서 현재 실행하려는 프로젝트의 컨텍스트인 `<Context docBase="ch11" ... />`을 찾는다. `<Context ... />` 태그에서 다음 `<Resource name="jdbc/mysql" ... />` 태그를 삽입한다.

```
<Context docBase="ch11" path="/ch11" reloadable="true" source="org.
eclipse.jst.jee.server:ch11">
<Resource name="jdbc/mysql" auth="Container" type="javax.sql.DataSource"
   maxActive="100" maxIdle="30" maxWait="10000"
   username="root" password="" driverClassName="com.mysql.jdbc.Driver"
   url="jdbc:mysql://localhost:3306/univdb?autoReconnect=true"/>
</Context>
</host>
```

■ **그림 11-4** server.xml의 컨텍스트에 리소스 설정

다음은 DBCP 리소스 참조 방법을 추가하는 것으로, 파일 [web.xml]에 <web-app … > 태그 내부에 다음과 같이 네모 박스 블록 부분의 태그 <description>과 <resource-ref>의 내용을 추가한다. 파일 [web.xml]은 프로젝트 폴더 하부 [WebContent]/[WEB-INF]/web.xml이나 이클립스 작업공간 하부 [Servers]/[실행할 서버 이름]/web.xml을 이용한다. [WebContent]/[WEB-INF]/web.xml 파일은 해당 프로젝트에만 영향을 미치는 설정파일이며, [Servers]/[실행할 서버 이름]/web.xml는 서버의 모든 응용 프로그램에 이용되는 설정파일이다.

```xml
<?xml version="1.0" encoding="UTF-8"?>
<web-app ……………>

   …………
 <!-- ===================== DBCP ===================== -->
 <description>MySQL Test App</description>
 <resource-ref>
     <description>DB Connection</description>
     <res-ref-name>jdbc/mysql</res-ref-name>
     <res-type>javax.sql.DataSource</res-type>
     <res-auth>Container</res-auth>
 </resource-ref>
</web-app>
```

■ **그림 11-5** web.xml의 수정

데이터베이스 연동을 위한 자바빈즈

데이터베이스 연동 자바빈즈인 StudentDatabase는 데이터베이스 연결을 우리가 직접 구현한 자바빈즈이다. 이제 DBCP 커넥션 풀을 이용한 데이터베이스 연동 자바빈즈인 StudentDatabaseCP.java를 작성해 보자.

DBCP 커넥션 풀을 이용한 데이터베이스 연동 자바빈즈 프로그램인 Student DatabaseCP의 패키지는 univ로 하고, DBCP 커넥션 풀을 위한 인터페이스 DataSource와 클래스 InitialContext의 import 문을 기술한다.

```java
package univ;

import java.sql.*;
import javax.sql.DataSource;
import java.util.ArrayList;
import javax.naming.InitialContext;
```

보다 효율적인 질의를 위해 인터페이스 Statement대신에 인터페이스 PreparedStateme
nt를 이용하며, 커넥션 풀을 위한 인터페이스 DataSource를 필드로 선언한다.

```
// 데이터베이스 연결관련 변수 선언
private Connection con = null;
private PreparedStatement pstmt = null;
private DataSource ds = null;
```

생성자에서는 등록한 DBCP를 찾아 DataSource 객체 ds에 저장하는 작업을 수행한다.

```
public StudentDatabaseCP() {
    …
    InitialContext ctx = new InitialContext();
    ds = (DataSource) ctx.lookup("java:comp/env/jdbc/mysql");
    …
}
```

메소드 connect()에서는 DataSource 객체 ds를 통해 데이터베이스에 연결, Connection
객체 con에 저장한다.

```
void connect() {
    …
        con = ds.getConnection();
    …
}
```

메소드 getStudentList()는 자바빈즈 StudentDatabase에서 수행한 작업과 동일하다.
다만 여기서는 보다 효율적인 질의 수행을 위해 Statement 대신에 인터페이스 Prepared-
Statement를 이용한다. 즉 con.createStatement() 대신에 con.prepareStatement(SQL)
를 호출하며, 호출 인자로 SQL을 직접 사용한다. SQL 문장에 매개변수 [?] 부분이 없으므로 바
로 pstmt.executeQuery()를 실행하여 결과를 얻는다.

```
public ArrayList<StudentEntity>getStudentList() {
   …
      String SQL = "select * from student";
   …
      pstmt = con.prepareStatement(SQL);
      ResultSet rs = pstmt.executeQuery();
   …
}
```

다음은 지금까지 살펴본 StudentDatabaseCP.java의 전 소스이다.

💻 **예제 11-4 StudentDatabaseCP.java**

```
01  package univ;
02
03  import java.sql.*;
04  import javax.sql.DataSource;
05  import java.util.ArrayList;
06  import javax.naming.InitialContext;
07
08  //DBCP를 이용한 테이블 student 처리 데이터베이스 연동 자바빈즈 프로그램
09  public class StudentDatabaseCP {
10
11      // 데이터베이스 연결관련 변수 선언
12      private Connection con = null;
13      private PreparedStatement pstmt = null;
14      private DataSource ds = null;
15
16      // 등록한 DBCP 데이터소스 찾아 저장하는 생성자
17      public StudentDatabaseCP() {
18         try {
19              InitialContext ctx = new InitialContext();
20              ds = (DataSource) ctx.lookup("java:comp/env/jdbc/mysql");
21         } catch (Exception e) {
22              e.printStackTrace();
23         }
24      }
25
26      // 데이터소스를 통해 데이터베이스에 연결, Connection 객체에 저장하는 메소드
27      void connect() {
28         try {
```

```
29             con = ds.getConnection();
30         } catch (Exception e) {
31         e.printStackTrace();
32     }
33   }
34
35   // 데이터베이스 연결 해제 메소드
36   void disconnect() {
37     if(pstmt != null) {
38       try {
39         pstmt.close();
40       } catch (SQLException e) {
41         e.printStackTrace();
42       }
43     }
44     if(con != null) {
45       try {
46         con.close();
47       } catch (SQLException e) {
48         e.printStackTrace();
49       }
50     }
51   }
52
53   // 게시판의 모든 레코드를 반환하는 메소드
54   public ArrayList<StudentEntity>getStudentList() {
55     connect();
56     ArrayList<StudentEntity>list = new ArrayList<StudentEntity> ();
57
58     String SQL = "select * from student";
59     try {
60       pstmt = con.prepareStatement(SQL);
61       ResultSet rs = pstmt.executeQuery();
62
63       while (rs.next()) {
64         //한 행의 학생정보를 저장할 학생을 위한 빈즈 객체 생성
65         StudentEntity stu = new StudentEntity();
66         //한 행의 학생정보를 자바 빈즈 객체에 저장
67         stu.setId ( rs.getString("id") );
68         stu.setPasswd ( rs.getString("passwd") );
69         stu.setName ( rs.getString("name") );
70         stu.setYear ( rs.getInt("year") );
71         stu.setSnum ( rs.getString("snum") );
72         stu.setDepart ( rs.getString("depart") );
```

```
73              stu.setMobile1 ( rs.getString("mobile1") );
74              stu.setMobile2 ( rs.getString("mobile2") );
75              stu.setAddress ( rs.getString("address") );
76              stu.setEmail ( rs.getString("email") );
77              //리스트에 추가
78              list.add(stu);
79          }
80          rs.close();
81      } catch (SQLException e) {
82          e.printStackTrace();
83      }
84      finally {
85          disconnect();
86      }
87      return list;
88  }
89
90 }
```

학생 조회 프로그램

위에서 작성한 StudentDatabaseCP를 이용하여 학생을 조회·출력하는 JSP 프로그램 selectstudentCPbean.jsp을 작성하자. 가장 먼저 useBean 태그를 이용하여 클래스 univ. StudentDatabaseCP를 객체변수 stddb로 지정한 후, 학생정보를 모두 조회하는 메소드 getStudentList()를 호출한다.

```
<jsp:useBean id="stdtdb" class="univ.StudentDatabaseCP" scope="page" />
...
   ArrayList<StudentEntity>list = stdtdb.getStudentList();
```

프로그램 selectstudentCPbean.jsp는 앞에서 구현했던 selectstudentbean.jsp과 비교하면 useBean 태그의 속성만 바뀌었고 나머지는 모두 동일하다. 다음은 프로그램 selectstudentCPbean.jsp 전 소스와 그 결과이다.

예제 11-5 selectstudentCPbean.jsp

```
01 <%@ page language="java" contentType="text/html; charset=EUC-KR"
   pageEncoding="EUC-KR"%>
02 <html>
03 <head>
```

```
04   <meta http-equiv="Content-Type" content="text/html; charset=EUC-KR">
05   <title>데이터베이스 자바 빈즈 예제 : CP 이용</title>
06   </head>
07   <body>
08
09   <%@ page import="java.util.ArrayList, univ.StudentEntity" %>
10
11   <h2>자바 빈즈 StudentDatabaseCP를 이용한 테이블 student 조회 프로그램 </h2>
12   <hr><center>
13   <h2>학생정보 조회</h2>
14
15     <jsp:useBean id="stdtdb" class="univ.StudentDatabaseCP" scope="page"
   />
16   <%
17     ArrayList<StudentEntity>list = stdtdb.getStudentList();
18     int counter = list.size();
19     if (counter >0) {
20   %>
21     <table width=100% border=2 cellpadding=1>
22     <tr>
23       <td align=center><b>아이디</b></td>
24       <td align=center><b>암호</b></td>
25       <td align=center><b>이름</b></td>
26       <td align=center><b>입학년도</b></td>
27       <td align=center><b>학번</b></td>
28       <td align=center><b>학과</b></td>
29       <td align=center><b>휴대폰1</b></td>
30       <td align=center><b>휴대폰2</b></td>
31       <td align=center><b>주소</b></td>
32       <td align=center><b>이메일</b></td>
33     </tr>
34   <%
35       for( StudentEntity stdt : list ) {
36   %>
37     <tr>
38       <td align=center><%= stdt.getId() %></td>
39       <td align=center><%= stdt.getPasswd() %></td>
40       <td align=center><%= stdt.getName() %></td>
41       <td align=center><%= stdt.getYear() %></td>
42       <td align=center><%= stdt.getSnum() %></td>
43       <td align=center><%= stdt.getDepart() %></td>
44       <td align=center><%= stdt.getMobile1() %></td>
45       <td align=center><%= stdt.getMobile2() %></td>
46       <td align=center><%= stdt.getAddress() %></td>
```

```
47          <td align=center> <%= stdt.getEmail() %> </td>
48       </tr>
49  <%
50          }
51  %>
52      </table>
53  <%
54      }
55  %>
56
57  </center>
58
59  <p> <hr> 조회된 학생 수가 <%=counter%> 명 입니다.
60
61  </body>
62  </html>
```

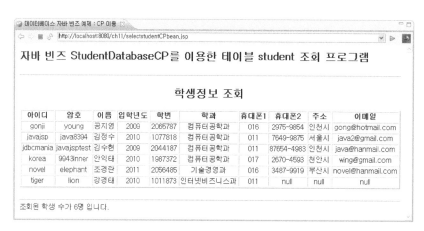

2. 기본 게시판을 위한 데이터베이스와 자바빈즈

2.1 기본 게시판을 위한 데이터베이스 및 프로그램 구성

자바빈즈를 이용한 JDBC 프로그래밍 방법에 익숙해지도록 간단한 게시판을 직접 만들어 보자. 게시판은 BBS(Bulletin Board System)라고 부르며 대부분의 사람이 사용해 본 경험이 있으므로 우리가 직접 구현해 보기에 적합한 예제이다. 게시판도 상업용으로 사용할 수 있는 전문 게시판을 만들려면 그 구조가 단순하지 않으나 여기에서는 가능한 간단한 구조의 게시판을 만들어 보도록 하자.

테이블 구조

게시판을 위한 테이블 구조를 다음과 같이 정의한다. 주 키인 id는 int 형으로, 등록일자인 regdate는 등록 날짜와 시간까지 저장하기 위해 datetime으로 하며, 게시 내용인 content는 64KB까지 저장이 가능한 text 형으로 지정한다.

필드번호	이름	내용	유형	크기	주 키	NULL
1	id	아이디	int		PK	No
2	name	이름	varchar	20		No
3	passwd	암호	varchar	20		No
4	title	제목	varchar	100		Yes
5	email	전자메일	varchar	30		Yes
6	regdate	등록일자	datetime			Yes
7	content	내용	text			Yes

■ **표 11-2** 테이블 board의 구조

테이블 생성

게시판을 위한 테이블 board는 데이터베이스 univdb에 만든다. 만일 univdb가 없다면 데이터베이스 univdb를 생성한다.

```
create database univdb;
```

게시판 테이블 board는 다음 SQL 문으로 생성한다.

```
create table board (
    id          int         NOT NULL  PRIMARY KEY auto_increment,
    name        varchar(20) NOT NULL,
    passwd      varchar(20) NOT NULL,
    title       varchar(100) NULL,
```

```
        email           varchar(30)  NULL,
        regdate         datetime     NULL,
        content         text         NULL
);
```

테이블 board의 주 키인 id의 정의에서 auto_increment를 사용하는데, auto_increment는 게시물 레코드 삽입에 id를 지정하지 않으면 자동으로 이전 값보다 1 증가한 값이 id에 저장되도록 한다.

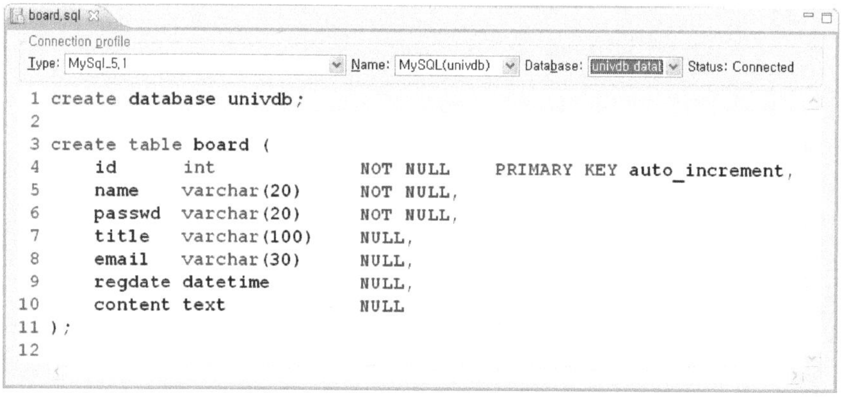

```
 board.sql

Connection profile
Type: MySql_5.1              ▼  Name: MySQL(univdb) ▼  Database: univdb datal ▼  Status: Connected

 1 create database univdb;
 2
 3 create table board (
 4     id      int            NOT NULL    PRIMARY KEY auto_increment,
 5     name    varchar(20)    NOT NULL,
 6     passwd  varchar(20)    NOT NULL,
 7     title   varchar(100)   NULL,
 8     email   varchar(30)    NULL,
 9     regdate datetime       NULL,
10     content text           NULL
11 );
12
```

■ **그림 11-6** 이클립스 질의 편집기의 게시판 생성 질의 문장

▌ 프로그램 구성과 실행

기본 게시판을 위한 프로그램은, 자바빈즈 프로그램 2개와 JSP 프로그램 3개, 자바스크립트 1개로 구성된다.

종류	파일	기능
자바빈즈	BoardEntity	JSP 프로그램과 자바빈즈 사이에서 자료 전송으로 이용되는 자바빈즈
	BoardDBCP	DBCP를 이용하여 데이터베이스 연결 및 작업을 수행하는 자바빈즈

JSP 프로그램	listboard.jsp	모든 게시 목록을 표시하는 프로그램
	editboard.jsp	게시물의 등록, 수정, 삭제를 위해 입력 폼 처리를 수행하는 프로그램
	processboard.jsp	게시물의 등록, 수정, 삭제를 수행하는 프로그램
자바스크립트	boardform.js	프로그램 editboard.jsp에 구현된 폼에서 입력 값 검사를 위해 사용하는 자바스크립트 함수 구현

■ **표 11-3** 게시판을 위한 프로그램 구성

다음 화면은 게시목록을 표시하는 listboard.jsp 프로그램의 실행 화면이다.

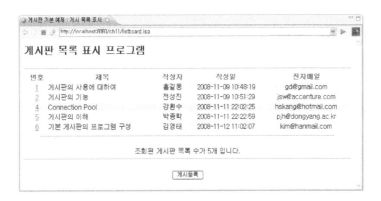

■ **그림 11-7** 게시목록 화면

다음 화면은 게시 등록 과정에서의 editboard.jsp 프로그램의 실행 화면이다.

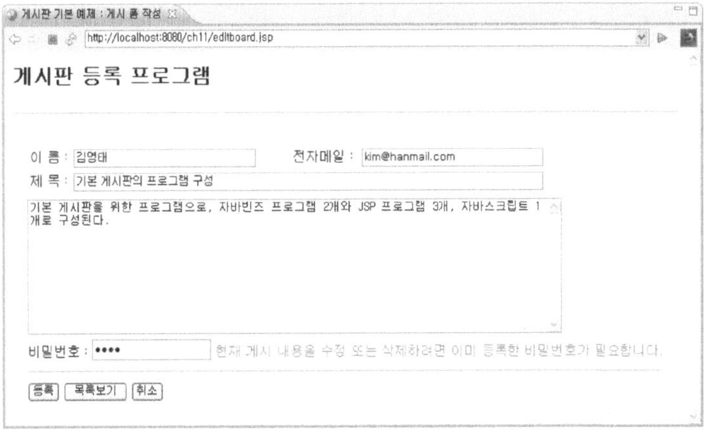

■ **그림 11-8** 게시목록 화면

다음 화면은 게시 수정과 삭제 과정에서의 `editboard.jsp` 프로그램의 실행 화면이다.

■ **그림 11-9** 수정 또는 삭제 화면

2.2 게시판 구현을 위한 자바빈즈

자바빈즈 프로그램 구성

기본 게시판을 위한 자바빈즈 프로그램은 BoardEntity과 BoardDBCP 2개로 구성된다.

종류	파일	기능
자바빈즈	BoardEntity	JSP 프로그램과 자바빈즈 사이에서 자료 전송으로 이용되는 자바빈즈
	BoardDBCP	DBCP를 이용하여 데이터베이스 연결 및 작업을 수행하는 자바빈즈

■ **표 11-4** 게시판을 위한 자바빈즈 프로그램 구성

자바빈즈 BoardEntity은 게시 테이블 board의 한 행의 정보를 저장하는 자바빈즈로 JSP 프로그램과 BoardDBCP 자바빈즈 사이에 정보 전송 매개변수 역할을 수행한다. 자바빈즈 BoardDBCP는 DBCP를 이용하여 실제 데이터베이스에 연결해 등록, 수정, 삭제의 SQL 수행 작업을 실행한다.

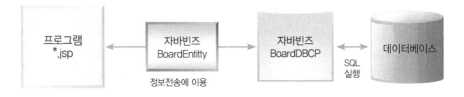

■ **그림 11-10** 게시판을 위한 자바빈즈 프로그램 역할

게시물 정보 저장 자바빈즈

게시판 테이블 board의 한 행을 저장할 수 있는 자바빈즈 BoardEntity를 생성한다. 자바빈즈 BoardEntity에서 패키지는 univ로 하며, 테이블 board의 필드 이름과 동일한 이름으로 7개의 필드를 만든다. 필드 regdate의 자료유형이 Date이므로 클래스 정의 위에 import 문이 필요하다.

```java
package univ;

import java.util.Date;

public class BoardEntity {
    private int id;
    private String name;
    private String passwd;
    private String title;
    private String email;
    private Date regdate;
    private String content;

}
```

이클립스의 getter와 setter 자동 생성으로, 자바빈즈 BoardEntity에서 모든 필드의 getter와 setter를 만들어 자바빈즈를 완성한다.

예제 11-6 BoardEntity.java

```java
01  package univ;
02
03  import java.util.Date;
04
05  public class BoardEntity {
06
07      private int id;
08      private String name;
09      private String passwd;
10      private String title;
11      private String email;
12      private Date regdate;
13      private String content;
14
15      //자동으로 생성된, 모든 필드에 대한 getter와 setter
```

```
16    public int getId() {
17        return id;
18    }
19    public void setId(int id) {
20        this.id = id;
21    }
22    public String getName() {
23        return name;
24    }
25    public void setName(String name) {
26        this.name = name;
27    }
28    public String getPasswd() {
29        return passwd;
30    }
31    public void setPasswd(String passwd) {
32        this.passwd = passwd;
33    }
34    public String getTitle() {
35        return title;
36    }
37    public void setTitle(String title) {
38        this.title = title;
39    }
40    public String getEmail() {
41        return email;
42    }
43    public void setEmail(String email) {
44        this.email = email;
45    }
46    public Date getRegdate() {
47        return regdate;
48    }
49    public void setRegdate(Date regdate) {
50        this.regdate = regdate;
51    }
52    public String getContent() {
53        return content;
54    }
55    public void setContent(String content) {
56        this.content = content;
57    }
58
59 }
```

데이터베이스 연동을 위한 자바빈즈

게시판 테이블 board의 데이터베이스 연동을 위한 자바빈즈 프로그램을 작성해 보자. 자바빈즈 BoardDBCP.java는 다음과 같이 1개의 생성자와 8개의 메소드로 구성된다.

반환 유형	메소드 이름	기능
생성자	BoardDBCP()	데이터소스를 이용하여 커넥션 풀을 생성
void	connect()	데이터소스의 커넥션 풀에서 Connection 객체를 얻어 소속변수 con에 저장
void	disconnect()	데이터베이스 관련 객체의 연결을 해제
ArrayList<BoardEntity>	getBoardList()	테이블 board의 모든 레코드를 ArrayList에 지장하여 반환
BoardEntity	getBoard(int id)	인자 id가 주 키인 레코드를 검색하여 반환
boolean	insertDB(BoardEntity board)	인자 board로 테이블 board에 삽입
boolean	updateDB(BoardEntity board)	인자 board로 테이블 board를 수정
boolean	deleteDB(int id)	인자 id가 주 키인 레코드를 검색하여 삭제
boolean	isPasswd(int id, String passwd)	인자 id와 passwd가 테이블 board에서 일치하는지 검사

■ **표 11-5** 자바빈즈 BoardDBCP.java 생성자와 메소드

각 메소드에서 수행하는 SQL 문장을 정리하면 다음과 같다.

메소드 이름	이용 SQL 문장	기능
getBoardList()	select * from board	모든 행 검색
getBoard(int id)	select * from board where id = ?	지정한 id 행을 검색
insertDB(BoardEntity board)	insert into board values(0, ?, ?, ?, ?, sysdate(), ?)";	지정한 행으로 삽입

updateDB(BoardEntity board)	update board set name=?, title=?, email=?, content=? where id=?"	지정한 행을 수정
deleteDB(int id)	delete from board where where id = ?	지정한 id 행을 삭제
isPasswd (int id, String passwd)	select passwd from board where id = ?	지정한 id 행의 passwd를 검색

■ **표 11-6** 자바빈즈 BoardDBCP.java 메소드에서 수행하는 SQL 문장

구현하는 자바빈즈 `BoardDBCP.java`를 이클립스의 [Outline] 뷰로 살펴보면 univ 패키지에 4개의 import 문과 3개의 필드, 1개의 생성자 그리고 8개의 메소드로 구성된다.

■ **그림 11-11** 자바빈즈 BoardDBCP.java의 [Outline] 뷰

자바빈즈 `BoardDBCP.java`는 Connection, PreparedStatement, DataSource의 객체를 소속변수로 갖는다.

```
// 데이터베이스 연결관련 변수 선언
private Connection con = null;
private PreparedStatement pstmt = null;
private DataSource ds = null;
```

주 키 id를 이용하여 board 테이블의 한 행을 BoardEntity에 저장하여 반환하는 메소드 getBoard(int id)는 다음과 같이 select 질의 문장에서 인자로 들어 온 id를 매개변수 [?]에 지정하여 질의한다.

```
// 주 키 id의 레코드를 반환하는 메소드
public BoardEntity getBoard(int id) {
    connect();
    String SQL = "select * from board where id = ?";
    BoardEntity brd = new BoardEntity();
    try {
        pstmt = con.prepareStatement(SQL);
        pstmt.setInt(1, id);
        ResultSet rs = pstmt.executeQuery();
        …
    }
    finally {
        disconnect();
    }
    return brd;
}
```

■ **그림 11-12** 메소드 getBoard()의 구현

질의 결과인 ResultSet 객체 rs에서 각 필드를 받아오기 위해 필드 유형에 맞도록 각각 rs.getInt("id"), rs.getString("name"), rs.getTimestamp("regdate")를 이용하도록 한다. 특히 테이블 board의 필드 regdate는 유형이 datetime이므로 메소드 getTimestamp()를 이용해야 등록 날짜와 시간까지 모두 반환 받을 수 있다.

```
brd.setId ( rs.getInt("id") );
brd.setName ( rs.getString("name") );
…
brd.setRegdate ( rs.getTimestamp("regdate") );
```

메소드 insertDB(BoardEntity board)에서 PreparedStatement에 이용할 SQL문을 다음과 같이 정의한다. SQL insert 문에서 삽입할 값을 지정하는 첫 필드인 id는 auto_increment 속성이므로 0을 대입하여 자동으로 증가하게 하며, 여섯 번째 필드인 regdate는 DBMS MySQL의 내부함수 sysdate()를 이용하여 레코드가 삽입되는 시간이 삽입되도록 한다. DBMS MySQL에서 내부함수 sysdate()는 현재의 시간을 반환하는 함수로 now()

함수로도 이용 가능하다.

```
String sql ="insert into board values(0, ?, ?, ?, ?, sysdate(), ?)";
```

위 SQL 문은 다음과 같이 질의에서 미정인 매개변수 [?] 부분을 순서대로 5개로 지정하여 질의한다.

```
pstmt = con.prepareStatement(sql);
pstmt.setString(1, board.getName());
pstmt.setString(2, board.getPasswd());
pstmt.setString(3, board.getTitle());
pstmt.setString(4, board.getEmail());
pstmt.setString(5, board.getContent());
pstmt.executeUpdate();
```

메소드 updateDB(BoardEntity board)에서 PreparedStatement에 이용할 SQL 문은 매개변수 [?] 부분이 5개이며, 각각의 매개변수를 다음과 같이 지정하여 질의한다.

```
String sql ="update board set name=?, title=?, email=?, content=?
where id=?";
…
   pstmt.setString(1, board.getName());
   pstmt.setString(2, board.getTitle());
   pstmt.setString(3, board.getEmail());
   pstmt.setString(4, board.getContent());
   pstmt.setInt(5, board.getId());
```

메소드 deleteDB(int id)에서는 다음 SQL문과 같이 where 조건절 id의 값을 인자로 하여 들어 온 id로 지정해 질의한다.

```
String sql ="delete from board where id=?";
…
    pstmt = con.prepareStatement(sql);
    pstmt.setInt(1, id);
    pstmt.executeUpdate();
```

사용자가 게시 항목을 수정 또는 삭제하려면 이미 저장된 암호와 사용자가 입력한 암호가
일치해야 한다. 이 때 사용하는 메소드가 isPasswd(int id, String passwd)로, 현재
게시물의 id와 사용자가 입력한 passwd를 인자로 호출한다. 메소드 isPasswd(int id,
String passwd) 구현에서 우선 다음 SQL문으로 호출 시 들어 온 인자 id를 이용하여 테이블
board에 이미 저장된 암호를 얻어와 변수 orgPasswd에 저장한다.

```
String sql ="select passwd from board where id=?";
…
    pstmt = con.prepareStatement(sql);
    pstmt.setInt(1, id);
    ResultSet rs = pstmt.executeQuery();
    rs.next();
    String orgPasswd = rs.getString(1);
```

메소드 isPasswd(int id, String passwd)를 호출할 때 인자로 준 passwd와 실제
암호인 orgPasswd를 비교하여 같으면 true를 반환하도록 변수 success에 저장하여
반환한다.

```
if ( passwd.equals(orgPasswd) ) success = true;
…
return success;
```

다음은 지금까지 알아 본 테이블 board를 위한 데이터베이스 연동 자바빈즈 프로그램
BoardDBCP.java의 전체 소스이다.

예제 11-7 BoardDBCP.java

```java
01  package univ;
02
03  import java.sql.*;
04  import java.util.*;
05  import javax.sql.*;
06  import javax.naming.*;
07
08  //DBCP를 이용한 테이블 board 처리 데이터베이스 연동 자바빈즈 프로그램
09  public class BoardDBCP {
10
11      // 데이터베이스 연결관련 변수 선언
12      private Connection con = null;
13      private PreparedStatement pstmt = null;
14      private DataSource ds = null;
15
16      // JDBC 드라이버 로드 메소드
17      public BoardDBCP() {
18          try {
19              InitialContext ctx = new InitialContext();
20               ds = (DataSource) ctx.lookup("java:comp/env/jdbc/mysql");
21          } catch (Exception e) {
22              e.printStackTrace();
23          }
24      }
25
26      // 데이터베이스 연결 메소드
27      public void connect() {
28          try {
29              con = ds.getConnection();
30          } catch (Exception e) {
31              e.printStackTrace();
32          }
33      }
34
35      // 데이터베이스 연결 헤제 메소드
36      public void disconnect() {
37          if(pstmt != null) {
38              try {
39                  pstmt.close();
40              } catch (SQLException e) {
41                  e.printStackTrace();
42              }
43          }
```

```
44       if(con != null) {
45          try {
46             con.close();
47          } catch (SQLException e) {
48             e.printStackTrace();
49          }
50       }
51    }
52
53    // 게시판의 모든 레코드를 반환 메소드
54    public ArrayList<BoardEntity>getBoardList() {
55       connect();
56       ArrayList<BoardEntity>list = new ArrayList<BoardEntity> ();
57
58       String SQL = "select * from board";
59       try {
60          pstmt = con.prepareStatement(SQL);
61          ResultSet rs = pstmt.executeQuery();
62
63          while (rs.next()) {
64             BoardEntity brd = new BoardEntity();
65             brd.setId ( rs.getInt("id") );
66             brd.setName ( rs.getString("name") );
67             brd.setPasswd ( rs.getString("passwd") );
68             brd.setTitle ( rs.getString("title") );
69             brd.setEmail ( rs.getString("email") );
70             brd.setRegdate ( rs.getTimestamp("regdate") );
71             brd.setContent ( rs.getString("content") );
72             //리스트에 추가
73             list.add(brd);
74          }
75          rs.close();
76       } catch (SQLException e) {
77          e.printStackTrace();
78       }
79       finally {
80          disconnect();
81       }
82       return list;
83    }
84
85    // 주 키 id의 레코드를 반환하는 메소드
86    public BoardEntity getBoard(int id) {
87       connect();
```

```
88          String SQL = "select * from board where id = ?";
89          BoardEntity brd = new BoardEntity();
90
91          try {
92              pstmt = con.prepareStatement(SQL);
93              pstmt.setInt(1, id);
94              ResultSet rs = pstmt.executeQuery();
95              rs.next();
96              brd.setId ( rs.getInt("id") );
97              brd.setName ( rs.getString("name") );
98              brd.setPasswd ( rs.getString("passwd") );
99              brd.setTitle ( rs.getString("title") );
100             brd.setEmail ( rs.getString("email") );
101             brd.setRegdate ( rs.getTimestamp("regdate") );
102             brd.setContent ( rs.getString("content") );
103             rs.close();
104         } catch (SQLException e) {
105             e.printStackTrace();
106         }
107         finally {
108             disconnect();
109         }
110         return brd;
111     }
112
113     // 게시물 등록 메소드
114     public boolean insertDB(BoardEntity board) {
115         boolean success = false;
116         connect();
117         String sql ="insert into board values(0, ?, ?, ?, ?, sysdate(), ?)";
118             try {
119             pstmt = con.prepareStatement(sql);
120             pstmt.setString(1, board.getName());
121             pstmt.setString(2, board.getPasswd());
122             pstmt.setString(3, board.getTitle());
123             pstmt.setString(4, board.getEmail());
124             pstmt.setString(5, board.getContent());
125             pstmt.executeUpdate();
126             success = true;
127         } catch (SQLException e) {
128             e.printStackTrace();
129             return success;
130         }
131         finally {
```

```
132            disconnect();
133        }
134        return success;
135    }
136
137    // 데이터 갱신을 위한 메소드
138    public boolean updateDB(BoardEntity board) {
139        boolean success = false;
140        connect();
141        String sql ="update board set name=?, title=?, email=?, content=?
    where id=?";
142        try {
143            pstmt = con.prepareStatement(sql);
144            // 인자로 받은 GuestBook 객체를 이용해 사용자가 수정한 값을 가져와 SQL문 완성
145            pstmt.setString(1, board.getName());
146            pstmt.setString(2, board.getTitle());
147            pstmt.setString(3, board.getEmail());
148            pstmt.setString(4, board.getContent());
149            pstmt.setInt(5, board.getId());
150            int rowUdt = pstmt.executeUpdate();
151            //System.out.println(rowUdt);
152            if (rowUdt == 1) success = true;
153        } catch (SQLException e) {
154            e.printStackTrace();
155            return success;
156        }
157        finally {
158            disconnect();
159        }
160        return success;
161    }
162
163    // 게시물 삭제를 위한 메소드
164    public boolean deleteDB(int id) {
165        boolean success = false;
166        connect();
167        String sql ="delete from board where id=?";
168        try {
169            pstmt = con.prepareStatement(sql);
170            // 인자로 받은 주 키인 id 값을 이용해 삭제
171            pstmt.setInt(1, id);
172            pstmt.executeUpdate();
173            success = true;
174        } catch (SQLException e) {
```

```
175        e.printStackTrace();
176        return success;
177     }
178     finally {
179        disconnect();
180     }
181     return success;
182  }
183
184  // 데이터베이스에서 인자인 id와 passwd가 일치하는지 검사하는 메소드
185  public boolean isPasswd(int id, String passwd) {
186     boolean success = false;
187     connect();
188     String sql ="select passwd from board where id=?";
189     try {
190        pstmt = con.prepareStatement(sql);
191        pstmt.setInt(1, id);
192        ResultSet rs = pstmt.executeQuery();
193        rs.next();
194        String orgPasswd = rs.getString(1);
195        if ( passwd.equals(orgPasswd) ) success = true;
196        System.out.println(success);
197        rs.close();
198     } catch (SQLException e) {
199        e.printStackTrace();
200        return success;
201     }
202     finally {
203        disconnect();
204     }
205     return success;
206  }
207 }
```

3. 기본 게시판 JSP 프로그래밍

3.1 프로그램 구성

▌프로그램 기능

최소한의 게시 기능을 갖는 기본 게시판의 구현을 위해 다음 3개의 JSP프로그램과 1개의
자바스크립트를 구현한다.

종류	파일	기능
JSP 프로그램	`listboard.jsp`	모든 게시 목록 표시를 위하여 데이터베이스 연동 자바빈즈를 이용하여 모든 게시물의 번호, 제목, 작성자, 작성일, 전자메일의 목록을 표시하는 프로그램
JSP 프로그램	`editboard.jsp`	입력 폼 처리를 이용하여 새로운 게시물의 등록과 기존 게시물의 상세 정보를 표시하는 기능을 함께 처리하는 프로그램
JSP 프로그램	`processboard.jsp`	게시물의 등록, 수정, 삭제를 위하여 필요한 자료를 이용하여 데이터베이스 연동 자바빈즈를 직접 이용하는 프로그램
자바스크립트	`boardform.js`	프로그램 editboard.jsp에 구현된 폼에서 입력 값을 검사하고 등록, 수정, 삭제 메뉴를 지정하여 프로그램 processboard.jsp로 보내는 자바스크립트 함수 구현

■ **표 11-7** 게시판을 위한 JSP 프로그램 기능

프로그램 `listboard`는 게시판이 시작되는 프로그램으로 모든 게시물의 번호, 제목,
작성자, 작성일, 전자메일의 목록을 표시하는 프로그램이다. 프로그램 `editform`은 폼 입력
양식을 구성하여 등록을 위한 입력 역할을 수행하며 동시에 게시의 상세 내용을 보여주고,
암호가 일치하면 수정과 삭제 역할도 수행하도록 구현한다. 실제 데이터베이스에 반영되는
게시의 등록, 수정, 삭제는 프로그램 `processboard`에서 모두 수행된다.

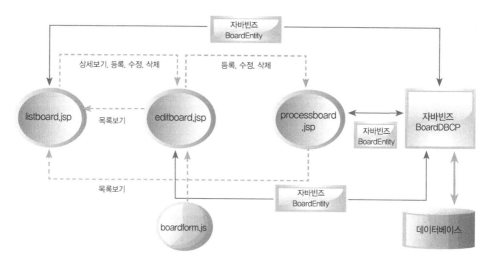

■ **그림 11-13** 게시판을 위한 JSP 프로그램 구성

3.2 프로그램 구현

▌ listboard 프로그램

프로그램 listboard는 게시판 프로그램의 시작 프로그램으로서 게시목록을 보는 프로그램이다. 화면의 게시목록에서 게시번호를 누르면 게시의 상세정보를 볼 수 있으며, 수정 또는 삭제 모드에서 프로그램 editboard로 이동하고 [게시등록] 버튼을 누르면 등록 모드에서 프로그램 editboard로 이동한다.

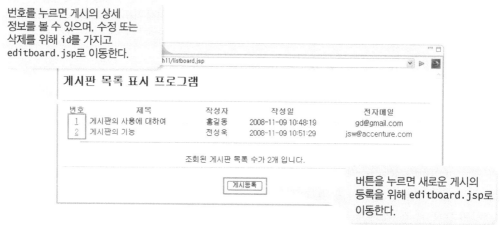

■ **그림 11-14** listboard의 실행과 링크

프로그램에서 사용되는 클래스인 java.util.ArrayList, univ.BoardEntity, java.text.SimpleDateFormat를 위해 import 문이 필요하며, 데이터베이스 연동 자바빈즈 클래스 univ.BoardDBCP를 변수 이름 brddb로 사용하기 위해 usebean 태그를 이용한다.

```
<%@ page import="java.util.ArrayList, univ.BoardEntity,
java.text.SimpleDateFormat" %>
<jsp:useBean id="brddb" class="univ.BoardDBCP" scope="page" />
```

게시 목록 표시에서 게시물 번호의 홀수와 짝수에 따라 다른 배경 색상을 지정하기 위해
속성 bgcolor의 색상을 다르게 지정하며, 마우스의 움직임에 따라 다른 색상을 표시하기
위하여 속성 onmouseover, onmouseout에 색상을 지정한다.

```
String color = "papayawhip";
if ( ++row % 2 == 0 ) color = "white";
…
<tr bgcolor=<%=color %>
    onmouseover="this.style.backgroundColor='SkyBlue'"
    onmouseout="this.style.backgroundColor='<%=color %>'">
```

게시번호는 `<a href=…  >` 태그로 프로그램 editboard.jsp를 연결하는데 id를 함께
전송하여 수정, 삭제 시 매개변수 id를 이용한다.

```
<!-- 수정과 삭제를 위한 링크로 id를 전송 -->
<td align=center><a href="editboard.jsp?id=<%= brd.getId()%>"><%= brd.
getId()%></a></td>
```

게시 작성일의 출력 형태를 [yyyy-MM-dd HH:mm:ss]와 같이 지정하기 위해 클래스 java.
text.SimpleDateFormat의 객체를 만들어 메소드 format()을 이용하여 브라우저 출력한다.

```
//게시 작성일을 2010-3-15 10:33:21 형태로 출력하기 위한 클래스
SimpleDateFormat df = new SimpleDateFormat("yyyy-MM-dd HH:mm:ss");
…
<td align=center><%= df.format(brd.getRegdate()) %></td>
```

예제 11-8 listboard.jsp

```
01  <%@ page language="java" contentType="text/html; charset=EUC-KR"
    pageEncoding="EUC-KR"%>
02  <html>
03  <head>
04  <meta http-equiv="Content-Type" content="text/html; charset=EUC-KR">
05  <title>게시판 기본 예제 : 게시 목록 표시</title>
06  </head>
07  <body>
08  <h2>게시판 목록 표시 프로그램 </h2>
09  <hr>
10  <center>
11
12      <%@ page import="java.util.ArrayList, univ.BoardEntity, java.text.
    SimpleDateFormat" %>
13      <jsp:useBean id="brddb" class="univ.BoardDBCP" scope="page" />
14      <%
15          //게시 목록을 위한 배열리스트를 자바빈즈를 이용하여 확보
16          ArrayList<BoardEntity>list = brddb.getBoardList();
17          int counter = list.size();
18          int row = 0;
19
20          if (counter >0) {
21      %>
22      <table width=800 border=0 cellpadding=1 cellspacing=3>
23
24      <tr>
25          <th><font color=blue><b>번호</b></font></th>
26          <th><font color=blue><b>제목</b></font></th>
27          <th><font color=blue><b>작성자</b></font></th>
28          <th><font color=blue><b>작성일</b></font></th>
29          <th><font color=blue><b>전자메일</b></font></th>
30      </tr>
31      <%
32          //게시 등록일을 2010-3-15 10:33:21 형태로 출력하기 위한 클래스
33          SimpleDateFormat df = new SimpleDateFormat("yyyy-MM-dd
    HH:mm:ss");
34          for( BoardEntity brd : list ) {
35              //홀짝으로 다르게 색상 지정
36              String color = "papayawhip";
37              if ( ++row % 2 == 0 ) color = "white";
38      %>
39      <tr bgcolor=<%=color %>
40          onmouseover="this.style.backgroundColor='SkyBlue'"
41          onmouseout="this.style.backgroundColor='<%=color %> '">
```

```
42          <!-- 수정과 삭제를 위한 링크로 id를 전송 -->
43          <td align=center> <a href="editboard.jsp?id=<%= brd.getId()%> ">
   <%= brd.getId()%></a></td>
44          <td align=left> <%= brd.getTitle() %></td>
45          <td align=center> <%= brd.getName() %></td>
46          <!-- 게시 작성일을 2010-3-15 10:33:21 형태로 출력 -->
47          <td align=center> <%= df.format(brd.getRegdate()) %></td>
48          <td align=center> <%= brd.getEmail() %></td>
49      </tr>
50      <%
51      }
52      %>
53      </table>
54  <%
55  }
56  %>
57  <hr width=90%>
58  <p> 조회된 게시판 목록 수가 <%=counter%> 개 입니다.
59  </center><hr>
60  <center>
61  <form name=form method=post action=editboard.jsp>
62          <input type=submit value="게시등록">
63  </form>
64  </center>
65
66  </body>
67  </html>
```

editboard 프로그램

소스 editboard.jsp는 게시의 등록, 수정, 삭제를 모두 처리하는 프로그램으로 프로그램 listboard.jsp에서 인자로 전송된 id가 null이면 새로운 게시의 등록 기능을 수행하며, null이 아니면 그 id 게시물의 수정, 삭제 기능을 수행한다. 수행 기능이 수정 또는 삭제라면 데이터베이스에 연결하여 id인 게시물의 상세자료를 가져와 폼에 표시한다.

```
String id = request.getParameter("id");
if (id != null) {
    //등록이 아닌 경우, 출력을 위해 선택한 게시의 각 필드 내용을 저장
    int idnum = Integer.parseInt(id);
    BoardDBCP brddb = new BoardDBCP();
    BoardEntity brd = brddb.getBoard(idnum);

    …
```

프로그램 editboard에서는 menu와 id의 매개변수와 폼의 자료를 프로그램 processboard로 전송하여 게시의 등록, 수정, 삭제 기능을 처리한다. 매개변수 menu는 기능에 따라 insert, delete, update 중 하나를 전송하며, id는 게시물의 주 키인 id를 전송한다.

```
<!-- menu : 등록, 수정 또는 삭제 구분을 위한 매개변수로 이용 -->
<input type=hidden name="menu" value="insert">
<!-- 수정 또는 삭제를 위한 게시 id를 hidden으로 전송 -->
<input type=hidden name="id" value=<%=id %>>
```

등록 기능을 수행할 때는 버튼 [등록] 버튼이 생성되며, 수정과 삭제 기능을 수행할 때는 [수정완료], [삭제] 버튼이 생성되어 각각의 버튼을 누르면 자바스크립트 파일 boardform.js 에 구현되어 있는 함수 insertcheck(), updatecheck(), deletecheck()를 각각 실행한다.

```
<% if (id == null) { %>
    <input type=button value="등록" onClick="insertcheck()">
<% } else { %>
    <input type=button value="수정완료" onClick="updatecheck()">
    <input type=button value="삭제" onClick="deletecheck()">
<% } %>
```

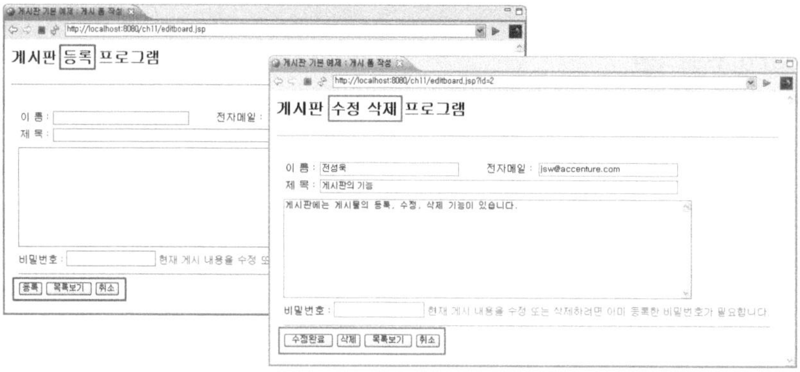

■ **그림 11-15** 기능 [등록], [수정 삭제]에 따라 필요한 버튼 구성

자바스크립트 함수 deletecheck()를 살펴보면, 입력한 암호가 없으면 암호를 입력하도록 메시지를 보내고, 다시 한 번 삭제 의사를 물어 매개변수 menu 값을 update로 저장하여 다음 실행 프로그램인 processboard로 이동시킨다.

```
function deletecheck() {
    if ( document.boardform.passwd.value=="" ) {
        alert("암호를 입력해 주세요.");
        document.boardform.passwd.focus();
        return;
    }
    ok = confirm("삭제하시겠습니까?");
    if (ok) {
        document.boardform.menu.value='delete';
        document.boardform.submit();
    } else {
        return;
    }
}
```

프로그램 editboard에서 등록, 수정, 삭제 수행 시 호출하는 BoardDBCP의 메소드와 자바빈즈 BoardEntity의 역할을 정리하면 다음과 같다.

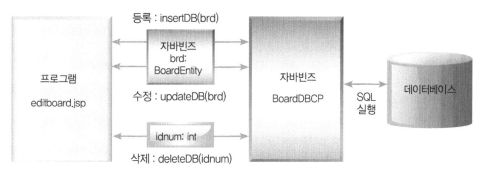

■ **그림 11-16** 프로그램 editboard의 등록, 수정, 삭제 기능 수행

프로그램 마지막에는 언제나 listboard.jsp 프로그램으로 이동할 수 있도록 [목록보기] 버튼을 구성한다. 이를 위하여 자바스크립트 객체 location의 속성 href에 이동할 JSP 프로그램 listboard.jsp를 지정한다.

```
<!-- 목록보기 버튼은 listboard.jsp로 이동 -->
<input type=button value="목록보기" Click="location.href='listboard.jsp'">
```

💻 **예제 11-9 editboard.jsp**

```
01  <%@ page language="java" contentType="text/html; charset=EUC-KR"
    pageEncoding="EUC-KR"%>
02  <html>
03  <head>
04  <meta http-equiv="Content-Type" content="text/html; charset=EUC-KR">
05  <title>게시판 기본 예제 : 게시 폼 작성</title>
06  </head>
07
08  <!-- 파일 boardform.js : 폼의 각 입력 값이 있는지를 검토하는 함수 구현 -->
09  <script language=JavaScript src="boardform.js"></script>
10
11  <body>
12
13    <%@ page import="univ.*" %>
14    <%
15      String name = "";
16      String email = "";
17      String title = "";
18      String content = "";
19      String headline = "등록";
20
21      String id = request.getParameter("id");
22      if (id != null) {
23        //등록이 아닌 경우, 출력을 위해 선택한 게시의 각 필드 내용을 저장
24        int idnum = Integer.parseInt(id);
25        BoardDBCP brddb = new BoardDBCP();
26        BoardEntity brd = brddb.getBoard(idnum);
27        name = brd.getName();
28        email = brd.getEmail();
29        title = brd.getTitle();
30        content = brd.getContent();
31        headline = "수정 삭제";
32      };
33    %>
34
35  <h2>게시판 <%=headline %>프로그램 </h2><hr>
36
37  <center><form name=boardform method=post action="processboard.jsp" >
38  <!-- menu : 등록, 수정 또는 삭제 구분을 위한 매개변수로 이용 -->
39  <input type=hidden name="menu" value="insert">
40  <!-- 수정 또는 삭제를 위한 게시 id를 hidden으로 전송 -->
41  <input type=hidden name="id" value=<%=id %>>
42
```

```
43  <table width=100% border=0 cellspacing=0 cellpadding=7>
44   <tr><td align=center>
45
46     <table border=0>
47     <tr><td colspan=2>
48       <table>
49         <tr>
50         <td width=50>이름 : </td>
51         <td width=100>
52         <input type=text name=name value="<%=name% >" size=30
   maxlength=20></td>
53         <td width=80>전자메일 :</td>
54         <td width=100>
55         <input type=text name=email size=30 value="<%=email% >"
   maxlength=30></td>
56         </tr>
57         <tr >
58           <td width=50>제목 : </td>
59           <td colspan=3>
60             <input type=text name=title size=80 value="<%=title%>
   " maxlength=100></td>
61         </tr>
62       </table>
63     </td></tr>
64
65     <tr><td colspan=2>
66         <textarea name=content rows=10 cols=90 > <%=content% > </
   textarea></td></tr>
67     <tr>
68       <td colspan=2>비밀번호 :
69         <input type=password name=passwd size=20 maxlength=15><font
   color=red>
70         현재 게시 내용을 수정 또는 삭제하려면 이미 등록한 비밀번호가 필요합니다.</font>
   </td>
71     </tr>
72     <tr>
73       <td colspan=2 height=5><hr size=2></td>
74     </tr>
75     <tr>
76       <td colspan=2>
77       <% if (id == null) { %>
78         <!-- 버튼을 누르면 boardform.js의 함수를 실행하여 processboard.jsp로
   이동 -->
79         <input type=button value="등록" onClick="insertcheck()">
```

```
80      <% } else { %>
81              <!-- 버튼을 누르면 boardform.js의 각 함수를 실행하여
    processboard.jsp로 이동 -->
82              <input type=button value="수정완료" onClick="updatecheck()"
    >
83              <input type=button value="삭제" onClick="deletecheck()">
84      <% } %>
85      <!-- 목록보기 버튼은 listboard.jsp로 이동 -->
86      <input type=button value="목록보기" onClick="location.
    href='listboard.jsp'">
87          <input type=reset value="취소">
88      </td>
89      </tr>
90      </table>
91    </td></tr>
92  </table>
93
94  </form>
95  </center>
96
97  </body>
98  </html>
```

다음 소스는 editboard.jsp에서 이용하는 자바스크립트 파일 소스이다.

📺 **예제 11-10 boardform.js**

```
01  function deletecheck() {
02    if ( document.boardform.passwd.value=="" ) {
03        alert("암호를 입력해 주세요.");
04        document.boardform.passwd.focus();
05        return;
06    }
07
08    ok = confirm("삭제하시겠습니까?");
09    if (ok) {
10        document.boardform.menu.value='delete';
11        document.boardform.submit();
12    } else {
13        return;
14    }
15  }
16
```

```
17  function insertcheck() {
18      if ( document.boardform.name.value=="" ) {
19          alert("이름을 입력해 주세요.");
20          document.boardform.name.focus();
21          return;
22      }
23      if ( document.boardform.passwd.value=="" ) {
24          alert("암호를 입력해 주세요.");
25          document.boardform.passwd.focus();
26          return;
27      }
28      document.boardform.menu.value='insert';
29      document.boardform.submit();
30  }
31
32  function updatecheck() {
33      if ( document.boardform.name.value=="" ) {
34          alert("이름을 입력해 주세요.");
35          document.boardform.name.focus();
36          return;
37      }
38      if ( document.boardform.passwd.value=="" ) {
39          alert("암호를 입력해 주세요.");
40          document.boardform.passwd.focus();
41          return;
42      }
43      document.boardform.menu.value='update';
44      document.boardform.submit();
45  }
```

▌ processboard 프로그램

프로그램 processboard은 실제 데이터베이스에 게시물의 등록, 수정, 삭제를 수행하는
모듈로서 usebean 태그로 BoardEntity와 BoardDBCP를 사용한다.

```
<!-- 게시의 등록, 수정, 삭제를 위한 자바빈즈 이용 선언-->
<jsp:useBean id="brd" class="univ.BoardEntity" scope="page" />
<jsp:useBean id="brddb" class="univ.BoardDBCP" scope="page" />
```

　매개변수 menu로 전송 받은 내용이 delete, update, insert에 따라 수행할 작업이
결정되며 수정 또는 삭제일 경우, 암호검사에 사용하기 위해 게시물 id와 사용자가 입력한

암호를 전송 받아 각각 변수 id와 passwd에 저장한다.

```
//등록(insert), 수정(update), 삭제(delete) 중 하나를 저장
String menu = request.getParameter("menu");
// 등록 또는 수정 처리 모듈
if ( menu.equals("delete") || menu.equals("update") ) {
    String id = request.getParameter("id");
    String passwd = request.getParameter("passwd");
    int idnum = Integer.parseInt(id);
```

게시물의 수정과 삭제 모듈을 살펴보면, 데이터베이스 연동 자바빈즈의 메소드 isPasswd()를 호출하여 입력된 암호가 틀리면 메시지를 보내고 다시 이전 화면으로 돌려 보낸다. 수정과 삭제 기능의 메소드 update(brad)와 delete(idnum)을 각각 호출하여 각 기능을 수행한 후, response.sendRedirect("listboard.jsp")를 이용하여 목록보기 프로그램인 listboard.jsp로 이동시킨다.

```
//데이터베이스 자바빈즈에 구현된 메소드 isPasswd()로 id와 암호가 일치하는지 검사
if ( !brddb.isPasswd(idnum, passwd) ) {
…
    <!-- 암호가 틀리면 이전 화면으로 이동 -->
    <script>alert("비밀번호가 다릅니다."); history.go(-1);</script>
…
} else {
    if ( menu.equals("delete") ) {
    //삭제를 위해 데이터베이스 자바빈즈에 구현된 메소드 deleteDB() 실행
        brddb.deleteDB(idnum);
    } else if ( menu.equals("update") ) {
    …
    //수정을 위해 데이터베이스 자바빈즈에 구현된 메소드 updateDB() 실행
        brddb.updateDB(brd);
    }
    //기능 수행 후 다시 게시 목록 보기로 이동
    response.sendRedirect("listboard.jsp");
}
```

게시 등록일 경우, 전송 받은 매개변수를 BoardEntity 객체 brd에 저장한 후, 이 brd를 인자로 데이터베이스 자바빈즈에 구현된 메소드 insertDB(brad)를 호출하여 등록을

수행한다. 마지막으로 목록보기 프로그램인 listboard.jsp로 이동시킨다.

```
} else if ( menu.equals("insert") ) {
…
    <!-- 등록 시 BoardEntity에 지정해야 하는 필드 passwd -->
    <jsp:setProperty name="brd" property="name" />
    <jsp:setProperty name="brd" property="title" />
    <jsp:setProperty name="brd" property="email" />
    <jsp:setProperty name="brd" property="content" />
    <jsp:setProperty name="brd" property="passwd" />
…
    //등록을 위해 데이터베이스 자바빈즈에 구현된 메소드 insertDB() 실행
    brddb.insertDB(brd);
    //기능 수행 후 다시 게시 목록 보기로 이동
    response.sendRedirect("listboard.jsp");
}
```

예제 11-11 processboard.jsp

```
01  <%@ page language="java" contentType="text/html; charset=EUC-KR"
    pageEncoding="EUC-KR"%>
02  <html>
03  <head>
04  <meta http-equiv="Content-Type" content="text/html; charset=EUC-KR">
05  <title>게시판 기본 예제 : 게시 등록 수정 삭제 처리</title>
06  </head>
07  <body>
08
09    <!-- 게시의 등록, 수정, 삭제를 위한 자바빈즈 이용 선언-->
10    <jsp:useBean id="brd" class="univ.BoardEntity" scope="page" />
11    <jsp:useBean id="brddb" class="univ.BoardDBCP" scope="page" />
12
13    <%
14      //한글 처리를 위해 문자인코딩 지정
15      request.setCharacterEncoding("euc-kr");
16      //등록(insert), 수정(update), 삭제(delete) 중 하나를 저장
17      String menu = request.getParameter("menu");
18      // 등록 또는 수정 처리 모듈
19      if ( menu.equals("delete") || menu.equals("update") ) {
20        String id = request.getParameter("id");
21        String passwd = request.getParameter("passwd");
22        int idnum = Integer.parseInt(id);
```

381

```
23          //데이터베이스 자바빈즈에 구현된 메소드 isPasswd()로 id와 암호가 일치하는지 검사
24          if ( !brddb.isPasswd(idnum, passwd) ) {
25      %>
26             <!-- 암호가 틀리면 이전 화면으로 이동 -->
27             <script> alert("비밀번호가 다릅니다."); history.go(-1);</script>
28      <%
29          } else {
30              if ( menu.equals("delete") ) {
31                  //삭제를 위해 데이터베이스 자바빈즈에 구현된 메소드 deleteDB() 실행
32                  brddb.deleteDB(idnum);
33              } else if ( menu.equals("update") ) {
34      %>
35                 <!-- 수정 시 BoardEntity에 지정해야 하는 필드 id -->
36                 <jsp:setProperty name="brd" property="id" />
37                 <jsp:setProperty name="brd" property="name" />
38                 <jsp:setProperty name="brd" property="title" />
39                 <jsp:setProperty name="brd" property="email" />
40                 <jsp:setProperty name="brd" property="content" />
41      <%
42                  //수정을 위해 데이터베이스 자바빈즈에 구현된 메소드 updateDB() 실행
43                  brddb.updateDB(brd);
44              }
45              //기능 수행 후 다시 게시 목록 보기로 이동
46              response.sendRedirect("listboard.jsp");
47          }
48      } else if ( menu.equals("insert") ) {
49      %>
50             <!-- 등록 시 BoardEntity에 지정해야 하는 필드 passwd -->
51             <jsp:setProperty name="brd" property="name" />
52             <jsp:setProperty name="brd" property="title" />
53             <jsp:setProperty name="brd" property="email" />
54             <jsp:setProperty name="brd" property="content" />
55             <jsp:setProperty name="brd" property="passwd" />
56      <%
57          //등록을 위해 데이터베이스 자바빈즈에 구현된 메소드 insertDB() 실행
58          brddb.insertDB(brd);
59          //기능 수행 후 다시 게시 목록 보기로 이동
60          response.sendRedirect("listboard.jsp");
61      }
62      %>
63
64  </body>
65  </html>
```

4. 연습문제

1. 자바빈즈를 이용한 JDBC 프로그래밍 방식의 장점을 설명하시오.

2. 다음은 자바빈즈 `univ.StudentDatabase`를 이용한 JDBC 프로그래밍 방식으로 프로그래밍된 `selectstudentbean.java` 프로그램의 일부이다. 밑줄 부분을 완성하세요.

```
…
<jsp:useBean id="stdtdb" class="univ.StudentDatabase" scope="page" />
…
_____ ____ = _____.getStudentList();
int counter = list.size();
…
```

3. DBCP를 이용한 데이터베이스 연동 자바빈즈 프로그램을 이용한 JDBC 프로그래밍에 대한 질문이다. 다음 각각의 질문에 답하시오.

(1) 일반적으로 설정 파일 2개는 무엇인가?

(2) 다음과 같이 이용할 커넥션 풀의 이용 정보 리소스를 추가하는 설정 파일은 무엇인가?

```
<Context docBase="ch11" path="/ch11" reloadable="true" source="org.
eclipse.jst.jee.server:ch11">
<Resource name="jdbc/mysql" auth="Container" type="javax.sql.DataSource"
    maxActive="100" maxIdle="30" maxWait="10000"
    username="root" password="" driverClassName="com.mysql.jdbc.Driver"
    url="jdbc:mysql://localhost:3306/univdb?autoReconnect=true"/>
</Context>
</host>
```

(3) 만일 데이터베이스 연결정보가 다음과 같다면 위와 같은 리소스 추가 설정에서 무엇을
수정해야 하는가?

- 데이터베이스 사용자 계정 이름 : sheom
- 데이터베이스 사용자 계정 암호 : kong1278
- 접속 데이터베이스 이름 : college

(4) 등록한 리소스를 찾는 방법으로 다음을 이용한다면 (2)의 resource 태그에서 무엇을 수정해야
하는가?

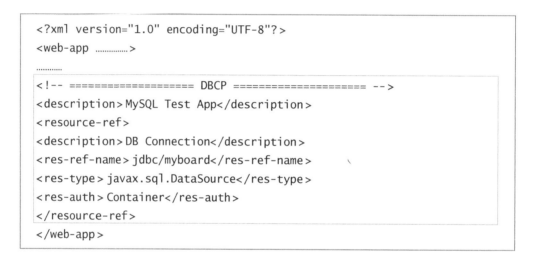

```xml
<?xml version="1.0" encoding="UTF-8"?>
<web-app .............. >
............
<!-- ==================== DBCP ==================== -->
<description>MySQL Test App</description>
<resource-ref>
<description>DB Connection</description>
<res-ref-name>jdbc/myboard</res-ref-name>
<res-type>javax.sql.DataSource</res-type>
<res-auth>Container</res-auth>
</resource-ref>
</web-app>
```

4. 11장에서 구현한 게시판 프로그램에 대한 질문이다. 다음 각각의 질문에 답하시오.

(1) 11장에서 구현한 게시판보다 발전된 게시판을 구현하기 위한 테이블 board를 다시 정의하시오.

(2) 게시목록의 표시에서 가장 최근에 게시된 게시물을 먼저 보이려면 무엇을 수정해야 하는가?

(3) 다음 밑줄 부분을 완성하시오.

자바빈즈 _____은 게시 테이블 board의 한 행의 정보를 저장하는 자바빈즈로
JSP 프로그램과 BoardDBCP 자바빈즈 사이에 정보 전송 매개변수 역할을 수행한다.
자바빈즈 _____는 DBCP를 이용하여 실제 데이터베이스에 연결하여 등록, 수정,
삭제의 SQL 수행 작업을 실행한다.

(4) 게시판 테이블 **board**의 데이터베이스 연동을 위한 자바빈즈 프로그램의 생성자와 메소드에 대한 설명이다. 다음 표에서 빈 부분을 완성하시오.

반환 유형	메소드 이름	기능
생성자	BoardDBCP()	데이터소스를 이용하여 커넥션 풀을 생성
void	connect()	데이터소스의 커넥션 풀에서 Connection 객체를 얻어 소속변수 con에 저장
void	disconnect()	데이터베이스 관련 객체의 연결을 해제
	getBoardList()	테이블 board의 모든 레코드를 ArrayList에 저장하여 반환
	getBoard(int id)	인자 id가 주 키인 레코드를 검색하여 반환
boolean		인자 board로 테이블 board에 삽입
boolean	updateDB(BoardEntity board)	인자 board로 테이블 board를 수정
boolean		인자 id가 주 키인 레코드를 검색하여 삭제
boolean	isPasswd(int id, String passwd)	인자 id와 passwd가 테이블 board에서 일치하는지 검사

(5) 게시판 테이블 **board**의 데이터베이스 연동을 위한 자바빈즈 프로그램에서 이용되는 SQL 문장을 정리한 표이다. 다음 표에서 빈 부분을 완성하시오.

이용 SQL 문장	기능
select * from board	모든 행 검색
	지정한 id 행을 검색
insert into board values(0, ?, ?, ?, ?, sysdate(), ?)";	지정한 행으로 삽입
update board set name=?, title=?, email=?, content=? where id=?"	지정한 행을 수정
	지정한 id 행을 삭제
	지정한 id 행의 passwd를 검색

CHAPTER 12

표현 언어

1. 표현언어 개요

2. 표현언어 내장 객체

3. 액션 태그와 표현언어

4. 표현언어에서 클래스에 정의된 메소드 이용

5. 표현언어 비활성화

6. 연습문제

표현언어는 자바 표준 태그 라이브러리(JSTL: Java Standard Tag Library) 1.0 규약에 처음 소개된 내용으로, JSP 2.0 규약에 새롭게 추가한 기술이다. 표현언어는 JSP 페이지에서 이용되는 여러 외부 데이터 객체를 쉽고 간편하게 참조하기 위한 언어로서, 12장에서는 표현언어의 사용방법을 학습할 예정이다.

- 표현언어의 표현 형식과 상수, 변수 이해하기

- 표현언어에서 사용되는 자료유형, 연산자, 내장 객체 이해하기

- 표현언어에서 자바빈즈 객체 이용 알아보기

- 표현언어에서 클래스의 메소드 이용 알아보기

- 표현언어 비활성화 방법 알아보기

1. 표현언어 개요

1.1 표현언어란?

▌객체의 간단한 표현언어

JSP에서 브라우저의 출력은 주로 표현식 태그를 이용한다.

```
<%= request.getParameter("userid") %>
```

위와 같은 태그를 간단히 줄이는 방법으로, 다음과 같이 표현언어(Expression Language)를 이용하는 방법이 있다.

```
${ param.userid }
${ param['userid'] }
${ param["userid"] }
```

표현언어는 다음 단원에서 배울 자바 표준 태그 라이브러리(JSTL: Java Standard Tag Library) 1.0 규약에 처음 소개된 내용으로, JSP 2.0 규약에서는 편의를 위하여 이러한 표현언어를 새롭게 추가하게 되었다. 표현언어는 원래 SPEL(Simplest Possible Expression Language)로 불렸으며, JSP 페이지에서 이용되는 여러 외부 데이터 객체를 쉽고 간편하게 참조하기 위한 언어이다. 즉 표현언어는 <%= %> 인 표현식 대신에 사용하거나 내장 객체 또는 액션태그에 저장된 자료를 쉽게 참조하기 위해 만들어진 언어이다.

표현언어는 반드시 ${로 시작하고, $와 {사이에 빈 공간(스페이스)는 없어야 하며, }으로 종료된다. 즉 간단히 다음과 같은 구문으로 **exp**의 결과를 브라우저에 출력한다. 여기서 하나 주의할 점은 다음의 **exp**가 JSP 스크립트릿이나 선언에서 사용하는 자바 변수가 아니라는 것이다.

```
${ exp }
```

표현언어의 기본적인 문법을 정리하면 다음과 같다.

- 표현언어는 $로 시작한다.
- 표현언어의 문장구조는 ${ exp }와 같다.
- 표현식 exp에서는 산술, 관계, 논리와 같은 기본적인 연산이 가능하다.
- 표현식은 [객체명], [객체명.속성명], [객체명[첨자]], [객체명"속성명"], [객체명['속성명']과 같은 구조로 구성된다.

표현언어의 자료유형과 상수

표현언어에서 사용하는 자료유형은 정수형, 실수형, 문장열형, 논리형, null 5가지이다. 문자열형은 'JSP', "JSP"와 같이 큰따옴표("), 작은따옴표('), 둘 다 이용할 수 있다.

- 정수형
- 실수형
- 문자열형
- true, false의 논리(boolean)형
- null 값

마찬가지로 표현언어에서 이용되는 상수(literals)는 다음과 같다.

- 논리값(Boolean) true, false
- 자바에서 이용되는 정수형으로 1, -5
- 자바에서 이용되는 실수형으로 3.1, 4.5E+4
- 문자열은 'java', "java"와 같이 큰 따옴표, 작은 따옴표 모두 이용 가능
- 아무 것도 없다는 의미의 null

표현언어의 변수

표현언어에서 이용되는 변수는 pageContext.findAttribute(변수이름)으로 조회되는 변수의 평가 값으로 사용된다. 만일 다음과 같은 표현식이 있다고 가정하자.

```
$ { product }
```

JSP 엔진은 page, request, session, application 범위에서 등록된 product를 평가하여 그 값을 반환한다. 만일 product를 찾을 수 없다면 null을 반환한다. 물론 변수가

표현언어 내장 객체라면 그 내장 객체의 값을 반환한다. 표현언어 내장 객체는 다음에 곧 배울 예정이다.

1.2 표현언어 연산자

다양한 연산자

표현언어의 연산자는 자바언어에서 지원하는 연산자인 산술, 관계, 논리, 조건, 괄호 연산자 등을 지원하다. 또한 산술연산자에서 나누기인 div, 나머지인 연산자 mod도 지원하며, 논리 연산자에서 and, or, not 관계 연산자에서 연산자 단어의 첫 자를 딴 lt(less than), le(less than or equal), eq(equal), ne(not equal), ge(greater than or equal), gt(greater than)도 지원한다.

연산자 분류	연산자 종류
이항 산술 연산자	+ - * / div % mod
이항 관계 연산자	< <= == != >= > lt le eq ne ge gt
첨자 연산자	. []
이항 논리 연산자	&& and || or
단항 논리 연산자	! not
단항 산술 연산자	-
empty 연산자	empty
삼항 조건 연산자	? :
괄호 연산자	()

■ **표 12-1** 표현 언어 연산자의 종류

표현언어 연산자의 연산 우선순위를 살펴보면, [] . 연산자의 우선순위가 가장 빠르며, 다음으로 괄호연산자 (), 그리고 조건연산자인 ? : 이 연산순위가 가장 느리다.

연산자	우선 순위
[] .	1
()	2
- ! not empty	3

* / div % mod	4
+ -	5
< <= >= > lt le ge gt	6
== != eq ne	7
&& and	8
|| or	9
? :	10

■ **표 12-2** 표현언어 연산자의 우선 순위

표현식 exp를 출력하는 표현언어 문장은 ${ exp }인데, $가 아닌 \$는 표현언어로 인식하지 않으므로 그대로 문자 $를 브라우저에 출력한다. 즉 \${1 + 2}는 표현언어의 결과가 아닌 문자열 ${1 + 2}를 그대로 출력하며, ${1 + 2}는 표현언어의 결과 3을 출력한다.

```
<td> \${1 + 2}</td>
<td> ${1 + 2}</td>
```

조건연산자인 [exp1 ? result1 : result2]는 exp1을 검사하여 true이면 연산의 결과는 result1이고 false이면 연산 결과가 result2인 연산자이다. 그러므로 다음 표현언어 문장에서 (1==2)가 false이므로 연산의 결과는 4이다.

```
<td> ${(1==2) ? 3 : 4}</td>
```

관계연산자는 피연산자가 정수, 실수뿐만 아니라 문자열에도 쓰이며 이 경우 문자열 순서대로 유니코드 값의 비교이다. 다음 연산에서 b의 코드 값이 a의 코드 값보다 크므로 true가 출력된다.

```
<td> ${'a' < 'b'}</td>
```

다음 비교연산에서 피연산자인 'hit'와 'hip'에서 앞의 두 문자인 'hi'는 같으므로 그 다음 문자인 't'와 'p'를 비교한다. 그러므로 'hit'는 'hip'보다 크다. 다음 연산의 결과는 (! true)이므로 false가 출력된다.

```
<td>${ !('hit' gt 'hip') }</td>
```

다음 연산에서 관계 연산자인 > 와 !=는 우선순위가 논리연산자인 and보다 빠르므로,

```
<td>${5 > 4 and 10 != 3*10}</td>
```

괄호연산자를 사용하면 다음과 같고, 그 결과는 (true and true)이므로 true이다.

```
<td>${(5 > 4) and (10 != 3*10)}</td>
```

📺 예제 12-1 basicEL.JSP

```
01  <%@ page language="java" contentType="text/html; charset=EUC-KR"
    pageEncoding="EUC-KR"%>
02  <html>
03  <head>
04  <meta http-equiv="Content-Type" content="text/html; charset=EUC-KR">
05  <title>표현언어 연산자</title>
06  </head>
07  <body>
08
09    <h2>JSP 2.0 표현언어(Expression Language) 연산자</h2>
10    <hr><br>
11
12    <table border="1">
13     <tr>
14      <td><b>EL Expression</b></td>
15      <td><b>Result</b></td>
16     <tr>
17     <tr>
18      <td>\${1}</td>
19      <td>${1}</td>
20     <tr>
21     <tr>
```

```
22      <td>\${1 + 2}</td>
23      <td>${1 + 2}</td>
24    </tr>
25    <tr>
26      <td>\${1.2 + 2.3}</td>
27      <td>${1.2 + 2.3}</td>
28    </tr>
29    <tr>
30      <td>\${1.2E4 + 1.4}</td>
31      <td>${1.2E4 + 1.4}</td>
32    </tr>
33    <tr>
34      <td>\${-4 - 2}</td>
35      <td>${-4 - 2}</td>
36    </tr>
37    <tr>
38      <td>\${21 * 2}</td>
39      <td>${21 * 2}</td>
40    </tr>
41    <tr>
42      <td>\${3 / 4}</td>
43      <td>${3 / 4}</td>
44    </tr>
45    <tr>
46      <td>\${3 div 4}</td>
47      <td>${3 div 4}</td>
48    </tr>
49    <tr>
50      <td>\${3 / 0}</td>
51      <td>${3 / 0}</td>
52    </tr>
53    <tr>
54      <td>\${10 % 4}</td>
55      <td>${10 % 4}</td>
56    </tr>
57    <tr>
58      <td>\${10 mod 4}</td>
59      <td>${10 mod 4}</td>
60    </tr>
61    <tr>
62     <td>\${(1==2) ? 3 : 4}</td>
63     <td>${(1==2) ? 3 : 4}</td>
64    </tr>
65    <tr>
```

```
66        <td>\${'a' < 'b'}</td>
67        <td>${'a' < 'b'}</td>
68      </tr>
69      <tr>
70        <td>\${ !('hit' gt 'hip') }</td>
71        <td>${ !('hit' gt 'hip') }</td>
72      </tr>
73      <tr>
74        <td>\${5 > 4 and 10 != 3*10}</td>
75        <td>${5 > 4 and 10 != 3*10}</td>
76      </tr>
77    </table>
78  </body>
79  </html>
```

empty 연산자

표현언어의 독특한 연산자인 empty 연산자는 empty 다음의 피연산자인 표현식이 null인가를 검사하여 true 또는 false를 반환하는 연산자이다. 정의되지 않은 표현식 n 또는 상수 null을 표현언어로 출력하면 아무것도 출력되지 않는다.

```
${null}
${n}
```

바로 이러한 표현식 n을 empty 연산자로 ${empty n}하면 그 결과는 true이다. 상수 null도 같은 결과이다.

```
${empty null}
${empty n}
```

즉 다음과 같은 표현언어에서 exp가 null 또는 null을 의미하는 값이면 true이고, 그렇지 않으면 false이다.

```
${empty exp}
```

- null
- 정의되지 않은 객체
- 빈 문자열
- 길이가 0인 배열
- 비어있는 집합체

다음에 배울 표현언어 내장 객체 param을 이용하여 param.user를 empty 연산자로 검사하면, 매개변수 user가 정의되어 값이 지정되면 false이고, 그렇지 않으면 true이다.

```
${empty param.user}
```

다음은 지금 살펴본 empty 연산자를 이용한 간단한 예제이다.

예제 12-2 emptyEL.JSP

```
01  <%@ page language="java" contentType="text/html; charset=EUC-KR"
    pageEncoding="EUC-KR"%>
02  <html>
03  <head>
04  <meta http-equiv="Content-Type" content="text/html; charset=EUC-KR">
05  <title>표현언어 연산자 empty 예제</title>
06  </head>
07  <body>
08
09  \${null} = ${ null } <p>
```

```
10  \${n} = ${n} <P>
11
12  \${empty null} = ${empty null} <p>
13  \${empty n} = ${empty n} <p>
14
15  \${param.user} = ${param.user} <P>
16  \${empty param.user} = ${empty param.user}
17
18  </body>
19  </html>
```

위 예제 emptyEL.JSP를 실행하면 위의 결과가 나오나, 주소 줄 URL에 [?user=dbkang]으로 직접 매개변수 user를 추가하면, ${param.user}의 결과는 dbkang이며, ${empty param.user}의 결과는 false인 것을 알 수 있다. 다음을 실행할 경우, 주소 줄에 네모 박스 부분을 입력하고 바로 [enter] 키를 눌러 프로그램을 실행하도록 한다.

http://localhost:8080/ch12/emptyEL.JSP?user=dbkang

■ **그림 12-1** 매개변수 user=dbkang를 지정한 경우의 결과

2. 표현언어 내장 객체

2.1 표현언어 내장 객체 개요

▌표현언어 내장 객체 종류

표현언어는 다양한 내장 객체를 제공하여 웹 응용 프로그램에서 필요한 정보를 쉽게 참조할 수 있도록 한다. 표현언어는 다음과 같이 JSP page 객체, 범위, 요청 매개변수, 요청 헤더, 초기화 매개변수, 쿠키 등 6가지 분류에서 총 11가지의 내장 객체를 제공한다.

분류	내장 객체	자료유형	기능
JSP page 객체	pageContext	javax.servlet.jsp. PageContext	JSP 페이지 기본 객체로서, servletContext, session, request, response 등의 여러 객체를 참조 가능
범위	pageScope	java.util.Map	page 기본 객체에 저장된 속성의 〈속성, 값〉을 저장한 Map 객체, ${pageScope.속성}으로 값을 참조
	requestScope	java.util.Map	request 기본 객체에 저장된 속성의 〈속성, 값〉을 저장한 Map 객체, ${pageScope.속성}으로 값을 참조
	sessionScope	java.util.Map	session 기본 객체에 저장된 속성의 〈속성, 값〉을 저장한 Map 객체, ${sesssionScope.속성}으로 값을 참조
	applicationScope	java.util.Map	Application 기본 객체에 저장된 속성의 〈속성, 값〉을 저장한 Map 객체, ${applicaionScope.속성}으로 값을 참조
요청 매개변수	param	java.util.Map	요청 매개변수 〈매개변수이름, 값〉을 저장한 Map 객체, ${param.name}은 request.getParameter(name)을 대체
	paramValues	java.util.Map	요청 매개변수 배열을 〈매개변수이름, 값〉을 저장한 Map 객체, request.getParameterValues() 처리와 동일
요청 헤더	header	java.util.Map	요청 정보의 〈헤더이름, 값〉을 저장한 Map 객체, ${header["name"]}은 request.getHeader(헤더이름)와 같음

	headerValues	java.util.Map	요청 정보 배열을 〈헤더이름, 값〉을 저장한 Map 객체, request.getHeaders()의 처리와 동일
초기화 매개변수	initParam	java.util.Map	초기화 매개변수의 〈이름, 값〉을 저장한 Map 객체, ${initParam.name}은 application.getInit Parameter(name)을 대체
쿠키	cookie	java.util.Map	쿠키 정보의 배열을 〈쿠키이름, 값〉을 저장한 Map 객체, request.getCookies()의 Cookie 배열의 이름과 값으로 Map을 생성

■ **표 12-3** 표현언어 내장 객체의 종류

표현언어에서 Map의 이용

위 표현언어 내장 객체의 자료유형을 살펴보면 pageContext를 제외하고는 모두 java.util.Map 인터페이스이다. Map 인터페이스는 자바에서 지원하는 집합체의 한 종류로 Map<key, value >의 형태로 이용되는데, key는 키로 사용될 객체이며, value는 키로 저장하는 값으로 사용될 객체이다. 즉 하나의 key에 하나의 value를 대응시켜 저장하고, 저장된 key로 value를 조회하는 구조이다. Map에서 key는 절대로 중복(duplicate)될 수 없다.

Map에 <키, 값>의 쌍을 저장하려면 메소드 put(키, 값)을 이용하며, 키 값으로 조회하려면 get(키)를 이용한다.

```
Object  put(Object key, Object value)
Object  get(Object key)
```

Map에서 이용되는 주요 메소드 중에는 키와 값이 Map에 있는지 검사하는 메소드 containsKey()와 containsValue()가 있다.

```
boolean containsKey(Object key)
boolean containsValue(Object value)
```

표현언어에서 a.b는 일반적으로 a["b"]와 같다. 표현식 a[b]의 평가는 다음의 절차를 따른다.

- 만일 a가 Map이면 a.get(b)이다. 그러나 !a.containsKey(b)이면 null을 반환한다.
- 만일 a가 List나 배열이면 b를 정수의 첨자로 변환하여 a.get(b)를 평가하거나 또는 적절히 Array.get(a, b)를 평가한다. 이 과정에서 첨자의 IndexOutOfBoundsExceptation이 발생하면 null을 반환하며, 다른 예외가 발생하면 오류가 발생한다.
- 만일 a가 자바빈즈 객체이면 b를 문자열로 변환하여, 속성 b에 해당하는 getter인 객체의 메소드 getB() 호출 결과를 반환하며, 이 과정에서 예외가 발생하면 오류가 발생한다.

표현식 a.b에서 만일 a가 표현언어의 내장 객체라면 pagecontext를 제외한 모든 내장 객체는 Map이므로, 모두 위의 첫 번째의 평가 과정을 거쳐 결과를 반환한다.

▌표현언어 내장 객체 이용

다음과 같이 JSP 내장 객체 request를 이용하여 속성 "univ"를 저장했다고 가정하자.

```
<%
    request.setAttribute("univ", "한국대학교");
%>
```

표현언어에서 위 속성 "univ"를 참조하여 출력하려면, 표현언어 내장 객체 requestScope 다음에 점 연산자(.)를 이용하여 속성 univ를 바로 참조할 수 있다.

```
<td>${requestScope.univ}</td>
```

위 구문에서 점(dot) 연산자(.)는 내장 객체명['속성명']과 같이 대괄호(bracket) 연산자 []로도 가능하며, 속성명은 큰따옴표("") 또는 작은따옴표(' '), 둘 다 이용할 수 있다.

```
<td>${requestScope['univ']}</td>
<td>${requestScope["niv"]}</td>
```

다음과 같이 JSP 내장 객체 application으로 속성 "name"을 저장했다면, 표현언어 내장 객체 applicationScope.name으로 application 속성 "name"을 참조할 수 있다.

```
application.setAttribute("name", "홍길동");
…
<td>${applicationScope.name}</td>
```

다음은 표현언어의 내장 객체에 대한 예제와 그 결과이다.

예제 12-3 implicitObjectEL.jsp

```
01  <%@ page language="java" contentType="text/html; charset=EUC-KR"
    pageEncoding="EUC-KR"%>
02  <html>
03  <head>
04  <meta http-equiv="Content-Type" content="text/html; charset=EUC-KR">
05  <title>표현언어 내장객체</title>
06  </head>
07  <body>
08    <h2>JSP 2.0 표현언어(Expression Language) 내장객체</h2>
09  <%
10    request.setAttribute("univ", "한국대학교");
11    application.setAttribute("name", "홍길동");
12  %>
13    <hr><br>
14    <table border="1" align=center >
15    <tr>
16     <td><b>EL Implicit Object</b></td>
17     <td><b>Result</b></td>
18    </tr>
19    <tr>
20     <td>\${empty param.age}</td>
21     <td>${empty param.age}</td>
22    </tr>
23    <tr>
24     <td>\${!empty param.age}</td>
25     <td>${!empty param.age}</td>
26    </tr>
27    <tr>
28     <td>\${pageContext.request.contextPath}</td>
29     <td>${pageContext.request.contextPath}</td>
30    </tr>
31    <tr>
```

```
32              <td>\${requestScope.univ}</td>
33              <td>${requestScope.univ}</td>
34          </tr>
35          <tr>
36              <td>\${requestScope['univ']}</td>
37              <td>${requestScope['univ']}</td>
38          </tr>
39          <tr>
40              <td>\${applicationScope.name}</td>
41              <td>${applicationScope.name}</td>
42          </tr>
43          </table>
44
45  </body>
46  </html>
```

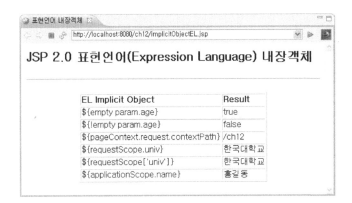

2.2 주요 표현언어 내장 객체

▌ 표현언어 내장 객체 cookie

다음과 같이 JSP 페이지에서 쿠키 객체 c를 "userid" 이름으로 생성한 후, 내장 객체 response의 메소드 addCookie(c)를 호출하여 쿠키 c를 저장했다고 가정한다.

```
Cookie c = new Cookie("userid", "gdhong");
response.addCookie(c);
```

위에서 등록된 쿠키는 다음과 같이 간단히 표현언어 내장 객체인 cookie를 이용해 cookie.userid.value로 참조할 수 있다. 즉 쿠키를 생성할 때 쿠키이름인 "userid"를 이용하여 cookie.쿠키이름.value로 한다.

```
<td>${cookie.userid.value}</td>
```

다음과 같이 쿠키를 생성할 때 쿠키이름이 "CookieID"라면 표현언어에서는 cookie.
CookieID.value로 쿠키 값인 "cookievalue"를 참조할 수 있다.

```
Cookie c = new Cookie("CookieID", "cookievalue");

${cookie.CookieID.value}
```

■ **그림 12-2** 표현언어에서 쿠키 값 참조

만일 위의 쿠키를 JSP 스크립트릿에서 참조하여 출력하려면 등록된 쿠키가 저장된 쿠키
배열을 참조한 후, 반복문을 이용해 원하는 쿠키를 검사한 후 참조해야 하므로 여러 줄의
코딩이 필요하나, 표현언어를 이용하면 위와 같이 매우 간단한 것을 알 수 있다. 즉 아래의
문장을 ${cookie.userid.value}으로 대체할 수 있으니 바로 이것이 표현언어를 사용하는
장점이다.

```
Cookie[] cs = request.getCookies();

for (Cookie ck : cs) {
  if ( ck.getName().equals("userid") )
    out.println(ck.getValue());
}
```

💻 **예제 12-4 cookieObjectEL.jsp**

```
01  <%@ page language="java" contentType="text/html; charset=EUC-KR"
    pageEncoding="EUC-KR"%>
02  <html>
03  <head>
04  <meta http-equiv="Content-Type" content="text/html; charset=EUC-KR">
05  <title>표현언어 내장객체 cookie</title>
06  </head>
```

```
07  <body>
08
09  <h2>표현언어 내장객체 cookie 이용</h2>
10  <%
11      Cookie c = new Cookie("userid", "gdhong");
12      response.addCookie(c);
13  %>
14
15  \${cookie.userid.value} = ${cookie.userid.value}
16
17  <p><hr><h2>스크립트릿에서 직접 Cookie 이용</h2>
18  <%
19      Cookie[] cs = request.getCookies();
20
21      if (!(cs == null)) {
22          for (Cookie ck : cs) {
23          if ( ck.getName().equals("userid") )
24              out.println(ck.getValue());
25          }
26      }
27  %>
28
29  </body>
30  </html>
```

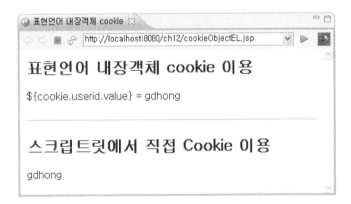

표현언어 내장 객체 header와 headerValues

표현언어 내장 객체 header를 이용하여 host와 user-agent의 속성 출력이 가능하다. 속성 host는 서버컴퓨터 이름이며 속성 user-agent는 클라이언트 브라우저의 정보를 나타낸다.

```
<td>${header.host}</td>
<td>${header['user-agent']}</td>
```

다음은 표현언어의 내장 객체 header에 대한 예제와 그 결과이다.

🖥 **예제 12-5 headerObjectEL.jsp**

```
01 <%@ page language="java" contentType="text/html; charset=EUC-KR"
   pageEncoding="EUC-KR"%>
02 <html>
03 <head>
04 <title>표현언어 내장객체 header</title>
05 </head>
06 <body>
07
08 <h2>\${ header } : 결과 </h2>
09 ${ header } <p>
10
11 <hr>
12 \${ header['cookie'] } = ${ header['cookie'] } <p>
13 \${ header["connection"] } = ${ header["connection"] } <p>
14 \${ header["host"] } = ${ header["host"] } <p>
15 \${ header["accept-language"] } = ${ header["accept-language"] } <p>
16 \${ header["accept"] } = ${ header["accept"] } <p>
17 \${ header["user-agent"] } = ${ header["user-agent"] } <p>
18 \${ header["accept-encoding"] } = ${ header["accept-encoding"] } <p>
19 \${ header["ua-cpu"] } = ${ header["ua-cpu"] } <p>
20
21 </body>
22 </html>
```

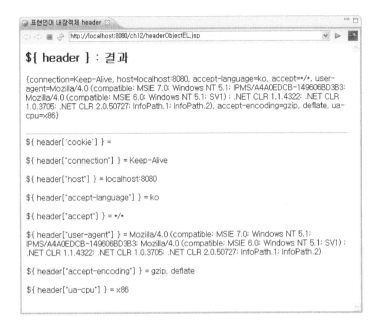

표현언어 내장 객체 `headerValues`는 `request.getHeaders()`의 결과의 배열 형태를 Map에 결합시킨 객체로 다음과 같이 이름과 첨자를 이용하여 사용한다.

```
${ headerValues.cookie[0] } <p>
${ headerValues.connection[0] } <p>
```

내장 객체 `headerValues`의 점(.) 연산자와 이용되는 이름으로는 위 예제에서 보듯이 `cookie`, `connection`, `host`, `accept`, `accept-language`, `user-agent`, `accept-encoding`, `ua-cpu` 등이 있다. 여기서 한 단어로 구성되는 속성은 위와 같이 점(.) 연산자를 이용할 수 있으나, 속성 이름에 -이 들어있는 `accept-language`와 같은 속성 이름은 점(.) 연산자를 사용할 수 없으며, 다음과 같이 [] 연산자를 이용하여 `${ headerValues["accept-language"][0] }`와 같이 사용해야 한다.

```
${ headerValues["accept-language"][0] } <p>
${ headerValues["user-agent"][0] } <p>
```

예제 12-6 headerValuesObjectEL.jsp

```
01  <%@ page language="java" contentType="text/html; charset=EUC-KR"
    pageEncoding="EUC-KR"%>
```

```
02  <html>
03  <head>
04  <title>표현언어 내장객체 headerValues</title>
05  </head>
06  <body>
07
08  <h2>\${ header } : 결과</h2>
09  ${ header } <p>
10
11  <hr>
12  \${ headerValues } = ${ headerValues } <p>
13  \${ headerValues.cookie[0] } = ${ headerValues.cookie[0] } <p>
14  \${ headerValues.connection[0] } = ${ headerValues.connection[0] } <p>
15  \${ headerValues.host[0] } = ${ headerValues.host[0] } <p>
16  \${ headerValues.accept[0] } = ${ headerValues.accept[0] } <p>
17
18  <hr>
19  \${ headerValues["accept-language"][0] } = ${ headerValues["accept-
    language"][0] } <p>
20  \${ headerValues["user-agent"][0] } = ${ headerValues["user-agent"][0]
    } <p>
21  \${ headerValues["accept-encoding"][0] } = ${ headerValues["accept-
    encoding"][0] } <p>
22  \${ headerValues["ua-cpu"][0] } = ${ headerValues["ua-cpu"][0] } <p>
23
24  </body>
25  </html>
```

3. 액션 태그와 표현언어

3.1 <jsp:useBean ...>태그의 객체 이용

▌ ArrayList의 배열 객체 이용

액션 태그 <jsp:useBean … >을 이용하여 클래스 java.util.ArrayList의 객체 color를
정의하자. 클래스 java.util.ArrayList의 메소드 add()를 이용하여 필요한 색상을 5개
추가한다.

```
<jsp:useBean id="color" class="java.util.ArrayList">
<%
    color.add("red");
    color.add("orange");
    color.add("green");
    color.add("blue");
    color.add("violet");
%>
</jsp:useBean>
```

액션 태그 <jsp:useBean … >로 등록한 객체 color는 배열 객체이므로 첨자를 이용한
스타일인 표현언어 ${color[3]}와 같이 참조할 수 있다.

```
<font color="${color[2]}"> <li> 이 색상은 ${color[2]}색입니다. </li> </font>
```

📺 예제 12- 7 actiontagEL.jsp

```
01  <%@ page language="java" contentType="text/html; charset=EUC-KR"
    pageEncoding="EUC-KR"%>
02  <html>
03  <head>
04  <meta http-equiv="Content-Type" content="text/html; charset=EUC-KR">
05  <title>표현언어에서 액션태그 이용</title>
06  </head>
```

```
07  <body>
08
09  <h2> 표현언어에서 액션태그 이용 </h2>
10
11  <jsp:useBean id="color" class="java.util.ArrayList">
12  <%
13     color.add("red");
14     color.add("orange");
15     color.add("green");
16     color.add("blue");
17     color.add("violet");
18  %>
19  </jsp:useBean>
20
21  <ul>
22    <font color="${color[0]}"> <li> 이 색상은 ${color[0]}색입니다. </li> </font>
23  <font color="${color[1]}"> <li> 이 색상은 ${color[1]}색입니다. </li> </font>
24  <font color="${color[2]}"> <li> 이 색상은 ${color[2]}색입니다. </li> </font>
25  <font color="${color[3]}"> <li> 이 색상은 ${color[3]}색입니다. </li> </font>
26  <font color="${color[4]}"> <li> 이 색상은 ${color[4]}색입니다. </li> </font>
27  </ul>
28
29  </body>
30  </html>
```

자바빈즈의 getter 호출

자바빈즈 member.User를 만든 후, 액션 태그 <jsp:useBean …>을 이용하여 먼저 만든 클래스 member.User의 객체 user를 생성한다. 자바빈즈 객체 user에 태그 <jsp:setProperty …>를 이용하여 필드 3개의 값을 저장한다.

```
<jsp:useBean id="user" class="member.User">
   <jsp:setProperty name="user" property="uname" value="강길수"/>
   <jsp:setProperty name="user" property="uid" value="road"/>
   <jsp:setProperty name="user" property="unum" value="1234"/>
</jsp:useBean>
```

자바빈즈 user를 이용한 표현언어 ${ user.uname }는 자바빈즈 user.getUname()과 같은 의미이다. 또한 표현언어 ${ user.uname }은 표현언어 ${ user["uname"] } 또는 ${ user['uname'] }로도 가능하다.

```
\${ user.uname } = ${ user.uname } <br>
\${ user.uid } = ${ user.uid } <br>
\${ user.unum } = ${ user.unum }<br>

\${ user["uname"] } = ${ user["uname"] } <br>
\${ user['uid'] } = ${ user['uid'] } <br>
\${ user['unum'] } = ${ user['unum'] }<br>
```

다음은 위에서 이용한 자바빈즈 클래스 member.User의 전 소스이다.

예제 12-8 User.java

```
01  package member;
02
03  public class User {
04
05      private String uname;
06      private String uid;
07      private int unum;
08
09      public String getUname() {
10          return uname;
```

```
11        }
12        public void setUname(String uname) {
13            this.uname = uname;
14        }
15        public String getUid() {
16            return uid;
17        }
18        public void setUid(String uid) {
19            this.uid = uid;
20        }
21        public int getUnum() {
22            return unum;
23        }
24        public void setUnum(int unum) {
25            this.unum = unum;
26        }
27
28  }
```

다음은 위에서 정의한 member.User를 자바빈즈로 정의하여 표현언어에서 자바빈즈 객체의 getter를 이용하는 프로그램과 그 결과이다.

예제 12-9 userEL.jsp

```
01  <%@ page language="java" contentType="text/html; charset=EUC-KR"
    pageEncoding="EUC-KR"%>
02  <html>
03  <head>
04  <meta http-equiv="Content-Type" content="text/html; charset=EUC-KR">
05  <title>표현언어에서 액션태그 이용</title>
06  </head>
07  <body>
08  <h2> 표현언어에서 자바빈즈 getter 호출 </h2>
09
10  <jsp:useBean id="user" class="member.User">
11      <jsp:setProperty name="user" property="uname" value="강길수"/>
12      <jsp:setProperty name="user" property="uid" value="road"/>
13      <jsp:setProperty name="user" property="unum" value="1234"/>
14  </jsp:useBean>
15
16  \${ user.uname } = ${ user.uname } <br>
17  \${ user.uid } = ${ user.uid } <br>
18  \${ user.unum } = ${ user.unum }<br>
```

```
19  <p>
20  \${ user["uname"] } = ${ user["uname"] } <br>
21  \${ user['uid'] } = ${ user['uid'] } <br>
22  \${ user['unum'] } = ${ user['unum'] }<br>
23
24  </body>
25  </html>
```

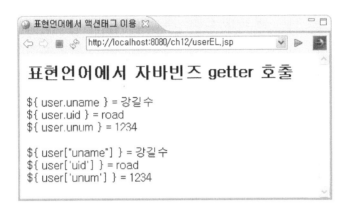

4. 표현언어에서 클래스에 정의된 메소드 이용

4.1 표현언어에서 이용할 함수 만들기

3개의 파일 필요

표현언어에서 일반적인 자바코드를 사용할 수 없다. 이러한 제한을 다소 해소 하기 위한 방법을 JSP 2.0에서 제공하는데, 자바 클래스의 메소드를 태그로 정의하여 사용하는 방법이다. 즉 클래스에 정의한 메소드를 표현언어에서 다음과 같이 호출하려면, 먼저 접두어 prefixname으로 태그를 선언해야 한다.

```
${ prefixname:functioname() }
```

표현언어에서 함수를 이용하려면 다음과 같이 3가지 작업을 수행한 뒤, JSP 프로그램에서 표현언어의 함수를 호출할 수 있다.

순서	작업	파일이 저장되는 폴더	파일이름
1	클래스 작성	[Java Resources: rc]/[패키지]	ELDateFormat.java
2	TLD 파일 작성	[WebContent]/[WEB-INF]/[tld]	ELfunction.tld
3	JSP 파일 작성	[WebContent]	function.jsp

■ **표 12-4** 표현언어 내장 객체의 종류

JSP의 과거 버전에서는 web.xml 파일에서 TLD 파일에 대한 정보를 지정하는 작업이 필요했으나 이제는 그 작업이 필요 없다. 위 순서대로 필요한 파일을 작성해 보자.

4.2 클래스 작성

클래스 ELDateFormat toFormat() 메소드 작성

작성할 클래스 ELDateFormat은 클래스 SimpleDateFormat을 이용하여 인자로 입력된 Date 자료유형의 날짜를 [2010-11-22(월) 16:33:44] 형태로 출력하는 함수 toFormat()을 정의한다.

클래스 SimpleDateFormat에서 날짜를 지정하는 패턴을 살펴보면, yyyy는 연도, MM은 월, dd는 날짜이며, E는 요일이고, HH는 시간, mm은 분, ss는 초를 나타낸다. 즉 다음은 [2010-11-22(월) 16:33:44] 모양으로 날짜를 출력하려고 SimpleDateFormat의 객체 df를 생성하는 문장이다. 정적(static) 메소드에서 변수 df를 사용하려면 메소드를 정적(static)으로 선언해야 한다.

```
private static SimpleDateFormat df = new SimpleDateFormat("yyyy-MM-dd(E)
HH:mm:ss");
```

JSP 프로그램의 표현언어에서 호출할 수 있는 클래스의 메소드는 정적(static)인 메소드만 가능하다. 그러므로 클래스 ELDateFormat의 정적인 메소드 toFormat(Date date)을 다음과 같이 정의한다. 메소드 toFormat(Date date)이 정적이므로 그 메소드 내부에서 사용하는 필드인 객체변수 df도 정적으로 선언해야 한다.

```
       public static String toFormat(Date date) {
           return df.format(date);
       }
```

다음은 ELDateFormat의 전체 소스이다.

예제 12-10 ELDateFormat.java

```
01  package form;
02
03  import java.text.SimpleDateFormat;
04  import java.util.Date;
05
06  public class ELDateFormat {
07      private static SimpleDateFormat df = new SimpleDateFormat("yyyy-
    MM-dd(E) HH:mm:ss");
08
09      public static String toFormat(Date date) {
10          return df.format(date);
11      }
12  }
```

4.3 태그 라이브러리 디스크립터(TLD) 파일 작성

▌폴더 [WEB-INF]/[tld]에 TLD 파일 생성

태그 라이브러리 디스크립터(Tag Library Descriptor)는 말 그대로 태그 라이브러리의 정보를 기술하는 파일로 줄여서 TLD라고 한다. 위에서 작성한 클래스 ELDateFormat의 메소드 toFormat()을 표현언어에서 이용하려면, 클래스 ELDateFormat의 메소드 toFormat()을 태그로 이용한다는 정보를 TLD 파일에 저장해야 한다. 저장할 TLD 파일의 확장자는 tld이며 일반적으로 폴더 [WEB-INF] 하부에 폴더 [tld]를 만들어 저장한다. 이제 클래스 ELDateFormat의 메소드 toFormat()을 태그로 이용할 정보를 저장하는 TLD 파일 [ELfunction.tld]를 작성하자.

이클립스 프로젝트 폴더 하부 [WebContent]/[WEB-INF]에 TLD 파일이 위치할 폴더 [tld]를 만든다. 폴더 [WebContent]/[WEB-INF]/[tld] 하부에 태그 라이브러리 디스크립터(TLD) 파일 [ELfunction.tld]를 만든다.

TLD 파일의 처음은 호환성을 위한 태그와 현재 XML 문서의 규칙을 저장하고 있는 스키마 파일의 위치를 지정하는 태그이다. 이 부분은 기존의 TLD 파일을 복사하여 이용하자.

```
<?xml version="1.0" encoding="euc-kr" ?>

<taglib xmlns="http://java.sun.com/xml/ns/j2ee"
    xmlns:xsi="http://www.w3.org/2001/XMLSchema-instance"
    xsi:schemaLocation="http://java.sun.com/xml/ns/j2ee
                        web-jsptaglibrary_2_0.xsd"
    version="2.0">
```

다음 function 태그는 JSP 파일에서 함수를 이용할 수 있도록 등록하는 태그로 그 내부에는 <description>, <name>, <function-class>, <function-signature> 태그 등이 필요하다. 이 태그는 각각 다음을 의미한다.

태그	기능	예
<description>	태그로 저장하여 이용할 함수의 설명	<description>Date 객체를 (yyyy-MM-dd(E) HH:mm:ss) 형태로 출력 </description>
<name>	표현언어에서 직접 호출에 이용할 함수의 이름	<name>format</name>
<function-class>	함수가 소속된 클래스 이름	<function-class> form.ELDateFormat </function-class>
<function-signature>	함수의 반환유형, 이름, 인자유형인 시그네쳐	<function-signature> java.lang.String toFormat(java.util.Date) </function-signature>

■ **표 12-5** TLD 파일의 태그 〈function〉의 내부 태그

태그 <function>은 지정된 클래스의 함수를 태그로 정의하는 태그로 그 내부에 <name>, <function-class>, <function-signature> 태그를 사용한다.

```
<function>
  <description>Date 객체를 (yyyy-MM-dd(E) HH:mm:ss) 형태로 출력</description>
    ...
</function>
```

다음과 같이 태그 <name >으로 함수이름 format을 등록하며, 태그 <function-class >로 함수가 정의된 클래스이름 form.ELDateFormat을 기술하고, 태그 <function-signature >를 이용하여 함수이름 format으로 사용할 함수의 시그네쳐인 java. lang. String toFormat(java. util. Date)을 각각 기술한다.

```
<name>format</name>
<function-class>
    form.ELDateFormat
</function-class>
<function-signature>
    java.lang.String toFormat( java.util.Date )
</function-signature>
```

예제 12-11 ELfunction.tld

```
01  <?xml version="1.0" encoding="euc-kr" ?>
02
03  <taglib xmlns="http://java.sun.com/xml/ns/j2ee"
04      xmlns:xsi="http://www.w3.org/2001/XMLSchema-instance"
05      xsi:schemaLocation="http://java.sun.com/xml/ns/j2ee
06                  web-jsptaglibrary_2_0.xsd"
07      version="2.0">
08
09      <description>EL에서 함수실행</description>
10      <tlib-version>1.0</tlib-version>
11      <short-name>ELfunctions</short-name>
12      <uri>/ELfunctions</uri>
13
14      <function>
15        <description>Date 객체를 (yyyy-MM-dd(E) HH:mm:ss) 형태로 출력 </description>
16        <name>format</name>
17        <function-class>
18            form.ELDateFormat
19        </function-class>
20        <function-signature>
21            java.lang.String toFormat( java.util.Date )
22        </function-signature>
23      </function>
24
25  </taglib>
```

4.4 JSP 파일 작성

▌ 표현언어에서 함수호출

표현언어에서 등록한 태그의 함수를 호출하려면, 가장 먼저 <taglib >태그를 이용하여 사용할 태그 접두어와 이용할 함수가 정의되어 있는 TLD 파일을 지정해야 한다. 이를 위하여 다음 구문을 이용한다.

```
<%@ taglib prefix="prefixname" uri="/WEB-INF/tld/tldfilename.tld" %>

${ prefixname:functioname() }
```

■ **그림 12-3** 표현언어에서 함수호출

태그 <taglib >를 살펴보면 속성 prefix와 uri가 필요한데, 속성 prefix는 표현언어에서 기술할 태그명의 접두어를 나타내며, 속성 uri는 표현언어를 이용할 함수가 정의되어 있는 TLD 파일을 나타낸다.

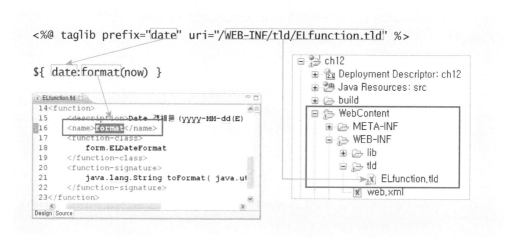

■ **그림 12-4** 태그 〈taglib〉의 속성 prefix, uri와 표현언어의 함수호출

표현언어에서 함수 호출 시, 이용되는 함수이름은 클래스에 정의되어 있는 함수이름이 아니라, TLD 파일의 태그 <name >에 정의되어 있는 함수이름이다. TLD 파일 [ELfunction. tld]의 <function > 태그, 내부 태그 <name >에 정의된 함수이름이 format이므로 표현언어 ${ date.format(now) }으로 format 함수를 호출한다. 즉 표현언어에서의 함수호출 문장은 다음과 같다.

$\{$ tablib의속성prefix에서지정한태그명.TLD파일에서지정한함수이름(인자1, 인자2, ...) $\}$

    표현언어의 함수호출 ${date:format(now)}에서 사용되는 인자는 매개변수 now와 표현언어 내부객체 sessionScope의 now이다. 물론 이 now들은 함수를 호출하기 이전에 request와 세션 속성으로 등록한 이름이다.

```
    java.util.Date today = new java.util.Date();
    request.setAttribute("now", today);
    if ( session.isNew() ) session.setAttribute("now", today);
    ……
[Refresh]하면 현재 시간 : ${ date:format(now) } <p>
처음 접속한 시간 : ${ date:format(sessionScope.now) } <p>
```

■ **그림 12-5** 표현언어에서 함수호출 ${date:format(now)}의 인자

    다음은 표현언어에서 클래스에 지정한 함수를 호출하는 예제 function의 전체 소스와 결과이다. 예제 Function를 실행하려면 이클립스에서 현재 있는 서버를 삭제하고 새로운 서버로 다시 실행하기 바란다.

예제 12-12 function.jsp

```
01 <%@ page language="java" contentType="text/html; charset=EUC-KR"
   pageEncoding="EUC-KR"%>
02 <html>
03 <head>
04 <meta http-equiv="Content-Type" content="text/html; charset=EUC-KR">
05 <title>EL 함수</title>
06 </head>
07 <body>
08
09 <%@ taglib prefix="date" uri="/WEB-INF/tld/ELfunction.tld" %>
10
11 <%
12     java.util.Date today = new java.util.Date();
13     request.setAttribute("now", today);
14     if ( session.isNew() ) session.setAttribute("now", today);
15 %>
```

```
16
17   <h2> EL 함수 예제 </h2>
18
19   [Refresh]하면 현재 시간 : ${ date:format(now) } <p>
20   처음 접속한 시간 : ${ date:format(sessionScope.now) } <p>
21
22   </body>
23   </html>
```

위 결과에서 [Refresh] 버튼을 누르면 매개변수가 다시 등록되고 출력되므로 계속 출력 시간이 변하는 것을 볼 수 있다. 반면 세션이 처음 생성될 때 등록한 시간은 변하지 않는 것을 알 수 있다.

5. 표현언어 비활성화

5.1 표현언어 비활성화 방법

▌ 페이지 지시자 속성 isELIgnored

표현언어는 JSP 페이지 규약 2.0에 추가된 기능으로서 만일 JSP 규약 2.0 이전 버전에서 개발된 JSP 프로그램을 JSP 규약 2.0에서 실행한다면 $로 시작하는 문자열을 표현언어로 인식하여 오류가 발생할 수 있다. 이러한 경우를 대비해서 JSP는 JSP 페이지에서 표현언어를 사용하지 않겠다는 표현언어 비활성화 지시를 내릴 수 있다.

표현언어의 비활성화는 페이지 단위나 응용프로그램 단위 또는 서버 단위로 가능하며 각각 다음과 같은 작업이 필요하다.

표현언어 비활성화 단위	수정 내용	수정 파일
페이지 단위	페이지 지시자 속성 isELIgnored 추가	각 JSP 페이지
응용프로그램 단위	태그 <el-ignored> 추가	[WEB-INF]/web.xml
서버 단위	태그 <el-ignored> 추가	[conf]/web.xml

■ **표 12-6** 표현언어 비활성화 단위와 수정 방법

5.2 페이지에서 표현언어 비활성화

페이지 지시자 속성 isELIgnored

이미 배운 페이지 지시자의 속성 isELIgnored가 페이지의 표현언어 비활성화 관련 속성으로, "true"로 지정하면 표현언어가 비활성화되고, "false"로 지정하면 표현언어가 활성화된다. 속성 isELIgnored은 지정하지 않으면 기본 값이 false로 표현언어가 활성화된다.

```
<%@ page isELIgnored="true" %>
```

즉 다음 JSP 페이지는 표현언어가 비활성화되어, $로 기술된 부분이 그대로 ${ 1 + 1 }으로 출력된다.

```
<%@ page isELIgnored="true" %>
${ 1 + 1 }
```

반면 다음 JSP 페이지에서는 표현언어가 활성화되어, $로 기술된 부분이 표현언어로 인식되어 ${ 1 + 1 }의 결과인 2가 출력된다.

```
<%@ page isELIgnored="false" %>
${ 1 + 1 }
```

예제 12-13 inactiveEL.JSP

```
01  <%@ page language="java" contentType="text/html; charset=EUC-KR"
    pageEncoding="EUC-KR"%>
02  <html>
03  <head>
04  <meta http-equiv="Content-Type" content="text/html; charset=EUC-KR">
05  <title>표현언어 비활성화</title>
06  </head>
07  <body>
08
09    <%@ page isELIgnored="true" %>
10    ${ 1 + 1 }
11
12  </body>
13  </html>
```

5.3 서버 또는 응용 프로그램에서 표현언어 비활성화

▌설정 파일 web.xml 수정

설정파일 web.xml에서 표현언어를 비활성화시키는 방법은 다음과 같이 태그 `<JSP-config>`의 내부 태그 `<JSP-property-group>`의 내부에서 `<el-ignored>`태그를 삽입하여 그 값으로 `true`를 지정하는 방법이다.

```
<display-name>표현언어 비활성화</display-name>
  <jsp-config>
    <jsp-property-group>
      <url-pattern>*.jsp</url-pattern>
      <el-ignored>true</el-ignored>
    </jsp-property-group>
  </jsp-config>
```

서버 차원에서 표현언어를 비활성화시키려면 서버 설치 폴더의 하부 폴더 [conf]의 파일 web.xml을 수정하며 응용프로그램에서 표현언어를 비활성화시키려면 응용프로그램 폴더 [WEB-INF] 하부의 web.xml을 수정하도록 한다.

설정파일 web.xml의 수정을 통하여 표현언어의 활성화와 비활성화를 테스트할 경우, web.xml의 수정뿐만 아니라 테스트하는 JSP 파일도 수정하여 다시 JSP 서블릿이 생성된 후 실행되도록 해야 web.xml에 수정된 표현언어의 활성화 설정이 JSP 페이지에 정확히 반영된다.

다음은 응용프로그램에서 표현언어를 비활성화시키기 위해, 이클립스에서 응용프로그램 폴더 [WEB-INF] 하부의 web.xml을 수정한 파일 그림이다.

```
 1 <?xml version="1.0" encoding="UTF-8"?>
 2 <web-app xmlns:xsi="http://www.w3.org/2001/XMLS
 3   <display-name>ch12</display-name>
 4   <welcome-file-list>
 5     <welcome-file>index.html</welcome-file>
 6     <welcome-file>index.htm</welcome-file>
 7     <welcome-file>index.jsp</welcome-file>
 8     <welcome-file>default.html</welcome-file>
 9     <welcome-file>default.htm</welcome-file>
10     <welcome-file>default.jsp</welcome-file>
11   </welcome-file-list>
12
13   <display-name>표현언어 비활성화</display-name>
14   <jsp-config>
15       <jsp-property-group>
16           <url-pattern>*.jsp</url-pattern>
17           <el-ignored>true</el-ignored>
18       </jsp-property-group>
19   </jsp-config>
20
21 </web-app>
```

■ **그림 12-6** 표현언어의 비활성화를 위한 web.xml의 태그

만일 web.xml과 JSP 페이지의 설정이 다르다면 JSP 페이지 설정이 우선한다. 만일 서버 설정이 위와 같이 표현언어가 비활성화이고, JSP 페이지는 다음과 같이 표현언어가 활성화라면 다음 페이지의 표현언어는 활성화된다.

```
<%@ page isELIgnored="false" %>
${ 1 + 1 }
```

만일 서버 설정이 위와 같이 표현언어가 비활성화이고, JSP 페이지에는 isELIgnored의 속성이 없다면 다음 페이지의 표현언어는 서버 설정에 따라 표현언어가 비활성화된다.

```
${ 1 + 1 }
```

다음 표는 JSP 페이지 지시자의 `isELIgnored` 속성과 설정파일 web.xml의 태그 `<el-ignored>` 설정에 따른 표현언어의 활성화와 비활성화의 결과를 나타낸 표이다.

페이지 지시자 속성 isELIgnored	web.xml의 태그 `<el-ignored>`	표현언어 사용
false	관계 없이	표현언어 활성화(O)
true	관계 없이	표현언어 비활성화(X)
기술 없음	false	표현언어 활성화(O)
기술 없음	true	표현언어 비활성화(X)
기술 없음	기술 없음	표현언어 활성화(O)

■ **표 12-7** 표현언어 비활성화 처리 결과

6. 연습문제

1. 다음 JSP 프로그램에서 표현언어에 주의하여 그 결과를 기술하시오.

```
01  <%@ page language="java" contentType="text/html; charset=EUC-KR"
    pageEncoding="EUC-KR"%>
02  <html>
03  <head>
04  <title>표현언어 예제</title>
05  </head>
06  <body>
07
08  \${ 3 div 6 } = ${ 3 div 6 } <br>
09
10  \${ 10 mod 3 } = ${ 10 mod 3 } <br>
11
12  \${ 3 gt 4 } = ${ 3 gt 4 } <br>
13
14  \${ 2 * 3 ne 6 } = ${ 2 * 3 ne 6 } <br>
15
16  \${ not (5 lt 6 and 7 ge 6) } = ${ not (5 lt 6 and 7 ge 6) } <br>
17
18  </body>
19  </html>
```

2. 다음 JSP 프로그램에서 표현언어에 주의하여 그 결과를 기술하시오.

```
01  <%@ page language="java" contentType="text/html; charset=EUC-KR"
    pageEncoding="EUC-KR"%>
02  <html>
03  <head>
04  <title>표현언어 예제</title>
05  </head>
06  <body>
07
08  \${ empty 2 } = ${ empty 2 } <br>
09
10  \${ empty 0 } = ${ empty 0 } <br>
11
```

```
12  \${ empty name } = ${ empty name } <br>
13
14  \${ empty requestScope } = ${ empty requestScope } <br>
15
16  \${ empty header } = ${ empty header} <br>
17
18  </body>
19  </html>
```

3. 표현언어의 내장 객체 11가지를 기술하시오.

4. 다음은 표현언어의 내장 객체 header를 출력한 내용이다. 이 출력 내용을 참고로 다음 내장 객체 header에 대한 질문에 답하시오.

(1) 내장 객체 header를 이용하여 다음과 같은 형태로 참조할 수 있는 속성은 "cookie" 이외에 무엇이 더 있겠는가?

```
${ header["cookie"] }
```

(2) 내장 객체 header에서 이용할 수 있는 모든 속성에 대한 저장 값을 출력하는 프로그램을 작성하시오.

5. 다음은 클래스에 정의된 메소드를 태그 라이브러리 디스크립터에서 함수로 정의하여, 표현언어에서 이용하는 과정을 기술하였다. 각각의 질문에 답하시오.

(1) 다음 클래스에서 메소드 hello()를 표현언어에서 함수로 이용할 예정이다. 빈 공간에 알맞은 키워드는 무엇인가?

```
01  package sample;
02
03          public class HelloTLD {
04
05          public [      ] String hello() {
06             return "Hello TLD!";
07          }
08
09  }
```

(2) 다음은 TLD 파일 ELfunction.tld 파일의 일부이다. 다음 빈 공간을 알맞게 채우시오.

```
01  <function>
02          <description>간단한 문자열 반환</description>
03          <name>getHello</name>
04          <function-class>
05                  [              ]
06          </function-class>
07          <function-signature>
08              java.lang.String hello()
09          </function-signature>
10  </function>
```

(3) 다음은 위에서 만든 함수를 호출하는 표현언어이다. 다음 빈 공간을 알맞게 채우시오.

```
01  <%@ taglib prefix="[    ]" uri="/WEB-INF/tld/ELfunction.tld" %>
02
03  ${ test:[          ] }
```

(4) 위 (3)번 프로그램의 결과는 무엇인가?

6. 다음에서 표현언어 비활성화 지시자를 살펴보고, 다음 표현언어의 결과를 기술하시오.

(1)

```
01  <%@ page isELIgnored="false" %>
02  ${ 2 / 4 }
```

(2)

```
01  <%@ page isELIgnored="true" %>
02  ${ 2 / 4 }
```

JSTL

1. JSTL 개요

2. 코어 태그 라이브러리

3. SQL 태그 라이브러리

4. 함수 라이브러리

5. 연습문제

자바 표준 태그 라이브러리(JSTL: Java Standard Tag Library)는 JSP 페이지에서 필요한 최소한의 비즈니스 로직을 처리하기 위한 커스텀 태그이다. JSTL은 커스텀 태그이므로 XML 유형의 마크업 언어를 사용하며, JSTL을 사용하기 위해서는 taglib 지시자가 필요하다. 13장에서는 JSTL의 5가지 분류의 태그 중에서, 코어 태그, SQL 태그, 함수 라이브러리에 대하여 학습할 예정이다.

- JSTL의 필요성과 사용환경 설정 이해하기

- JSTL 사용을 위한 taglib 지시자 알아보기

- 코어 태그 라이브러리 사용 방법 이해하기

- SQL 태그 라이브러리 사용 방법 이해하기

- 함수 태그 라이브러리 사용 방법 이해하기

1. JSTL 개요

1.1 표준 커스텀 태그

액션 태그와 커스텀 태그

이미 배운 액션 태그는 JSP에서 XML 유형의 태그를 사용하며, 특별한 동작 기능을 수행하는 태그이다. 태그 `<jsp:useBean …>`, `<jsp:include …>`와 같이 이미 정해진 액션 태그 외에, JSP에서는 프로그래머가 직접 필요한 테그를 만들어 사용할 수 있는 커스텀 태그(Custom Tag)를 제공한다. 액션 태그와 커스텀 태그 모두 XML 태그이므로 다음과 같이 시작 태그와 종료 태그가 반드시 있어야 하며, 속성과 값을 지정하고, 값에는 반드시 `"value"`, `'value'`와 같이 큰 따옴표 또는 작은 따옴표를 붙여야 한다. 또한 같은 태그 이름의 충돌을 피하기 위해 `prefix`인 접두어를 사용한다. 태그를 `<prefix:tagName`로 시작했다면 몸체가 없는 태그는 `/>`이 종료 태그이며, 몸체가 있는 태그는 `</prefix:tagName>`이 종료 태그이다.

몸체(body)가 없는 태그 방식

`<prefix:tagName     var1="value" … />`

몸체(body)가 있는 태그 방식

`<prefix:tagName     var1="value" …>`

태그 몸체(tag body)

`</prefix:tagName>`

■ **그림 13-1** 액션 태그와 커스텀 태그 유형

커스텀 태그는 새로운 태그를 정의하여 사용하는 방법으로, 이에 대해서는 다음 14장에서 자세히 학습할 예정이다.

JSTL

자바에서 커스텀 태그 기능을 이용하여 활용 빈도가 높은 태그를 개발, 발표한 것이 바로 자바 표준 태그 라이브러리(JSTL: Java Standard Tag Library)이다. 즉 JSTL은 표준 커스텀 태그라 할 수 있다.

JSTL은 여러 태그를 5가지 부류로 나누어 제공한다. 즉 JSTL은 변수지원, 반복, 조건과 같은 제어흐름, 주소인 URL 관리, 출력, 예외처리 등을 처리하는 Core 태그와 함께 XML, 국제

화(Internationalization), SQL, 일반함수(functions)로 분류한 표준 태그 라이브러리의 집합이다. 다음은 JSTL이 제공하는 5가지 분류에 대한 태그의 세부 영역과 태그에서 사용되는 접두어, 그리고 URI이다.

분류	세부 영역	접두어(prefix)	URI
Core	변수 지원	c	http://java.sun.com/jsp/jstl/core
	제어 흐름		
	URL 관리		
	출력, 예외처리		
XML	코아	x	http://java.sun.com/jsp/jstl/xml
	흐름 제어		
	변환		
Internationalization	지역화(Locale)	fmt	http://java.sun.com/jsp/jstl/fmt
	메시지 포맷		
	수와 날짜 포맷		
Database	SQL	sql	http://java.sun.com/jsp/jstl/sql
Functions	집합체 길이	fn	http://java.sun.com/jsp/jstl/functions
	문자열 처리		

■ **표 13-1** JSTL 분류와 URI

1.2 JSTL 사용을 위한 환경 설정

JSTL

JSTL은 JSP 2.0의 표준 규약으로 제정되었으나, 톰캣 서버는 아직 JSTL의 표준 라이브러리를 제공하지 않으므로, 톰캣에서 JSTL을 사용하려면 JSTL 표준 라이브러리 파일인 다음 2개의 파일을 톰캣 서버에 설치해야 한다.

- jstl.jar
- standard.jar

JSTL 표준 라이브러리를 내려 받기 위해, 먼저 자카르타 홈페이지인 주소 [jakarta.apache.org]에 접속한다.

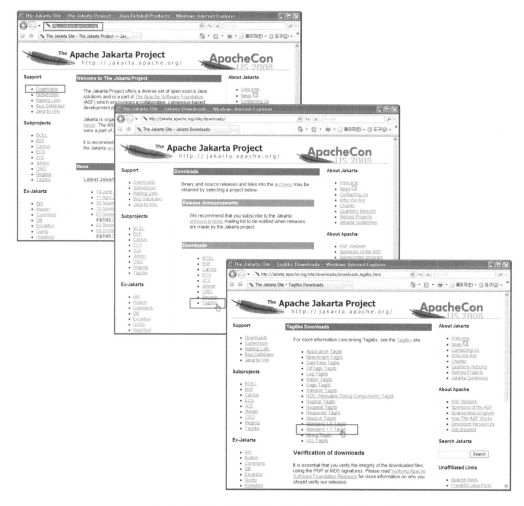

■ **그림 13-2** JSTL 표준 라이브러리 다운로드 사이트 이동

접속한 자카르타 홈페이지 좌측 메뉴에서 [Downloads]로 접속한 후, 다시 중앙에 위치한 링크 [Taglibs]로 접속한다. 접속한 [Taglibs Downloads] 화면에서 다시 링크 [Standard 1.1 Taglib]를 누르면 JSTL 라이브러리를 내려 받을 수 있는 페이지에 접속된다. 접속한 페이지인 [Standard 1.1 Taglib Downsloads]는 다음 주소로 바로 접속할 수 있다.

- http://jakarta.apache.org/site/downloads/downloads_taglibs-standard.cgi

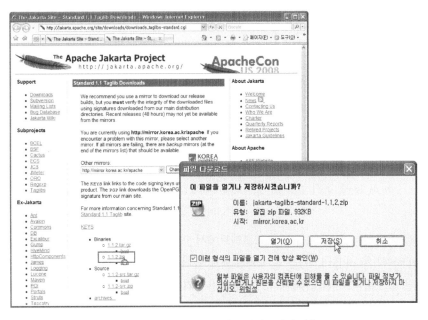

■ **그림 13-3** JSTL 표준 1.1 태그 라이브러리 다운로드

접속한 [Standard 1.1 Taglib Downsloads] 화면에서 링크 [Binaries]의 [1.1.2.zip]을 눌러 파일 [jakarta-taglibs-standard-1.1.2.zip]를 적당한 폴더로 내려 받는다. JSTL 1.1에 관련된 소스와 자료를 보려면 링크 [Source]의 [1.1.2-src.zip]을 내려 받아 사용할 수 있다. 다음에 학습할 커스텀 태그에 대하여 관심이 있으면 매우 유용한 자료이다.

내려 받은 다음 파일에서 압축을 풀어, 하부 폴더 lib에 있는 2개의 파일 [jstl.jar]와 [standard.jar]를 준비한다.

- jakarta-taglibs-standard-1.1.2-src.zip

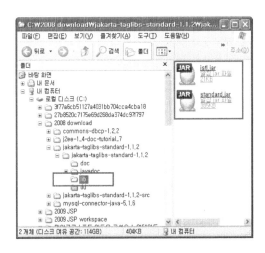

■ **그림 13-4** JSTL 표준 1.1 태그 라이브러리를 위한 2개의 압축 파일

JSTL을 위한 2개의 파일 [jstl.jar]와 [standard.jar]은 각각 JSTL API classes, JSTL implementation classes을 위한 파일이다.

이름	설명	파일 이름
JSTL API classes	JSTL API 클래스	jstl.jar
JSTL implementation classes	Standard Taglib JSTL 구현 클래스	standard.jar

■ **표 13-2** JSTL 표준 1.1 태그 라이브러리 압축 파일 [jstl.jar]와 [standard.jar]

톰캣을 사용하는 현재 이클립스 프로젝트에서 JSTL 태그를 사용하려면 JSTL 라이브러리 파일 [jstl.jar]와 [standard.jar]을 현재 프로젝트 폴더 하부 [WEB-INF]/[lib]에 복사한다. 다음은 이클립스 프로젝트 [ch13]에서 JSTL을 사용하기 위하여 파일 [jstl.jar]와 [standard.jar]을 하부 [WEB-INF]/[lib]에 복사한 화면이다.

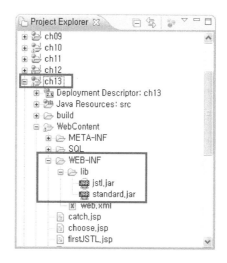

■ **그림 13-5** 프로젝트 하부 폴더 [WEB-INF/lib]에 복사된 파일 [jstl.jar], [standard.jar] 확인

JSTL 참조 홈페이지

JSTL에 대한 태그의 정확한 태그 문법을 참조하려면 다음 JSTL 라이브러리 1.1 태그 참조 홈페이지를 이용하자.

- http://java.sun.com/products/jsp/jstl/1.1/docs/tlddocs/index.html

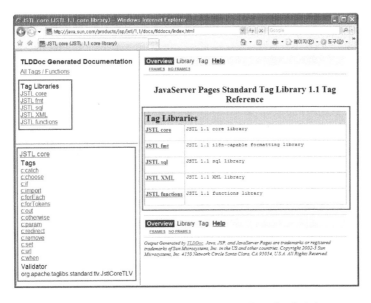

■ **그림 13-6** JSTL 라이브러리 1.1 태그 참조 홈 페이지

1.3 JSTL 태그의 사용

taglib 지시자

JSP 페이지에서 커스텀 태그의 한 종류인 JSTL 태그를 사용하려면 taglib 지시자를 사용해야 한다. 즉 taglib 지시자를 통해 사용할 커스텀 태그 라이브러리의 식별자를 속성 uri에 지정하며, 사용할 태그의 접두어를 속성 prefix에 지정한다.

속성	필수	자료 유형	기능
prefix	O	String	태그에서 사용될 접두어
uri	O	String	사용할 커스텀 태그 라이브러리의 식별자

■ **표 13-3** taglib 지시자의 속성

예를 들어, Core 기능으로 분류된 태그 out을 이용하려면 다음과 같은 taglib 지시자에서 태그 식별자인 uri를 [http://java.sun.com/jsp/JSTL/core]로 지정해야 한다.

```
<%@ taglib prefix="c" uri="http://java.sun.com/jsp/jstl/core" %>
```

위에서 prefix를 c로 지정했으므로 태그 out은 <prefix:tagName ...> 형태인 <c:out ...>

으로 사용한다. 속성 prefix는 다른 것으로 지정할 수 있으나 표준 태그이므로 가능하면 추천하는 접두어 c를 이용하자.

```
<c:out value="Hello JSTL!!!!" />
```

태그 out은 속성 value에 지정한 값을 브라우저에 출력하는 간단한 태그이다. 다음은 태그 out을 이용하여 "Hello JSTL!!!!"을 출력하는 간단한 예제와 그 결과이다.

예제 13-1 firstJSTL.jsp

```
01  <%@ page language="java" contentType="text/html; charset=EUC-KR"
    pageEncoding="EUC-KR"%>
02  <html>
03  <head>
04  <meta http-equiv="Content-Type" content="text/html; charset=EUC-KR">
05  <title>JSTL 첫 예제</title>
06  </head>
07  <body>
08
09      <%@ taglib prefix="c" uri="http://java.sun.com/jsp/jstl/core" %>
10      <c:out value="Hello JSTL!!!!" />
11
12  </body>
13  </html>
```

JSTL의 기능 분류에 따른 taglib의 지시자와 추천 접두어인 prefix를 정리하면 다음과 같다. 함수는 이미 학습한 표현언어 내부에서 사용한다.

기능 분류	taglib 지시자	Prefix	태그 예

Core	`<%@ taglib prefix="c"`
	`uri="http://java.sun.com/`
	`jsp/jstl/core" %>`
		c	`<c:tagname ...>`

XML processing	`<%@ taglib prefix="x"`
	`uri="http://java.sun.com/`
	`jsp/jstl/xml" %>`
		x	`<x:tagname ...>`

Internationalization	`<%@ taglib prefix="fmt"`
	`uri="http://java.sun.com/`
	`jsp/jstl/fmt" %>`
		fmt	`<fmt:tagname ...>`

Database access (SQL)	`<%@ taglib prefix="sql"`
	`uri="http://java.sun.com/`
	`jsp/jstl/sql" %>`
		sql	`<sql:tagname ...>`

Functions	`<%@ taglib prefix="fn"`
	`uri="http://java.sun.com/`
	`jsp/jstl/functions" %>`
		fn	`${fn:functionName(...)}`

■ **표 13-4** JSTL의 기능 분류에 따른 taglib의 지시자와 태그

2. 코어 태그 라이브러리

2.1 코어 태그 개요

▌ 기본 기능 태그

코어 태그는 JSTL에서 가장 기본이 되며 가장 많이 사용되는 태그로, 변수 지원, 제어흐름, URL 관리, 예외 처리, 출력 처리를 위한 태그로 구성된다.

분류	태그	기능
변수 지원	remove	이미 설정한 변수를 삭제
	set	범위에서 사용될 변수를 지정

제어 흐름	choose	태그 <when > 과 <otherwise > 로 구성되어 있는 여러 개의 조건 중에 하나만 선정하여 처리
	when	<choose> 태그의 서브태그로 조건이 true이면 몸체를 실행
	otherwise	<choose> 태그의 서브태그로 이전에 있는 태그 <when>에서 조건이 모두 false이면 태그 <otherwise> 몸체를 실행
	forEach	다양한 콜렉션 유형에서 반복을 처리
	forTokens	문자열을 구분자(delimeters)로 구분하여 토큰으로 나누며 반복 실행
	if	조건이 true이면 몸체를 실행
URL 관리	import	다른 페이지를 현재 위치, 또는 변수 또는 읽기객체에 저장
	param	태그 <import>, <redirect>, <utl>의 서브태그로, 매개변수 전송 처리
	redirect	새로운 URL로 이동 처리
	url	질의 매개변수를 이용하여 URL을 생성
예외처리, 출력	catch	예외 처리
	out	출력 처리

■ **표 13-5** 코어 태그 라이브러리

코어 태그를 이용하기 위해서는 사용하기 이전에 다음의 **taglib** 지시자를 사용한다.

```
<%@ taglib prefix="c" uri="http://java.sun.com/jsp/jstl/core" %>
<c:set var="foo" value="set Tag 테스트입니다." />
```

2.2 변수 지원 태그 set, remove

<c:set ...>

태그 **set**은 지정된 범위로 평가 값을 변수에 저장한다. 태그 **set**의 구문은 다음과 같으며 몸체가 있는 태그를 사용할 경우에는 몸체의 값이 속성 **value**에 지정되는 값이 된다.

```
<c:set var="변수이름" value="저장할 값" scope="4개의중의 하나" />

<c:set var="변수이름" scope="4개의중의 하나" >
저장할 값
</c:set>
```

다음은 태그 set의 속성에 대한 설명이다. 속성 var와 target은 동시에 사용될 수 없으며, 저장할 객체인 target이 사용되면 속성 property도 사용되어 target 객체의 property 이름을 지정한다.

속성	필수	기본 값	자료 유형	기능
var	X		String	값이 저장되는 변수이름
target	X		String	값이 저장되는 자바빈즈 객체이거나 또는 Map 객체. 자바빈즈 객체인 경우, setter인 property에 의해 값이 지정
value	X		String	변수 또는 객체에 저장할 값
property	X		String	target 객체의 property 이름
scope	X	page	String	변수가 효력을 발휘하는 영역으로 page, request, session, application 중의 하나를 지정

■ 표 13-6 〈c:set ... 〉 태그의 속성

다음 태그는 변수 foo에 문자열 "set Tag 테스트입니다."를 저장하며, 변수 foo는 표현언어에서 변수로 사용할 수 있다.

```
<c:set var="foo" value="set Tag 테스트입니다." />
\${foo} = ${foo} <br>
```

다음 set 태그는 변수 n의 몸체에 지정된 정수 24를 저장한다.

```
<c:set var="n" >
24
</c:set>
```

변수 d에 실수 31.54를 저장하면, 위에서 지정한 변수 n과 함께 표현언어에서 산술연산이 가능하다.

```
<c:set var="d" >
31.54
</c:set>
\${d} = ${d} <br>
\${n + d} = ${n + d} <br>
```

다음과 같이 변수 b에 논리 값도 저장이 가능하다.

```
<c:set var="b" value="true" />
\${!b} = ${!b} <br>
```

태그 set에서 변수의 범위를 page, request, session, application 중 하나를 지정할 수 있으며, 지정하지 않으면 기본 값은 page이다. 만일 scope를 session으로 지정하면 표현언어 내장 객체 sessionScope로도 참조가 가능하다.

```
<c:set var="str" value="Hello set Tag!!!" scope="session" />
\${str} = ${str} <br>
\${sessionScope.str} = ${sessionScope.str} <br>
```

📺 예제 13-2 setvar.jsp

```
01  <%@ page language="java" contentType="text/html; charset=EUC-KR"
    pageEncoding="EUC-KR"%>
02  <html>
03  <head>
04  <meta http-equiv="Content-Type" content="text/html; charset=EUC-KR">
05  <title>JSTL Core: set</title>
06  </head>
07  <body>
08
09  <h2>JSTL Core Tag: set</h2>
10
11  <%@ taglib prefix="c" uri="http://java.sun.com/jsp/jstl/core" %>
```

```
12
13  <c:set var="foo" value="set Tag 테스트입니다." />
14  \${foo} = ${foo} <br>
15
16  <c:set var="n" >
17  24
18  </c:set>
19  \${n} = ${n} <br>
20
21  <c:set var="d" >
22  31.54
23  </c:set>
24  \${d} = ${d} <br>
25  \${n + d} = ${n + d} <br>
26
27  <c:set var="b" value="true" />
28  \${!b} = ${!b} <br>
29
30  <c:set var="str" value="Hello set Tag!!!" scope="session" />
31  \${str} = ${str} <br>
32  \${sessionScope.str} = ${sessionScope.str} <br>
33
34  </body>
35  </html>
```

속성 target을 이용하는 set 태그를 살펴보면, Map 또는 자바빈즈 객체에 속성 property로 value에 지정된 값을 저장한다. 다음은 클래스 java.util.HashMap()으로 선언된 변수 book에 <키, 값>으로 각각 <"java", "자바로 배우는 프로그래밍 기초">, <"c", "C로 배우는 프로그래밍 기초">,<"jsp", "JSP로 배우는 인터넷프로그래밍 기초">를 저장하는 태그이다.

```
<c:set var="book" value="<%= new java.util.HashMap() %>" />
<c:set target="${book}" property="java" value="자바로 배우는 프로그래밍 기초" />
<c:set target="${book}" property="c" value="C로 배우는 프로그래밍 기초" />
<c:set target="${book}" property="jsp" value="JSP로 배우는 인터넷프로그래밍 기초" />
```

위의 변수 book에서 키 값 java에 대응하는 값을 참조하려면 ${book.java}를 사용한다.

```
\${book.java} = ${book.java} <p>
```

태그 set을 사용하여 표현언어 내장 객체 pageScope에 직접 속성과 값을 지정하는 태그는 다음과 같다.

```
<c:set target="${pageScope}" property="name" value="홍길동" />
```

다음은 자바빈즈 객체 oneday에서 setter인 year를 2010으로 지정하는 set 태그이다. 다음과 같이 태그 set에서 target이 자바빈즈 객체 oneday라면, 속성 property를 "year"로 지정하고 value를 "2010"으로 지정하는 것은 oneday.setYear(2010)를 호출하는 것을 의미한다.

```
<jsp:useBean id="oneday" class="java.util.Date" />
<c:set target="${oneday}" property="year" value="2010" />
```

다음은 태그 set에서 속성 target을 사용하는 예제와 그 결과이다.

🖥 **예제 13-3 settarget.jsp**

```
01  <%@ page language="java" contentType="text/html; charset=EUC-KR"
    pageEncoding="EUC-KR"%>
02  <html>
03  <head>
04  <meta http-equiv="Content-Type" content="text/html; charset=EUC-KR">
05  <title>JSTL Core: set target</title>
```

```
06  </head>
07  <body>
08
09  <h2>JSTL Core Tag: set target</h2>
10
11  <%@ taglib prefix="c" uri="http://java.sun.com/jsp/jstl/core" %>
12
13  <c:set var="book" value="<%= new java.util.HashMap() %>" />
14  <c:set target="${book}" property="java" value="자바로 배우는 프로그래밍 기초" />
15  <c:set target="${book}" property="c" value="C로 배우는 프로그래밍 기초" />
16  <c:set target="${book}" property="jsp" value="JSP로 배우는 인터넷프로그래밍 기초" />
17
18  \${book.java} = ${book.java} <p>
19  \${book.c} = ${book.c} <p>
20  \${book.jsp} = ${book.jsp} <p>
21
22  <c:set target="${pageScope}" property="name" value="홍길동" />
23  \${pageScope.name} = ${pageScope.name} <p>
24
25  <jsp:useBean id="oneday" class="java.util.Date" />
26  <c:set target="${oneday}" property="year" value="2010" />
27  \${oneday.year} = ${oneday.year} <p>
28
29  </body>
30  </html>
```

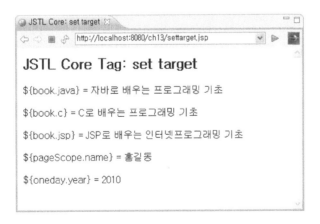

441

▌ <c:remove ...>

태그 remove는 이미 사용하는 변수를 삭제하는 태그이다. 태그 remove는 다음과 같이 몸체가 없는 태그만을 사용한다.

```
<c:remove var="삭제할변수이름" scope="삭제할변수의scope" />
```

다음은 태그 remove의 속성에 대한 설명으로, 속성 var는 삭제할 변수이름으로 반드시 사용되어야 한다. 속성 scope를 기술한 경우, 삭제할 변수의 scope와 다르면 삭제할 수 없다. 그러나 scope를 아예 지정하지 않으면 scope에 관계없이 지정된 변수가 삭제된다.

속성	필수	기본 값	자료 유형	기능
var	O		String	삭제할 변수이름
scope	X		String	삭제할 변수의 영역으로 page, request, session, application 중의 하나를 지정, 지정하지 않으면 scope에 관계없이 변수를 삭제

■ **표 13-7** 〈c:remove ... 〉 태그의 속성

다음은 속성 scope가 session으로 지정된 변수 str를 삭제하는 태그로, 삭제 이후 출력하면 아무 것도 표시되지 않는다.

```
<c:remove var="str" scope="session" />
\${str} = ${str}
```

다음과 같이 속성 scope를 삭제할 변수의 scope와 다르게 지정하면, 변수 str를 삭제할 수 없다.

```
<c:remove var="str" scope="page" />
```

태그 remove에서 scope를 아예 지정하지 않으면 scope에 관계없이 지정된 변수가 삭제된다.

```
<c:set var="app" value="응용프로그램변수" scope="application" />
<c:remove var="app" />
```

다음은 태그 set과 remove의 예제와 그 결과이다.

📺 **예제 13-4 remove.jsp**

```
01  <%@ page language="java" contentType="text/html; charset=EUC-KR" pa-
    geEncoding="EUC-KR"%>
02  <html>
03  <head>
04  <meta http-equiv="Content-Type" content="text/html; charset=EUC-KR">
05  <title>JSTL Core: remove</title>
06  </head>
07  <body>
08
09  <h2>JSTL Core Tag: remove</h2>
10
11  <%@ taglib prefix="c" uri="http://java.sun.com/jsp/jstl/core" %>
12
13  <c:set var="str" value="Hello set Tag!!!" scope="session" />
14  \${str} = ${str} <br>
15  \${sessionScope.str} = ${sessionScope.str} <br>
16
17  <c:remove var="str" scope="page" />
18  \${str} = ${str} <br>
19
20  <c:remove var="str" scope="session" />
21  \${str} = ${str} <br>
22
23  <c:set var="app" value="응용프로그램변수" scope="application" />
24  \${app} = ${app} <br>
25  <c:remove var="app" />
26  \${app} = ${app}
27
28  </body>
29  </html>
```

2.3 제어흐름 태그

<c:if ...>

태그 if는 속성 test를 평가하여 그 결과가 true이면 몸체를 실행하는 태그로, 자바의 if 문과 같이 조건을 처리하는 태그이다. 속성 test에 지정하는 구문은 평가 값이 논리 값이어야 하며, 일반적으로 표현언어의 조건식을 기술하고, 속성 var에는 평가 결과인 true 또는 false가 저장된다. 태그 if는 일반 언어의 if-else 구문은 지원하지 않는다.

```
<c:if test="${today.hours>17 }" var="bool">
        body
</c:if>
```

다음은 태그 if의 속성에 대한 설명으로, 속성 scope는 변수 var의 범위 지정에 사용된다.

속성	필수	기본 값	자료 유형	기능
test	O		boolean	참 거짓을 판별하여 참이면 몸체를 실행
var	X		String	test의 결과를 저장
scope	X		String	변수 var의 범위로 page, request, session, application 중의 하나

■ 표 13-8 〈c:if...〉 태그의 속성

다음은 현재 시간을 변수 today에 저장하여 17시가 넘으면 변수 bool에 그 결과인 true

를 저장하고, "저녁 식사는 하셨는지요?"를 브라우저에 표시하는 모듈이다.

```
<c:set var="today" value="<%= new java.util.Date()%>" />
<c:if test="${today.hours>17 }" var="bool">
저녁 식사는 하셨는지요?<br>
</c:if>
```

📺 **예제 13-5 if.jsp**

```
01  <%@ page language="java" contentType="text/html; charset=EUC-KR"
    pageEncoding="EUC-KR"%>
02  <html>
03  <head>
04  <meta http-equiv="Content-Type" content="text/html; charset=EUC-KR">
05  <title>JSTL Core: if</title>
06  </head>
07  <body>
08
09  <h2>JSTL Core Tag: if</h2>
10
11  <%@ taglib prefix="c" uri="http://java.sun.com/jsp/jstl/core" %>
12
13  안녕하세요.
14  <c:set var="today" value="<%= new java.util.Date()%>" />
15  <c:if test="${today.hours > 17 }" var="bool">
16  저녁 식사는 하셨는지요?<br>
17  </c:if>
18  <p>
19  <hr>
20  \${today.hours} = ${today.hours} <br>
21  \${bool} = ${bool}
22
23  </body>
24  </html>
```

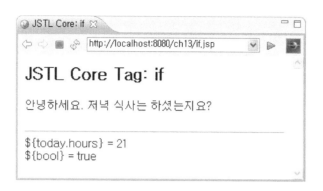

<c:choose ...>

자바의 switch 문장과 같이 태그 choose는 여러 개의 내부 태그 when의 속성 test를 만족하면 그 몸체를 처리하는 태그이다. 태그 choose는 순서대로 태그 when을 검사하여 속성 test가 true인 첫 태그 when의 몸체를 실행하고 종료하는데, 태그 when의 조건이 모두 false라 하나도 처리하지 않으면 태그 otherwise의 몸체를 실행한다. 태그 choose에서 내부 태그 otherwise는 없을 수도 있으며, 그 여러 개 몸체 중에서 많아야 1개 몸체만을 처리한다. 즉 다음과 같은 choose라면 body1, body2, body3 중에서 1개의 몸체만 실행한다.

```
<c:choose>
    <c:when test="${today.hours < 12 }">
        Body1
    </c:when>
    <c:when test="${today.hours < 18 }">
        Body2
    </c:when>
    <c:otherwise>
        Body3
    </c:otherwise>
</c:choose>
```

다음은 태그 when의 속성에 대한 설명으로, 태그 choose, when, otherwise에서 태그 when만이 단지 1개의 속성 test를 갖는다.

속성	필수	기본 값	자료 유형	기능
test	O		boolean	태그 when의 몸체를 실행할 논리값을 검사, true면 몸체를 실행

■ **표 13-9** 〈c:when ... 〉태그의 속성

다음은 java.util.Date 유형인 **today**의 시간에 따라 아침, 점심, 저녁 인사를 표시하는 choose 태그이다.

```
<c:choose>
    <c:when test="${today.hours < 12 }">
        Good morning!
    </c:when>
    <c:when test="${today.hours < 18 }">
        Good afternoon!
    </c:when>
    <c:otherwise>
        Good evening!
    </c:otherwise>
</c:choose>
```

태그 **if** 자체는 if-else를 지원하지 않으나 태그 choose, when, otherwise를 다음과 같이 이용하면 if-else 구문과 같은 기능을 지원할 수 있다.

```
<c:choose>
    <c:when test="${count <= 0 }">
        일치하는 것이 하나도 없습니다.
    </c:when>
    <c:otherwise>
        일치하는 것이 ${count}개 있습니다.
    </c:otherwise>
</c:choose>
```

예제 13-6 choose.jsp

```
01  <%@ page language="java" contentType="text/html; charset=EUC-KR"
    pageEncoding="EUC-KR"%>
02  <html>
03  <head>
04  <meta http-equiv="Content-Type" content="text/html; charset=EUC-KR">
05  <title>JSTL Core: choose</title>
06  </head>
07  <body>
08
09  <h2>JSTL Core Tag: choose</h2>
```

```
10  <%@ taglib prefix="c" uri="http://java.sun.com/jsp/jstl/core" %>
11
12  <c:set var="today" value="<%= new java.util.Date()%>" />
13  <c:choose>
14    <c:when test="${today.hours < 12 }" >
15      Good morning!
16    </c:when>
17    <c:when test="${today.hours < 18 }" >
18      Good afternoon!
19    </c:when>
20    <c:otherwise>
21      Good evening!
22    </c:otherwise>
23  </c:choose>
24
25  <hr>
26  <c:set var="count" value="3" />
27  <c:choose>
28    <c:when test="${count <= 0 }" >
29      일치하는 것이 하나도 없습니다.
30    </c:when>
31    <c:otherwise>
32      일치하는 것이 ${count}개 있습니다.
33    </c:otherwise>
34  </c:choose>
35
36  </body>
37  </html>
```

<c:forEach ...>

태그 forEach는 배열, Collection, Map에 저장된 원소를 순차적으로 처리하거나 지정하는 횟수만큼 반복을 처리하는 태그이다. 태그 forEach는 다음과 같이 몸체가 있는 태그를 사용하며, items에 지정된 집합체에서 순서대로 한 원소를 속성 var에 저장하여 몸체에서 반복 업무를 수행한다.

```
<c:forEach var="한원소를저장하는변수"  items="배열또는Map등의집합체" >
        body
</c:forEach>
```

자바의 `for` 문장과 같이, 태그 `forEach`의 속성 `begin`, `end`를 이용하여 반복의 시작과 끝을 지정할 수 있다. 또한 속성 `step`으로 다음 반복의 증가분을 지정할 수 있다. 물론 `step`이 사용되지 않으면 기본으로 1씩 증가한다. 그러므로 다음은 i가 3부터 시작하여 6, 9, …99까지 반복하는 태그이다.

```
<c:forEach var="i" begin="3" end="100" step="3">
        body
</c:forEach>
```

태그 `forEach`에서 다음과 같이 Map 유형의 객체를 속성 `items`에 저장하면, Map의 한 원소가 지정된 변수 i를 이용하여 i.key와 i.value로 <키, 값>을 참조할 수 있다.

```
<c:forEach var="i" items="${sessionScope}" >
    ${i.key} = ${i.value}<br>
</c:forEach>
```

다음은 태그 `forEach`의 속성에 대한 설명으로, 속성 `items`가 배열인 경우, 첨자를 속성 `begin`, `end`, `step`으로 사용할 수 있다. 속성 `items`가 Iterator, Enumeration, Map 등과 같은 집합체라면, 순서를 알 수 없으므로 `begin`, `end`, `step`은 사용하지 않는 것이 일반적이다.

속성	필수	기본 값	자료 유형	기능
var	X		String	반복에서 집합체의 현재 원소의 값
items	X		Object	반복을 실행하는 집합체
begin	X	0	int	속성 items가 있으면 반복을 실행하는 항목의 첨자이며, 속성 items가 없으면 기술된 첨자로 반복을 시작

2. 코어 태그 라이브러리

end	X	집합체 지정값	int	속성 items가 있으면 반복을 종료하는 항목의 첨자이며, 속성 items가 없으면 기술된 첨자로 반복을 종료
step	X	1	int	속성 items가 있으면 반복을 실행하는 항목의 첨자이며, 속성 items가 없으면 기술된 첨자로 반복을 시작
varStatus	X		String	반복 상태 값

■ **표 13–10** ■ 〈c:forEach … 〉태그의 속성

다음은 배열 score의 각각의 원소 값을 출력하고, 변수 sum에 모두 더하는 모듈이다.

```
<c:set var="score" value="<%= new int[] {95, 88, 77, 45, 99} %>" />
<c:forEach var="point" items="${score}" >
    \${point} = ${point} <br>
    <c:set var="sum" value="${sum + point}" />
</c:forEach>
```

다음은 변수 sum에 1부터 100까지의 합을 저장하는 모듈이다.

```
<c:set var="sum" value="0" />
<c:forEach var="i" begin="1" end="100" >
    <c:set var="sum" value="${sum + i}" />
</c:forEach>
```

다음은 태그 set을 사용하여 표현언어 내장 객체 sessionScope에 <키, 값>을 3개 저장하는 문장이다.

```
<c:set target="${sessionScope}" property="name" value="홍길동" />
<c:set target="${sessionScope}" property="id" value="dong" />
<c:set target="${sessionScope}" property="passwd" value="1234" />
```

위에서 저장된 Map인 내장 객체 sessionScope의 모든 <키, 값 >을 다음 반복 태그 forEach를 사용하여 출력할 수 있다.

```
<c:forEach var="i" items="${sessionScope}" >
   ${i.key} = ${i.value}<br>
</c:forEach>
```

예제 13-7 foreach.jsp

```
01  <%@ page language="java" contentType="text/html; charset=EUC-KR"
    pageEncoding="EUC-KR"%>
02  <html>
03  <head>
04  <meta http-equiv="Content-Type" content="text/html; charset=EUC-KR">
05  <title>JSTL Core: forEach</title>
06  </head>
07  <body>
08
09  <h2>JSTL Core Tag: forEach</h2>
10
11  <%@ taglib prefix="c" uri="http://java.sun.com/jsp/jstl/core" %>
12
13  <h3>배열 처리</h3>
14  <c:set var="score" value="<%= new int[] {95, 88, 77, 45, 99} %>" />
15  <c:forEach var="point" items="${score}" >
16     \${point} = ${point} <br>
17     <c:set var="sum" value="${sum + point}" />
18  </c:forEach>
19  합 = ${sum} <br>
20
21  <h3>1부터 100까지 합</h3>
22  <c:set var="sum" value="0" />
23  <c:forEach var="i" begin="1" end="100" >
24     <c:set var="sum" value="${sum + i}" />
25  </c:forEach>
26  결과 = ${sum}
27
28  <h3>1부터 100까지 3의 배수 합</h3>
29  <c:set var="sum" value="0" />
30  <c:forEach var="i" begin="3" end="100" step="3">
31     <c:set var="sum" value="${sum + i}" />
32  </c:forEach>
33  결과 = ${sum}
34
```

```
35  <h3>Map인 sessionScope 처리</h3>
36  <c:set target="${sessionScope}" property="name" value="홍길동" />
37  <c:set target="${sessionScope}" property="id" value="dong" />
38  <c:set target="${sessionScope}" property="passwd" value="1234" />
39  <c:forEach var="i" items="${sessionScope}" >
40      ${i.key} = ${i.value}<br>
41  </c:forEach>
42
43  </body>
44  </html>
```

<c:forTokens …>

태그 forTokens는 속성 delims에 지정된 구분자(delimeter)를 사용하여, 속성 items에 지
정된 배열을 토큰을 사용해 반복적으로 나누는 작업을 처리하는 태그이다. 그러므로 태그
forEach에서 속성 items와 delims는 반드시 있어야 한다. 태그 forTokens는 자바 클래스
java.util.StringTokenizer와 같은 기능을 수행한다.

```
<c:forTokens var="구분자로잘라진token이저장" delims="각문자가구분자로이용" items="
토큰으로나눌문자열">
      body
      ${var}
</c:forTokens>
```

다음은 태그 forEach의 속성에 대한 설명으로, 태그 forEach와 같이 속성 begin, end, step을 사용할 수 있다. 속성 delims에 지정된 문자열을 구성하는 각각의 문자 하나 하나가 구분자 역할을 수행한다.

속성	필수	기본 값	자료 유형	기능
var	X		String	토큰을 추출하기 위한 문자열에서 현재 추출된 토큰
items	O		String	토큰을 추출하기 위한 문자열
delims	O		String	문자열을 토큰으로 구분할 문자로 구성된 구분자의 집합
begin	X	0	int	지정한 첨자로 분리된 토큰으로 반복을 시작, 시작은 0
end	X	집합체 지정값	int	지정한 첨자로 분리된 토큰으로 반복을 종료
step	X	1	int	반복을 지정한 값만큼 증가시켜 반복
varStatus	X		String	반복 상태 값

■ **표 13-11** 〈c:forTokens ... 〉태그의 속성

다음은 주어진 str 문장에서 토큰을 추출해 출력하는 모듈이다.

```
<c:set var="str" value="JSTL은 표준태그로서 코어, XML, 국제화, SQL, 함수 관련
태그로 구성된다."/>

<c:forTokens var="token" delims=" ,.은로서된다" items="${str}">
${token}
</c:forTokens>
```

구분자는 " ,.은로서된다"로 각각의 문자인 [ ], [,], [.], [은], [로], [서], [된], [다] 8개가 토큰을 나누는 구분자로 사용된다. 그러므로 주어진 문장에서 밑줄 친 부분이 구분자이고, 토큰은 왼쪽부터 나머지 단어 순서로 추출된다.

JSTL은 표준태그로서 코어, XML, 국제화, SQL, 함수_관련_태그로 구성된다.

예제 13-8 fortokens.jsp

```
01  <%@ page language="java" contentType="text/html; charset=EUC-KR"
    pageEncoding="EUC-KR"%>
02  <html>
03  <head>
04  <meta http-equiv="Content-Type" content="text/html; charset=EUC-KR">
05  <title>JSTL Core: forTokens</title>
06  </head>
07  <body>
08
09  <h2>JSTL Core Tag: forTokens</h2>
10
11  <%@ taglib prefix="c" uri="http://java.sun.com/jsp/jstl/core" %>
12
13  <c:set var="str" value="JSTL은 표준태그로서 코어, XML, 국제화, SQL, 함수 관련
    태그로 구성된다."/>
14  ${str} <p><hr>
15  위 문장은 forTokens의 속성 delims=" ,.은로서된다" 지정으로 다음 단어로 나뉘어진
    다.<hr><p>
16
17  <c:forTokens var="token" delims=" ,.은로서된다" items="${str}">
18  ${token}
19  </c:forTokens>
20
21  </body>
22  </html>
```

2.4 URL 관리 태그

<c:import ...>

태그 import는 <jsp:include ...> 액션태그와 같이, 지정한 페이지를 태그가 있는 위치에 포
함시킨다. 태그 import에서 속성 URL에 포함하려는 페이지의 주소 값을 지정하는데, 응용프
로그램 내부 페이지뿐 아니라 외부 페이지도 지정이 가능하다. 다음과 같이 변수 var를 사용
하지 않으면 몸체의 존재 유무와 상관없이 바로 URL의 페이지가 삽입된다.

```
<c:import url="내부또는외부URL모두지원" />
```

```
<c:import url="내부또는외부URL모두지원">
</c:import>
```

다음과 같이 속성 var를 사용하면 지정한 변수에 URL의 내용이 저장되므로, 변수를 출력하면 URL의 페이지가 삽입된다.

```
<c:import url="choose.jsp" var="choose" />
${choose}
```

다음은 태그 import의 속성에 대한 설명으로, 속성 context를 이용하여 다른 응용 프로그램 페이지도 삽입할 수 있으며, 속성 var를 사용하면 포함하고자 하는 URL 자원 내용을 문자열 형태로 저장하고, 속성 varReader를 사용하면 URL 자원 내용을 Reader 객체로 포함한다. 그러므로 속성 var와 varReader는 함께 명시되지 않는다.

속성	필수	기본 값	자료 유형	기능
url	O		String	포함시킬 URL
context	X	현재 응용 프로그램	String	현재 응용 프로그램 컨텍스트 이름
charEncoding	X	ISO-8859-1	String	현재 페이지 내에 포함시킬 인코딩 방법
var	X		String	포함될 페이지의 내용이 저장되는 변수
scope	X	page	String	변수 var의 범위로 page, request, session, application 중의 하나
varReader	X		String	자원 내용을 읽기 위한 변수로 java.io.Reader 객체

■ 표 13-12 〈c:import ... 〉 태그의 속성

태그 import에서 내부 태그 param을 사용하여 URL 페이지에 매개변수를 전달할 수 있다. 다음은 URL 페이지 paramhandle.jsp에 매개변수 user로 kang을 전송하여 그 결과가 화면에 보이는 기능을 수행하는 태그이다.

```
<c:import url="paramhandle.jsp" >
    <c:param name="user" value="kang" />
</c:import>
```

태그 param은 태그 import와 redirect, URL의 서브태그로 사용되는 태그로 속성 name과 value를 사용한다.

속성	필수	기본 값	자료 유형	기능
name	O		String	매개변수의 이름
value	O		String	매개변수 이름에 대한 값

■ **표 13-13** 〈c:param … 〉 태그의 속성

다음은 태그 import로 [JSTL 라이브러리] 설명 페이지를 접속하여 화면에 표시하는 구문이다.

```
<c:import
url="http://java.sun.com/products/jsp/jstl/1.1/docs/tlddocs/c/import.
html" var="java" />
${java}
```

🖥 **예제 13-9 import.jsp**

```
01  <%@ page language="java" contentType="text/html; charset=EUC-KR"
    pageEncoding="EUC-KR"%>
02  <html>
03  <head>
04  <meta http-equiv="Content-Type" content="text/html; charset=EUC-KR">
05  <title>JSTL Core: import</title>
06  </head>
07  <body>
08
09  <h2>JSTL Core Tag: import</h2>
10  <%@ taglib prefix="c" uri="http://java.sun.com/jsp/jstl/core" %>
11
12  <c:import url="/if.jsp" />
```

```
13
14  <c:import url="choose.jsp" var="choose" />
15  ${choose}
16
17  <c:import url="paramhandle.jsp" >
18      <c:param name="user" value="kang" />
19  </c:import>
20
21  <p><hr><p>
22  <c:import url="http://java.sun.com/products/jsp/jstl/1.1/docs/
    tlddocs/c/import.html" var="java" />
23  ${java}
24
25  </body>
26  </html>
```

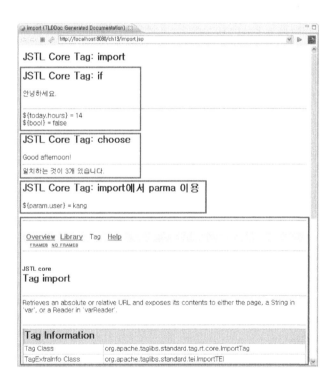

예제 13-10 paramhandle.jsp

```
01  <%@ page language="java" contentType="text/html; charset=EUC-KR"
    pageEncoding="EUC-KR"%>
02  <html>
03  <head>
```

```
04  <meta http-equiv="Content-Type" content="text/html; charset=EUC-KR">
05  <title>JSTL Core: paramhandle</title>
06  </head>
07  <body>
08
09  <h2>JSTL Core Tag: import, redirect, url에서 param 이용</h2>
10  \${param.user} = ${param.user} <P>
11
12  </body>
13  </html>
```

<c:redirect …>

태그 redirect는 속성 URL에 지정된 페이지로 이동시키는 태그이다. 그러므로 태그 redirect는 내장 객체를 이용한 response.sendRedirect()와 액션태그 <jsp:forward -…> 기능과 유사하나, 실제로 태그 redirect를 이용하면 브라우저의 주소 줄에 import의 URL에 기술한 페이지가 표시되므로 <jsp:forward …> 액션태그와 같은 기능을 수행한다.

```
<c:redirect url="paramhandle.jsp" />
```

내부 태그 param을 이용하여 매개변수를 전송할 경우, 몸체가 있는 태그를 이용한다.

```
<c:redirect url="paramhandle.jsp">
  <c:param name="user" value="hskang" />
</c:redirect>
```

다음은 태그 redirect의 속성에 대한 설명으로, 속성 context를 이용하여 다른 응용 프로그램으로 이동이 가능하다.

속성	필수	기본 값	자료 유형	기능
url	X		String	기본 URL
context	X	현재 응용 프로그램	String	웹 응용 프로그램의 컨텍스트 이름

■ **표 13-14** 〈c:redirect … 〉 태그의 속성

```
01  <%@ page language="java" contentType="text/html; charset=EUC-KR"
    pageEncoding="EUC-KR"%>
02  <html>
03  <head>
04  <meta http-equiv="Content-Type" content="text/html; charset=EUC-KR">
05  <title>JSTL Core: redirect</title>
06  </head>
07  <body>
08
09  <h2>JSTL Core Tag: redirect</h2>
10  <%@ taglib prefix="c" uri="http://java.sun.com/jsp/jstl/core" %>
11
12  <c:redirect url="paramhandle.jsp">
13      <c:param name="user" value="hskang" />
14  </c:redirect>
15
16  </body>
17  </html>
```

```
JSTL Core: param

http://localhost:8080/ch13/paramhandle.jsp?user=hskang
```

JSTL Core Tag: import, redirect, url에서 param 이용

${param.user} = hskang

<c:url ...>

태그 URL은 속성 value에 지정한 페이지를 속성 var에 저장하는 태그이다.

```
<c:url var="ph1" value="paramhandle.jsp" />
```

내부 태그 param을 이용하여 매개변수를 지정하면, 변수에 매개변수가 포함된 URL 값이 저장된다.

```
<c:url var="ph2" value="paramhandle.jsp" >
  <c:param name="user" value="홍길동" />
</c:url>
```

다음은 태그 URL의 속성에 대한 설명으로, 속성 context를 이용하여 다른 응용 프로그램 페이지로 이동이 가능하다. 다음 소스로 변수 site에는 /ch12/userEL.jsp가 저장된다

```
<c:url var="site" value="/userEL.jsp" context="/ch12" />
```

속성	필수	기본 값	자료 유형	기능
value	O		String	url 페이지
context	X		String	현재 웹 응용 프로그램의 컨텍스트 이름
var	X		String	Value의 값을 가지는 변수
scope	X		String	변수 var의 범위로 page, request, session, application 중의 하나

■ **표 13-15** 〈c:url ... 〉 태그의 속성

다음 소스로 링크 <a> 태그 부분에 매개변수 "user=홍길동"을 함께 전송하는 URL이 기술되므로, 이를 클릭하면 매개변수 user가 paramhandle.jsp로 전송된다.

```
<c:url var="ph2" value="paramhandle.jsp" >
  <c:param name="user" value="홍길동" />
</c:url>
<a href="${ph2}">${ph2}</a>
```

📺 **예제 13-12 url.jsp**

```
01  <%@ page language="java" contentType="text/html; charset=EUC-KR" pa-
    geEncoding="EUC-KR"%>
02  <html>
03  <head>
```

```
04  <meta http-equiv="Content-Type" content="text/html; charset=EUC-KR">
05  <title>JSTL Core: URL</title>
06  </head>
07  <body>
08
09  <h2>JSTL Core Tag: URL</h2>
10  <%@ taglib prefix="c" uri="http://java.sun.com/jsp/JSTL/core" %>
11
12  <c:URL var="ph1" value="paramhandle.jsp" />
13  <c:URL var="ph2" value="paramhandle.jsp" >
14    <c:param name="user" value="홍길동" />
15  </c:url>
16  \${ph1} = ${ph1}<p>
17  <a href="${ph2}">${ph2}</a>
18
19  <c:url var="site" value="/userEL.jsp" context="/ch12" />
20  <a href="${site}">${site}</a>
21
22  </body>
23  </html>
```

위 화면에서 링크 부분을 클릭하면, paramhandle.jsp가 실행되고 주소 줄에는 전송된 매개변수가 보이며, 전송된 매개변수 "홍길동"이 출력되는 것을 확인할 수 있다.

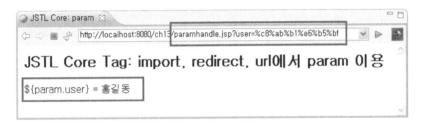

■ **그림 13-7** 태그 url을 이용하여 매개변수를 전송한 결과

2.5 출력과 예외처리 태그

▌ <c:catch ...>

태그 catch는 몸체 부분에 예외가 발생할 가능성이 있는 코드를 배치하여, 예외가 발생하면 지정한 속성 var 변수에 예외 메시지를 저장하는 태그이다.

```
<c:catch var="errMessage">
        예외가 발생할 수 있는 코드
</c:catch>
```

태그 catch의 단 1개의 속성 var에 예외 메시지를 저장한다.

속성	필수	기본 값	자료 유형	기능
var	O		String	예외 메시지를 저장할 변수

■ **표 13-16** 〈c:catch ...〉 태그의 속성

예제 13-13 catch.jsp

```
01  <%@ page language="java" contentType="text/html; charset=EUC-KR"
    pageEncoding="EUC-KR"%>
02  <html>
03  <head>
04  <meta http-equiv="Content-Type" content="text/html; charset=EUC-KR">
05  <title>JSTL Core: catch</title>
06  </head>
07  <body>
08
09  <h2>JSTL Core Tag: catch</h2>
10  <%@ taglib prefix="c" uri="http://java.sun.com/jsp/jstl/core" %>
11
12  <c:catch var="errMessage">
13      <%= 2/0 %>
14  </c:catch>
15
16  <p>
17  <c:if test="${ !(empty errMessage) }">
18  예외가 발생하였습니다. 예외 메시지 : <hr>
```

```
19    ${errMessage}
20    </c:if>
21
22    </body>
23    </html>
```

<c:out ...>

태그 out은 속성 value에 지정된 문자열 또는 변수의 내용을 출력하는 태그이다. 표현언어에서 변수나 상수를 쉽게 출력할 수 있으므로 태그 out은 많이 사용되지 않는다.

```
<c:out value="출력할내용" />
```

태그 out에서 속성 value에 지정된 값이 없을 때는 몸체에 있는 값이 기본 값이 되어 출력된다.

```
<c:out value="${param.name}">
        이 부분은 value에 값이 null일 때 출력되는 기본 출력 값입니다.
</c:out>
```

태그 out에서 속성 default도 위와 같이, 속성 value에 지정된 값이 없을 경우, 기본 값을 지정하는 속성이다.

```
<c:out value="${param.name}" default="이 부분은 value에 값이 null일 때 출력되는
기본 출력 값입니다." />
```

다음은 태그 out의 속성에 대한 설명으로, 속성 escapeXML을 이용하여 JSP 파일에서 HTML 또는 XML의 코드 모양을 그대로 화면에 출력할 것인지, 아니면 문법적인 의미로 사용할 것인지 결정한다. 즉 문자열을 구성하는 <, >, &, ', " 5개의 문자는 속성 escapeXML을 true 또는 지정하지 않으면, 각각 <, >, &, ', "의 형태로 변환되어 문자 모양 그대로 출력되고, false로 지정하면 문자 그대로 해석되어 태그 역할을 수행한다.

속성	필수	기본 값	자료 유형	기능
value	O		String	출력될 내용 또는 표현식
default	X		String	value에 값이 없는 경우 이용되며, 기본 값으로 지정된 값이나 또는 태그 몸체에 있는 내용
escapeXml	X	true	String	true이면 <, >, &, ', " 5개의 문자를 문자 코드로 변환하여 브라우저에 태그 모양이 표시되고, false이면 그대로 출력되어 태그 의미로 반영

■ **표 13-17** 〈c:out ...〉 태그의 속성

다음 소스에서 출력할 문자열 <hr>은 <hr>로 변환되어 출력되므로, HTML 태그 역할을 수행하지 못하고 그대로 브라우저에 <hr>로 표시된다.

```
<c:out value="<hr>"/>
<c:out value="<hr>" escapeXml="true" />
```

다음과 같이 속성 escapeXML을 false로 지정하면 출력할 문자열 <hr>은 그대로 해석되어 HTML 태그 역할을 수행한다.

```
<c:out value="<hr>" escapeXml="false" />
```

다음은 태그 out의 예제와 그 결과화면이다.

📺 **예제 13-14 out.jsp**

```
01  <%@ page language="java" contentType="text/html; charset=EUC-KR"
    pageEncoding="EUC-KR"%>
02  <html >
```

```
03  <head>
04  <meta http-equiv="Content-Type" content="text/html; charset=EUC-KR">
05  <title>JSTL Core: out</title>
06  </head>
07  <body>
08
09  <h2>JSTL Core Tag: out</h2>
10
11  <%@ taglib prefix="c" uri="http://java.sun.com/jsp/jstl/core" %>
12
13  <c:out value="<hr>" />
14  <c:out value="<hr>" escapeXml="false" />
15
16  <p>
17  <c:out value="${param.name}">
18      패러미터가 없습니다.
19  </c:out>
20  <p>
21  <c:out value="${param.name}" default="패러미터가 없습니다." />
22  <p>\${param.name} = ${param.name}
23
24  </body>
25  </html>
```

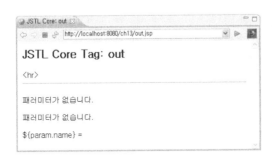

위 프로그램 결과 화면의 주소 줄에 매개변수 user를 추가하면 다음과 같이 지정된 매개변수 값 sheom이 태그 out에 의해 출력되는 것을 확인할 수 있다.

JSTL Core: out

http://localhost:8080/ch13/out.jsp?name=sheom

JSTL Core Tag: out

〈hr〉

sheom

sheom

${param.name} = sheom

■ **그림 13-8** 태그 out에 의한 출력

3. SQL 태그 라이브러리

3.1 SQL 태그

▌ 데이터베이스 참조를 위한 SQL 태그

SQL 태그는 데이터베이스 연결과 질의를 위한 태그로 데이터베이스 연결 자원 지정을 위한 setDataSource 태그와 질의를 위한 query, update, transaction 태그를 지원한다. 그리고 태그 query와 update의 내부 태그로, 질의 문장을 구성하는 매개변수 [?] 부분에는 값을 지정하는 param 태그와 dateParam 태그를 제공한다.

분류	필수	기본 값	기능
리소스 지정	setDataSource	〈sql:setDataSource ... 〉	데이터소스 지정
질의	query	〈sql:query ... 〉	조회 관련 SQL 문장 실행
	dateParam	〈sql:dateParam ... 〉	날짜 형태로 SQL의 매개변수 값 지정
	param	〈sql:param ... 〉	SQL의 매개변수 값 지정
	update	〈sql:update ... 〉	수정 관련 SQL 문장 실행
	dateParam	〈sql:dateParam ... 〉	날짜 형태로 SQL의 매개변수 값 지정
	param	〈sql:param ... 〉	SQL의 매개변수 값 지정
	transaction	〈sql:transaction ... 〉	트랜잭션 처리

■ **표 13-18** SQL 태그의 분류

SQL 태그를 사용하려면 다음과 같은 태그 taglib가 필요하며, 접두어는 [SQL]로, uri는 [http://java.sun.com/jsp/JSTL/SQL]로 지정한다.

```
<%@ taglib prefix="sql" uri="http://java.sun.com/jsp/jstl/sql" %>
<sql:setDataSource var="stuDS" dataSource="jdbc/mysql"  />
```

3.2 태그 sql을 이용한 테이블 조회

▌<sql:setDataSource ...>

태그 setDataSource는 데이터베이스 연결을 위한 자원을 지정하는 태그이다. 태그 setDataSource에서 속성 dataSource는 연결할 데이터베이스 접속 정보가 있는 자원을 지정하며, 속성 var는 다른 태그에서 이 자원을 사용하기 위해 자원을 저장하는 변수이다.

```
<sql:setDataSource var="stuDS" dataSource="jdbc/mysql"  />
```

다음은 태그 setDataSource의 속성에 대한 설명으로, 직접 데이터베이스 접속 정보인 속성 driver, URL, user, password를 입력하여 자원을 생성할 수 있다.

속성	필수	기본 값	자료 유형	기능
var	X		String	데이터소스를 위한 변수
dataSource	X		java.sql.DataSource 또는 String	데이터소스
driver	X		String	JDBC 드라이버 클래스
url	X		String	JDBC URL
user	X		String	데이터베이스 사용자 계정
password	X		String	데이터베이스 사용자 계정의 암호
scope	X	page	String	변수가 효력을 발휘하는 영역으로 page, request, session, application 중의 하나를 지정

■ 표 13-19 〈sql:setDataSource ... 〉 태그의 속성

▌ <sql:query ...>

태그 query는 데이터베이스 연결 자원을 사용하여 SQL 문장을 실행하며, 지정하는 변수에 그 결과를 저장하는 태그이다. 속성 dataSource에서 데이터베이스 연결 자원을 지정하며, 속성 SQL에는 실행할 SQL 문장을 지정하고, 속성 var에는 결과가 저장되는데, 자료유형 ResultSet 과 비슷한 결과의 집합체로 저장된다.

```
<sql:query var="studentsRS" dataSource="${stuDS}" sql="select * from
  student" />
```

태그 query는 위와 같이 몸체가 없이 속성 SQL에 SQL 문장을 기술하거나, 다음과 같이 속성 SQL 대신에 몸체에 SQL 문장을 사용할 수 있다.

```
<sql:query var="studentsRS" dataSource="${stuDS}">
  select * from student
</sql:query>
```

다음은 태그 query의 속성에 대한 설명으로, 질의 결과를 저장하는 속성 var가 반드시 필요하다.

속성	필수	기본 값	자료 유형	기능
var	O		String	질의 결과를 저장하는 변수
dataSource	X		java.sql.DataSource 또는 String	데이터소스
sql	X		String	SQL 문장
startRows	X	0	int	질의 결과로 가져올 시작 행
maxRows	X	질의 결과의 최대 행 수	int	질의 결과로 가져올 최대 행, -1로 지정해도 질의 결과의 최대 행 수
scope	X		String	변수가 효력을 발휘하는 영역으로 page, request, session, application 중의 하나를 지정

■ **표 13-20** 〈sql:query ... 〉 태그의 속성

■ <SQL:param …>, <SQL:dateParam …>

태그 param은 실행할 SQL 문장 매개변수 [?] 부분에 값을 지정하는 태그이다. 질의 문장을 구성하는 매개변수 [?] 부분에, 순서대로 태그 param을 사용하여 지정한 후 SQL 문을 실행한다.

```
<SQL:query var"comRS" dataSource"${stuDS}" SQL="select * from student
where depart = ?">
  <SQL:param value="컴퓨터공학과" />
</SQL:query>
```

태그 param의 속성은 값을 지정하는 value 하나 뿐이다.

속성	필수	기본 값	사료 유형	기능
value	O		String	SQL 문장의 매개변수 부분을 지정하는 값

■ **표 13-21** 〈sql:param … 〉태그의 속성

JSTL은 태그 param과 비슷한 태그로 태그 dateParam을 제공한다. 태그 dateParam은 매개변수가 있는 SQL 문에서 date, time, timestamp 유형으로 매개변수 값을 지정할 때 사용한다.

다음은 태그 dateParam의 속성으로, 매개변수를 지정할 필드의 유형으로 date, time, timestamp 중의 하나를 속성 type에 지정하고, value에 값을 지정한다.

속성	필수	기본 값	자료 유형	기능
value	O		String	SQL 문장의 매개변수 부분을 지정하는 값
type	X		String	필드의 유형으로 date, time, timestamp 중의 하나 지정

■ **표 13-22** 〈sql:dateParam … 〉태그의 속성

이제 10장과 11장에서 사용하던 학생 테이블 student를 SQL 태그 라이브러리를 이용하여 조회하는 프로그램을 작성하려고 한다. 이를 위해 먼저 10장 4절에서 학습한 커넥션 풀을 사용하기 위한 리소스를 설정해야 한다. 즉 이 예제 프로그램을 실행하는 이클립스 프로젝트가 [ch13]이라면 다음 설정을 수행한 후 실행하도록 한다.

순서	내용	확인	장소	비고
1	데이터베이스 확인	데이터베이스 univdb 테이블 student 서버 실행과 레코드 존재 확인	데이터베이스	없으면 생성하고 확인
2	리소스 등록 확인	현재 실행하는 <context ...> 태그 내부에 <Resource ...> 태그 삽입	server.xml	현재 실행 서버의 server.xml 파일에 추가
3	리소스 검색 확인	<web-app> 태그 내부에 <resource-ref> 태그 삽입	web.xml	현재 실행 서버의 web.xml 파일에 추가

■ **표 13-23** SQL 태그 라이브러리 예제 실행을 위한 데이터베이스와 커넥션 풀 자원 확인

위 2번에서, 파일 server.XML에 다음 <Reource ...> 태그가 name="jdbc/mySQL"로 반드시 추가되어야 한다.

```
<Context docBase="ch13" path="/ch13" reloadable="true" source="org.
eclipse.jst.jee.server:ch13">
<Resource name="jdbc/mysql" auth="Container" type="javax.sql.Data-
Source"
   maxActive="100" maxIdle="30" maxWait="10000"
   username="root" password=" "driverClassName="com.mysql.jdbc.Driver"
   url="jdbc:mysql://localhost:3306/univdb?autoReconnect=true"/>
</Context>
```

위의 3번에서, 파일 web.XML에 다음 <resource-ref> 태그의 내부 태그 <res-ref-name>가 "jdbc/mySQL"로 반드시 추가되어야 한다.

```
<description>MySQL Test App</description>
   <resource-ref>
       <description>DB Connection</description>
       <res-ref-name>jdbc/mysql</res-ref-name>
       <res-type>javax.sql.DataSource</res-type>
       <res-auth>Container</res-auth>
   </resource-ref>
```

위와 같이 설정되었다면 태그 setDataSource에서, 속성 dataSource가 위에서 지정한 소

스 이름인 "jdbc/mySQL"으로 반드시 지정되어야 한다.

```
<sql:setDataSource var="stuDS" dataSource="jdbc/mysql" />
```

다음 소스의 태그 query에서 질의한 결과는 속성 var인 studentsRS에 저장된다. foreach 태그에서 item에 ${studentsRS.rows}를 지정하며, 질의 결과의 한 행씩 속성 var에 지정된 studentRow 변수에 저장되어 반복을 수행한다. 태그 foreach의 몸체에서 변수 studentRow. id와 같이 테이블 필드 이름으로 한 행의 필드 값을 참조할 수 있다. 이 경우 반드시 필드 이름을 이용해야 한다.

```
<sql:query var="studentsRS" dataSource="${stuDS}" sql="select * from
student" />
<c:forEach var="studentRow" begin="0" items="${studentsRS.rows}">
${studentRow.id}, ${studentRow.passwd}, ${studentRow.name},
${studentRow.depart} <br>
</c:forEach>
```

태그 foreach에서 태그 query의 속성 var에 지정된 변수로 rowsByIndex를 참조하면, 이름이 아닌 첨자 값으로 현재 행의 필드를 참조할 수 있다.

```
<c:forEach var="studentRow" begin="0" items="${comRS.rowsByIndex}">
${studentRow[0]}, ${studentRow[1]}, ${studentRow[2]}, ${studentRow[5]}
<br>
</c:forEach>
```

다음은 SQL 태그 라이브러리를 이용하여, 10장과 11장에서 사용하던 학생 테이블 student 를 조회하는 프로그램과 결과이다.

예제 13-15 query.jsp

```
01 <%@ page language="java" contentType="text/html; charset=EUC-KR"
   pageEncoding="EUC-KR"%>
02 <html>
03 <head>
04 <meta http-equiv="Content-Type" content="text/html; charset=EUC-KR">
```

```
05  <title>JSTL SQL Tag</title>
06  </head>
07  <body>
08
09  <h2>JSTL SQL Tag: setDataSource, query, param</h2>
10  <%@ taglib prefix="sql" uri="http://java.sun.com/jsp/jstl/sql" %>
11  <%@ taglib prefix="c" uri="http://java.sun.com/jsp/jstl/core" %>
12
13  <hr><h2>전체 학생 조회</h2>
14  <sql:setDataSource var="stuDS" dataSource="jdbc/mysql"  />
15  <sql:query var="studentsRS" dataSource="${stuDS}">
16    select * from student
17  </sql:query>
18
19  <sql:query var="studentsRS" dataSource="${stuDS}" sql="select * from
    student" />
20  <c:forEach var="studentRow" begin="0" items="${studentsRS.rows}">
21  ${studentRow.id}, ${studentRow.passwd}, ${studentRow.name}, ${studentRow.
    depart} <br>
22  </c:forEach>
23
24  <hr><h2>컴퓨터공학과 학생 조회</h2>
25  <sql:query var="comRS" dataSource="${stuDS}" >
26    select * from student where depart = ?
27    <sql:param value="컴퓨터공학과" />
28  </sql:query>
29
30  <c:forEach var="studentRow" begin="0" items="${comRS.rows}">
31  ${studentRow.id}, ${studentRow.passwd}, ${studentRow.name}, ${studentRow.
    depart} <br>
32  </c:forEach>
33
34  <hr>
35  <c:forEach var="studentRow" begin="0" items="${comRS.rowsByIndex}">
36  ${studentRow[0]}, ${studentRow[1]}, ${studentRow[2]}, ${studentRow[5]} <br>
37  </c:forEach>
38
39  </body>
40  </html>
```

3.3 태그 sql을 이용한 테이블 수정

▌ <sql:update ...>

태그 update는 데이터베이스 연결 자원을 사용하여 DDL 관련 문장 또는 insert, delete, update 질의 문장을 실행하여 그 결과를 저장하는 태그이다. 태그 update의 속성은 태그 query와 비슷하며, 속성 dataSource에 데이터베이스 연결 자원을 지정하고, SQL에는 실행할 SQL 문장을 지정하며, 속성 var에는 수정한 결과인 수정이 발생한 레코드 수가 저장된다.

```
<sql:update var="ucount" dataSource="${stuDS}" sql="수정 SQL 문장" />
```

SQL 문장에 여러 개의 매개변수를 사용하려면 질의 문장에 있는 여러 개의 [?] 부분을 순서대로 태그 param을 이용하여 값을 지정한 후 SQL을 실행한다. 필드가 날짜 형태인 경우는 앞에서 배운 태그 dateParam을 사용한다. 태그 dateParam의 속성 type은 date, time, timestamp 중의 하나로 날짜와 시간을 동시에 지정하려면 timestamp를 지정한다.

```
<sql:update var="n" dataSource="${ds}">
  update board set name = ?, regdate = ? where name = ?
  <sql:param value="신용현" />
  <sql:dateParam value="<%= new java.util.Date() %>" type="timestamp" />
  <sql:param value="박종학" />
</sql:update>
```

위 소스는 태그 update를 이용하여 name이 "박종학"인 레코드를 찾아 이름을 "신용현"으로 수정하고, 등록일 필드인 regdate를 현재 시간으로 수정하는 구문이다. 물론 기존의 board 테이블에 이름이 "박종학"인 레코드가 있어야 수정이 발생한다.

다음은 태그 update의 속성에 대한 설명으로, 질의 결과를 저장할 속성 var가 반드시 필요하다.

속성	필수	기본 값	자료 유형	기능
var	O		String	질의 결과인 값이 수정된 레코드 수를 저장하는 변수
dataSource	X		java.sql.DataSource 또는 String	데이터소스
sql	X		String	SQL 문장
scope	X		String	변수가 효력을 발휘하는 영역으로 page, request, session, application 중의 하나를 지정

■ **표 13-24** ⟨sql:update ... ⟩ 태그의 속성

다음은 11장에서 게시판 구현을 위해 만든 테이블 board에서 레코드를 수정하는 예제와 결과이다.

> 💻 **예제 13-16 update.jsp**

```
01 <%@ page language="java" contentType="text/html; charset=EUC-KR"
      pageEncoding="EUC-KR"%>
02 <html>
03 <head>
04 <meta http-equiv="Content-Type" content="text/html; charset=EUC-KR">
05 <title>JSTL SQL Tag</title>
06 </head>
07 <body>
08
09 <h2>JSTL SQL Tag: update, dateParam</h2>
10 <%@ taglib prefix="sql" uri="http://java.sun.com/jsp/jstl/sql" %>
11 <%@ taglib prefix="c" uri="http://java.sun.com/jsp/jstl/core" %>
12
13 <hr><h2>전체 게시판 조회</h2>
14 <sql:setDataSource var="ds" dataSource="jdbc/mysql" />
15 <sql:query var="rs" dataSource="${ds}" sql="select * from board" />
16
```

```
17  <c:forEach var="brdRow" begin="0" items="${rs.rows}">
18  ${brdRow.id}, ${brdRow.name}, ${brdRow.title}, ${brdRow.regdate} <br>
19  </c:forEach>
20
21  <hr><h3>이름 "박종학"인 레코드에서 이름을 "신용현"으로, 등록일 현재시간으로 수정 후,</h3>
22
23  <sql:update var="n" dataSource="${ds}">
24      update board set name = ?, regdate = ? where name = ?
25      <sql:param value="신용현" />
26      <sql:dateParam value="<%= new java.util.Date() %>" type="timestamp" />
27      <sql:param value="박종학" />
28  </sql:update>
29
30  <hr><h2> 다시 게시판 전체 조회</h2>
31  <sql:query var="rs" dataSource="${ds}" sql="select * from board" />
32  <c:forEach var="brdRow" begin="0" items="${rs.rows}">
33  ${brdRow.id}, ${brdRow.name}, ${brdRow.title}, ${brdRow.regdate} <br>
34  </c:forEach>
35
36  </body>
37  </html>
```

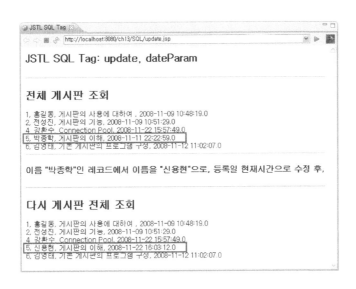

4. 함수 라이브러리

4.1 길이와 문자열 처리 함수

▌ ${fn:functionName()}

JSTL 함수 라이브러리는 length()를 제외하고는 모두 문자열 처리에 관련된 함수이다. 함수 라이브러리 대부분은 자바의 String이 제공하는 메소드와 비슷하다. 함수 length()는 인자로 문자열뿐 아니라 일반 콜렉션 객체를 사용할 수 있으며, 인자인 문자열 또는 콜렉션의 길이를 반환한다.

함수 태그를 이용하기 위해서는 다음의 taglib 지시자를 지정해야 한다.

```
<%@ taglib prefix="fn" uri="http://java.sun.com/jsp/jstl/function" %>
<c:set var="foo" value="set Tag 테스트입니다." />
${fn:length(foo)}
```

다음은 JSTL 함수 라이브러리를 정리한 표이다.

반환 유형	함수와 예문	설명
boolean	contains(String src, String search)	search에 name이 있는지 검사
	`<c:if test="${fn:contains(src, searchString)}">`	
boolean	containsIgnoreCase(String src, String search)	대소문자를 구별하지 않고 search에 name이 있는지 검사
	`<c:if test="${fn:containsIgnoreCase(name, search)}">`	
boolean	endsWith(String src, String name)	src가 name으로 종료되는 검사
	`<c:if test="${fn:endsWith(filename, ".txt")}">`	
String	escapeXml(String str)	str에서 마크업 문자를 브라우저에 그대로 표시되는 문자열로 반환
	`${fn:escapeXml(param:info)}`	
int	indexOf(String src, String search)	src에서 search 문자열이 처음 나타내는 첨자를 반환
	`${fn:indexOf(name, "-")}`	

String	join(String[] array, String ins)	배열 array의 원소와 원소 사이에 ins를 삽입한 문자열을 반환
	${fn:join(array, ";")}	
int	length(Object obj)	집합체 obj의 길이를 반환
	${fn:length(shoppingCart.products)}	
String	replace(String str, String before, String after)	src에서 before문자열을 모두 after 문자열로 변환하여 반환
	${fn:replace(text, "-", "•")}	
String[]	split(String src, String search)	src에서 search로 계속 구분해서 나머지를 문자열 배열로 반환
	${fn:split(customerNames, ";")}	
boolean	startsWith(String src, String search)	src가 search 문자열로 시작하는지 검사
	<c:if test="${fn:startsWith(product.id, "100-")}">	
String	substring(String src, int start, int end)	str의 첨자 start에서 end−1까지의 부분 문자열을 반환, end가 음수이면 끝까지
	${fn:substring(zip, 6, -1)}	
String	substringAfter(String src, String search)	src에서 search 이후의 부분 문자열을 반환
	${fn:substringAfter(zip, "-")}	
String	substringBefore(String src, String search)	src에서 search 이전의 부분 문자열을 반환
	${fn:substringBefore(zip, "-")}	
String	toLowerCase(String src)	src의 모든 대문자를 소문자로 변환하여 반환
	${fn.toLowerCase(product.name)}	
String	toUpperCase(String src)	src의 모든 소문자를 대문자로 변환하여 반환
	${fn.UpperCase(product.name)}	
String	trim(String src)	src의 앞 뒤에 있는 빈 공간을 제거하여 반환
	${fn.trim(name)}	

■ **표 13-25** JSTL 함수 라이브러리

다음 소스에서 앞의 <hr>은 escapeXML() 함수의 역할을 할 수 없으므로 태그로 출력되나, 뒤의 <hr>은 escapeXML() 함수의 인자로 사용되어 브라우저에 그대로 <hr>로 출력된다.

\\${fn:escapeXml("<hr>")} = ${fn:escapeXml("<hr>")}

다음은 JSTL 함수 라이브러리의 예제와 그 결과이다.

예제 13-17 `function.jsp`

```
01  <%@ page language="java" contentType="text/html; charset=EUC-KR"
    pageEncoding="EUC-KR"%>
02  <html>
03  <head>
04  <meta http-equiv="Content-Type" content="text/html; charset=EUC-KR">
05  <title>JSTL SQL Tag</title>
06  </head>
07  <body>
08
09  <h2>JSTL SQL Tag: functions</h2>
10  <%@ taglib prefix="c" uri="http://java.sun.com/jsp/jstl/core" %>
11  <%@ taglib prefix="fn" uri="http://java.sun.com/jsp/jstl/functions" %>
12
13  <c:set var="addr" value=" http://www.infinitybooks.co.kr " />
14  \${addr} = "${addr}" <br>
15  \${fn:length(addr)} = ${fn:length(addr)} <br>
16  \${fn:toUpperCase(addr)} = "${fn:toUpperCase(addr)}" <p>
17
18  \${fn:substring(addr, 29, 31)} = "${fn:substring(addr, 29, 31)}" <br>
19  \${fn:substringBefore(addr, ":")} = "${fn:substringBefore(addr, ":")}" <br>
20  \${fn:substringAfter(addr, "//")} = "${fn:substringAfter(addr, "//")}" <p>
21
22  \${fn:trim(str1)} = "${fn:trim(addr)}" <br>
23  \${fn:replace(addr, "co.kr", "com")} = ${fn:replace(addr, "co.kr", "com")} <br>
24  \${fn:indexOf(addr, ":")} = ${fn:indexOf(addr, ":")} <p>
25
26  \${fn:startsWith(addr, "http")} = ${fn:startsWith(addr, "http")} <br>
27  \${fn:endsWith(addr, "r")} = ${fn:endsWith(addr, "r ")} <br>
28  \${fn:contains(addr, "www")} = ${fn:contains(addr, "www")} <br>
29  \${fn:containsIgnoreCase(addr, "KR")} = ${fn:containsIgnoreCase(addr, "KR")} <p>
30
31  <c:set var="telNum" value="82-2-011-8754-8725" />
32  <c:set var="subNum" value="${fn:split(telNum, '-')}" />
33  \${telNum} = "${telNum}" <br>
34  \${fn:join(subNum, ":")} = ${fn:join(subNum, ':')} <br>
```

```
35   \${fn:escapeXml("<hr>")} = ${fn:escapeXml("<hr>")} <br>
36
37   </body>
38   </html>
```

5. 연습문제

1. 다음은 JSTL이 제공하는 5가지 분류에 대한 태그의 세부 영역과 태그에서 사용되는 접두어, 그리고 URI를 정리한 표이다. 다음에서 빈 부분을 완성하시오.

분류	세부 영역	접두어 (prefix)	URI
	변수 지원	c	http://java.sun.com/jsp/jstl/core
	제어 흐름		
	URL 관리		
	출력, 예외처리		
XML	코어	x	
	흐름 제어		
	변환		
Internationalization	지역화(Locale)		http://java.sun.com/jsp/jstl/fmt
	메시지 포맷		
	수와 날짜 포맷		
Database	SQL	sql	http://java.sun.com/jsp/jstl/sql
	집합체 길이	fn	http://java.sun.com/jsp/jstl/functions
	문자열 처리		

2. 다음은 JSTL의 기능 분류에 따른 **taglib** 지시자를 정리한 표이다. 다음에서 밑줄 부분을 완성하시오.

기능 분류	taglib 지시자
Core	<%@ taglib prefix="____" uri="http://java.sun.com/jsp/jstl/core" %>
XML processing	<%@ taglib prefix="x" uri="_____" %>
Internationalization	<%@ taglib prefix="fmt" uri="_____" %>

Database access (SQL)	`<%@ taglib prefix="____" uri="http://java.sun.com/jsp/jstl/sql" %>`
Functions	`<%@ taglib prefix="fn" uri="_____" %>`

3. 코어 태그 라이브러리에서 제어흐름을 처리하는 태그와 그 기능을 설명하시오.

4. 다음은 코어 라이브러리 태그를 이용하는 간단한 부분 소스이다. 다음 각각의 문제에서 브라우저 출력 결과를 기술하시오.

(1)

```
01  <%@ taglib prefix="c" uri="http://java.sun.com/jsp/jstl/core" %>
02
03  <c:set var="str1" value="none" />
04  <c:set var="str2" value="page" scope="page" />
05  <c:set var="str3" value="request" scope="request" />
06  <c:set var="str4" value="session" scope="session" />
07  <c:set var="str5" value="application" scope="application" />
08
09  <c:remove var="str1" />
10  \${str1} = ${str1} <br>
11
12  <c:remove var="str2" />
13  \${str2} = ${str2} <br>
14
15  <c:remove var="str3" scope="request"/>
16  \${str3} = ${str3} <br>
17
18  <c:remove var="str4" scope="application"/>
19  \${str4} = ${str4} <br>
20
21  <c:remove var="str5" scope="session"/>
22  \${str5} = ${str5} <br>
```

(2)

```
01  <c:set var="point" value="86" />
02  <c:choose>
03      <c:when test="${point >= 90 }" >
04          A
05      </c:when>
06      <c:when test="${point >= 80 }" >
07          B
08      </c:when>
09      <c:when test="${point >= 70 }" >
10          C
11      </c:when>
12      <c:when test="${point >= 60 }" >
13          D
14      </c:when>
15      <c:otherwise>
16          F
17      </c:otherwise>
18  </c:choose>
```

(3)

```
01  <c:set var="tel" value="82-2-11-3487-8754"/>
02
03  <c:forTokens var="tel" delims="-" items="${tel}">
04  ${tel}
05  </c:forTokens>
```

(4)

```
01  <c:out value="<hr>" escapeXml="true" />
```

(5)

```
01  <c:out value="<hr>" escapeXml="true" />
```

(6)

```
01  <c:set var="calendar" value="<%= new java.util.HashMap() %>" />
02  <c:set target="${calendar}" property="jan" value="1월" />
03  <c:set target="${calendar}" property="feb" value="2월" />
04  <c:set target="${calendar}" property="mar" value="3월" />
05  ${calendar.feb}
```

5. 다음은 함수 라이브러리를 이용하는 간단한 부분 소스이다. 다음 각각의 문제에서 브라우저 출력 결과를 기술하시오

(1)

```
01  <c:set var="str1" value="javascript" />
02  ${fn:substring(str1, 4, -1)} <br>
03  ${fn:substringBefore(str1, "as")} <br>
04  ${fn:substringAfter(str1, "sc")} <p>
```

(2)

```
01  <c:set var="str2" value="VBscript" />
02  ${fn:trim("   신 지애    ")}<br>
03  ${fn:replace(str2, "VB", "java")} <br>
04  ${fn:indexOf(str2, "B")} <p>
```

(3)

```
01  <c:set var="str3" value="커스텀 태그" />
02  ${fn:startsWith(str3, "커스")} <br>
03  ${fn:endsWith(str3, "태그")} <br>
04  ${fn:contains(str3, "스템")} <p>
```

(4)

```
01  ${fn:escapeXml("<p>")} <br>
```

커스텀 태그

1. 커스텀 태그 개요

2. JSP 2.0 태그 처리기의 커스텀 태그

3. 커스텀 태그 속성 처리

4. JSP 2.0 태그 파일의 커스텀 태그

5. 연습문제

JSP의 액션 태그와 같은 XML 유형의 태그를 사용자가 직접 정의할 수 있는데 이를 커스텀 태그라 한다. 13장에서 학습한 표준 태그 라이브러리(JSTL: Java Standard Tag Library)도 하나의 커스텀 태그이다. 14장에서는 커스텀 태그를 만드는 방식을 알아보고, JSP 2.0에서 제공하는 태그 처리기 방식과 태그 파일 방식을 이용하여 커스텀 태그를 만들어 활용하는 과정에 대하여 학습할 예정이다.

- 커스텀 태그의 필요성과 정의, 유형 알아보기

- 커스텀 태그 생성 방법의 종류 알아보기

- JSP 2.0 태그 처리기 방식으로 커스텀 태그 생성과 활용 이해하기

- JSP 2.0 태그 처리기 방식으로 커스텀 태그 속성 처리 알아보기

- JSP 2.0 태그 파일 방식으로 커스텀 태그 생성과 활용 이해하기

1. 커스텀 태그 개요

1.1 커스텀 태그 정의와 유형

▌커스텀 태그 정의

JSP 프로그램에서 자바빈즈가 비즈니스 로직을 담당한다면 커스텀 태그는 JSP 프로그램에서 반복적으로 수행되는 모듈 부분을 담당한다고 할 수 있다. 즉 JSP 프로그램에서 반복적으로 수행되는 모듈 부분은 주로 표현 부분과 제어흐름의 스크립트릿으로 구성되는 경우가 대부분이다.

즉 커스텀 태그는 반복적으로 사용되는 조건, 반복 등의 제어흐름과 다양한 태그의 표현 부분을 하나의 새로운 태그로 정의하여 사용할 수 있는 XML 유형의 사용자 정의 태그이다.

커스텀 태그는 복잡한 표현 또는 기능들을 하나의 태그로 정의함으로써 개발자에게 좀 더 편리하게 작업을 할 수 있도록 해주고 궁극적으로 디자인과 개발을 분리하여 개발 효율성과 생산성을 높이는 데에 그 목적이 있다.

▌커스텀 태그 유형

커스텀 태그는 XML 태그이므로 다음과 같이 시작 태그와 종료 태그가 반드시 있어야 하며, 속성="값"과 같이 값에는 반드시 큰 따옴표 또는 작은 따옴표를 붙여야 한다. 또한 같은 태그 이름의 충돌을 피하기 위해 prefix인 접두어를 사용한다. 태그를 `<prefix:tagName`로 시작한다면 몸체가 없는 태그는 `/>`이 종료 태그이며, 몸체가 있는 태그는 `</prefix:tagName>`이 종료 태그이다.

몸체(body)가 없는 태그 방식

`<prefix:tagName  property1="value" … />`

몸체(body)가 있는 태그 방식

`<prefix:tagName  property2="value" … >`

태그 몸체(tag body)

`</prefix:tagName>`

■ **그림 14-1** 액션 태그와 커스텀 태그 유형

1.2 커스텀 태그 생성

커스텀 태그 만드는 방법

JSP 1.1 스펙에서 소개된 커스텀 태그는 JSP 1.2 지원 커스텀 태그 처리 방식과 JSP 2.0 지원 커스텀 태그 처리 방식으로 나눌 수 있다. 그러므로 커스텀 태그를 만드는 방법은 JSP 버전 1.2와 2.0으로 크게 나뉜다. JSP 2.0에서는 태그 처리기(Tag Handler) 방식과 태그 파일(Tag File) 방식, 2가지를 제공한다. 특히 JSP 2.0에서 지원하는 태그 파일 방식은 태그 처리기 방식보다 쉽게 커스텀 태그를 만들 수 있다.

버전	이름	특징
JSP 1.2	JSP 1.2 태그 처리기	자바 프로그래머에게 적합하고, 상대적으로 다소 복잡하며, JSP 2.0을 사용할 수 없는 경우에 사용
JSP 2.0	JSP 2.0 태그 처리기	자바 프로그래머에게 적합하며, JSP 1.2 태그 처리기에 비해 한결 간편해짐
	태그 파일	JSP 프로그램과 유사하며 표현언어와 JSTL에 익숙한 프로그래머에게 적합

■ **표 14-1** 커스텀 태그 구현 종류와 특징

태그 처리기 방식은 일반적으로 태그 처리기인 자바 클래스 작성, 태그 라이브러리 디스크립터인 TLD(Tag Library Descriptor) 작성이 필요하다. 그러나 태그 처리기 방식은 태그 파일만 필요하다.

태그 처리기 방식은 일반 자바 프로그램으로 태그 처리기를 작성하며, 태그 파일 방식은 JSP 프로그램과 같이 스크립트 요소와 HTML 그리고 다른 커스텀 태그를 사용하여 태그 처리를 작성한다.

이름	구현 인터페이스 또는 상속 클래스	구현 파일	구현 방법
JSP 1.2 태그 처리기	javax.servlet.jsp.tagext.Tag javax.servlet.jsp.tagext.TagSupport	자바 파일	Tag 또는 TagSupport를 상속받은 자바 클래스 구현
JSP 2.0 태그 처리기	javax.servlet.jsp.tagext.SimpleTag javax.servlet.jsp.tagext.SimpleTagSupport	자바 파일	SimpleTag 또는 SimpleTagSupport를 상속받은 자바 클래스 구현
태그 파일	확장자가 tag인 태그 파일	태그 파일	JSP 프로그램과 같은 태그 파일 구현

■ **표 14-2** 커스텀 태그 구현 방법

JSP 1.2 태그 처리기는 일반적으로 클래스 javax.servlet.jsp.tagext.TagSupport를 상속받아 구현하며, JSP 2.0 태그 처리기는 javax.servlet.jsp.tagext.SimpleTagSupport를 상속받아 구현한다. 상속받는 클래스 이름 SimpleTagSupport에서 보듯이, JSP 2.0 태그 처리기 방식이 JSP 1.2 태그 처리기 방식보다 간편하고 쉽다. 태그 처리기 방식은 태그 처리기뿐만 아니라 태그 처리기를 태그로 사용할 수 있도록 해주는 TLD 파일의 작성이 필요하다.

태그 파일 방식은 JSP 프로그램과 같이 <%@ tag … %> 와 같이 특별히 추가된 지시자와 스크립트 요소, HTML 그리고 다른 커스텀 태그를 사용하여 태그 처리를 작성하므로 태그 처리기 방식보다 훨씬 쉽다. 또한 태그 처리기 방식이 TLD 파일이 필요한 것에 비하면 태그 파일 방식은 TLD 파일이 필요 없어 더욱 간편하다.

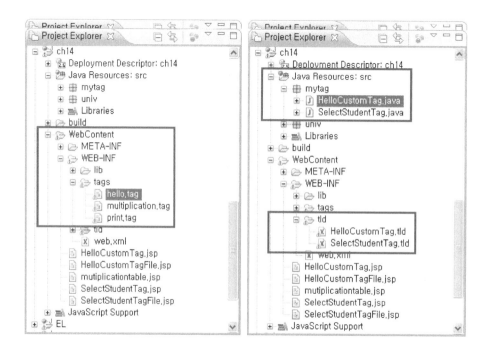

▪ 그림 14-2 이클립스에서 커스텀 태그 개발

이클립스에서 개발된 커스텀 태그에 관련된 파일을 살펴보면, JSP 1.2와 2.0의 태그 처리기 방식은 [Java Resources: src] 하부에 태그 처리기인 자바 프로그램과 [WEB-INF/tld] 하부에 TLD 파일이 필요하다. 반면에 JSP 2.0 태그 파일 방식은 [WEB-INF/tags] 하부에 tag 파일만이 필요하다.

태그 처리기 방식이 자바 프로그래머에게 적합한 태그 생성 방식이라면, JSP 2.0에서 지원하는 태그 파일 방식은 HTML과 액션 태그, 커스텀 태그에 익숙한 디자이너 또는 일반인에게 적합한 커스텀 태그 개발 방식이다.

우리는 JSP 버전을 고려해서 JSP 2.0에서 지원하는 태그 처리기 방식과 태그 파일 방식을 알아 보도록 한다.

2. JSP 2.0 태그 처리기의 커스텀 태그

2.1 JSP 2.0 커스텀 태그 개요

▌커스텀 태그 작성 절차

커스텀 태그를 만들기 위해서는 태그 처리 클래스 작성, TLD 파일 작성이 필요하다. 물론 만들어 놓은 커스텀 태그를 활용해 보기 위해서는 태그를 사용하는 JSP 파일이 필요할 것이다.

순서	이름	장소	파일 확장자	내용
1	태그 처리기 (Tag Handler)	[Java Resources : src]	*.java	태그를 처리하는 자바 파일로 클래스 SimpleTagSupport를 상속(확장)하여 작성
2	태그 라이브러리 기술자(TLD)	[WEB-INF/tld]	*.tld	1에서 만든 태그를 JSP 페이지에서 사용할 수 있도록 태그 이름을 등록하는 절차
3	태그 활용 JSP 프로그램	[WebContent]	*.jsp	2에서 등록한 태그이름을 taglib 지시자를 사용하여 이용

■ **표 14-3** 커스텀 태그 작성 절차

태그 클래스를 작성하기 위해서는 다음 클래스 SimpleTagSupport를 상속하여 메소드 doTag()를 구현해야 한다.

- javax.servlet.jsp.tagext.SimpleTagSupport

그러므로 태그 처리기 클래스 HelloCustomTag를 작성한다면 자바 소스는 다음과 같다.

```java
public class HelloCustomTag extends SimpleTagSupport {

    public void doTag() throws IOException {
        //구현
    }

}
```

■ **그림 14-3** 태그 처리기 클래스 HelloCustomTag의 구조

클래스 SimpleTagSupport

우리가 새로이 만드는 커스텀 태그 처리기 클래스는 `SimpleTagSupport`를 상속받아 메소드 `doTag()`를 재정의(overriding)해야 한다. 클래스 `SimpleTagSupport`는 인터페이스 `SimpleTag`를 구현한 클래스로 다음과 같은 주요 메소드를 제공한다.

반환 유형	메소드	설명
void	doTag()	태그가 수행해야 할 일을 처리하는 메소드로, 태그 처리 클래스에서 오버라이딩(overriding)해서 구현
JspFragment	getJspBody()	태그의 몸체 부분을 반환
JspContext	getJspContext()	페이지 context를 반환하며, 주로 getJspContext. getOut()을 통해 출력에 사용할 JspWriter 객체를 얻음

- **표 14-4** 클래스 SimpleTagSupport의 주요 메소드

2.2 첫 커스텀 태그 만들기

문자열 출력 커스텀 태그 작성 절차

간단한 문자열을 출력하는 커스텀 태그를 작성하자. 즉 태그 hello는 몸체는 없으며 문자열 "Hello Custom Tag!!!"를 출력하는 태그이다. 태그 hello에서 접두어인 prefix를 myfirsttag로 지정하면 다음과 같이 사용할 수 있다.

```
<myfirsttag:hello />
```

태그 hello를 만들기 위해서는 HelloCustomTag.java와 HelloCustomTag.tld가 필요하며 태그 hello를 테스트하기 위해서는 HelloCustomTag.jsp가 필요하다.

순서	이름	장소	파일 이름
1	태그 클래스 작성	[Java Resources: src]	HelloCustomTag.java
2	TLD 작성	[WEB-INF/tld]	HelloCustomTag.tld
3	태그 활용 JSP 작성	[WebContent]	HelloCustomTag.jsp

- **표 14-5** 문자열 출력 커스텀 태그 hello 작성 절차

다음은 이클립스의 패키지 탐색기에서 살펴본 태그 hello를 위한 파일인 HelloCutomTag. java, HelloCutomTag.tld 그리고 HelloCutomTag.jsp이다. 각 파일이 저장될 위치를 확인하고 파일을 작성하도록 하자.

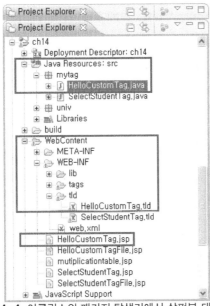

■ **그림 14-4** 이클립스의 패키지 탐색기에서 살펴본 태그 hello를 위한 파일
■ **그림 14-4** 이클립스의 패키지 탐색기에서 살펴본 태그 hello를 위한 파일

▌커스텀 태그를 위한 자바 파일 작성

커스텀 태그 hello를 처리하는 태그 처리기 자바 프로그램 HelloCustomTag.java을 작성하기 위해 이클립스에서 [New Java Class] 대화상자를 실행한다. 커스텀 태그 처리 프로그램의 클래스는 HelloCustomTag로, 패키지는 mytag로, 상위클래스인 Superclass는 [javax.servlet.jsp.tagext.SimpleTagSupport]로 각각 지정한다.

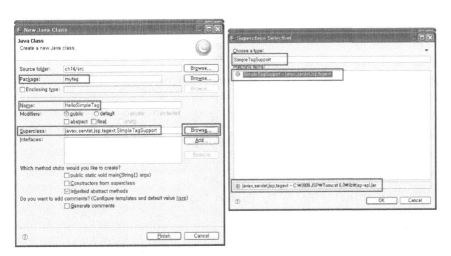

■ **그림 14-5** 태그 처리기 클래스 HelloCustomTag 생성

처음 만들어진 파일 HelloCustomTag.java는 다음과 같다.

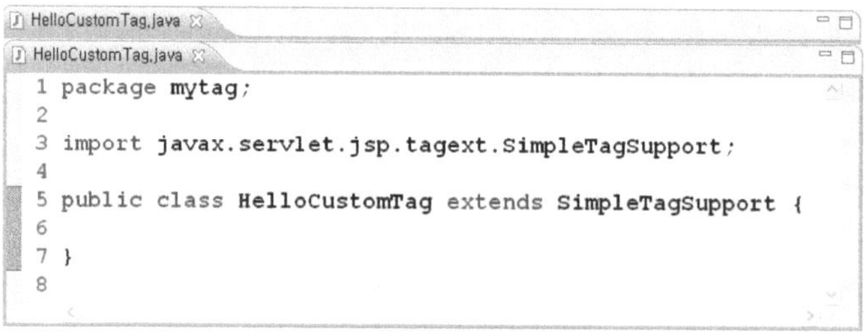

■ **그림 14-6** 처음 만들어진 파일 HelloCustomTag.java
■ **그림 14-6** 처음 만들어진 파일 HelloCustomTag.java

태그 처리는 메소드 doTag()에서 구현한다. 메소느 getJspContext.getOut()을 통해 출력에 사용할 JspWriter 객체를 out에 저장하여 원하는 문자열을 출력한다.

```java
public void doTag() throws IOException {
    JspWriter out = getJspContext().getOut();
    out.println("<font color=blue>");
    out.println("Hello My Custom Tag!!!");
    out.println("</font>");
}
```

태그 처리 프로그램은 매우 간단하며, 다음이 전 소스이다.

예제 14-1 HelloCustomTag.java

```java
01  package mytag;
02
03  import java.io.IOException;
04
05  import javax.servlet.jsp.JspWriter;
06  import javax.servlet.jsp.tagext.SimpleTagSupport;
07
08  public class HelloCustomTag extends SimpleTagSupport {
09      public void doTag() throws IOException {
10          JspWriter out = getJspContext().getOut();
11          out.println("<font color=blue>");
12          out.println("Hello My Custom Tag!!!");
13          out.println("</font>");
14      }
15  }
```

TLD 파일 작성

태그 라이브러리 기술자인 TLD(Tag Library Descriptors)는 이미 만든 태그 처리기를 태그로 사용하기 위해 태그를 선언하는 파일이다. TLD 파일은 확장자가 tld이며 [WEB-INF] 하부폴더 [tld]를 만들어 저장한다.

TLD <?xml …? > 태그로 시작하며, <taglib > 태그에서 속성 xmlns, xsi: schemaLocation, version 등으로 문서의 규칙을 담고 있는 스키마 파일과 요구되는 JSP 버전을 지정한다. TLD 파일에서 태그 <taglib>… </taglib>는 HTML 파일의 시작과 끝인 <HTML>… </HTML>과 같다고 할 수 있다.

```xml
<?xml version="1.0" encoding="euc-kr"?>
<taglib xmlns="http://java.sun.com/xml/ns/j2ee"
    xmlns:xsi="http://www.w3.org/2001/XMLSchema-instance"
    xsi:schemaLocation="http://java.sun.com/xml/ns/j2ee/
    http://java.sun.com/xml/ns/j2ee/web-jsptaglibrary_2_0.xsd"
    version="2.0">
…
</taglib>
```

태그 <taglib> 내부에 사용하는 주요한 태그를 살펴보면 다음과 같다.

태그	설명
description	태그 라이브러리 사용 설명
display-name	개발 도구에서 표시되는 이름
icon	개발 도구에서 표시되는 아이콘
tlib-version	태그 라이브러리 버전
short-name	현재 태그 라이브러리의 간단한 이름
uri	태그 라이브러리를 구별하는 URI
tag	해당 태그 라이브러리에 포함되어 있는 태그를 기술

■ 표 14-6 태그 tagib의 내부 표현

실제 JSP 파일에서 사용할 태그는 <taglib>내부에 <tag>로 선언한다. <tag>를 구성하는 내부태그를 살펴보면 다음과 같다.

원소	설명
description	태그 설명
display-name	개발 도구에서 표시되는 이름
icon	개발 도구에서 표시되는 아이콘
name	사용자 정의 태그 이름으로, TLD 내에서 유일한 이름이어야 함.
tag-class	해당 태그를 정의한 태그 처리기 클래스를 지정하며, 패키지 이름을 포함한 이름으로 입력
tei-class	TEI 파일의 클래스 이름을 지정하며, 일반적으로 javax.servlet.jsp.tagext.TagExtraInfo를 상속 받아서 구현
body-content	태그의 몸체인 시작 태그와 끝 태그 사이에 들어갈 내용의 형태를 지정하며, 값은 empty, scriptless, tagdependent 중 하나이고, 몸체가 없으면 empty로 하며, scriptless는 스크립트 요소는 올 수 없고, 일반 문자열, 표현언어, 커스텀 태그를 허용하며, tagdependent는 태그 처리기에 의해 처리됨
variable	스크립팅 변수 정보를 표현
attribute	현재 태그에 대한 속성 정의

■ **표 14-7** 태그 tag의 내부 태그

<tag>에서 <name>은 가장 중요한 태그이름을 지정하며, <tag-class>는 이미 구현한 태그 처리기의 클래스 이름을 지정하고, <body-content>는 태그 몸체에 대한 특성에 따라 empty, tagdependent, scriptless 중에 하나를 지정해야 한다. 만일 <body-content> 값이 empty라면 태그 사이에 어떠한 값도 있어서는 안 된다. 즉 커스텀 태그의 형태가 <prefix:tagname … />와 같이 작성해 주어야 한다. 속성 값 scriptless는 JSP 스크립트 요소를 사용할 수 없고, 일반 문자열, 표현언어, 다른 커스텀 태그를 허용하며, 마지막으로 tagdependent는 사용자 정의 태그의 태그 처리기에서 직접 처리하는 것을 의미한다.

지금 작성하는 태그 이름을 hello로 하려면 <name>을 hello로, 이미 만든 태그 처리기가 mytag.HelloCustomTag이므로 <tag-class>는 mytag.HelloCustomTag로, <body-content> 는 몸체가 없으므로 empty로 지정한다.

```
<tag>
    <description>문자열 Hello My Custom Tag!!! 출력 예제</description>
    <display-name>문자열 출력</display-name>
    <name>hello</name>
    <tag-class>mytag.HelloCustomTag</tag-class>
    <body-content>empty</body-content>
</tag>
```

다음은 태그 처리기 HelloCustomTag를 태그 hello로 선언하는 TLD 파일 HelloCustomTag
.tld이다.

예제 14-2 HelloCustomTag.tld

```
01  <?xml version="1.0" encoding="euc-kr"?>
02  <taglib xmlns="http://java.sun.com/xml/ns/j2ee"
03      xmlns:xsi="http://www.w3.org/2001/XMLSchema-instance"
04      xsi:schemaLocation="http://java.sun.com/xml/ns/j2ee/
05      http://java.sun.com/xml/ns/j2ee/web-jsptaglibrary_2_0.xsd"
06      version="2.0">
07
08      <description> 처음 만드는 커스텀 태그 </description>
09      <display-name>HelloCustomTag </display-name>
10      <tlib-version>1.2</tlib-version>
11      <jsp-version>2.0</jsp-version>
12      <short-name>HelloCustomTag</short-name>
13
14      <tag>
15          <description>문자열 Hello My Custom Tag!!! 출력 예제</description>
16          <display-name>문자열 출력</display-name>
17          <name>hello</name>
18          <tag-class>mytag.HelloCustomTag</tag-class>
19          <body-content>empty</body-content>
20      </tag>
21
22  </taglib>
```

▌ 첫 커스텀 태그 hello를 사용하는 JSP 파일 작성

이제 처음으로 만든 커스텀 태그 hello를 사용하는 JSP 프로그램을 작성하자. 커스텀 태그
hello를 사용하기 위해서는 지시자 taglib가 필요하다. 지시자 taglib에서 속성 uri에 TLD
파일을 지정하고, prefix에 원하는 태그의 접두어를 지정한다.

```
<%@ taglib uri="/WEB-INF/tld/HelloCustomTag.tld" prefix="myfirsttag" %>
```

위와 같이 prefix="myfirsttag"로 하면, <myfirsttag:hello / >로 커스텀 태그
hello를 사용할 수 있다.

```
<myfirsttag:hello />
```

다음은 커스텀 태그 hello를 사용하는 JSP 프로그램 HelloCustomTag.jsp와 그 결과이다.

예제 14-3 HelloCustomTag.jsp

```
01  <%@ page language="java" contentType="text/html; charset=EUC-KR"
        pageEncoding="EUC-KR"%>
02  <html>
03  <head>
04  <meta http-equiv="Content-Type" content="text/html; charset=EUC-KR">
05  <title> 커스텀 태그</title>
06  </head>
07  <body>
08
09  <%@ taglib uri="/WEB-INF/tld/HelloCustomTag.tld" prefix="myfirsttag" %>
10
11      <H2> 첫 커스텀 태그 예제 </H2>
12      <center><HR>
13      <myfirsttag:hello />
14      </center>
15
16  </body>
17  </html>
```

█ 태그 hello 생성 과정

지금까지 구현해 본 간단한 문자열을 출력하는 커스텀 태그 hello의 작업 과정을 다시 살펴보자.

순서	이름	주요 내용

1	태그 처리기 작성
	
	HelloCustomTag.java
		`package mytag;`
		
		`public class HelloCustomTag extends SimpleTagSupport {`

2	TLD 작성
	
	HelloCustomTag.tld
		`<tag>`
		`    <name>hello</name>`
		`    <tag-class>mytag.HelloCustomTag</tag-class>`
		`    <body-content>empty</body-content>`
		`</tag>`

3	태그 활용 JSP 작성
	
	HelloCustomTag.jsp
		`<%@ taglib uri="/WEB-INF/tld/HelloCustomTag.tld"`
		`prefix="myfirsttag" %>`
		
		`    <myfirsttag:hello />`

■ **표 14-8** 문자열 출력 커스텀 태그 hello의 개발

태그 처리기인 자바 클래스는 클래스 `SimpleTagSupport`를 상속받아 구현하며, 패키지 이름을 포함한 클래스 이름이 TLD 파일의 태그 `<tag >`의 내부 원소 `<tag-class >`에 기술되어야 한다. 사용할 태그 이름은 TLD 파일의 태그 `<tag >`의 내부 원소 `<name >`에 기술하며, TLD 파일의 위치와 파일 이름은 JSP 파일의 지시자 taglib의 속성 uri에 기술되어야 한다. JSP 파일의 지시자 taglib에서 지정되는 접두어인 prefix를 "myfirsttag"로 지정하면 태그 hello는 다음과 같이 이용할 수 있다.

```
<myfirsttag:hello />
```

3. 커스텀 태그 속성 처리

3.1 속성이 있는 커스텀 태그 만들기

▌ 테이블 출력 커스텀 태그 작성 절차

11장에서 작성한 예제 11-4 selectstudentCPbean.jsp 프로그램에서 학생 테이블 student를 조회하여 출력하는 부분을 커스텀 태그로 작성해 보자.

즉 지금 만드는 커스텀 태그 print는 몸체가 있으며, 속성으로 border와 bgcolor 그리고 list를 가지고 테이블 형태로 list에 저장된 학생 정보를 출력하는 태그이다. 즉 자바빈즈와 자바 스크립트릿 코드 그리고 테이블 마크업 언어가 혼재되어 있는 부분을 다음과 같이 커스텀 태그 print로 대체하고자 한다. 커스텀 태그 print는 다음과 같이 속성 border, bgcolor, list가 있으며 제목이 몸체로 표현된다.

```
<%@ taglib uri="/WEB-INF/tld/SelectStudentTag.tld" prefix="mytag" %>
<jsp:useBean id="stdtdb" class="univ.StudentDatabaseCP" scope="page" />

<mytag:print border="1" bgcolor="skyblue" list="${stdtdb.studentList}" >
학생정보조회
</mytag:print>
```

태그 print를 만들기 위한 태그 처리기 SelectStudentTag.java, TDL 파일인 SelectStudentTag.tld, 그리고 태그 print를 테스트하기 위한 SelectStudentTag.jsp을 작성하자.

순서	이름	장소	파일 이름	비고
1	태그 처리기	[Java Resources: src]	SelectStudentTag.java	속성에 대한 setter, getter
2	TLD	[WEB-INF/tld]	SelectStudentTag.tld	속성 처리
3	태그 활용 JSP 프로그램	[WebContent]	SelectStudentTag.jsp	

■ **표 14-9** 학생 테이블 출력 커스텀 태그 print 작성 절차

태그 처리기 자바 파일 작성

태그 처리기 자바 프로그램 SelectStudentTag.java는 패키지를 mytag로, 상위클래스 SimpleTagSupport를 상속받아 구현한다. 태그 속성을 처리하기 위해 속성이름인 border, bgcolor, list를 소속변수로 정의하며, 이 변수들의 setter와 getter를 구현해야 한다. 태그 속성인 border, bgcolor는 각각 테이블 태그에서 두께와 첫 행 제목의 배경색으로 이용되며, 기술하지 않을 수 있는 선택 속성의 기본 값은 2와 white이다. 그러므로 소속변수의 초기 값으로 기본 값을 저장한다.

```
public class SelectStudentTag extends SimpleTagSupport {

    // 커스텀 태그의 속성을 위한 변수
    private int border = 2;
    private String bgcolor = "white";
    private ArrayList<StudentEntity>list;
    …
    public int getBorder() {
     return border;
    }

    public void setBorder(int border) {
     this.border = border;
    }
    …
}
```

태그 처리를 위해 메소드 doTag()에서 getJspContext.getOut()을 통해 출력에 사용할 JspWriter 객체를 out에 저장한다. 또한 태그 몸체 처리를 위해 메소드 getJspBody()로 JspFragment 객체를 body에 저장한다. 몸체를 출력하려면 변수 body를 이용하여 메소드 invoke()를 호출한다. 몸체 처리에 인자가 필요하면 사용할 수 있으며, 여기서는 단순한 문자열인 제목을 출력하므로 null을 인자로 호출한다.

```
public void doTag() throws IOException, JspException {

    JspWriter out = getJspContext().getOut();
    JspFragment body = getJspBody();

    if(body != null){
```

```
            out.println("<center><H2>");
            body.invoke(null);
            out.println("</H2></center>");
        }
        …
    }
```

커스텀 태그 print의 속성 border와 bgcolor는 table 태그의 속성 border와 테이블 첫
행의 bgcolor를 지정하기 위한 속성이다. 메소드 getBorder()와 getBgcolor()를 사용하여
테이블 태그의 속성을 구성한 후 출력한다.

```
    out.println("<table width=100% cellpadding=1 " +
        "border=" + getBorder() + " >" +
        "<tr align=center " + " bgcolor=" + getBgcolor() + " >" +
```

태그 처리를 위한 메소드 doTag() 내부에서 for 문을 이용하여 속성 list에 원소로
저장된 StudentEntity를 하나씩 꺼내 테이블 태그를 이용하여 각각의 저장 값을 출력한다.

```
    for( StudentEntity stdt : list ) {
        out.println("<tr align=center>" +
            "<td>" + stdt.getId() + "</td>" +
        …
    }
```

다음은 커스텀 태그 print를 위한 태그 처리기 SelectStudentTag.java 전 소스이다.

🖥 **예제 14-4 SelectStudentTag.java**

```
01  package mytag;
02
03  import java.io.IOException;
04  import java.util.ArrayList;
05  import univ.StudentEntity;
06
07  import javax.servlet.jsp.JspException;
```

```
08  import javax.servlet.jsp.JspWriter;
09  import javax.servlet.jsp.tagext.JspFragment;
10  import javax.servlet.jsp.tagext.SimpleTagSupport;
11
12  public class SelectStudentTag extends SimpleTagSupport {
13
14      // 커스텀 태그의 속성을 위한 변수
15      private int border = 2;
16      private String bgcolor = "white";
17      private ArrayList<StudentEntity> list;
18
19      public void doTag() throws IOException, JspException {
20
21          JspWriter out = getJspContext().getOut();
22          JspFragment body = getJspBody();
23
24          if(body != null){
25              out.println("<center><H2>");
26              body.invoke(null);
27              out.println("</H2></center>");
28          }
29
30          // 태그 바디 처리후 student 테이블 출력을 위한 테이블 구성
31          int counter = list.size();
32          if (counter > 0) {
33              out.println("</center>");
34              out.println("<table width=100% cellpadding=1 " +
35                  "border=" + getBorder() + " >" +
36                  "<tr align=center " + " bgcolor=" + getBgcolor() + " > " +
37                  "<td><b>아이디</b></td>" +
38                  "<td><b>암호</b></td>" +
39                  "<td><b>이름</b></td>" +
40                  "<td><b>입학년도</b></td>" +
41                  "<td><b>학번</b></td>" +
42                  "<td><b>학과</b></td>" +
43                  "<td><b>휴대폰1</b></td>" +
44                  "<td><b>휴대폰2</b></td>" +
45                  "<td><b>주소</b></td>" +
46                  "<td><b>이메일</b></td>" +
47                  "</tr>");
48
49              for( StudentEntity stdt : list ) {
50                  out.println("<tr align=center>" +
51                      "<td>" + stdt.getId() + "</td>" +
```

```
52                  "<td>" + stdt.getPasswd() + "</td>" +
53                  "<td>" + stdt.getName() + "</td>" +
54                  "<td>" + stdt.getYear() + "</td>" +
55                  "<td>" + stdt.getSnum() + "></td>" +
56                  "<td>" + stdt.getDepart() + "</td>" +
57                  "<td>" + stdt.getMobile1() + "</td>" +
58                  "<td>" + stdt.getMobile2() + "</td>" +
59                  "<td>" + stdt.getAddress() + "</td>" +
60                  "<td>" + stdt.getEmail() + "</td>" + "</tr>");
61              }
62          out.println("</table>");
63          out.println("</center>");
64      }
65      out.println("<p><hr>조회된 학생 수가 " + list.size() + "명 입니다.");
66  }
67
68  public int getBorder() {
69      return border;
70  }
71
72  public void setBorder(int border) {
73      this.border = border;
74  }
75
76  public String getBgcolor() {
77      return bgcolor;
78  }
79
80  public void setBgcolor(String bgcolor) {
81      this.bgcolor = bgcolor;
82  }
83
84  public ArrayList<StudentEntity> getList() {
85      return list;
86  }
87
88  public void setList(ArrayList<StudentEntity> list) {
89      this.list = list;
90  }
91
92  }
```

▌ TLD 파일 작성

위에서 만든 커스텀 태그 처리기 SelectStudentTag를 태그 print로 사용하기 위해 태그 처리기와 태그 이름을 연결하는 TLD 파일 SelectStudentTag.tld를 작성하자.

태그 이름을 지정하는 태그 <name >을 print로, 태그 처리기를 지정하는 <tag-class > 는 mytag.SelectStudentTag로, <body-content >는 몸체가 단순한 문자열이므로 scriptless로 지정한다.

```
<description> 학생 테이블 출력 태그</description>
<display-name> 학생 테이블 출력</display-name>
<name> print</name>
<tag-class> mytag.SelectStudentTag</tag-class>
<body-content> scriptless</body-content>
```

태그의 속성을 선언하려면 <attribute > 태그가 필요하다. 속성 list를 위한 <attribute> 태그는 다음과 같으며, <name > 에는 이름, <type >에는 속성의 자료유형을 기술한다. 또한 속성 list는 필수 속성으로 지정해야 하므로 태그 <required >를 true로 지정하고, 표현언어도 지원하려면 <rtexprvalue>를 true로 지정한다.

```
<attribute>
    <name> list</name>
    <type> java.util.ArrayList</type>
    <required> true</required>
    <rtexprvalue> true</rtexprvalue>
</attribute>
```

<attribute> 태그에는 내부에 다음과 같은 서브태그를 사용하며 그 의미는 다음과 같다.

서브태그	설명
description	속성 설명
name	태그로 사용될 태그 이름으로 반드시 기술해야 하는 필수 속성
required	필수 속성이면 true로 지정, 선택 속성이면 false로 지정, 기술하지 않으면 기본 값은 false

rtexprvalue	실행 시간에 표현언어의 표현식을 사용하면 true, 아니면 false로 지정, 기술하지 않으면 기본 값은 false
type	속성 값의 자료 유형으로, 기술하지 않으면 기본 값은 java.lang.String

■ **표 14-10** 태그 attribute의 내부 태그

속성 border을 반드시 지정해야 하는 필수 속성으로 만들려면 태그 < required > 를 true 로 지정하고, 표현언어도 지원하려면 < rtexprvalue > 를 true로 지정한다.

```
<attribute>
    <name>border</name>
    <required>true</required>
    <rtexprvalue>true</rtexprvalue>
</attribute>
```

속성 border는 태그 < required > 를 false로 지정하여 선택(옵션) 속성으로 만들고, 표현언어는 지원하지 않게 < rtexprvalue > 를 false로 지정한다.

```
<attribute>
    <name>bgcolor</name>
    <required>false</required>
    <rtexprvalue>false</rtexprvalue>
</attribute>
```

다음은 태그 처리기 SelectStudentTag를 태그 print로 선언하는 TLD 파일 SelectStudentTag .tld이다.

예제 14-5 SelectStudentTag.tld

```
01  <?xml version="1.0" encoding="euc-kr"?>
02  <taglib xmlns="http://java.sun.com/xml/ns/j2ee"
03      xmlns:xsi="http://www.w3.org/2001/XMLSchema-instance"
04      xsi:schemaLocation="http://java.sun.com/xml/ns/j2ee/
05      http://java.sun.com/xml/ns/j2ee/web-jsptaglibrary_2_0.xsd"
06      version="2.0">
07
```

```
08      <description>데이터베이스 처리 태그</description>
09      <tlib-version>1.2</tlib-version>
10      <jsp-version>2.0</jsp-version>
11      <short-name>SelectStudentTag</short-name>
12
13      <tag>
14          <description>학생 테이블 출력 태그</description>
15          <display-name>학생 테이블 출력</display-name>
16          <name>print</name>
17          <tag-class>mytag.SelectStudentTag</tag-class>
18          <body-content>scriptless</body-content>
19          <attribute>
20              <name>list</name>
21              <type>java.util.ArrayList</type>
22              <required>true</required>
23              <rtexprvalue>true</rtexprvalue>
24          </attribute>
25          <attribute>
26              <name>border</name>
27              <required>true</required>
28              <rtexprvalue>true</rtexprvalue>
29          </attribute>
30          <attribute>
31              <name>bgcolor</name>
32              <required>false</required>
33              <rtexprvalue>false</rtexprvalue>
34          </attribute>
35      </tag>
36
37  </taglib>
```

커스텀 태그 print를 사용하는 JSP 파일 작성

이제 만든 커스텀 태그 print를 사용하는 JSP 프로그램을 작성하자. 커스텀 태그 print를
사용하기 위해서는 지시자 taglib에서 속성 uri에 TLD 파일을 지정하고, prefix에 원하는
태그의 접두어를 지정한다.

```
<%@ taglib uri="/WEB-INF/tld/SelectStudentTag.tld" prefix="mytag" %>
```

데이터베이스 연결과 질의를 위한 자바빈즈인 univ.StudentDatabaseCP를 stdtdb로
선언한다.

```
<jsp:useBean id="stdtdb" class="univ.StudentDatabaseCP" scope="page" />
```

커스텀 태그 print는 <mytag:print … >로 사용하며 몸체에는 출력하려는 제목을 입력하고, 속성 border와 bgcolor에는 각각 테이블 두께와 테이블 첫 행의 제목 부분 배경색을 지정한다. 또한 속성 list는 출력하려는 학생 정보가 원소로 저장된 ArrayList를 지정해야 하므로 표현언어 ${stdtdb.studentList}로 지정한다. 즉 표현언어 ${stdtdb.studentList}는 자바빈즈 객체 stdtdb로부터 stdtdb.getStudentList()을 호출하여 그 결과를 속성 list에 저장한다.

```
<mytag:print border="1" bgcolor="skyblue" list="${stdtdb.studentList}" >
학생정보조회
</mytag:print>
```

다음은 커스텀 태그 print를 사용하는 JSP 프로그램 SelectStudentTag.jsp와 그 결과이다. 11장의 프로그램 selectstudentCPbean.jsp와 비교해 보면, 데이터베이스 조회 결과를 테이블 형태로 출력하는 부분을 모두 태그 print가 처리하므로 소스가 매우 간단해진 것을 알 수 있다.

예제 14-6 SelectStudentTag.jsp

```
01  <%@ page language="java" contentType="text/html; charset=EUC-KR"
    pageEncoding="EUC-KR"%>
02  <html>
03  <head>
04  <meta http-equiv="Content-Type" content="text/html; charset=EUC-KR">
05  <title>커스텀 태그</title>
06  </head>
07  <body>
08
09  <h2>커스텀 태그를 이용한 student 조회 프로그램</h2>
10  <hr>
11
12      <%@ taglib uri="/WEB-INF/tld/SelectStudentTag.tld" prefix="mytag" %>
13      <jsp:useBean id="stdtdb" class="univ.StudentDatabaseCP"
    scope="page" />
14
15      <mytag:print border="1" bgcolor="skyblue" list="${stdtdb.
```

```
    studentList}" >
16      학생정보조회
17      </mytag:print>
18
19  </body>
20  </html>
```

학생정보조회

아이디	암호	이름	입학년도	학번	학과	휴대폰1	휴대폰2	주소	이메일
gonji	young	공지영	2009	2065787	컴퓨터공학과	016	2975-9854	인천시	gong@hotmail.com
javajsp	java8394	김정수	2010	1077818	컴퓨터공학과	011	7649-9875	서울시	java2@gmail.com
jdbcmania	javajsptest	김수현	2009	2044187	컴퓨터공학과	011	87654-4983	인천시	java@hanmail.com
koroa	9943inner	안일태	2010	1987372	컴퓨터공학과	017	2670-4593	천안시	wing@gmail.com
novel	elephant	조경란	2011	2056485	기술경영과	016	3487-9919	부산시	novel@hanmail.com

조회된 학생 수가 5명 입니다.

4. JSP 2.0 태그 파일의 커스텀 태그

4.1 태그 파일 개요

▌태그 파일의 장점

지금까지 살펴본 것과 같이 커스텀 태그를 사용하면 JSP 소스가 한결 간단해지며 재사용성이 높다. 그러나 커스텀 태그를 잘 만들어 사용하려면 태그 처리기 개발을 위한 자바 프로그래밍 기술이 요구된다. 또한 태그 처리기 자바 프로그램에서 표현 부분이 많아 HTML 코드 출현 빈도가 많으면, 태그 처리기의 메소드 doTag() 구현 부분이 더욱 복잡해지는 문제점을 안고 있다.

JSP 2.0에서 지원하는 태그 파일을 이용한 커스텀 태그의 구현은 자바에 익숙하지 않은 비개발자도 재사용이 가능한 커스텀 태그를 작성할 수 있게 할 뿐만 아니라 프로그래머도 더 쉽게 작업할 수 있도록 도와준다. 즉 태그 파일은 일반 JSP 프로그램과 같이 JSP 스크립트 요소, HTML 코드, JSTL, 그리고 표현언어를 사용할 수 있으므로 자바 코드를 작성할 필요 없이 손쉽게 커스텀 태그를 만들어 사용할 수 있도록 한다.

태그 파일은 태그 처리기 자바 프로그램보다 제약이 있을 수 있으나 HTML 코드와 같은 표현 부분이 많은 모듈을 태그로 만든다면 태그 처리기 방식보다 적합하다. 반면 태그 처리기 클래스를 이용한 커스텀 태그는 JSP 페이지에서 애플리케이션 로직을 재사용할 때 더 효과적이다.

█ 태그 파일로 커스텀 태그 작성 절차

태그 파일을 이용하여 커스텀 태그를 만드는 과정은 TLD 작성 과정이 필요 없으며, 태그 처리기 대신에 태그 파일을 작성하는 것으로 완료된다. 즉 태그 파일로 커스텀 태그를 만드는 과정은 태그 파일 작성 그리고 만들어 놓은 커스텀 태그를 활용해 보기 위한 JSP 파일 작성 과정만이 필요하다.

순서	이름	장소	파일 확장자	설명
1	태그 파일(Tag File)	[WEB-INF/tags]	*.tag	태그를 처리하는 태그 파일로 JSP 파일과 비슷해 작성이 쉽고, 간단함
2	태그 활용 JSP 프로그램	[WebContent]	*.jsp	위에서 만든 태그 파일 이름을 태그로 사용하며, `taglib` 지시자를 사용하여 이용

■ **표 14-11** 태그 파일로 커스텀 태그 작성 절차

태그 파일을 만드는 경우, 사용할 커스텀 태그 이름으로 태그 파일이름 `tagname`을 지정하고 확장자는 `tag`로 한다. 폴더 [WEB-INF] 하부에 폴더 [tags]를 만든 후, 이 [tags] 폴더에 태그 파일 tagname.tag를 저장한다.

- WEB-INF/tags/tagname.tag

4.2 태그 파일로 커스텀 태그 만들기

█ 문자열 출력 커스텀 태그 작성 절차

앞에서 구현한 간단한 문자열을 출력하는 커스텀 태그 `hello`를 태그 파일로 작성하자. 즉 태그 `hello`는 몸체가 없으며 문자열 "Hello Custom Tag using Tag File !!!"을 출력하는 태그이다.

```
<mytag:hello />
```

태그 hello를 만들기 위해 hello.tag와 태그 hello를 테스트하기 위해 HelloCustomTagFile. jsp가 필요하다.

순서	이름	장소	파일 이름
1	태그 파일	[WEB-INF/tags]	hello.tag
2	태그 활용 JSP 프로그램	[WebContent]	HelloCustomTagFile.jsp

■ **표 14-12** 태그 파일을 이용한 문자열 출력 커스텀 태그 작성 절차

다음은 이클립스의 패키지 탐색기에서 살펴본 태그 hello를 위한 파일인 hello.tag와 HelloCustomTagFile.jsp이다. 각 파일이 저장될 위치를 확인하고 파일을 작성하도록 하자.

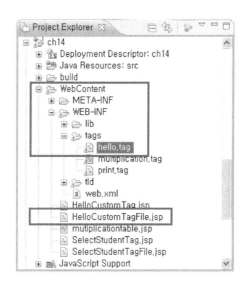

■ **그림 14-7** 이클립스의 패키지 탐색기에서 살펴본 태그 hello를 위한 파일

커스텀 태그를 위한 태그 파일 작성

커스텀 태그 hello를 처리하는 태그 프로그램 hello.tag를 작성하자. 가장 먼저 태그 파일을 저장할 폴더 tags를 폴더 WEB-INF 하부에 [WEB-INF/tags]로 만든다. 태그 파일 hello.tag는 이클립스에서 일반 파일로 만들어, [WEB-INF/tags] 폴더에 저장한다.

이클립스에는 태그 파일을 만드는 특별한 방법을 제공하지 않으므로, 폴더 [WEB-INF/tags]에서 메뉴 [New/File]로 확장자를 포함한 파일이름 hello.tag를 모두 입력하여 생성한다.

■ **그림 14-8** 이클립스에서 태그파일을 만드는 [New File] 대화상자

태그 파일은 tag 지시자로 시작한다. tag 지시자는 태그 파일에서 사용하는 지시자로, 이 파일이 태그 처리기를 위한 태그 파일임을 알리며, JSP 프로그램의 page 지시자와 비슷하게 language, import, pageEncoding, isELIgnored 등의 태그 파일의 속성을 지정하고, 다음과 같이 태그에 관련된 여러 속성을 제공한다.

```
<%@ tag body-content="empty" pageEncoding="euc-kr"%>
```

속성	설명
display-name	태그에 대한 표시 이름을 기술하며, 일반적으로 확장자 tag를 제외한 파일 이름을 지정
body-content	몸체의 형태에 따라 empty, tagdependent, 또는 scriptless를 기술하며, 기본 값은 scriptless
dynamic-attributes	동적 속성을 지정하는 부분으로, 〈이름, 값〉의 쌍의 Map 형식으로 관리
small-icon	개발도구에서 태그를 대표하는 작은 아이콘으로 지정
large-icon	개발도구에서 태그를 대표하는 큰 아이콘으로 지정
description	태그에 대한 설명
example	태그의 사용 예

language	JSP page 지시어와 같은 지원 언어
import	JSP page 지시어와 같은 해당 클래스 import
pageEncoding	JSP page 지시어와 같은 페이지 인코딩 방법
isELIgnored	JSP page 지시어와 같은 표현언어 사용 여부

■ **표 14-13** tag 지시자 속성

태그 파일 hello.tag에서 태그 처리 프로그램은 매우 간단하게 출력하려는 문자열을 그대로 기술한다. 즉 태그 파일은 JSP 소스와 같이 문자열이 그대로 출력된다.

```
Hello Custom Tag using Tag File !!!
```

다음이 태그 파일 hello.tag의 전 소스이다.

🖥 **예제 14-7 hello.tag**

```
01  <%@ tag body-content="empty" pageEncoding="euc-kr"%>
02  <font color=blue>
03  Hello Custom Tag using Tag File !!!
04  </font>
```

커스텀 태그 hello를 사용하는 JSP 파일 작성

이제 태그 파일로 만든 커스텀 태그 hello를 사용하는 JSP 프로그램을 작성하자. 자바 클래스로 만든 태그 처리기 커스텀 태그의 사용과 같이, 태그 파일로 만든 커스텀 태그 hello를 사용하기 위해서는 지시자 taglib가 필요하다. 지시자 taglib에서 속성 uri 대신에 tagdir이 필요한데, tagdir에는 태그 파일 hello.tag가 저장된 폴더를 지정하며, prefix에 원하는 태그의 접두어를 지정한다. 여기서 주의할 점은 태그 처리기 클래스를 지정하는 것과 다르게 속성은 uri가 아니라 tagdir이며, 지정할 값은 파일 이름이 아니라 폴더 이름 "/WEB-INF/tags"이라는 것이다.

```
<%@ taglib tagdir="/WEB-INF/tags" prefix="mytag" %>
```

위와 같이 속성 tagdir를 "/WEB-INF/tags"로 지정하고, prefix를 "mytag"로 지정하면,

태그 파일로 만든 hello 태그를 `<mytag:hello />`로 사용할 수 있다.

```
<mytag:hello />
```

다음은 태그 파일 hello.tag로 만든 커스텀 태그 hello를 사용하는 JSP 프로그램 HelloCustomTagFile.jsp와 그 결과이다.

예제 14-8 HelloCustomTagFile.jsp

```
01  <%@ page language="java" contentType="text/html; charset=EUC-KR"
    pageEncoding="EUC-KR"%>
02  <html>
03  <head>
04  <meta http-equiv="Content-Type" content="text/html; charset=EUC-KR">
05  <title>커스텀 태그</title>
06  </head>
07  <body>
08
09      <%@ taglib tagdir="/WEB-INF/tags" prefix="mytag" %>
10
11      <H2>태그 파일을 만든 커스텀 태그 예제 </H2>
12      <center><HR>
13      <mytag:hello />
14      </center>
15
16  </body>
17  </html>
```

▌ 태그 파일로 태그 hello 생성 과정

태그 파일을 이용한 커스텀 태그 생성은 태그 처리기 방법보다 매우 간단하다. TLD 파일 작성이 필요 없으며, 태그 파일 이름이 바로 태그 이름이 되며, 태그 파일 작성도 일반 JSP 프로그램과 같이 간단하다.

주의할 것은 태그를 사용하는 JSP 프로그램에서 사용하는 `taglib`지시자의 속성 `tagdir`에 태그 파일이 저장된 폴더 이름 `"/WEB-INF/tags"`를 지정해야 한다는 것이다.

순서	이름	주요 내용

1	태그 파일
	
	hello.tag
		`<%@ tag body-content="empty" pageEncoding="euc-kr"%>`
		
		`Hello Custom Tag using Tag File !!!`

2	태그 활용 JSP 프로그램
	
	HelloCustomTag.jsp
		`<%@ taglib tagdir="/WEB-INF/tags" prefix="mytag" %>`
		
		`<mytag:hello />`

■ **표 14-14** 태그 파일을 이용한 커스텀 태그 hello 작성 절차

4.3 태그 파일 커스텀 태그의 속성 처리

▌태그 파일로 만드는 테이블 출력 커스텀 태그 작성 절차

앞에서 작성한 SelectStudentTag.jsp 프로그램에서 사용하는 커스텀 태그 `print`를 태그 파일 `print`로 작성하여 사용하도록 프로그램을 수정해 보자. 즉 태그 `print`를 만들기 위한 태그 파일 print.tag, 그리고 태그 `print`를 테스트하기 위한 JSP 프로그램 SelectStudentTagFile.jsp을 작성하자.

순서	이름	장소	파일 이름
1	태그 파일	[WEB-INF/tags]	print.tag
2	태그 활용 JSP 프로그램	[WebContent]	SelectStudentTagFile.jsp

■ **표 14-15** 학생 테이블 출력 커스텀 태그 hello 작성 절차

▌태그 파일 작성

태그 파일 print.tag는 다음 tag 지시자로 시작한다. 태그 `print`의 몸체는 제목이므로 속성 `body-content`를 `"scriptless"`로 지정하고 `description`에는 설명을 쓰며, `java.util.ArrayList`를 사용해야 하므로 `import`에 지정한다.

태그 `hello`에서 사용하는 속성 처리를 위해 속성이름인 `border`, `bgcolor`, `list`를 지시자 `attribute`로 지정한다. 태그의 속성을 필수 속성으로 지정하려면 `required`를 `true`로

지정한다.

```
<%@ tag body-content="scriptless" pageEncoding="euc-kr"
    description="테이블 student 레코드 출력태그"
    import="java.util.ArrayList" %>

<%@ attribute name="bgcolor" required="true" %>
<%@ attribute name="border" required="true" %>
<%@ attribute name="list" required="true" type="java.util.ArrayList"%>
```

태그 파일에서 사용하는 지시자 **attribute**는 다음과 같은 속성을 제공한다.

속성	기능
description	속성에 대한 설명
name	속성의 이름으로, 라이브러리에서 유일해야 함.
required	속성이 필수이면 true, 옵션이면 false이며, 기본 값은 false
rtexprvalue	실행 시간에 표현언어의 표현식을 사용하면 true, 아니면 false로 지정, 기술하지 않으면 기본 값은 true
type	속성 값의 자료유형으로, 기본 값은 String

■ **표 14-16** 지시자 attribute의 속성

태그 파일에서 표현언어를 사용하려면 JSP 파일과 같이 **taglib** 지시자를 사용해야 한다. JSTL set 태그로 **list**의 크기를 변수 count에 저장하자.

```
<%@ taglib prefix="c" uri="http://java.sun.com/jsp/jstl/core" %>
<c:set var="count" value="<%= list.size() %>" />
```

if 태그를 사용하여 테이블 student를 조회한 레코드 수인 count가 0보다 크면 테이블 형태로 테이블 조회 결과를 출력한다.

```
<c:if test="${count >0}" var="bool" >
…
</c:if>
```

이제 HTML과 표현언어를 함께 사용하여 태그 처리기 SelectStudentTag.java의 메소드 doTag()에서 구현했던 부분을 기술한다. 가장 먼저 태그 doBody를 사용해 몸체를 구성하는 제목을 출력한다.

```
<H2><jsp:doBody /></H2>
```

커스텀 태그 print의 속성 border와 bgcolor는 표현언어 ${border}와 ${bgcolor}를 사용하여 테이블 속성을 지정한다.

```
<table width=100% border="${border}" cellpadding=1>
   <tr bgcolor="${bgcolor}">
      <td align=center><b>아이디</b></td>
      <td align=center><b>암호</b></td>

      …
   </tr>
```

속성 list에 원소로 저장된 StudentEntity를 하나씩 빼내 테이블 태그를 이용하여 각각의 저장 값을 출력하자. 이 모듈은 다음과 같이 JSTL 태그 forEach와 표현언어를 사용하여 구현하면 매우 쉽고 간단하게 처리할 수 있다.

```
<c:forEach var="stdt" items="${list}" >
<tr>
   <td align=center>${stdt.id}</td>
   <td align=center>${stdt.passwd}</td>
   <td align=center>${stdt.name}</td>

   …
</tr>
</c:forEach>
```

태그 table을 이용하는 표현 부분이 많은 print 태그는 태그 파일로 구현하는 것이 이전의 태그 처리기 자바 프로그램으로 구현하는 것보다 훨씬 쉽고 간결한 것을 알 수 있다.

다음은 커스텀 태그 print를 위한 태그 파일 print.tag 전 소스이다.

예제 14-9 print.tag

```
01 <%@ tag body-content="scriptless" pageEncoding="euc-kr"
02     description="테이블 student 레코드 출력태그"
03     import="java.util.ArrayList" %>
04
05 <%@ attribute name="bgcolor" required="true" %>
06 <%@ attribute name="border" required="true" %>
07 <%@ attribute name="list" required="true" type="java.util.
   ArrayList"%>
08
09 <%@ taglib prefix="c" uri="http://java.sun.com/jsp/jstl/core" %>
10
11 <c:set var="count" value="<%= list.size() %>" />
12 <c:if test="${count > 0}" var="bool" >
13
14   <center>
15   <H2><jsp:doBody /></H2>
16   <table width=100% border="${border}" cellpadding=1>
17   <tr bgcolor="${bgcolor}">
18     <td align=center><b>아이디</b></td>
19     <td align=center><b>암호</b></td>
20     <td align=center><b>이름</b></td>
21     <td align=center><b>입학년도</b></td>
22     <td align=center><b>학번</b></td>
23     <td align=center><b>학과</b></td>
24     <td align=center><b>휴대폰1</b></td>
25     <td align=center><b>휴대폰2</b></td>
26     <td align=center><b>주소</b></td>
27     <td align=center><b>이메일</b></td>
28   </tr>
29
30   <c:forEach var="stdt" items="${list}" >
31   <tr>
32     <td align=center>${stdt.id}</td>
33     <td align=center>${stdt.passwd}</td>
34     <td align=center>${stdt.name}</td>
35     <td align=center>${stdt.year}</td>
36     <td align=center>${stdt.snum}</td>
```

```
37        <td align=center>${stdt.depart}</td>
38        <td align=center>${stdt.mobile1}</td>
39        <td align=center>${stdt.mobile2}</td>
40        <td align=center>${stdt.address}</td>
41        <td align=center>${stdt.email}</td>
42      </tr>
43      </c:forEach>
44      </table>
45      </center>
46
47  </c:if>
48
49  <p><hr>조회된 학생 수가   ${count}명 입니다.
```

커스텀 태그 print를 사용하는 JSP 파일 작성

이제 태그 파일 hello.tag로 만든 커스텀 태그 print를 사용하는 JSP 프로그램을 작성하자. 커스텀 태그 print를 사용하기 위해서는 지시자 taglib에서 속성 tagdir에 태그 파일이 저장된 폴더를 지정하고, prefix에 원하는 태그의 접두어 이름을 지정한다.

```
<%@ taglib tagdir="/WEB-INF/tags" prefix="mytag" %>
```

데이터베이스 연결과 질의를 위한 자바빈즈인 univ.StudentDatabaseCP를 stdtdb로 선언한다.

```
<jsp:useBean id="stdtdb" class="univ.StudentDatabaseCP" scope="page" />
```

파일 SelectStudentTag.jsp에서 작성한 것과 같이 커스텀 태그 print는 <mytag:print ... >로 사용하며 몸체에는 출력하려는 제목을 입력하고, 속성 border, bgcolor 그리고 list를 지정한다.

```
<mytag:print border="1" bgcolor="skyblue" list="${stdtdb.studentList}" >
학생정보조회
</mytag:print>
```

다음은 태그 파일로 커스텀 태그 print를 사용하는 JSP 프로그램 SelectStudentTagFile. jsp와 그 결과이다. 이전에 작성한 태그 처리기의 태그 print를 사용하는 프로그램 SelectStudentTag.jsp과 비교해 보면 지시자 taglib의 속성 uri가 tagdir로 바뀌고 지정 값만 다를 뿐 나머지는 모두 같다.

예제 14-10 SelectStudentTagFile.jsp

```
01  <%@ page language="java" contentType="text/html; charset=EUC-KR"
    pageEncoding="EUC-KR"%>
02  <html>
03  <head>
04  <meta http-equiv="Content-Type" content="text/html; charset=EUC-KR">
05  <title>커스텀 태그</title>
06  </head>
07  <body>
08
09  <h2>태그 파일을 이용한 커스텀 태그 print로 student 조회 프로그램</h2>
10  <hr>
11
12      <%@ taglib tagdir="/WEB-INF/tags" prefix="mytag" %>
13      <jsp:useBean id="stdtdb" class="univ.StudentDatabaseCP"
    scope="page" />
14
15      <mytag:print border="1" bgcolor="skyblue" list="${stdtdb.
    studentList}" >
16      학생정보조회
17      </mytag:print>
18
19  </body>
20  </html>
```

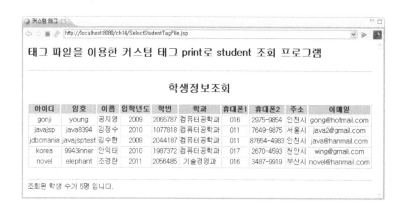

4.4 태그 파일로 만드는 구구단 커스텀 태그

구구단 커스텀 태그 작성 절차

구구단을 출력하는 커스텀 태그 multiplication을 만들어 보자. 태그 multiplication의 태그 파일 multiplication.tag, 이 구구단 태그를 사용하는 JSP 프로그램 multiplicationtable. jsp를 작성하자.

순서	이름	장소	파일 이름
1	태그 파일	[WEB-INF/tags]	multiplication.tag
2	태그 활용 JSP 프로그램	[WebContent]	multiplicationtable.jsp

■ **표 14-17** 구구단 출력 커스텀 태그 multiplication 작성 절차

태그 파일 작성

구구단 태그의 이름은 multiplication이고, 속성은 begin, end, bgcolor로 하며, 모두 옵션으로 다음과 같이 구성한다.

속성이름	필수 또는 옵션	기본 값	설명
begin	옵션	2	구구단의 시작 수
end	옵션	9	구구단의 시작 끝
bgcolor	옵션	white	구구단 테이블의 배경색

■ **표 14-18** 구구단 출력 커스텀 태그 multiplication 속성

태그 파일 multiplication.tag는 다음 tag 지시로 시작한다. 태그 print의 몸체는 제목 이므로 속성 body-content를 "scriptless"로 지정하고 description에는 설명을 기술한다.

```
<%@ tag body-content="scriptless" pageEncoding="euc-kr"
    description="구구단(multiplication table) 출력태그"%>
```

태그 multiplication에서 사용하는 속성 처리를 위해 속성이름인 beging, end, bgcolor를 지시자 attribute로 지정한다. 모두 옵션 속성이므로 속성 required는 기술하지 않아도 된다.

```
<%@ attribute name="begin" %>
<%@ attribute name="end" %>
<%@ attribute name="bgcolor" %>
```

태그 속성 begin을 지정하지 않았으면 구구단의 시작 기본 값 2를 지정한다. 속성 end와 bgcolor도 같은 방법으로 구구단의 종료 기본 값인 9와 구구단 테이블 배경색 white를 지정한다.

```
<%@ taglib prefix="c" uri="http://java.sun.com/jsp/jstl/core" %>
<c:if test="${empty(begin)}" var="bool" >
    <c:set var="begin" value="2" />
</c:if>
```

이제 HTML과 표현언어를 사용하여 태그 내용을 기술한다. 가장 먼저 태그 doBody를 사용해 몸체를 구성하는 제목을 출력한다.

```
<center>
<H2><jsp:doBody /></H2>
```

커스텀 태그 multiplication의 속성 bgcolor는 표현언어 ${bgcolor}를 사용하여 테이블 속성을 지정하며, 속성 begin, end도 표현언어를 이용하여 forEach 태그의 begin과 end로 지정한다.

```
<table width=100% border=1 cellpadding=1 bgcolor="${bgcolor}" >
  <c:forEach var="i" begin="${begin}" end="${end}" >
  <tr align="center" >
    <c:forEach var="j" begin="1" end="9" >
    <td>${i} * ${j} = ${i * j}</td>
    </c:forEach>
  </tr>
  </c:forEach>>
```

커스텀 태그 multiplication의 구현은 일반 JSP 코드를 이용한 구구단의 출력 소스와 거의 같아 쉽게 코딩할 수 있다. 이러한 구구단을 자주 사용한다면 구구단 태그 multiplication은 매우 유용한 태그가 될 것이다.

다음은 커스텀 태그 multiplication를 위한 태그 파일 multiplication.tag 전 소스이다.

예제 14-11 multiplication.tag

```
01  <%@ tag body-content="scriptless" pageEncoding="euc-kr"
02        description="구구단(multiplication table) 출력태그"%>
03  <%@ attribute name="begin" %>
04  <%@ attribute name="end" %>
05  <%@ attribute name="bgcolor" %>
06
07  <%@ taglib prefix="c" uri="http://java.sun.com/jsp/jstl/core" %>
08
09    <c:if test="${empty(begin)}" var="bool">
10       <c:set var="begin" value="2" />
11    </c:if>
12
13    <c:if test="${empty(end)}" var="bool">
14       <c:set var="end" value="9" />
15    </c:if>
16
17    <c:if test="${empty(begin)}" var="bool">
18       <c:set var="bgcolor" value="white" />
19    </c:if>
20
21    <center>
22    <H2><jsp:doBody /></H2>
23    <table width=100% border=1 cellpadding=1 bgcolor="${bgcolor}" >
24    <c:forEach var="i" begin="${begin}" end="${end}" >
25       <tr align="center" >
26       <c:forEach var="j" begin="1" end="9" >
27       <td>${i} * ${j} = ${i * j}</td>
28       </c:forEach>
29       </tr>
30    </c:forEach>
31    </table>
32    </center>
33    <p><hr>
```

▌커스텀 태그 multiplication 이용

이제 태그 파일 multiplication.tag로 만든 커스텀 태그를 사용하는 JSP 프로그램을 작성하자. 가장 먼저 커스텀 태그 multiplication을 사용하기 위한 지시자 taglib를 기술한다.

```
<%@ taglib tagdir="/WEB-INF/tags" prefix="mytag" %>
```

커스텀 태그 multiplication은 <mytag:multiplication … > 으로 사용하며 몸체에는 출력하려는 제목을 입력하고, 필요하면 속성 begin, end, bgcolor를 지정한다. 다음과 같이 속성을 지정하지 않으면 기본 값으로 구구단이 출력되므로, 2단에서 9단까지 배경색 white로 출력된다.

```
<mytag:multiplication>
구구단(2단에서 9단까지)
</mytag:multiplication>
```

다음과 같이 속성을 지정하면, 3단에서 7단까지 배경색 yellow로 출력된다.

```
<mytag:multiplication begin="3" end="7" bgcolor="yellow">
구구단(3단에서 7단까지)
</mytag:multiplication>
```

다음은 태그 파일로 커스텀 태그 multiplication을 사용하는 JSP 프로그램 multiplicationtable.jsp와 그 결과이다.

📺 예제 14-12 multiplicationtable.jsp

```
01  <%@ page language="java" contentType="text/html; charset=EUC-KR"
    pageEncoding="EUC-KR"%>
02  <html>
03  <head>
04  <meta http-equiv="Content-Type" content="text/html; charset=EUC-KR">
05  <title>커스텀 태그</title>
06  </head>
07  <body>
```

```
08
09  <h2> 태그 파일을 이용한 커스텀 태그 : multiplication </h2>
10  <hr>
11
12      <%@ taglib tagdir="/WEB-INF/tags" prefix="mytag" %>
13
14      <mytag:multiplication>
15      구구단(2단에서 9단까지)
16      </mytag:multiplication>
17
18      <mytag:multiplication end="5" bgcolor="linen">
19      구구단(2단에서 5단까지)
20      </mytag:multiplication>
21
22      <mytag:multiplication begin="3" end="7" bgcolor="yellow">
23      구구단(3단에서 7단까지)
24      </mytag:multiplication>
25
26  </body>
27  </html>
```

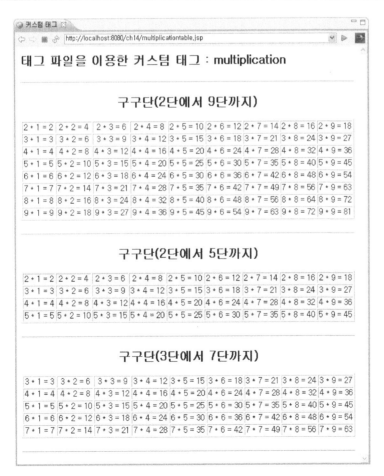

5. 연습문제

1. 커스텀 태그를 만드는 방법의 종류와 특징을 기술하시오.

2. 다음은 클래스 SimpleTagSupport에서 제공하는 주요 메소드의 설명이다. 다음의 빈 부분에 적합한 메소드 이름을 기술하시오.

반환 유형	메소드	설명
void		태그가 수행해야 할 일을 처리하는 메소드로, 태그 처리 클래스에서 오버라이딩(overriding)해서 구현
JspFragment		태그의 몸체 부분을 반환
JspContext		페이지 context를 반환하며, 주로 getJspContext. getOut()을 통해 출력에 사용할 JspWriter 객체를 얻음

3. 다음에 기술되는 조건을 만족하는 커스텀 태그를 JSP 2.0 태그 처리기 방식으로 작성하고, 다음 각 질문에 답하시오.

- 태그 처리기 파일이름 : PrintBody.java
- 태그 역할 : 몸체 부분의 문자열을 purple 색상으로 출력
- TLD 파일이름 : PrintBody.tld
- 태그 이름 : print
- 태그 접두어 : mycustom
- 태그 사용 JSP 파일이름 : PrintBody.jsp

① 태그 처리기 파일 PrintBody.java에서 상속받는 클래스는 무엇인가?

② TLD 파일 PrintBody.tld가 저장되는 폴더의 위치는 어디인가?

③ 태그 사용 JSP 파일 PrintBody.jsp에서 이용되는 지시자 taglib를 기술하시오.

④ 태그 사용 JSP 파일 PrintBody.jsp에서 이용되는 태그 print의 한 예를 기술하시오.

4. 다음에 기술되는 조건을 만족하는 커스텀 태그를 JSP 2.0 태그 파일 방식으로 작성하고, 다음 각 질문에 답하시오.

- 태그 파일이름 : *
- 태그 역할 : 몸체 부분의 문자열을 Purple 색상으로 출력
- 태그 이름 : printpurple
- 태그 접두어 : mycustom
- 태그 사용 JSP 파일이름 : PrintBodyTagFile.jsp

① 태그 파일 이름은 무엇으로 해야 하는가?

② 태그 파일이 저장되는 폴더의 위치는 어디인가?

③ 태그 사용 JSP 파일 PrintBodyTagFile.jsp에서 이용되는 지시자 taglib를 기술하시오.

④ 태그 사용 JSP 파일 PrintBodyTagFile.jsp에서 이용되는 태그 printpurple의 한 예를 기술하시오.

CHAPTER 15

파일 업로드와 메일 보내기

1. 자카르타 프로젝트

2. 파일 업로드

3. 메일 보내기

4. 연습문제

자바 기술의 장점 중의 하나는 활용할 수 있는 공개된 소스와 라이브러리가 많다는 점이다. 특히 아파치 소프트웨어 재단(AFC: Apache Foundation Consortium)에서 수행하는 자카르타 프로젝트는 매우 유용한 라이브러리와 개발 프레임워크를 제공한다. 15장에서는 자카르타의 하부 프로젝트에서 제공하는 commons 라이브러리 중에서 파일 업로드와 메일 보내기에 사용하는 라이브러리를 설치하여, JSP 응용 프로그램을 작성하는 과정에 대하여 학습할 예정이다.

- 자카르타 프로젝트와 하부 프로젝트 commons 이해하기

- 파일 업로드와 메일에 관련된 commons 라이브러리 설치하기

- 파일 업로드 JSP 프로그램 작성하기

- 간단한 메일 보내는 JSP 프로그램 작성하기

- 첨부 메일 보내는 JSP 프로그램 작성하기

- HTML 형식 메일 보내는 JSP 프로그램 작성하기

1. 자카르타 프로젝트

1.1 자카르타 commons 프로젝트

▌자카르타 프로젝트

자카르타 프로젝트는 아파치 소프트웨어 라이센스를 바탕으로 하여 공동 개발방식을 장려하는 아파치 소프트웨어 재단(AFC: Apache Foundation Consortium)의 하위 기관으로, 다양한 오픈 소스 기반의 자바 솔루션을 제공한다.

자카르타 프로젝트는 수 많은 하위 프로젝트들이 있는데, 우리가 사용하는 톰캣도 하위 프로젝트이고, 이미 배운 JSTL도 Taglibs라는 이름의 프로젝트에서 개발한 제품이며, 여기서 지금 살펴볼 commons도 하위 프로젝트이다.

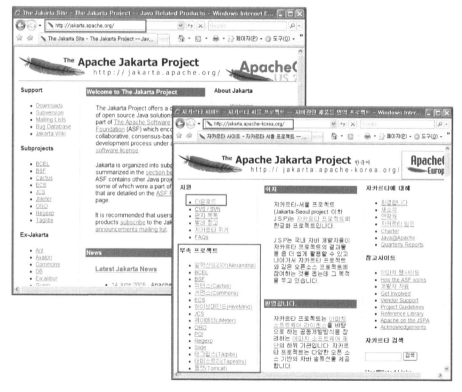

■ **그림 15-1** 자카르타 아파치 홈페이지(jakarta.apache.org)

▌commons.apache.org

데이터베이스 커넥션 풀 라이브러리인 DBCP를 내려 받은 사이트가 commons.apache.

org이다. 자카르타의 여러 서브 프로젝트 중에서 commons 프로젝트는 재사용이 가능한 자바 콤포넌트의 개발을 목표로 한다. 자카르타 commons 프로젝트의 홈페이지 commons. apache.org에 접속하면 다음과 같은 commons 프로젝트에서 개발한 콤포넌트 라이브러리 목록을 볼 수 있다. 다음 라이브러리는 아파치의 설립 목적에 맞게 소스와 프로그램이 필요하면 누구나 내려 받아 이용할 수 있다.

Components	
Attributes	Runtime API to metadata attributes such as doclet tags.
BeanUtils	Easy-to-use wrappers around the Java reflection and introspection APIs.
Betwixt	Services for mapping JavaBeans to XML documents, and vice versa.
Chain	"Chain of Responsibility" pattern implemention.
CLI	Command Line arguments parser.
Codec	General encoding/decoding algorithms (for example phonetic, base64, URL).
Collections	Extends or augments the Java Collections Framework.
Configuration	Reading of configuration/preferences files in various formats.
Daemon	Alternative invocation mechanism for unix-daemon-like java code.
DBCP	Database connection pooling services.
DbUtils	JDBC helper library.
Digester	XML-to-Java-object mapping utility.
Discovery	Tools for locating resources by mapping service/reference names to resource names.
EL	Interpreter for the Expression Language defined by the JSP 2.0 specification.
Email	Library for sending e-mail from Java.
Exec	API for dealing with external process execution and environment management in Java.
FileUpload	File upload capability for your servlets and web applications.
IO	Collection of I/O utilities.
JCI	Java Compiler Interface
Jelly	XML based scripting and processing engine.
Jexl	Expression language which extends the Expression Language of the JSTL.
JXPath	Utilities for manipulating Java Beans using the XPath syntax.
Lang	Provides extra functionality for classes in java.lang.
Launcher	Cross platform Java application launcher.
Logging	Wrapper around a variety of logging API implementations.
Math	Lightweight, self-contained mathematics and statistics components.
Modeler	Mechanisms to create Model MBeans compatible with JMX specification.
Net	Collection of network utilities and protocol implementations.
Pool	Generic object pooling component.
Primitives	Smaller, faster and easier to work with types supporting Java primitive types.
Proxy	Library for creating dynamic proxies.
SCXML	An implementation of the State Chart XML specification aimed at creating and maintaining a Java SCXML engine. It is capable of executing a state machine defined using a SCXML document, and abstracts out the environment interfaces.
Transaction	Implementations for multi level locks, transactional collections and transactional file access.
Validator	Framework to define validators and validation rules in an xml file.
VFS	Virtual File System component for treating files, FTP, SMB, ZIP and such like as a single logical file system.

■ **그림 15-2** 자카르타 commons 프로젝트에서 개발한 콤포넌트 라이브러리

1.2 자카르타 commons 라이브러리 내려 받기

FileUpload

commons 라이브러리 중에서 파일 업로드 라이브러리인 FileUpload를 내려 받자. Commons 라이브러리 홈페이지 [commons.apache.org/fileupload]에 접속하면 라이브러리에 대한 설명과 더불어 간단한 사용 방법인 [User Guide]로 접속할 수 있으며, 최신 버전 FileUpload 1.2.1을 내려 받으려면 [Downloading] 링크 [here]로 접속한다.

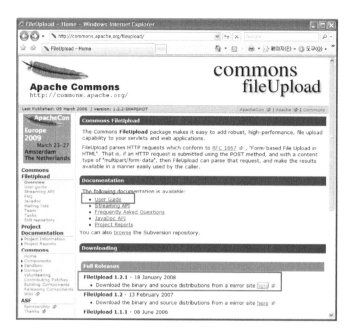

■ **그림 15-3** FileUpload 라이브러리 홈페이지(commons.apache.org/fileupload)

현재(2009년 3월) 최신 버전인 FileUpload 1.2.1을 내려 받도록 하자. 내려 받고자 하는 FileUpload 라이브러리 중에서 [Binary] 유형의 zip 파일을 내려 받으면 다음 압축파일을 내려 받을 수 있다.

- commons-fileupload-1.2.1-bin.zip

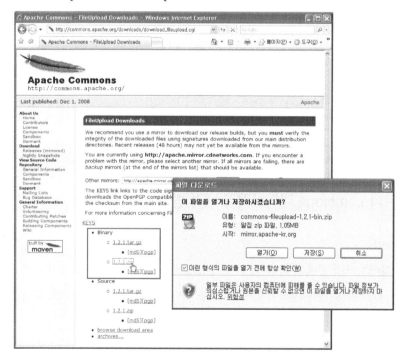

■ **그림 15-4** FileUpload 라이브러리 내려 받기 페이지

내려 받은 압축 파일을 풀어, 폴더 lib에서 다음 파일을 준비한다. 준비된 라이브러리 파일을 프로그램에서 이용하려면 이클립스 프로젝트 폴더 하부 [WEB-INF/lib]에 복사한다.

- commons-fileupload-1.2.1.jar

파일 업로드 관련 프로그래밍을 하려면 commons IO 라이브러리도 필요하다. FileUpload 라이브러리와 마찬가지로 압축 파일을 내려 받아 압축을 풀면 다음 라이브러리를 찾을 수 있는데, 프로젝트 폴더 하부 [WEB-INF/lib]에 복사하도록 한다.

- commons-io-1.4.jar

압축을 푼 하부 폴더 [site/apidocs]에서 파일 index.html을 클릭하면 자카르타 FileUpload 라이브러러 API 문서를 참조할 수 있다. 물론 다음 인터넷 URL에서도 서비스된다.

- http://commons.apache.org/fileupload/apidocs/index.html

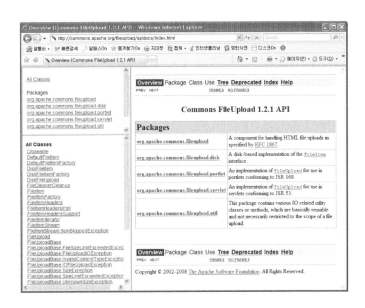

■ **그림 15-5** FileUpload 라이브러리 API 문서

Email

자카르타 commons 라이브러리 중에는 전자메일에 활용될 수 있는 라이브러리 email을 다음 홈페이지에서 제공한다.

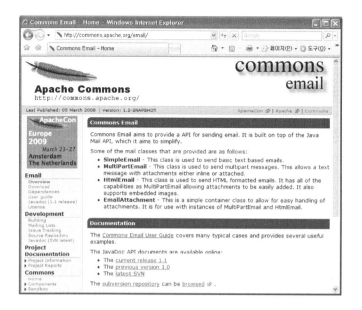

■ **그림 15-6** commons 라이브러리 email 홈 페이지(commons.apache.org/email)

이미 알아본 FileUpload와 마찬가지로, 라이브러리 email의 압축 파일을 내려 받을 수 있다. 물론 다음 주소에 접속하면 바로 압축 파일을 내려 받을 수 있다.

- http://commons.apache.org/downloads/download_email.cgi

내려 받은 압축 파일을 풀어, 다음 라이브러리를 찾아 이클립스 프로젝트 폴더 하부 [WEB-INF/lib]에 복사한다.

- commons-email-1.1.jar

이 email 라이브러리를 프로그램에서 사용하려면 JavaMail을 더 설치해야 한다. commons email 라이브러리는 자바의 JavaMail을 기본으로 만들어졌으므로 이를 설치해야 한다. 다음에서 JavaMail 설치를 알아보자.

자바의 JavaMail

JavaMail은 Sun에서 제공하는 전자메일과 메시지 응용프로그램을 개발할 수 있는 프레임워크이다.

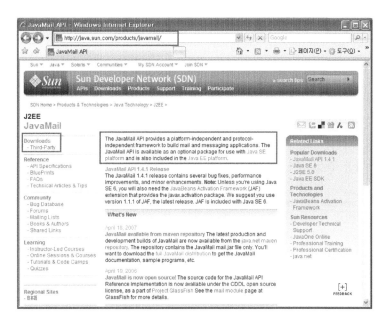

■ **그림 15-7** JavaMail 홈페이지(java.sun.com/products/javamail)

JavaMail은 J2EE에 속하며, 프로그램에서 이용하려면 따로 설치가 필요한데, 다음 사이트에 접속하면 관련 파일을 내려 받을 수 있다.

- http://java.sun.com/products/javamail/downloads/index.html

JavaMail을 내려 받으려면 위 사이트에 접속하여 다음 파일을 내려 받아 압축을 풀어,

- javamail-1_4_1.zip

라이브러리인 mail.jar를 찾아 이클립스 프로젝트 폴더 하부 [WEB-INF/lib]에 복사한다.

- mail.jar

압축을 푼 JavaMail 라이브러리에는 mail.jar 외에도 폴더 lib에 dsn.jar 등 5개의 라이브러리를 제공하여 필요에 따라 활용할 수 있다.

- dsn.jar
- imap.jar
- mailapi.jar
- pop3.jar
- smtp.jar

1.3 자카르타 James 프로젝트

▌메일 엔진 프로젝트

톰캣이 자카르타의 JSP 컨테이너 프로젝트라면 James는 메일 엔진 프로젝트이다. 즉 James 프로젝트에서 개발하고 있는 James는 엔터프라이즈 자바 메일 엔진으로 SMTP, POP3, NNTP를 지원하는 메일 서버이다. James 프로젝트의 홈페이지에 접속하면 James 하부 프로젝트도 살펴볼 수 있으며, 제품인 James도 내려 받을 수 있다.

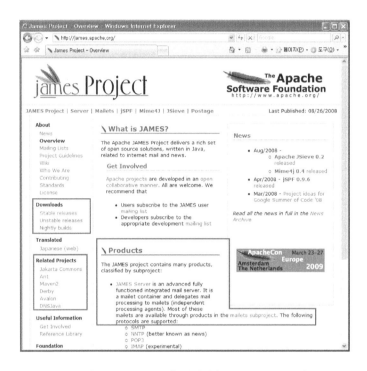

■ **그림 15-8** James 홈 페이지 (james.apache.org)

James 메일 엔진 바이너리 파일인 다음을 내려 받아 설치해 보자.

- james-binary-2.3.1.zip

설치는 간단한데, 설치 파일 james-binary-2.3.1.zip을 적당한 폴더에 압축을 풀도록 한다. [명령 프롬프트] 창을 띄워, 설치 폴더 하부 [bin] 폴더로 이동하여 다음과 같이 run.bat 파일을 실행시키면 메일 서버가 실행된다.

■ **그림 15-9** James 메일 서버 실행

2. 파일 업로드

2.1 파일 업로드를 위한 라이브러리 설치

commons-fileupload-1.2.1.jar 설치

파일 업로드 프로그램을 작성하려면 이미 만들어진 라이브러리를 이용하는 것이 효과적이다. 우리는 이미 살펴본 자카르타 commons 라이브러리에서 제공하는 파일 업로드 라이브러리를 이용할 예정이다. 파일 업로드 라이브러리는 입출력에 관한 commons IO 라이브러리도 함께 요구한다. 그러므로 자카르타 commons 라이브러리 홈페이지에서 내려 받은 2개의 파일을 압축을 푼 후, 다음 라이브러리 파일을 프로젝트 폴더 하부 [WEB-INF/lib]에 복사한다.

- commons-fileupload-1.2.1.jar
- commons-io-1.4.jar

2.2 파일 업로드 프로그램 작성

라이브러리와 프로그램 구성

먼저 우리가 작성하려는 파일 업로드 프로그램에는 fileUpload.html, fileUpload.jsp 2개의 프로그램과 2개의 commons 라이브러리, commons-fileupload-1.2.1.jar와 commons-io-1.4.jar가 필요하다. 다음과 같이 commons 라이브러리 jar 파일은 폴더 [WEB_INF/lib] 하부에 있도록 한다. 다음은 파일 업로드에 필요한 jar 파일과 함께 메일 보내기에 필요한 라이브러리도 함께 설치된 모습이다.

■ **그림 15-10** 프로그래밍을 위한 라이브러리와 프로그램 구성

▌ 파일 업로드 폼 작성

HTML은 파일 업로드를 위한 폼 태그를 속성 enctype으로 제공한다. 이 경우 속성 method는 [post]로 지정해야 하고, 속성 enctype은 반드시 [multipart/form-data]로 지정해야만 한다. 또한 폼 태그 내부에서 파일 이름을 전송하는 태그 input은 속성 type을 [file]로 지정해야 한다. 버튼 [전송]을 누르면 프로그램 fileUpload.jsp에서 파일을 전송 받아 서버에 저장하는 처리를 담당한다.

```
<form method="post" action="fileUpload.jsp" enctype="multipart/form-
data">
    …
    첨부파일1: <input type="file" size=50 name="file1"><br>
    …
    <input type="submit" value="전송">
</form>
```

다음은 파일 업로드를 위한 폼 전송 HTML 파일로 사용자 이름과 함께 업로드할 파일 2개를 지정할 수 있도록 구성한다.

예제 15-1 fileUpload.html

```
01  <!DOCTYPE html PUBLIC "-//W3C//DTD HTML 4.01 Transitional//EN"
    "http://www.w3.org/TR/html4/loose.dtd">
02  <html>
03  <head>
04  <meta http-equiv="Content-Type" content="text/html; charset=EUC-KR">
05  <title>파일 업로드</title>
06  </head>
07  <body>
08
09  <h2>파일 업로드 예제</h2><hr>
10  <form method="post" action="fileUpload.jsp" enctype="multipart/form-
    data">
11      사용자: <input type="text" name="user"><br><hr>
12      첨부파일1: <input type="file" size=50 name="file1"><br>
13      첨부파일2: <input type="file" size=50 name="file2"><br>
14      <input type="submit" value="전송">
15  </form>
16
17  </body>
18  </html>
```

클래스 java.io.File

파일 업로드 프로그램을 하기 전에 프로그램에서 사용할 클래스 File에 대하여 간단히 알아보자. 클래스 File은 파일이나 폴더를 표현하는 클래스로 패키지 java.io에 속한다. 클래스 파일은 이미 있는 파일 또는 폴더를 처리하거나 새로운 파일 또는 폴더를 생성할 때 사용한다. 다음은 클래스 File의 생성자이다.

생성자	설명
public File(String path)	이 파일의 패스로 파일 또는 폴더 객체를 생성
public File(String path, String name)	이 파일의 패스와 파일 이름을 분리하여 파일 객체를 생성
public File(File dir, String name)	이 파일의 폴더 객체와 파일 이름을 분리하여 파일 객체를 생성

■ 표 15-1 클래스 File의 생성자

클래스 File의 여러 메소드를 이용하여 파일의 이름과 경로 등을 조회할 수 있고, 이 객체가 파일인지 아니면 폴더인지를 검사할 수 있다. 현재 폴더 또는 파일의 존재 유무를 메소드 exist()로 확인할 수 있으며, 현재 없는 폴더를 새로이 생성하려면 메소드 mkdir()를 이용하고, 기존의 파일이나 폴더를 삭제하려면 delete() 메소드를 이용한다. 다음은 클래스 File의 주요 조회 메소드이다

반환 유형	메소드	설명
String	getName()	이 파일의 이름을 조회
String	getPath()	이 파일의 패스를 조회
String	getAbsolutePath()	이 파일의 절대패스를 조회
String	getParent()	이 파일의 부모를 조회
boolean	canWrite()	이 파일에 현재 쓰기가 허용되는지 검사
boolean	canRead()	이 파일에 현재 읽기가 허용되는지 검사
boolean	isFile()	현재 이 객체가 파일인지 검사
boolean	isDirectory()	현재 이 객체가 폴더인지 검사
boolean	isAbsolute()	현재 파일이름이 절대패스인지 검사
boolean	exists()	현재 이 파일이 존재하는지 검사
boolean	equals(Object obj)	현재 이 파일과 인자 obj가 같은지 검사
long	lastModified()	이 파일의 마지막 수정 날짜를 조회
long	length()	이 파일의 크기를 조회
boolean	mkdir()	이 파일의 패스이름으로 디렉토리를 생성
boolean	mkdirs()	이 파일의 패스이름에서 모든 디렉토리를 생성
String[]	list()	이 파일의 폴더의 모든 파일을 조회
boolean	delete()	파일이나 폴더를 삭제, 폴더인 경우 파일이 없는 폴더가 가능
boolean	renameTo(File dest)	현재 파일의 이름을 수정
String	toString()	이 객체의 문자열 표현을 리턴

■ 표 15-2 클래스 File의 주요 메소드

파일 업로드 프로그램 작성

클래스 ServletFileUpload의 정적 메소드 isMultipartContent()를 이용하여, 요청된 request가 파일 업로드 요청인지를 검사하여 파일 업로드 처리를 시작한다.

```
if (ServletFileUpload.isMultipartContent(request)) {
    //enctype이 mulipart이므로 파일 업로드를 시작
    …
} else {
    //enctype이 mulipart가 아닌 request를 처리
    …
}
```

파일 업로드 처리과정을 살펴보면, 업로드되는 파일의 크기에 따라 메모리 또는 하드 디스크와 같은 임시 저장장소를 이용한다. 즉 파일이 작으면 바로 메모리를 이용해 업로드가 되며, 파일이 크면 지정한 디스크의 임시 저장장소를 이용하여 업로드한다. 이러한 파일업로드를 처리하기 위해 클래스 DiskFileItemFactory를 생성한 후, 임시 저장장소인 디스크를 이용하는 파일의 최소 크기를 메소드 setSizeThreshold(long byte)로 지정하며, 임시 저장장소를 setRepository(File dir)로 지정한다.

```
DiskFileItemFactory factory = new DiskFileItemFactory();
factory.setSizeThreshold(1024*100);
factory.setRepository(tempDir);
```

메소드 setSizeThreshold()이 의해 지정되는 크기 이상의 파일은 바로 메소드 setRepository()에 의해 지정된 디스크를 사용하여 파일을 업로드한다. 만일 임시 저장장소를 이용할 파일의 최소 크기 임계 값을 입력하지 않으면 기본 값은 10KB이다. 위 두 메소드를 이용하지 않고 바로 생성자 DiskFileItemFactory(int sizeThreshold, java.io.File repository)를 사용하여 객체를 생성할 수 있다.

```
DiskFileItemFactory factory = new DiskFileItemFactory(1024*100, tempDir);
```

임시저장 장소 인자의 자료유형은 클래스 java.io.File이다. 클래스 File은 폴더 또는 파일을 나타내는 클래스이다. 다음과 같이 웹 응용프로그램 폴더 하부에 [temp] 폴더를

나타내는 tempdir을 만들어 실제 폴더가 존재하지 않으면 메소드 mkdir()를 사용하여 폴더를 직접 만들어 낸다. 이렇게 만든 객체 tempDir을 factory.setRepository(tempDir)의 인자로 사용한다.

```
String strTempDir = getServletContext().getRealPath("temp");
File tempDir = new File(strTempDir);
if ( !tempDir.exists() ) tempDir.mkdir();
```

위에서 만든 DiskFileItemFactory 객체 factory를 인자로, 파일 업로드를 처리하는 클래스 ServletFileUpload의 객체를 생성한다. 메소드 setSizeMax(long byte)로 업로드가 처리되는 최대 파일 크기(byte)를 지정한다. 만일 파일 업로드에서 파일 크기를 제한하지 않으려면 -1을 지정한다.

```
ServletFileUpload upload = new ServletFileUpload(factory);
upload.setSizeMax(1024*1024);
```

이제 객체 upload의 메소드 parseRequest()를 이용하여, 폼에서 전송되어 온 항목 목록을 items에 저장한다. 객체 items는 클래스 FileItem이 저장된 리스트이다.

```
// request를 분석해 각 항목으로 처리
List<FileItem>items = upload.parseRequest(request);
```

클래스 FileItem은 POST 요청 폼에서 속성 enctype이 [multipart/form-data]로 받은 폼 내부의 파일 항목과 일반적인 다른 형태의 항목을 나타내는 클래스이다. 이제 for each 구문을 이용하여, items에 저장된 FileItem 객체 fileTerm을 순서대로 순회하면서 파일 업로드를 처리하거나 해당 항목의 정보를 출력한다. 클래스 FileItem의 메소드 isFormField()는 폼의 type이 file이 아닌 일반 유형이면 true를 반환한다. 그러므로 다음 if 문을 사용하여 파일 업로드와 일반 입력 자료를 구분하여 처리한다.

```
for ( FileItem fileItem : items ) {
    //일반 인자와 파일업로드 인자를 구분하여 처리
    if (fileItem.isFormField()) {
        // 파일 이외의 패러미터 내용 출력

        …

    } else {
        // 파일 업로드 처리

        …

    }
}
```

이제 파일 업로드 처리 부분을 살펴보자. 먼저 파일 업로드할 파일이름을 fileName에 저장한다. FileItem의 메소드 getName()는 모든 경로가 포함된 파일 이름을 반환하므로, 우선 fileItem.getName()을 매개변수로 File 객체를 생성하여 메소드 getName()을 호출한다. File 객체로 getName()을 호출하면 파일 이름만 반환하므로, 이를 filename에 저장한다.

```
//파일 이름만 추출하여 fileName에 저장
String fileName = new File( fileItem.getName() ).getName();
```

업로드되는 파일이 저장되는 폴더 saveDir를 먼저 만들어, 실제로 파일 시스템에 이 폴더가 없으면 프로그램에서 자동으로 폴더를 만든다. 즉 이 프로그램을 처음 실행한다면 업로드되는 폴더 [응용프로그램폴더/uploadStorage]가 없으므로 이 폴더가 생성될 것이다.

```
String strSaveDir = getServletContext().getRealPath("uploadStorage");
File saveDir = new File(strSaveDir);
…
if ( !saveDir.exists() ) saveDir.mkdir();
File uploadedFile = new File(saveDir, fileName);
…
fileItem.write(uploadedFile);
```

이제 new File(saveDir, fileName)로 업로드되는 파일 객체인 uploadedFile를 생성한다. 마지막으로 uploadedFile을 인자로 fileItem의 메소드 write()를 호출하면,

서버에 지정된 폴더 [응용프로그램홈디렉토리/uploadStorage]에 업로드된 실제 파일이 생성된다.

만일 프로그램에서 다른 처리를 하지 않은 경우, 지금 업로드할 파일이 이미 서버에 존재한다면 예전 파일은 사라지고 새로운 파일로 대체될 것이다. 이러한 상황에 대처하기 위해 다음은 지금 업로드하는 파일이름을 새롭게 [파일이름-현재시간의정보]로 수정하여 업로드하는 모듈로 코딩하였다.

```java
java.util.Date now = new java.util.Date();
String newFileName = fileName + "-" + now.getTime();
uploadedFile = new File(saveDir, newFileName);
```

다음은 자카르타 commons UploadFile 라이브러리를 이용하여 파일 업로드를 처리하는 전체 소스이다.

예제 15-2 fileUpload.jsp

```jsp
01 <%@ page language="java" contentType="text/html; charset=EUC-KR"
   pageEncoding="EUC-KR"%>
02 <html>
03 <head>
04 <meta http-equiv="Content-Type" content="text/html; charset=EUC-KR">
05 <title>파일 업로드 처리</title>
06 </head>
07 <body>
08
09 <h2>파일 업로드 예제</h2><hr>
10 <%@ page import = "org.apache.commons.fileupload.disk.
   DiskFileItemFactory" %>
11 <%@ page import = "org.apache.commons.fileupload.servlet.
   ServletFileUpload" %>
12 <%@ page import = "org.apache.commons.fileupload.FileItem" %>
13 <%@ page import = "java.io.File" %>
14 <%@ page import = "java.io.IOException" %>
15 <%@ page import = "java.util.List" %>
16
17 <%
18         //업로드된 파일이 저장되는 폴더
19         String strSaveDir = getServletContext().
   getRealPath("uploadStorage");
20         File saveDir = new File(strSaveDir);
```

```
21      out.println("업로드되는 파일이 저장될 폴더 : <br> " + saveDir.getPath()
   + "<p>");

22
23          //업로드에 필요한 임시 폴더
24          String strTempDir = getServletContext().getRealPath("temp");
25          File tempDir = new File(strTempDir);
26      if ( !tempDir.exists() ) tempDir.mkdir();
27      out.println("업로드를 위한 임시 폴더 : <br>" + tempDir.getPath() + "<br>
   <hr>");

28
29      if (ServletFileUpload.isMultipartContent(request)) {
30          // Create a factory for disk-based file items
31          // DiskFileItemFactory factory = new DiskFileItemFactory
   (1024*100, tempDir);
32          DiskFileItemFactory factory = new DiskFileItemFactory();
33          factory.setSizeThreshold(1024*100);
34          factory.setRepository(tempDir);
35
36          // Create a new file upload handler
37          ServletFileUpload upload = new ServletFileUpload(factory);
38          // Set overall request size constraint
39          upload.setSizeMax(1024*1024);
40
41          // request를 분석해 각 항목으로 처리
42          List<FileItem> items = upload.parseRequest(request);
43          out.println("<h3>업로드 처리 결과   </h3><p><hr>");
44          for ( FileItem fileItem : items ) {
45              // 일반 인자와 파일업로드 인자를 구분하여 처리
46              if (fileItem.isFormField()) {
47                  // 파일 이외의 파라미터 내용 출력
48                      out.println(fileItem.getFieldName() + " : " +
   fileItem.getString("euc-kr") + "<p><hr>");
49              } else {
50                  // 업로드한 파일이 존재하는 경우
51                  if ( fileItem.getSize() >0) {
52                      //파일 이름만 추출하여 fileName에 저장
53                      String fileName = new File( fileItem.getName() )
   .getName();
54                      //업로드파일 저장 폴더 생성
55                      if ( !saveDir.exists() ) saveDir.mkdir();
56
57                      try {
58                          File uploadedFile = new File(saveDir,
   fileName);
```

```
59                         //같은 이름이 이미 있으면 현재 시간정보를 뒤에 붙인 파일 이름으로 저장
60                             if ( uploadedFile.exists() ) {
61                                 java.util.Date now = new java.util.
    Date();
62                                 String newFileName = fileName + "-" +
    now.getTime();
63                                 uploadedFile = new File(saveDir,
    newFileName);
64                                 out.println("이름이 같은 파일이 이미 있어 다음
    파일 이름으로 수정하였습니다. <br>");
65                                 out.println("이전 파일 이름 : " +
    fileName + ", ");
66                                 out.println("수정 파일 이름 : " + newFileName
    + "<p>");
67                             }
68                             //업로드 파일 저장
69                             fileItem.write(uploadedFile);
70                             out.println("업로드 폴더 위치 : " + saveDir.getPath
    () + "<br>");
71                             out.println("업로드 파일 이름 : " + uploadedFile.
    getName() + "<p><hr>");
72                         } catch(IOException e) {
73                             // 예외 처리
74                             out.println(e.toString());
75                         }
76                     }
77                 }
78             }
79         }
80 %>
81
82 </body>
83 </html>
```

파일 업로드를 위한 폼의 내부 항목을 표현하는 클래스 FileItem의 메소드를 살펴보면 다음과 같다.

반환 유형	메소드 이름	기능
void	delete()	파일 항목의 모든 저장 값을 제거
byte[]	get()	파일 항목의 내용을 바이트 배열로 반환
String	getContentType()	Content 유형을 반환
String	getFieldName()	항목의 필드 이름을 반환
java.io.InputStream	getInputStream()	파일 내용을 읽기 위한 입력스트림인 InputStream을 반환
String	getName()	클라이언트에서 지정한 파일이름(경로를 포함)을 반환
java.io.OutputStream	getOutputStream()	파일 내용을 저장하기 위한 출력스트림인 OutputStream을 반환
long	getSize()	파일 크기를 반환
String	getString()	항목의 값을 반환
String	getString(String encoding)	지정한 문자셋으로 항목의 값을 반환
boolean	isFormField()	일반적인 입력 항목이면 true, 파일 항목이면 false 반환
boolean	isInMemory()	파일 내용이 메모리에 있으면 true, 임시저장 디스크에 있으면 false 반환
void	setFieldName(String name)	필드 이름을 지정
void	setFormField(boolean state)	폼 필드유형을 지정, true이면 일반 입력 항목으로 지정
void	write(java.io.File file)	지정한 파일에 업로드 파일을 저장

■ **표 15-3** 클래스 FileItem의 메소드

3. 메일 보내기

3.1 환경설정

라이브러리

메일 보내기 프로그램을 작성하려면 메일 라이브러리가 필요하며, 우리는 이미 살펴본 자카르타 commons 라이브러리에서 제공하는 Email 라이브러리를 이용할 예정이다. Email 라이브러리는 자바의 JavaMail 라이브러리 mail.jar도 함께 요구한다. 그러므로 다음 2개의 라이브러리 파일을 준비하여 프로젝트 폴더 하부 [WEB-INF/lib]에 복사한다.

- commons-email-1.1.jar
- mail.jar

자바에서 제공하는 JavaMail 만으로도 메일 프로그램은 가능하나 Email 라이브러리를 사용하면 보다 간편하게 메일 프로그램을 작성할 수 있다.

SMTP 서버

SMTP(Simple Mail Transfer Protocol) 서버는 실제 메일을 보내는 서버 프로그램이다. 프로그램에서 메일을 보내려면 실제 메일을 보내는 엔진인 SMTP 서버가 필요하다. 대부분의 일반 메일 서버는 SMTP 서버를 공개하지 않으므로 사용할 수 없는데, 구글 SMTP 서버인 smtp.google.com은 사용 가능하다. 또한 앞에서 내려 받아 설치해 본 아파치 James 메일 엔진을 본인의 컴퓨터에 설치한 후 실행하여, 자신만의 SMTP 서버로 사용해 보자.

3.2 메일 보내기 프로그램

주요 클래스

자카르타 commons email 라이브러리는 패키지 org.apache.commons.mail에 속하는 클래스 8개로 구성된 매우 작은 라이브러리이다. 클래스 Email을 상속받은 클래스 SimpleEmail, MultiPartEmail, HtmlEmail을 사용하여 각각 간단한 일반 메일, 첨부 메일, HTML 형식의 메일을 보내는 프로그램을 작성할 수 있다.

메일 종류	메일 클래스	관련 클래스	기능
간편 메일	SimpleEmail		메시지만 있는 간단한 메일 보내기
첨부 메일	MultiPartEmail	EmailAttachment	클래스 EmailAttachment에 첨부 내용을 붙여 메일 보내기
HTML 메일	HtmlEmail		HTML 지원하는 내용을 메일로 보내기

■ **표 15-4** 메일 종류에 따른 사용 클래스

클래스 SimpleEmail, MultiPartEmail, HtmlEmail의 계층구조를 살펴보면 다음과 같이 HtmlEmail이 가장 하위 클래스이므로 SimpleEmail과 MultiPartEmail의 기능을 모두 이용할 수 있다.

```
java.lang.object
    org.apache.commons.mail.Email
        org.apache.commons.mail.MultiPartEmail
            org.apache.commons.mail.HtmlEmail
```

■ **그림 15-11** 클래스 SimpleEmail, MultiPartEmail, HtmlEmail의 계층구조

메일 보내기

Email 라이브러리가 제공하는 SimpleEmail은 가장 간단히 문자열의 메시지 내용으로 메일을 보낼 수 있는 클래스이다. 클래스 SimpleEmail에서 메일을 보내기 위해 지정하는 주요 값을 살펴 보면 다음과 같다. 클래스 SimpleEmail과 다음 정보만으로 간단히 메일을 보내는 프로그램을 작성할 수 있다. 이 프로그램 작성 과정은 우리가 자주 사용하는 메일 도구를 사용하는 것과 같이 매우 간편하다는 것을 알 수 있다.

- 문자셋
- SMTP 서버
- 보내는 사람(주소, 이름, 문자셋)
- 받는 사람(주소, 이름, 문자셋)
- 제목
- 내용

한글 지원을 위해 문자셋 [euc-kr]을 지정해야 하며, 실제 메일을 송신하는 서버인 SMTP를 지정해야 한다. SMTP 서버를 제공하는 외부 서버를 사용할 수 있으며, 자신의 컴퓨터에

설치하여 실행한 James SMTP 서버를 이용하려면 메소드 setHostName("localhost")을 기술한다. 만일 외부 SMTP 서버를 이용한다면 메소드 setAuthentication(id, passwd) 으로 SMTP 서버 계정의 id와 암호를 입력해야 하며, SMTP 서버가 인증 보안을 위한 TLS (Transport Layer Security) 암호화를 요구한다면 보내기 전에 메소드 setTLS(true)를 호출해야 한다.

```
SimpleEmail email = new SimpleEmail();
email.setCharset(charSet);
email.setHostName(hostSMTP);
//email.setAuthentication(hostSMTPid, hostSMTPpasswd);
//email.setTLS(true);
```

이제 수신처, 발신자, 제목을 입력하고 메일 내용은 메소드 setMsg(string)로 지정하여, 메소드 send()를 실행하면 메일이 송부된다. 다만 수신처와 발신자 이름에 한글을 사용하려면, 메소드 addTo()와 setFrom() 세 번째 인자에 한글 문자셋인 [ecu-kr]을 지정하도록 한다.

```
email.addTo(toEmail, toName, charSet);
email.setFrom(fromEmail, fromName, charSet);
email.setSubject(subject);
email.setMsg(msg);
email.send();
```

다음은 한글 문자셋 [ecu-kr]을 지정하지 않고, 영어로 메일을 보내는 예제이다.

📺 **예제 15-3 sendmail.jsp**

```
01  <%@ page language="java" contentType="text/html; charset=EUC-KR"
    pageEncoding="EUC-KR"%>
02  <html>
03  <head>
04  <meta http-equiv="Content-Type" content="text/html; charset=EUC-KR">
05  <title> 영어 메일 예제</title>
06  </head>
07  <body>
08
```

```
09  <h2>영어 메일 보내기 예제 </h2><hr>
10
11  <%@ page import="org.apache.commons.mail.SimpleEmail" %>
12
13  <%
14  try {
15      SimpleEmail email = new SimpleEmail();
16      email.setHostName("localhost");
17      email.addTo("hskang@dongyang.ac.kr", "Kang Hwan Soo");
18      email.setFrom("hskang@infinitybooks.com", "Hong Kildong");
19      email.setSubject("Subject : Sending A Mail Test!!!");
20      email.setMsg("I'm sending a mail using Jakarta commons-email
    library.");
21      email.send();
22      out.println("메일 보내기 성공!!!");
23  } catch (Exception e) {
24      out.println("메일 보내기 실패!!! <hr>");
25      out.println(e.toString());
26  }
27  %>
28
29  </body>
30  </html>
```

다음은 한글 문자셋 [ecu-kr]을 지정하여 메일을 보내는 예제이다.

예제 15-4 sendmaileuckr.jsp

```
01  <%@ page language="java" contentType="text/html; charset=EUC-KR"
    pageEncoding="EUC-KR"%>
02  <html>
03  <head>
04  <meta http-equiv="Content-Type" content="text/html; charset=EUC-KR" >
```

```
05  <title>한글 메일 예제</title>
06  </head>
07  <body>
08
09  <h2>한글 메일 보내기 예제 </h2><hr>
10
11  <%@ page import="org.apache.commons.mail.SimpleEmail" %>
12
13  <%
14  String charSet = "euc-kr";
15  String hostSMTP = "localhost";
16  //String hostSMTP = "smtp.gmail.com";
17  //String hostSMTPid = "hskang7@gmail.com";
18  //String hostSMTPid = "hskang7";
19  //String hostSMTPpasswd = "passwd";
20  String toEmail = "hskang@dongyang.ac.kr";
21  String toName = "강 환수";
22  String fromEmail = "cho@dongyang.ac.kr";
23  String fromName = "조 진형";
24  String subject = "SimpleEmail 클래스를 이용한 메일 보내기";
25  String msg = "메일이 잘 가고 있지요!!";
26
27  try {
28      SimpleEmail email = new SimpleEmail();
29      email.setDebug(true);
30      email.setCharset(charSet);
31      email.setHostName(hostSMTP);
32      //email.setAuthentication(hostSMTPid, hostSMTPpasswd);
33      //email.setTLS(true);
34      email.addTo(toEmail, toName, charSet);
35      email.setFrom(fromEmail, fromName, charSet);
36      email.setSubject(subject);
37      email.setMsg(msg);
38      email.send();
39
40      out.println("메일 보내기 성공!!!");
41  } catch (Exception e) {
42      out.println("메일 보내기 실패!!! <hr>");
43      out.println(e.toString() + "<hr>");
44  }
45  %>
46
47  </body>
48  </html>
```

외부 SMTP 메일 서버인 smtp.google.com을 이용하려면 다음과 같이 인증을 위한 과정이 필요하다. 인증 과정은 메소드 setAuthentication(id, passwd)으로 SMTP 서버 계정의 id와 암호를 입력해야 한다. 여기서 id는 id@google.com와 id 형식 모두 허용한다. 그러므로 일반적으로 외부 서버를 이용하려면 SMTP 서버의 계정이 요구된다. 또 하나 주의 사항은 서버가 요구하면 보내기 전에 메소드 setTLS(true)를 호출해야 한다는 것이다. 즉 SMTP 서버 인증 보안을 위한 TLS(Transport Layer Security) 암호화(encryption)를 설정해야 한다.

```
String hostSMTP = "smtp.gmail.com";
//String hostSMTPid = "hskang7@gmail.com";
String hostSMTPid = "hskang7";
String hostSMTPpasswd = "passwd";
…
   SimpleEmail email = new SimpleEmail();
   …
   email.setDebug(true);
   email.setHostName(hostSMTP);
   email.setAuthentication(hostSMTPid, hostSMTPpasswd);
   email.setTLS(true);
   …
   email.send();
```

메소드 setDebug(boolean)를 이용하면 디버그 모드로 지정 또는 해지할 수 있는데, true로 지정하면 지정한 메일 객체가 처리하는 과정 내용이 콘솔 창에 출력된다. 그러므로 오류가 발생하면 그 원인을 찾는데 매우 효과적이다. 다음은 지금까지 사용한 SimpleEmail이 상속받은 Email의 주요 메소드이다.

반환유형	메소드	기능
Email	addTo(String email)	수신자 메일주소 추가
Email	addTo(String email, String name)	수신자 메일주소와 이름 추가
Email	addTo(String email, String name, String charset)	수신자 메일주소와 이름, 문자셋 추가
String	getHostName()	SMTP 서버 이름 반환
java.util. Date	getSentDate()	보낸 날짜 반환
String	getSmtpPort()	SMTP 서버 포트 반환
String	getSubject()	제목 반환
boolean	isSSL()	전송을 위한 SSL 암호화 여부 반환
boolean	isTLS()	인증을 위한 TLS 암호화 여부 반환
String	send()	메일 송신
void	setAuthentication(String userName, String password)	인증 지정
void	setCharset(String newCharset)	문자셋 지정
void	setContent(Object aObject, String aContentType)	내용과 contentType 지정
void	setDebug(boolean d)	디버그 정보의 표준출력 여부 지정
Email	setFrom(String email)	송신자 메일주소 지정
Email	setFrom(String email, String name)	송신자 메일주소와 이름 추가
Email	setFrom(String email, String name, String charset)	송신자 메일주소와 이름, 문자셋 추가
void	setHeaders(java.util.Map map)	메일 헤더 지정
void	setHostName(String aHostName)	메일이 나가는 SMTP 서버 지정
Email	setMsg(String msg)	메일의 내용 지정
void	setSentDate(java.util.Date date)	메일의 송신 날짜를 지정
void	setSmtpPort(int aPortNumber)	메일이 나가는 SMTP 서버의 포트번호 지정
void	setSSL(boolean ssl)	SMTP 서버의 전송을 위한 SSL 암호화 여부 지정
Email	setSubject(String aSubject)	메일 제목 지정
void	setTLS(boolean withTLS)	SMTP 서버의 인증을 위한 TLS 암호화 여부 지정

표 15-5 ■ 클래스 Email의 주요 메소드

첨부 파일 메일 보내기

파일을 첨부한 메일을 보내기 위해서는 EmailAttachment 클래스와 MultiPartEmail을
사용한다. EmailAttachment 클래스를 사용하여 첨부할 파일을 지정한다.

```
EmailAttachment attachment = new EmailAttachment();
attachment.setPath("C:\\java\\MySQL 5.1\\my.ini");
attachment.setDisposition(EmailAttachment.ATTACHMENT);
attachment.setDescription("MySQL 초기 파일");
attachment.setName("my.ini");
```

첨부 파일을 보낼 경우, 클래스 MultiPartEmail를 사용하여 위에서 만든 객체
attachment를 메소드 attach(attachment)로 첨부한 후 송부한다.

```
MultiPartEmail email = new MultiPartEmail();
…
// 생성한 attachment를 추가
email.attach(attachment);
email.send();
```

다음은 파일 첨부 예제 소스와 그 결과이다. 프로그램에서 첨부할 파일 my.ini가 지정한
폴더에 있는지 확인한 후 실행하자.

예제 15-5 sendmailAttachment.jsp

```
01  <%@ page language="java" contentType="text/html; charset=EUC-KR"
      pageEncoding="EUC-KR"%>
02  <html>
03  <head>
04  <meta http-equiv="Content-Type" content="text/html; charset=EUC-KR">
05  <title>첨부 메일 예제 </title>
06  </head>
07  <body>
08
09  <h2>첨부 메일 보내기 예제 </h2><hr>
10
11  <%@ page import="org.apache.commons.mail.MultiPartEmail" %>
12  <%@ page import="org.apache.commons.mail.EmailAttachment" %>
```

```
13
14  <%
15  String charSet = "euc-kr";
16  String hostSMTP = "localhost";
17  String toEmail = "hskang@dongyang.ac.kr";
18  String toName = "강 환수";
19  String fromEmail = "hskang@infinitybooks.com";
20  String fromName = "홍길동";
21  String subject = "MultiPartEmail 클래스를 이용한 메일 보내기";
22  String msg = "메일이 잘 가고 있지요!!";
23
24  //첨부할 내용을 EmailAttachment에 저장
25  EmailAttachment attachment = new EmailAttachment();
26  attachment.setPath("C:\\java\\MySQL 5.1\\my.ini");
27  attachment.setDisposition(EmailAttachment.ATTACHMENT);
28  attachment.setDescription("MySQL 초기 파일");
29  attachment.setName("my.ini");
30
31  try {
32      MultiPartEmail email = new MultiPartEmail();
33      email.setCharset(charSet);
34      email.setHostName(hostSMTP);
35      email.addTo(toEmail, toName, charSet);
36      email.setFrom(fromEmail, fromName, charSet);
37      email.setSubject(subject);
38      email.setMsg(msg);
39      // 생성한 attachment를 추가
40      email.attach(attachment);
41      email.send();
42      out.println("메일 보내기 성공!!!");
43  } catch (Exception e) {
44      out.println("메일 보내기 실패!!! <hr>");
45      out.println(e.toString() + "<hr>");
46  }
47  %>
48
49  </body>
50  </html>
```

HTML 유형의 메일 보내기

HTML 형식의 내용을 이메일로 보내려면 `HtmlEmail` 클래스를 사용한다. 클래스 `HtmlEmail`은 `MultiPartEmail` 클래스를 상속받은 클래스로 메소드 `setHtmlMsg(String)`로 HTML 형식의 내용을 지정한다. 만일 메일을 받은 시스템이 HTML 형식 메일을 지원하지 않아 메일에서 다른 문자열 내용을 보이게 하려면, 메소드 `setTextMsg(String)`로 그 내용을 지정할 수 있다.

```java
HtmlEmail email = new HtmlEmail();
…
email.setHtmlMsg(htmlmsg.toString());
// HTML 이메일을 지원하지 않는 클라이언트라면 다음 메세지를 출력
email.setTextMsg("이 메일은 HTML 이메일을 지원하지 않습니다");
email.send();
```

HTML 내용에 내부 또는 외부의 파일이나 이미지를 삽입하려면 메소드 `embed()`로 처리한다. 메소드 `embed()`는 문자열 유형의 CID(Contens ID)를 반환하므로 이를 태그에 사용한다.

```java
// 삽입할 이미지와 그 Content Id를 설정
URL url = new URL("http://www.infinitybooks.co.kr/images/top_logo.jpg");
String cid = email.embed(url, "인피니티북스 로고");
```

다음은 외부 URL에 있는 로고 그림이 들어가는 HTML을 만들어 메소드 `setHtmlMsg()`로 메일 내용을 지정하는 모듈이다.

```java
// HTML 메세지를 지정
StringBuffer htmlmsg = new StringBuffer();
htmlmsg.append("<html><body>");
htmlmsg.append("인피니티북스 로고 : <img src=cid:").append(cid).append(">");
htmlmsg.append("</body></html>");
email.setHtmlMsg(htmlmsg.toString());
```

다음은 HTML 형식 내용의 메일을 보내는 예제와 그 결과이다.

예제 15-6 `sendhtmlmail.jsp`

```jsp
01  <%@ page language="java" contentType="text/html; charset=EUC-KR"
    pageEncoding="EUC-KR"%>
02  <html>
03  <head>
04  <meta http-equiv="Content-Type" content="text/html; charset=EUC-KR">
05  <title>HMTL 메일 예제</title>
06  </head>
07  <body>
08
09  <h2>HTML 메일 보내기 예제</h2><hr>
10
11  <%@ page import="org.apache.commons.mail.HtmlEmail" %>
12  <%@ page import="java.net.URL" %>
13
14  <%
15  String charSet = "euc-kr";
16  String hostSMTP = "localhost";
17  String toEmail = "hskang@dongyang.ac.kr";
18  String toName = "강환수";
19  String fromEmail = "hskang@infinitybooks.com";
20  String fromName = "남승현";
21  String subject = "HtmlEmail 클래스를 이용한 메일 보내기";
22
23  try {
24      HtmlEmail email = new HtmlEmail();
25      email.setDebug(true);
26      email.setCharset(charSet);
27      email.setHostName(hostSMTP);
28      email.addTo(toEmail, toName, charSet);
29      email.setFrom(fromEmail, fromName, charSet);
30      email.setSubject(subject);
31
32      // 삽입할 이미지와 그 Content Id를 설정
33      URL url = new URL("http://www.infinitybooks.co.kr/images/top_
    logo.jpg");
34      String cid = email.embed(url, "인피니티북스 로고");
35
36      // HTML 메세지를 지정
37      StringBuffer htmlmsg = new StringBuffer();
38      htmlmsg.append("<html><body>");
39      htmlmsg.append("인피니티북스 로고 : <img src=cid:").append(cid).
    append(">");
```

```
40        htmlmsg.append("</body></html>");
41        email.setHtmlMsg(htmlmsg.toString());
42
43        // HTML 이메일을 지원하지 않는 클라이언트라면 다음 메세지를 출력
44        email.setTextMsg("이 메일은 HTML 이메일을 지원하지 않습니다");
45        email.send();
46
47        out.println("메일 보내기 성공!!!");
48  } catch (Exception e) {
49        out.println("메일 보내기 실패!!! <hr>");
50        out.println(e.toString() + "<hr>");
51  }
52  %>
53
54  </body>
55  </html>
```

다음은 위 HTML 형식의 메일 보내기로 받은 메일의 내용이다.

■ **그림 15-12** HtmlEmail로 보낸 HTML 형식의 메일 내용

4. 연습문제

1. 자카르타 프로젝트의 서브 프로젝트에는 무엇이 있는지 알아보시오.

2. 다음과 같은 자카르타 FileUpload 라이브러러 API 문서를 참조하려고 한다. 다음 질문에 답하시오.

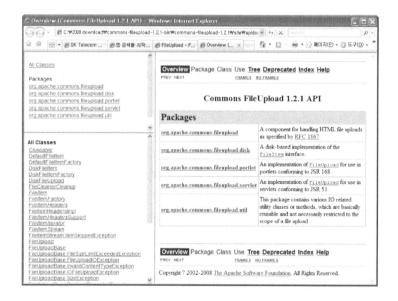

① 위 문서는 어디에서 참조할 수 있는지 알아보시오.

② 위 문서를 이용하여 자카르타 FileUpload 라이브러러를 구성하는 패키지에는 무엇이 있는지 알아보시오.

3. 다음은 파일 업로드를 위한 폼 전송 HTML 파일의 일부이다. 폼에서 사용자 이름과 함께 업로드할 파일 2개를 입력하는 형태를 만들려고 한다. 다음 밑줄 친 부분을 완성하시오.

```
<h2>파일 업로드 예제</h2><hr>
<form method="_____" action="fileUpload.jsp" enctype="_____">
    사용자: <input type="text" name="user"><br><hr>
    첨부파일1: <input type="_____" size=50 name="file1"><br>
    첨부파일2: <input type="_____" size=50 name="file2"><br>
    <input type="submit" value="전송">
</form>
```

4. 다음은 메일의 종류에 따라 사용하는 자카르타 commons email 라이브러리의 클래스를 설명하고 있다. 클래스 Email을 상속받은 클래스 SimpleEmail, MultiPartEmail, HtmlEmail 중에서 선택하여 다음 빈 부분을 채우고, 아래의 질문에 답하시오.

메일 종류	메일 클래스	관련 클래스	기능
간편 메일			메시지만 있는 간단한 메일 보내기
첨부 메일		EmailAttachment	클래스 EmailAttachment에 첨부 내용을 붙여 메일 보내기
HTML 메일			HTML 지원하는 내용을 메일로 보내기

① 위 3개 클래스의 계층구조를 그리시오.

② 다음 문장 이후, 한글을 지원하기 위한 문장을 기술하시오.

```
SimpleEmail email = new SimpleEmail();
```

③ 다음 문장 이후, SMTP 서버로 smtp.google.com을 지정하기 위한 문장을 기술하시오.

```
SimpleEmail email = new SimpleEmail();
```

CHAPTER 16

웹 응용프로그램 구조와 배포

1. 웹 응용프로그램 구조
2. 웹 응용프로그램 배포
3. 연습문제

웹 응용프로그램이 개발되면 이제 응용프로그램의 배포가 필요한데, 웹 응용프로그램을 배포하기에 앞서 웹 응용프로그램 폴더 구조의 이해가 먼저 요구된다. 16장에서는 톰캣 서버를 대상으로 웹 응용프로그램 구조를 살펴보고, 이클립스에서 개발된 프로젝트를 직접 톰캣 서버에 배포하는 방법을 학습할 예정이다.

- 톰캣 서버의 기본 웹 응용프로그램 이해하기

- 웹 응용프로그램의 폴더 구조 이해하기

- 이클립스에서 프로젝트 폴더 구조 이해하기

- 이클립스에서 웹 응용프로그램 폴더 구조 이해하기

- 배포 파일 war 이해하기

- 웹 응용프로그램 배포하기

- 톰캣 관리자 프로그램 이해하기

1. 웹 응용프로그램 구조

1.1 톰캣 서버와 웹 응용프로그램 구조

▋ 톰캣 서버 실행

시작 메뉴 [Apache Tomcat 6.0/Welcome]을 이용해 설치된 톰캣 서버에 접속해 보자. 톰캣 서버가 실행되지 않아 접속되지 않는다면, 메뉴 [Apache Tomcat 6.0/Configure]를 이용해 [Apache Tomcat Properties] 대화상자에서 버튼 [Start]를 사용해 톰캣 서버를 실행한 후 접속한다. 접속한 화면의 왼쪽메뉴 [Tomcat Documentation]을 눌러 접속한 후 URL을 살펴보자.

- http://localhost:8080/docs

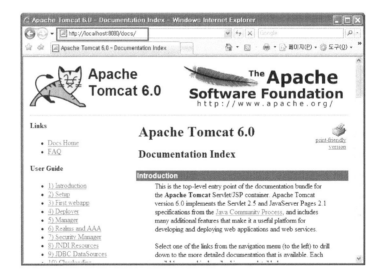

■ **그림 16-1** 톰캣의 문서 화면

▋ 톰캣 서버 웹 응용프로그램

위에서 접속한 톰캣 문서도 하나의 웹 응용프로그램으로 톰캣이 설치된 폴더의 하부 [webapps/docs] 폴더를 웹 응용프로그램 홈 디렉토리(Home Directory)로 서비스하고 있다. 홈 디렉토리(또는 홈 폴더)는 웹 응용프로그램의 기본 폴더로서 각종 프로그램 파일이 있으며 그 하부는 특별한 의미가 있는 폴더들로 구성된다.

 이와 같이 톰캣이 설치되면 기본적으로 서비스되는 응용프로그램과 그에 대응하는 홈 폴더를 살펴보면 다음과 같다. 특히 폴더 [webapps/ROOT]는 [localhost:8080]로 접속되는 톰캣 서버 루트 웹 응용프로그램의 홈 폴더이다.

상위 폴더	홈 디렉토리	접속 URLS	웹 응용프로그램
webapps	docs	localhost:8080/docs	톰캣 서버 문서
	examples	localhost:8080/examples	톰캣 서버 예제
	host-manager	localhost:8080/host-manager	톰캣 서버 호스트 관리자
	manager	localhost:8080/manager	톰캣 서버 관리자
	ROOT	localhost:8080	톰캣 서버 루트

■ 표 16-1 톰캣 기본 웹 응용프로그램과 홈 폴더

웹 응용프로그램 폴더 구조

톰캣 웹 응용프로그램의 홈 폴더 하부의 내부 구조를 살펴보자. 톰캣 서버의 예제 응용프로그램 기본 폴더 [webapps/examples] 하부를 살펴보면 서비스되는 프로그램 파일이 위치한 jsp, servlets와 같은 폴더가 있고, 웹 브라우저로 외부에서 접속할 수 없다. 그리고 이미 내정된 파일 또는 폴더가 저장되는 [WEB-INF] 폴더가 있으며 그 하부에서 classes, lib, tags와 같은 폴더를 볼 수 있다.

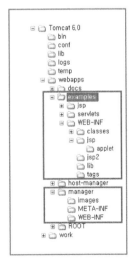
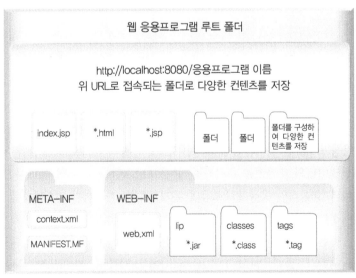

■ 그림 16-2 웹 응용프로그램의 폴더 구조

만일 웹 응용프로그램의 홈 폴더가 [webapps/myappdir]라고 가정하면, 이 폴더가 웹 응용프로그램이 서비스되는 기본 폴더이며, [META-INF]와 [WEB-INF]를 제외한 하부 폴더에도 브라우저에서 서비스되는 파일이 위치할 수 있다.

홈 디렉토리	웹 응용프로그램 폴더 구조	저장 파일	폴더 의미
webapps/ myappdir	자체 또는 그 하부 폴더	*.jsp *.html	서비스되는 정적, 동적인 다양한 컨텐츠 저장
	META-INF	context.xml MANIFEST.FM	웹 응용프로그램 설치정보 xml 파일 저장, 웹 응용프로그램의 라이브러리 의존성을 기술하는 MANIFEST.FM 파일 저장
	WEB-INF	web.xml	웹 응용프로그램 정보 xml 파일 저장
	WEB-INF/classes	*.class	자바 클래스 파일 저장, 하부에 패키지인 폴더가 위치
	WEB-INF/lib	*.jar	각종 라이브러리 압축 파일
	WEB-INF/tags	*.tag	태그 파일
	WEB-INF/src	*.java	자바 소스 파일
	WEB-INF/tld	*.tld	태그 라이브러리 디스크립터 파일

■ 표 16-2 웹 응용프로그램의 폴더 의미

폴더 [META-INF]에는 웹 응용프로그램 설치정보 xml 파일인 context.xml 파일이 위치하며 또한 war 파일로 제공하는 경우 라이브러리 의존성을 기술하는 MANIFEST.FM 파일이 저장될 수 있다.

폴더 [WEB-INF] 하부에는 배포 서술자(DD: Deployment Descriptor)가 저장되어 있는 web.xml 설정파일이 위치한다. 배포 서술자는 Java EE(Enterprise Edition) 스펙으로 웹 응용프로그램의 기본적인 설정을 XML 유형의 태그로 작성한다. 배포 서술자를 이용함으로써 컨테이너의 호환성을 유지하며, 응용프로그램을 보다 더 유연성 있게 운영할 수 있으며, 이에 따라 효율적인 응용프로그램의 유지보수가 가능하다. 17장에서 배포 서술자에 대하여 배울 예정이다.

또한 폴더 [WEB-INF] 하부에는 classes, lib, tags, tld, src 등의 다양한 서브폴더가 위치한다. 폴더 [WEB-INF/classes]에는 서블릿, 자바빈즈, 유틸리티 클래스가 위치하는데, 패키지가 있다면 하부에 패키지 이름의 폴더가 놓이고 그 하부에 클래스 파일이 위치한다. 폴더 [WEB-INF/lib]에는 해당 웹 응용프로그램에서 사용하는 각종 라이브러리가 저장되는데, 보통 jar 확장자를 가진 자바 압축 파일로 JDBC 드라이버, JSTL, 아파치의 각종 라이브러리가 위치한다.

확장자 tag를 가진 태그 파일은 반드시 폴더 [WEB-INF/tags]에 저장되어야 하며, 태그 라이브러리 디스크립터인 *.tld 파일은 일반적으로 폴더 [WEB-INF/tld]에 저장된다. 폴더 [WEB-INF/src]에는 개발 과정에서 구현한 각종 자바 소스를 저장할 수 있으나 표준 웹 응용프로그램 구조는 아니다.

▌ 톰캣 관리자 실행

톰캣 서버 접속 후 왼쪽 메뉴 [Tomcat Manager]를 누르거나 주소 URL에 [http://localhost: 8080/manager/html]를 입력하면 톰캣 관리자로 접속하기 위한 로그인 대화상자가 나타난다. 이 로그인 대화상자에서 톰캣 설치 시 지정한 관리자인 사용자 이름과 암호를 입력한다. 톰캣 설치 시 다른 변경을 하지 않았다면 기본 값이 사용자 이름은 admin이며, 암호는 없다.

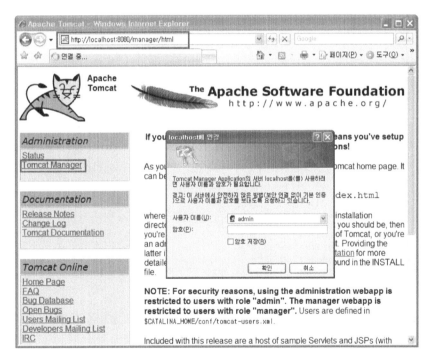

■ **그림 16-3** 톰캣 관리자 접속을 위한 로그인

톰캣 관리자 접속에 성공하면 [Tomcat Web Application Manager] 화면이 표시된다. 톰캣 관리자는 톰캣 서버를 관리하는 도구로 자세한 내용은 다음 절에서 알아보자.

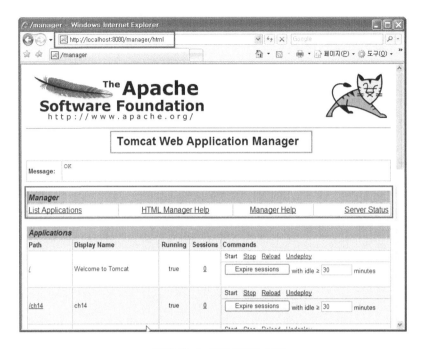

■ **그림 16-4** 톰캣 관리자 화면

관리자 확인 및 추가

톰캣의 관리자 계정은 톰캣 설치폴더 하부 [conf] 폴더 [tomcat-users.xml]에서 확인할 수 있다. 다음은 이클립스에서 열어 본 파일 [tomcat-users.xml]이다. 파일 [tomcat-users.xml]에서 <user ... /> 태그를 사용하여 새로운 관리자를 추가하여 사용할 수도 있다.

```
1<?xml version='1.0' encoding='utf-8'?>
2<tomcat-users>
3  <role rolename="manager"/>
4  <role rolename="admin"/>
5  <user username="admin" password="" roles="admin,manager"/>
6</tomcat-users>
7
```
Design Source

■ **그림 16-5** 파일 tomcat-users.xml

1.2 이클립스 개발 과정의 웹 응용프로그램 구조

작업공간 하부 프로젝트 폴더

이클립스 개발 과정에서 [프로젝트 탐색기] 뷰에 보이는 프로젝트 구조와 실제 파일 구조를 살펴보자.

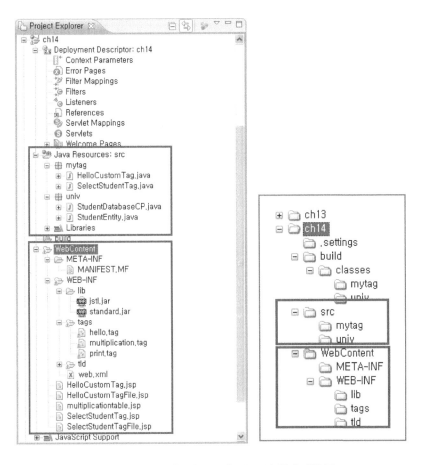

■ **그림 16-6** 이클립스의 프로젝트 구조와 실제 파일 구조

[프로젝트 탐색기] 뷰의 폴더 [Resources: src]에는 자바빈즈, 태그 처리기 등의 자바 파일이 저장된다. 폴더 [Resources: src]는 실제 파일 시스템에서 폴더 [src]에 대응되며, 컴파일된 클래스 파일은 폴더 [build]에 저장된다. [프로젝트 탐색기] 뷰의 폴더 [WebContent]에는 정적 또는 동적으로 서비스되는 컨텐츠인 HTML과 JSP 등의 파일이 저장되며, 하부 [META-INF], [WEB-INF] 폴더에는 웹 응용프로그램을 위한 설정파일과 자바 클래스, 라이브러리 등이 저장된다. 폴더 [WebContent]와 그 하부 폴더 및 저장된 파일은 실제 파일 시스템에서도 폴더 [WebContent]로 동일하게 대응된다.

이클립스 내부의 웹 응용프로그램

이클립스에서 개발 중인 프로젝트를 메뉴 [Run on Server]로 톰캣을 실행하면 외부에 설치된 톰캣 서버로 실행하는 것이 아니라 현재의 작업 공간인 [2009 JSP workspace] 하부 폴더 [.metadata]의 하부 폴더 [org.eclipse.wst.server.core]에서 새로운 서버 이름 [tmp0]으로 톰캣이 실행된다. 다음은 이클립스에서 개발 중인 프로젝트 [ch14]를 실행한 경우, 실행된 톰캣 서버의 폴더 구조를 보이고 있다.

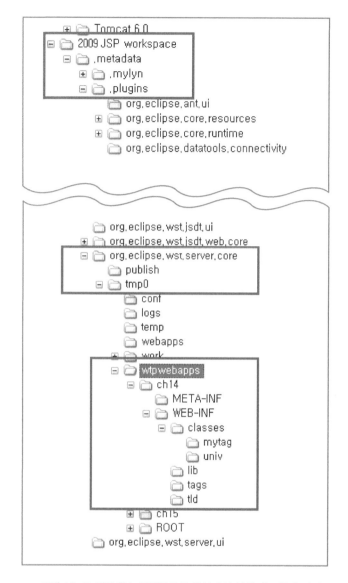

■ **그림 16-7** 이클립스 작업공간의 하부에서 실행되는 톰캣 서버

이클립스에서 프로젝트 [ch14]를 실행하면, 실행한 톰캣 서버 [tmp0]에서 폴더 [wtpwebapps] 하부에 프로젝트 [ch14]에 대한 프로젝트 구조를 기반으로 웹 응용프로그램 구조를 만들어 실행한다는 것을 알 수 있다.

2. 웹 응용프로그램 배포

2.1 웹 응용프로그램 배포 방법

▌ 배포 war 파일

웹 응용프로그램을 배포하는 간단한 방법은 개발된 프로젝트를 압축파일로 만들어 배포하는
것이다. 이 프로젝트 압축 파일은 WAR(Web Java ARchive) 파일이라 부르는데, 실제 자바
압축 파일인 JAR(Java ARchive) 파일과 같으며 확장자만 war로 한 것이다.

프로젝트 폴더에서 전체 하부 폴더와 모든 파일을 압축한 WAR 파일은 일반적으로 이름
자체가 URL에서 사용되는 웹 응용프로그램 이름으로 등록된다. WAR 파일은 다양한 도구를
통하여 직접 사용자가 만들 수 있으며, 이클립스도 손쉽게 WAR 파일을 만들 수 있는 기능을
제공한다. 우리도 이클립스를 이용하여 WAR 파일을 만들 예정이다. 먼저 이미 만든 WAR
파일의 내부 구조를 살펴보자.

다음은 프로젝트 [ch14]의 WAR 파일인 ch14.war 파일의 내부 구조를 살펴 본 그림으로,
이미 학습한 웹 응용프로그램의 구조와 동일하다는 것을 알 수 있다.

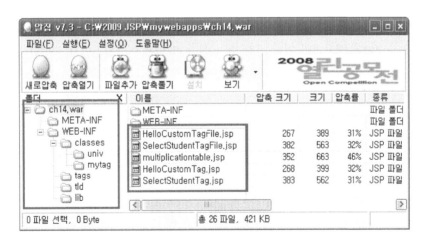

■ **그림 16-8** 배포 파일 [ch14.war] 내부 구조

▌ war 파일 복사로 배포

먼저 실제 톰캣 서버를 실행한 후 톰캣 관리자(Manager)에 접속하여 현재의 응용프로그램
목록을 살펴보자.

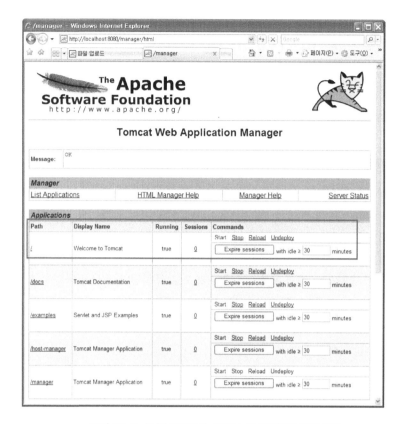

■ **그림 16-9** 톰캣 관리자로 살펴본 웹 응용프로그램 목록

웹 응용프로그램을 배포하기 위해 가장 먼저 해야 할 일은 이클립스에서 생성한 프로젝트를 WAR 파일로 만드는 일이다. 이를 위해 개발한 프로젝트 [ch14]에서 메뉴 [Export/WAR File]를 선택한다.

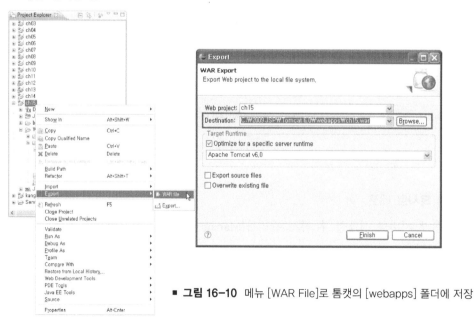

■ **그림 16-10** 메뉴 [WAR File]로 톰캣의 [webapps] 폴더에 저장

대화상자 [Export]에서 [Destination]을 실행할 톰캣 서버가 설치된 폴더 하부 [webapps]의 파일 [ch15.war]로 지정한 후 [Finish] 버튼을 누른다. 1-2분 시간이 지난 후 톰캣 관리자 화면을 다시 살펴보면 다음과 같이 웹 응용프로그램 목록에서 지금 설치된 웹 응용프로그램 [ch15]가 보일 것이다.

만일 war 파일 이름을 upload.war로 지정한다면 설치되는 웹 응용프로그램은 [upload]가 된다. 그러므로 [Destination]의 파일 이름이 새로 서비스되는 웹 응용프로그램 이름으로 컨텍스트 루트(Context Root)가 되는 것이다.

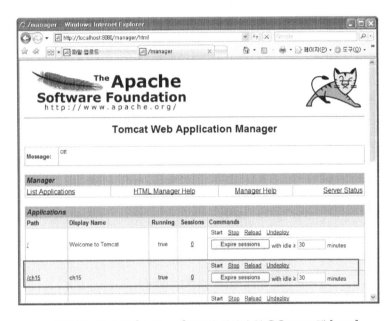

■ **그림 16-11** 파일 [ch15.war]로부터 생성된 웹 응용프로그램 [ch15]

파일 탐색기에서 톰캣의 하부 폴더 [webapps]를 살펴보면 저장한 파일 [ch15.war]과 함께 실제로 폴더 [ch15]도 자동으로 만들어진 것을 확인할 수 있다.

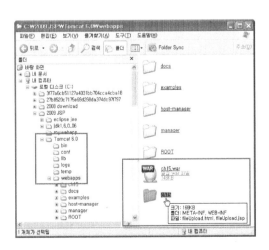

■ **그림 16-12** 파일 [ch15.war]로 부터 자동으로 만들어진 웹 응용프로그램 폴더 [ch15]

이제 바로 설치된 웹 응용프로그램 [ch15]에서 프로그램을 실행할 수 있다. 웹 브라우저에서 실행할 프로그램이 있는 다음 주소를 입력한다.

- http://localhost:8080/ch15/fileUpload.html

다음은 파일 업로드 프로그램 실행 과정과 그 결과이다.

■ **그림 16-13** 웹 응용프로그램 [ch15]에서 파일 업로드 프로그램 실행

위 결과 화면에서 보듯이 업로드된 파일이 저장되는 폴더는 웹 응용프로그램 폴더 [\webapps\ch15] 하부 [uploadStorage] 폴더인 것을 확인할 수 있다. 탐색기를 살펴보면 다음과 같이 업로드된 파일을 확인할 수 있다.

■ **그림 16-14** 업로드된 2개 파일 확인

톰캣 관리자로 배포

웹 응용프로그램을 배포하는 다른 방법은 톰캣 관리자를 사용하는 방법이다. 사실 이전 방법도 톰캣 관리자가 하는 배포 과정을 자동으로 해주는 것이다. 즉 톰캣 서버 하부 폴더 [webapps]에 배포할 jar 파일을 저장하면 자동으로 홈 폴더를 만들어 모든 파일을 복사하는 배포 과정을 자동으로 하는 것이다.

프로젝트 [ch14]를 톰캣 관리자를 사용해 배포하기 위해, 개발한 프로젝트 [ch14]에서 메뉴 [Export/WAR File]를 선택한다. 톰캣 관리자를 사용해 배포하는 경우, war 파일을 어느 폴더에 저장해도 상관없다. 파일 [ch14.war]을 폴더 [C:\2009 JSP\mywebapps]에 저장하자.

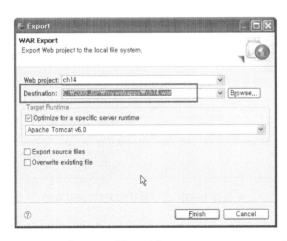

■ **그림 16-15** 파일 [ch14.war]을 폴더 [C:\2009 JSP\mywebapps]에 저장

이제 톰캣 관리자를 연결하여 웹 응용프로그램 목록 하단에 있는 deploy 기능을 이용한다. 만일 배포할 war 파일이 서버에 있다면 [Deploy directory or WAR file located on server] 기능을 사용하며, 배포할 war 파일이 현재 컴퓨터에 있다면 [WAR file to deploy] 기능을 사용한다.

이 예에서는 [WAR file to deploy] 기능에서 [Select WAR file to upload]의 [찾아보기 ...] 버튼을 이용해 배포할 war 파일 [C:\2009 JSP\mywebapps\ch14.war]를 지정한다.

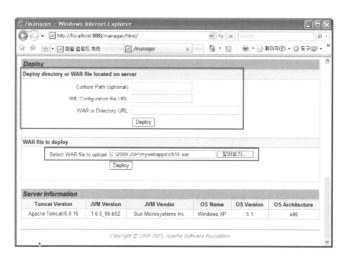

■ **그림 16-16** 톰캣 관리자 Deploy 기능 사용

파일을 다시 한 번 확인한 후 버튼 [Deploy]를 누른다. 잠시 후 같은 화면 상단의 웹 응용프로그램 목록을 살펴보면 배포된 웹 응용프로그램 [ch14]를 확인할 수 있다.

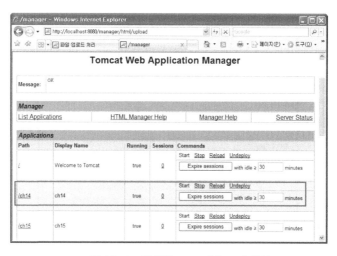

■ **그림 16-17** 웹 응용프로그램 [ch14] 확인

이제 설치된 웹 응용프로그램 [ch14]를 확인하기 위해, 웹 브라우저에서 실행할 프로그램이

있는 다음 주소를 입력한다.

- http://localhost:8080/ch14/HelloCustomTag.jsp

다음은 커스텀 태그를 실행하는 HelloCustomTag.jsp의 실행 결과이다.

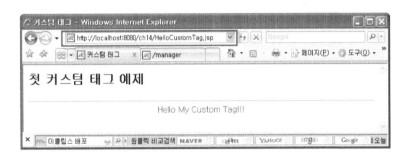

■ **그림 16-18** 웹 응용프로그램 [ch14/HelloCustomTag.jsp] 실행 결과

2.2 웹 응용프로그램 관리

▌웹 응용프로그램의 시작과 종료

톰캣의 관리자를 사용하면 웹 응용프로그램 단위로 시작과 종료 등의 명령과 세션 관리가
가능하다.

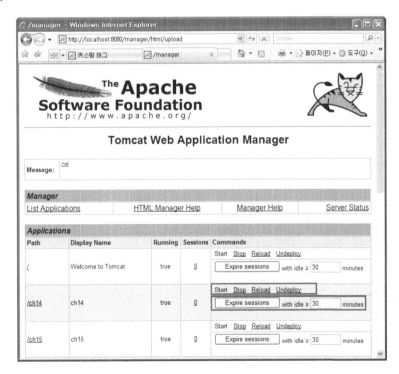

■ **그림 16-19** 톰캣 관리자에서 웹 응용프로그램 관리

웹 응용프로그램의 명령은 start, stop, reload, undeploy 4가지로 현재 실행할 수 있는
명령어 이름으로 링크가 되어 있어, 선택한 명령어를 누르면 해당 기능이 수행된다.

명령어	기능 설명
start	웹 응용프로그램을 실행
stop	웹 응용프로그램을 종료
reload	웹 응용프로그램에서 /WEB-INF/lib/에 있는 *.jar 파일과 /WEB-INF/classes에 있는 *.class 파일을 새로이 다시 로드
undeploy	웹 응용프로그램을 종료한 후 모두 제거, 실제 파일이 모두 삭제됨

■ 표 16-3 톰캣 관리자의 웹 응용프로그램 명령

또한 화면에 보듯이 세션의 최대시간을 지정할 수 있으며 버튼 [Expire sessions]로 현재의
세션을 제거할 수 있다.

3. 연습문제

1. 다음은 웹 응용프로그램의 구조를 설명한 내용이다. 다음 빈 팔호를 채우시오.

① 폴더 [WEB-INF] 하부에는 (　　　　　)(이)가 저장되어 있는 web.xml 설정파일이 위치한다.

② 폴더 (　　　　) 하부에는 classes, lib, tags, tld, src 등의 다양한 서브폴더가 위치한다.

③ 폴더 (　　　　　)에는 서블릿, 자바빈즈, 유틸리티 클래스가 위치하는데, 패키지가 있다면 하부에 패키지 이름의 폴더가 놓이고 그 하부에 클래스 파일이 위치한다.

④ 폴더 (　　　　　)에는 해당 웹 응용프로그램에서 사용하는 각종 라이브러리가 저장되는데, 보통 jar 확장자를 가진 자바 압축 파일로 JDBC 드라이버, JSTL, 아파치의 각종 라이브러리가 위치한다.

⑤ 확장자 tag를 가진 태그 파일은 반드시 폴더 (　　　　)에 저장되어야 한다.

2. 13장에서 구현해 본 JSTL에 관한 예제를 웹 응용프로그램으로 배포하려 한다. 웹 응용프로그램으로 배포한 후, 다음 주소로 서비스하고자 한다. 다음 질문에 답하시오.

- http://localhost:8080/jstl/choose.jsp

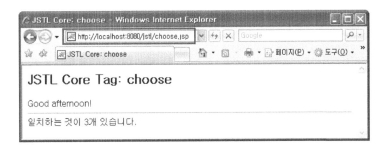

① 배포 파일 war를 적당한 폴더에 저장하여 바로 실행할 수 있도록 하고자 한다. 이클립스에서 war 파일을 생성하는 다음 대화상자에서 Detination 부분을 바르게 기술하시오. (현재 실행하려는 톰캣 서버의 설치 폴더는 다음과 같다.)

- C:\2009 JSP\Tomcat 6.0

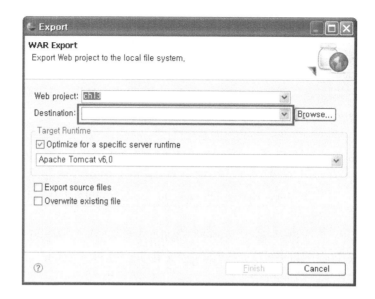

② 톰캣 서버에서 JSTL을 위한 다음 라이브러리가 저장된 절대 폴더를 기술하시오.

- jstl.jar
- standard.jar

3. 다음은 이클립스에서 하나의 웹 응용프로그램 프로젝트로 개발한 프로그램이다. 다음을 배포할 경우, 각각의 프로그램이 위치하는 폴더와 파일이름을 기술하시오. (폴더는 웹 응용프로그램의 홈 디렉토리를 생략하고 그 하부로 기술하고, 자바 파일인 경우 클래스 파일 위치를 기술하시오.)

① WebContent/index.html

② WebContent/login.jsp

③ [Java Resources: src]/kr/ac/mytest/StudentBean.java

④ WebContent/tags/myfor.tag

⑤ WebContent/app/usermail.jsp

4. 다음은 톰캣 서버의 관리자가 각각의 웹 응용프로그램에 대하여 수행할 수 있는 명령어를 설명한 표이다. 다음 빈 부분의 명령어 이름을 채우시오.

명령어	기능 설명
	웹 응용프로그램을 실행
	웹 응용프로그램을 종료
	웹 응용프로그램에서 /WEB-INF/lib/에 있는 *.jar 파일과 /WEB-INF/classes에 있는 *.class 파일을 새로이 다시 로드
	웹 응용프로그램을 종료한 후 모두 제거, 실제 파일이 모두 삭제됨

CHAPTER 17

MVC 모델과 구현

1. MVC 모델

2. 서블릿

3. MVC 모델 구현 : 로그인 처리

4. 연습문제

MVC는 모델(Model), 뷰(View), 컨트롤러(Controller)를 의미하며, 웹 응용프로그램 서버 모듈을 비즈니스 로직과 표현으로 분리하여 개발하는 디자인 방법이다. 17장에서는 MVC 모델과 서블릿을 배운 후, 간단한 로그인 과정을 MVC 모델을 적용하여 구현할 예정이다.

- MVC 모델 이해하기

- 서블릿 프로그램 이해하고 간단한 프로그램 작성하기

- 서블릿 매핑 이해하기

- 사용자 로그인 과정을 MVC 모델로 구현하기

- 사용자 로그인 프로젝트 실행 과정 이해하기

1. MVC 모델

1.1 MVC 모델 개요

▍비즈니스 로직과 표현의 분리

JSP 장점 중의 하나는 비즈니스 로직과 표현을 분리할 수 있다는 점이다. 웹 응용프로그램 개발에서 비즈니스 로직과 표현의 분리는 다음과 같은 이점이 있다.

- 디자이너는 표현에 집중하여 개발하고, 프로그래머는 비즈니스 로직에 전념하여 개발하므로 개발의 효율성이 높아진다.
- 웹 응용프로그램의 수정이 쉽다.
- 웹 응용프로그램의 확장이 쉽다.
- 웹 응용프로그램의 유지보수가 쉽다.

그러나 지금까지 배운 내용으로 비즈니스 로직과 표현을 완전히 분리하기는 쉽지 않을 뿐 아니라 프로젝트의 규모가 커지면 커질수록 더욱 어려움을 느낄 것이다.

이러한 문제의 해결책으로 웹 응용프로그램을 비즈니스 로직과 표현으로 분리하여 개발하고자 하는 디자인 방안이 MVC 모델이다. MVC에서 M은 Model, V는 View, C는 Controller를 의미한다.

▍MVC 모델 정의

MVC는 1979년 제록스 사 팔로 알토 연구소에서 스몰톡(SmallTalk)이라는 객체지향 언어를 사용한 사용자 인터페이스 개발에 소개된 개념으로 오랫동안 GUI(Graphical User Interface) 개발 분야에서 사용되었던 개발 패턴이다. 즉 MVC는 새로운 개발 방법이 아니라 기존의 MVC 개발 모델이 웹 응용프로그램 개발에도 적합하다는 것이 입증되어, JSP 개발자들에게 권고하는 개발 모델이다.

MVC 요소	구현 프로그램	역할
Model	자바빈즈	자료의 비즈니스 로직 처리
View	JSP, HTML	표현(Presentation) 부분 처리
Controller	서블릿, JSP	적절한 Model을 처리하여 뷰로 제어 이동

■ **표 17-1** MVC 모델의 각 요소

　MVC 모델은 웹 응용프로그램을 구성하는 서버 모듈을 사용자에게 보이는 표현을 뷰(View)로, 자료와 비즈니스 로직 처리를 모델(Model)로, 그리고 이들 상호 간의 흐름을 제어하는 컨트롤러(Controller)로 분리하여 개발하는 모델이다.

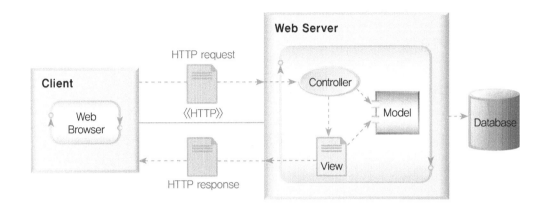

■ **그림 17-1**　웹 응용프로그램의 MVC 모델 구축

　모델은 자료를 저장(Setter)하고 반환(Getter)하며, 자료의 비즈니스 로직을 처리한다. 모델은 일반 자바 프로그램으로 작성되며 자바빈즈 형태가 대표적인 모델의 예이다. 즉 데이터베이스 프로그램을 작성할 경우, 데이터베이스에 연결하여 테이블 자료를 조회하고, 삭제하며, 수정하는 자바빈즈가 모델 기능을 수행한다.

　뷰는 표현을 담당하며, 주로 JSP로 작성된다. 뷰는 컨트롤러와 교신하며 사용자가 입력한 정보를 컨트롤러에게 전달하고, 반대로 모델 정보를 컨트롤러에서 전달받아 사용자에게 보이는 역할을 담당한다.

　컨트롤러는 뷰와 모델의 중간에서 이들을 제어하며 작업 흐름을 처리하고, 주로 서블릿으로 작성된다. 하지만 컨트롤러는 반드시 서블릿으로 작성되어야 하는 것은 아니며, JSP로도 작성될 수 있다. 컨트롤러는 뷰가 전달한 요청을 분석해 적절한 모델을 사용해 요청한 기능을 수행하고, 다시 그 결과를 뷰에게 전달하는 역할을 담당한다.

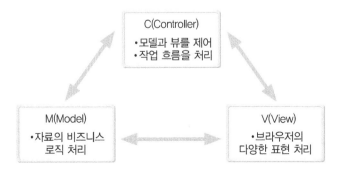

■ **그림 17-2**　MVC 모델

2. 서블릿

2.1 서블릿 개요

▌ 서블릿 프로그램

JMVC 모델에서 컨트롤러는 주로 서블릿으로 작성되므로 서블릿에 대한 이해가 요구된다. 또한 JSP는 서블릿을 기반으로 하는 기술이므로 JSP를 잘 다루려면 서블릿에 대한 이해가 필요하다.

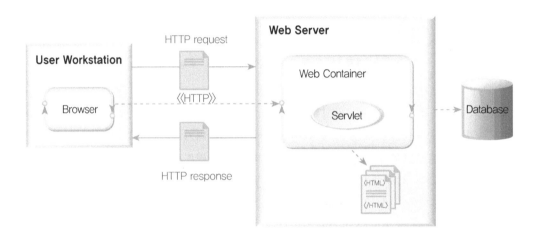

■ **그림 17-3** 서블릿 프로그램

서블릿은 HTTP 프로토콜 기반에서 확장된 CGI 방식의 서버 프로그래밍 방식이다. 서블릿이란 말은 웹 서버에서 실행되는 작은 프로그램 단위라는 의미의 [Server program + let]에서 붙여진 이름으로, 클라이언트의 HTTP 요청에 대하여 특정 기능을 수행하며, HTML 문서를 생성하는 인터넷 서버 프로그램이다.

2.2 서블릿 개발

▌ 간단한 서블릿 프로그램

서블릿 프로그램은 자바 클래스이므로 이클립스에서 프로젝트 하부 [Java Resources: src]에서 만든다. 메뉴 [New/Servlet]을 사용하여 서블릿을 생성한다.

■ **그림 17-4** 서블릿 생성을 위한 메뉴 [New/Servlet]

서블릿 HelloServlet 프로그램을 작성하려면, 대화상자 [Create Servlet]에서 [Class Name]에 서블릿 이름인 HelloServlet을 지정하고 [Java Package]에 적당한 패키지 이름 [kr.ac.servlet]을 지정한다. 또한 [Superclass]에는 반드시 javax.servlet.http.HttpServlet를 지정해야 하는데, 서블릿이란 일반적으로 클래스 javax.servlet.http.HttpServlet을 상속받아 구현한 프로그램이기 때문이다.

대화상자에서 [Next]를 누르면 [초기화 매개변수]와 [URL Mappings]을 설정하는 화면이 보이는데, 여기서는 초기 설정 값을 달리 수정하지 않고 [Name]에 자동으로 기술된 것이 [HelloServlet]이며, [URL Mappings]에 기술된 것이 [/HelloServlet]이라는 것을 기억하고 [Finish] 버튼을 눌러 서블릿 생성 대화상자를 종료한다.

■ **그림 17-5** 서블릿 생성 대화상자

서블릿 프로그램은 JSP 프로그램과 달리 클라이언트의 브라우저에서 서블릿이 저장된 폴더 위치와 프로그램 소스 이름을 URL에 동일하게 입력하여 실행하지 않는다. 서블릿 프로그램은 위 대화상자의 [URL Mappings]에서 지정한 [/HelloServlet]을 브라우저의 URL에 기술함으로써 실행된다. 즉 현재의 프로젝트가 [ch17]이라면, 지금 작성하고 있는 서블릿 프로그램 HelloServlet.java는 대화상자에서 지정한 [URL Mappings] 이름이 [/HelloServlet]이므로, 패키지와 상관 없이 브라우저 URL의 컨텍스트 루트(Context Root) 하부 이후에 /HelloServlet을 기술함으로써 서블릿을 실행할 수 있다. 즉 [URL Mappings] 이름에서 /의 의미는 웹 응용프로그램의 컨텍스트 루트를 의미한다.

■ **그림 17-6** 서블릿의 URL 매핑 정보와 실행 시 URL 정보

이러한 서블릿의 URL 매핑은 server.xml 파일에 2개의 태그로 기술된다. 폴더 [WEB-INF/lib]에 있는 web.xml 파일을 살펴보면 태그 `<servlet >`과 `<servlet-mapping >`으로 서블릿의 URL 매핑 정보가 저장되는 것을 알 수 있다.

서블릿 URL 매핑 정보를 포함해서 다양한 배포 정보의 표현을 배포 서술(DD: Deployment Descriptor)이라 하며, 이클립스에서 프로젝트 하부의 첫 번째 항목인 [Deployment Descriptor: ch17] 하부를 살펴보면 다양한 배포 서술의 내용을 확인할 수 있다. 다음 그림에 보듯이 프로젝트 [ch17] 하부 항목 [Deployment Descriptor: ch17]에서 서블릿 매핑 정보인 [Servlet Mappings]과 [Servlets]을 확인할 수 있다.

■ **그림 17-7** 이클립스에서 살펴 본 배포 서술자가 저장된 web.xml

서블릿 매핑 정보가 저장되어 있는 web.xml 파일을 살펴보면, 태그 <servlet> 내부에서 다시 태그 <servlet-name>의 웹 응용프로그램에서 사용되는 서블릿 내부이름을 서술하며, 태그 <servlet-class>에 [kr.ac.servlet.HelloServlet]과 같이 패키지 이름이 포함된 클래스 이름을 서술한다. 또한 태그 <servlet-mapping> 내부에서 태그 <servlet-name>에 서블릿 내부이름을 서술하며, <url-pattern>에 [/HelloServlet]과 같이 웹 브라우저에서 서비스될 URL 이름을 지정한다.

태그 <servlet>은 서블릿 내부이름과 실제 클래스를 연결하며, 태그 <servlet-mapping> 은 서블릿 내부이름과 서블릿의 URL 이름을 연결한다. 태그 <servlet>과 <servlet-mapping> 내부에는 모두 태그 <servlet-name>이 있는데, 이 값은 서블릿의 내부 이름으로 반드시 같아야 하며, 이를 통하여 서로의 정보가 연결된다. 이러한 서블릿 매핑 정보의 수정을 원하면 web.xml 파일에서 수정할 수 있다.

▋ 서블릿 소스 작성

이클립스에서 자동으로 생성된 서블릿 소스를 살펴보면, 지금 작성하는 클래스 HelloServlet은 클래스 HTTPServlet를 상속 받으며, 메소드 doGet(), doPost()를 오버라이딩(overriding)한다는 것을 알 수 있다. 메소드 doGet()은 클라이언트의 HTTP GET 요청에 실행되는 메소드이며, 메소드 doPost()는 POST 요청에 실행되는 메소드로 모두 각각 클래스 HttpServletRequest, HttpServletResponse 유형의 2개 인자를 갖는다.

또한 자동 생성된 서블릿에는 super()를 호출하는 기본 생성자가 구현되어 있는데, 달리 구현할 내용이 없으면 삭제해도 무방하다. 서블릿 생성 시 필요한 초기화나 구현이 있으면 생성자에서 구현하도록 한다.

```java
 1  package kr.ac.servlet;
 2
 3  import java.io.IOException;
 8
 9  /**
10   * Servlet implementation class HelloServlet
11   */
12  public class HelloServlet extends HttpServlet {
13      private static final long serialVersionUID = 1L;
14
15      /**
16       * @see HttpServlet#HttpServlet()
17       */
18      public HelloServlet() {
19          super();
20          // TODO Auto-generated constructor stub
21      }
22
23      /**
24       * @see HttpServlet#doGet(HttpServletRequest request, HttpServletResponse response)
25       */
26      protected void doGet(HttpServletRequest request, HttpServletResponse response)
27                          throws ServletException, IOException {
28          // TODO Auto-generated method stub
29          super.doGet(request, response);
30      }
31
32      /**
33       * @see HttpServlet#doPost(HttpServletRequest request, HttpServletResponse response)
34       */
35      protected void doPost(HttpServletRequest request, HttpServletResponse response)
36                          throws ServletException, IOException {
37          // TODO Auto-generated method stub
38          super.doPost(request, response);
39      }
40
41  }
42
```

■ **그림 17-8** 자동으로 생성된 서블릿의 초기 소스

만일 서블릿의 메소드 doGet()과 doPost()가 모두 같은 기능을 처리하게 하려면, doPost()에서 doGet()을 호출하며 doGet()에서 그 기능을 수행하도록 한다. 물론 그 반대로 호출하거나 아예 새로운 메소드를 구현하여 그 메소드를 doGet()과 doPost()에서 호출하는 방법도 있다.

서블릿 HelloServlet에서는 doPost()에서 doGet()을 호출하며 doGet()에서 "hello Servlet!!!!"을 출력하는 HTML 태그를 생성하도록 한다. HTML 소스를 생성하기 전에 HTML 문서의 컨텐트 유형을 response.setContentType()으로 지정한다. 객체변수 response는 메소드 doGet()의 매개변수로 HttpServletResponse 클래스 유형임을 알 수 있다.

```
response.setContentType("text/html; charset=EUC-KR");
```

HTML 소스를 생성하려면 PrintWriter 객체가 필요한데, 객체 response의 메소드 getWriter()를 호출하여 객체변수 out에 저장해 사용한다. 이제 out에서 메소드 print()와 println()을 사용하여 원하는 HTML을 출력할 수 있다.

```
PrintWriter out = response.getWriter();
out.println("<h2>Hello Servlet!!!!<h2>");
```

다음은 "Hello Servlet!!!!"을 출력하는 서블릿 프로그램 HelloServlet의 전 소스와 서블릿 HelloServlet을 실행한 결과이다.

예제 17-1 HelloServlet.java

```
01  package kr.ac.servlet;
02
03  import java.io.IOException;
04  import java.io.PrintWriter;
05
06  import javax.servlet.ServletException;
07  import javax.servlet.http.HttpServlet;
08  import javax.servlet.http.HttpServletRequest;
09  import javax.servlet.http.HttpServletResponse;
10
11  /**
```

```
12    * 클래스 HelloServlet : HttpServlet을 상속받아 구현
13    */
14   public class HelloServlet extends HttpServlet {
15       private static final long serialVersionUID = 1L;
16
17       protected void doGet(HttpServletRequest request, HttpServlet
     Response response)
18                       throws ServletException, IOException {
19
20           response.setContentType("text/html; charset=EUC-KR");
21           //HTML을 생성할 수 있는 PrintWriter 객체를 저장
22           PrintWriter out = response.getWriter();
23           out.println("<h2>Hello Servlet!!!!<h2>");
24
25       }
26
27       protected void doPost(HttpServletRequest request, HttpServlet
     Response response)
28                       throws ServletException, IOException {
29           //doPost()도 모두 doGet() 으로 처리
30           doGet(request, response);
31       }
32
33   }
```

이클립스에서 서블릿의 실행은 JSP 프로그램과 같이 서블릿을 선택한 후 메뉴 [Run As/
Run On Server]로 실행할 수 있다. 위 브라우저의 주소 줄을 살펴보면, 서블릿 URL 매핑
정보에서 설정한 [/HelloServlet]으로 서블릿 프로그램 HelloSertvlet.java가 실행되는 것을 알
수 있다.

2.3 서블릿 관련 클래스와 서블릿 생명주기

▌ 서블릿 관련 클래스

일반적으로 사용자가 만드는 서블릿은 javax.servlet.HTTP.HTTPServlet을 상속받아 구현한다. 서블릿 구현 메소드인 doGet()과 doPost()에서 사용하는 인자의 유형은 javax.servlet.http.HttpServletRequest와 javax.servlet.http.HttpServletResponse이다. 서블릿에서 사용하는 클래스 HttpServlet, 인터페이스 HttpServletRequest와 HttpServletResponse의 계층구조를 살펴보면 다음과 같다.

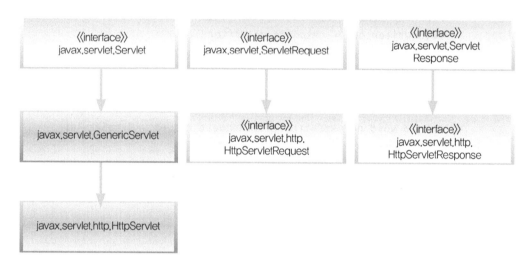

■ **그림 17-9** 서블릿 관련 클래스

프로그래머가 작성하는 서블릿 클래스는 추상 클래스 HttpServlet에 있는 다음 메소드 중에서 클라이언트 사용자가 요청한 정보에 따라 처리해야 할 메소드 doXxx()를 오버라이딩하여 구현한다.

- doGet() : 클라이언트 HTTP GET 요청에 대해 처리
- doPost() : 클라이언트 HTTP POST 요청에 대해 처리
- doPut() : 클라이언트 HTTP PUT 요청에 대해 처리
- doDelete() : 클라이언트 HTTP DELETE 요청에 대해 처리
- init(), destroy() : 서블릿의 생명주기 처리

인터페이스 Servlet, 클래스 GenericServlet, HttpServlet의 주요 메소드를 살펴보면 다음과 같다.

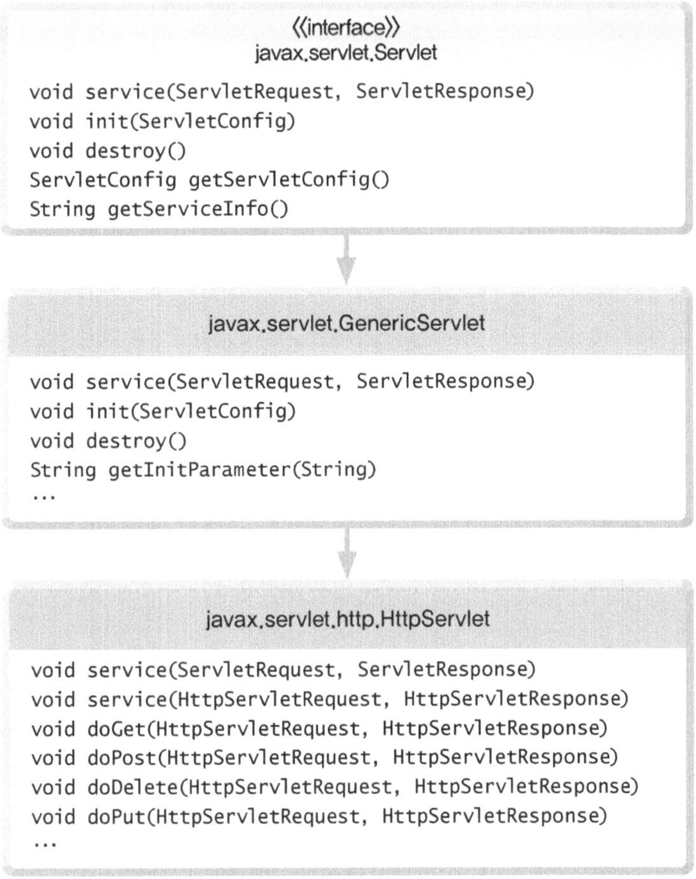

```
                    《interface》
                 javax.servlet.Servlet

  void service(ServletRequest, ServletResponse)
  void init(ServletConfig)
  void destroy()
  ServletConfig getServletConfig()
  String getServiceInfo()
```

```
                javax.servlet.GenericServlet

  void service(ServletRequest, ServletResponse)
  void init(ServletConfig)
  void destroy()
  String getInitParameter(String)
  ...
```

```
              javax.servlet.http.HttpServlet

  void service(ServletRequest, ServletResponse)
  void service(HttpServletRequest, HttpServletResponse)
  void doGet(HttpServletRequest, HttpServletResponse)
  void doPost(HttpServletRequest, HttpServletResponse)
  void doDelete(HttpServletRequest, HttpServletResponse)
  void doPut(HttpServletRequest, HttpServletResponse)
  ...
```

■ **그림 17-10** 클래스 HttpServlet과 상위 클래스의 메소드

▌ 서블릿 생명주기

서블릿 클래스로부터 서블릿 객체가 생성되면, 가장 처음에 메소드 init()가 실행되며, 클라이언트의 요청이 들어 올 때마다 service() 메소드가 실행되어 요청에 맞는 메소드 doXxx()를 실행한다. 마지막으로 서버가 종료되거나 서블릿을 더 이상 사용할 필요가 없어 서블릿 객체를 메모리에서 제거할 때, 마지막으로 메소드 destroy()가 실행되어 사용하던 자원을 정리하고 종료된다. 즉 메소드 init()와 destroy()는 서블릿의 생성과 종료 시 단 한 번이 실행되며, service() 메소드는 사용자의 요청이 있을 때마다 반복적으로 실행된다. 이러한 서블릿의 생성과 종료 과정을 서블릿 생명주기(Servlet Life Cycle)라 한다.

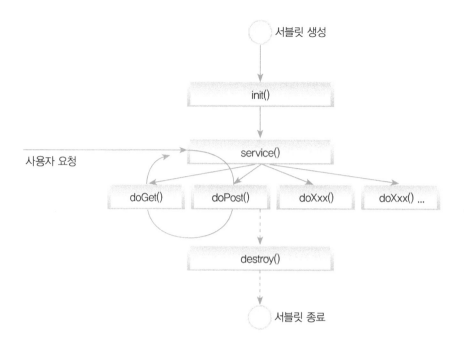

■ **그림 17-11** 서블릿 생명주기

클라이언트에서 HTTP GET으로 웹 컨테이너에 요청이 들어오면 메소드 service()가 호출되기 전에 매개변수인 HTTPServletRequest와 HTTPServletResponse가 생성되어 service()가 호출되며, 요청의 종류가 GET이므로 다시 doGet() 메소드가 호출되어 처리된다. 다음은 이 과정을 나타낸 그림이다.

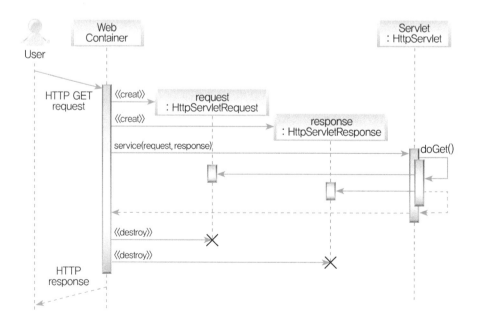

■ **그림 17-12** 메소드 doGet() 실행 과정

3. MVC 모델 구현

3.1 프로젝트 개요

▌로그인 처리

로그인 처리 과정을 MVC 모델로 구현해 보자. 로그인 프로젝트는 뷰로 index.HTML, login.JSP가 있으며, 모델은 자바빈즈 프로그램인 UserBean.java, 컨트롤러는 서블릿 프로그램인 UserLogin.java로 구성된다.

MVC 요소	구현 프로그램 종류	프로그램	기능
Model	자바빈즈	UserBean	컨트롤러인 UserLogin에서 사용하며 뷰로 전달받은 사용자 ID와 암호를 이용하여 로그인 인증 결과를 반환
View	HTML	index.html	로그인을 위한 폼을 구성하여 사용자 ID와 암호를 컨트롤러인 UserLogin에 전달
View	JSP	login.jsp	로그인 결과에 따라 성공하면 메시지를 출력하고, 실패하면 다시 로그인 화면을 출력
Controller	서블릿	UserLogin	뷰인 index.html에서 사용자 ID와 암호를 전달받아 사용자 인증 결과를 얻어 다시 뷰인 login.jsp로 인증 결과 전송과 함께 제어 이동

■ **표 17-2** 로그인 프로젝트의 MVC 모델

▌실행 과정

사용자는 브라우저의 주소 줄에 다음을 입력하여 실행하도록 한다. 즉 로그인 프로젝트는 ch17로 정의하고, 로그인 사용자 입력 폼을 구성하는 HTML은 index.html로 작성한다.

- http://localhost:8080/ch17

다음은 로그인 처리를 MVC 모델로 구성한 경우, 처리되는 과정을 보이는 그림이다.

① 뷰인 index.html은 사용자 ID와 암호를 입력 받아 컨트롤러인 UserLogin에 전달한다.
② 컨트롤러인 UserLogin은 모델인 UserBean에게 index.html에서 전송 받은 사용자 ID와

암호를 전송하여 사용자 인증 결과를 기다린다.

③ 모델 UserBean은 전송 받은 사용자 ID와 암호를 사용하여 이미 프로그램에서 정해진 사용자와 비교하여 사용자 인증 결과를 컨트롤러인 UserLogin에게 전달한다.

④ 컨트롤러인 UserLogin은 모델 UserBean에게 전달 받은 사용자 인증 결과를 다시 뷰인 login.jsp에 전송하고, 제어도 함께 이동한다.

⑤ 뷰인 login.jsp는 컨트롤러 UserLogin으로부터 전달받은 사용자 인증 결과에 따라 적절한 출력을 처리한다.

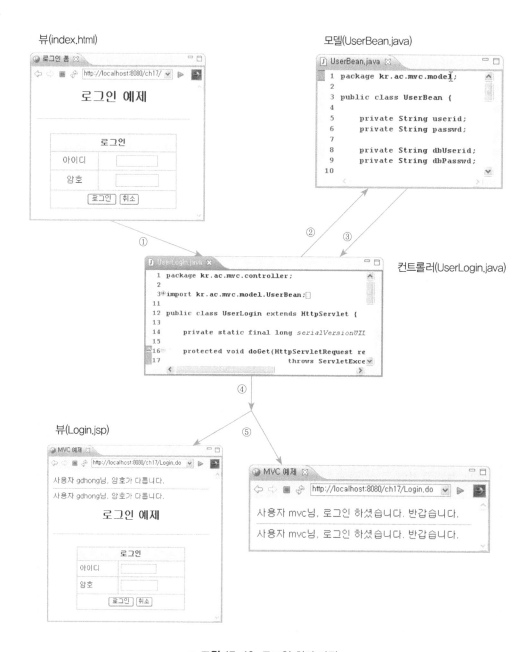

■ **그림 17-13** 로그인 처리 과정

3.2 로그인 처리 구현

▌로그인 폼 작성

사용자 로그인을 위한 폼을 구성하는 태그 form은 다음과 같으며, 로그인 버튼을 누르면 컨트롤러인 서블릿이 실행된다. 이 때 태그 폼의 속성 [action="Login.do"]으로 보아, 실행되는 컨트롤러인 서블릿 프로그램은 서블릿의 URL 매핑 이름을 Login.do로 지정해야 하는 것을 알 수 있다.

```
<form method="post" action="Login.do" name="form1">
    <table width="250" border="1" align="center"  … >

        …
        <input type="submit" name="submit" value="로그인">

        …
    </table>
</form>
```

다음은 사용자 로그인을 위한 HTML 소스로 파일이름을 index.html로 지정한다.

🖥 예제 17-2 index.html

```
01  <!DOCTYPE html PUBLIC "-//W3C//DTD HTML 4.01 Transitional//EN" "http://
    www.w3.org/TR/html4/loose.dtd">
02  <html>
03  <head>
04  <meta http-equiv="Content-Type" content="text/html; charset=EUC-KR">
05  <title>로그인 폼</title>
06  </head>
07  <body>
08
09  <center>
10  <h2>로그인 예제</h2>
11  <hr>
12
13  <form method="post" action="Login.do" name="form1">
14      <table width="250" border="1" align="center" bordercolor="skyblue"
    cellspacing="0" cellpadding="5">
15        <tr bgcolor="mistyrose">
16        <td colspan="2" height="22" align="center">
17          <b><font size="3">로그인</font></b>
```

```
18      </td>
19    </tr>
20    <tr bgcolor="lightcyan" >
21      <td>아이디</td>
22      <td><input type="text" name="userid" size=10></td>
23    </tr>
24    <tr bgcolor="lightcyan" >>
25      <td> 암호</td>
26      <td><input type="password" name="passwd" size=10></td>
27    </tr>
28    <tr >
29     <td colspan="2" align="center">
30        <input type="submit" name="submit" value="로그인">
31        <input type="reset" name="reset" value="취소">
32     </td>
33    </tr>
34  </table>
35  </form>
36  </center>
37
38  </body>
39  </html>
```

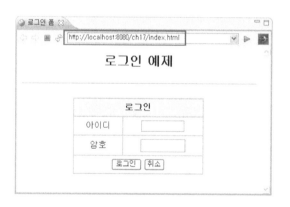

위 index.html은 브라우저 주소 입력 줄에 [http://localhost:8080/ch17]을 입력하는
것으로도 실행된다. 네이버와 같은 사이트를 처음 접속할 때 주로 도메인 이름 [www .naver.
com]만 기술하지 실행할 파일 이름인 index.html 등은 입력하지 않는다. 이와 같이 주소 줄
에 도메인 이름 또는 폴더만을 입력했을 때 자동으로 실행되는 파일을 환영 파일(Welcome
File)이라 하는데, 배포 서술자를 저장하는 web.xml에 그 환영 파일이름을 지정할 수 있다.

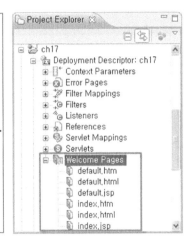

```
<welcome-file-list>
    <welcome-file>index.html</welcome-file>
    <welcome-file>index.htm</welcome-file>
    <welcome-file>index.jsp</welcome-file>
    <welcome-file>default.html</welcome-file>
    <welcome-file>default.htm</welcome-file>
    <welcome-file>default.jsp</welcome-file>
</welcome-file-list>
```

■ **그림 17-14** 환영 파일 설정과 이클립스의 Welcome Pages

웹 서버는 태그 <welcome-file-list>의 <welcome-file>에 기술된 순서로 환영 파일을 선택하여 실행한다. 만일 <welcome-file-list>가 위와 같고, 한 폴더에 index.html과 index.jsp가 같이 있다면 폴더 이름으로 실행되는 파일은 index.html이다. 이유는 index.html이 먼저 기술되어 있기 때문이다. 이클립스에서 프로젝트 하부의 배포 서술자 항목 [Deployment Descriptor: ch17] 하부를 살펴보면 [Welcome Pages]로 <welcome-file-list>를 확인할 수 있다.

모델 작성

로그인 프로젝트에서 모델인 자바빈즈 UserBean은 사용자의 ID와 암호를 확인하여 그 결과를 반환하는 기능을 수행한다. 실제 프로젝트라면 로그인 폼에서 입력한 사용자 ID로 데이터베이스에 접속해 암호를 조회하여 그 인증 결과를 반환하겠지만 여기서는 간단히 정해진 사용자 ID와 암호로 인증을 처리하도록 하자.

모델인 자바빈즈 UserBean은 패키지를 kr.ac.MVC.model로 하며, 필드로는 로그인 폼에서 입력된 사용자 정보를 저장하는 userID, passwd를 사용하고, 가상으로 데이터베이스에서 조회된 결과가 저장되는 dbUserID, dbPasswd를 사용한다. 이 예제에서는 자바빈즈 UserBean 생성자에서 dbUserID와 dbPasswd에, 로그인을 성공할 수 있는 사용자 ID와 암호를 임의로 "MVC"와 "model"로 저장하자.

```
package kr.ac.mvc.model;

public class UserBean {

    private String userid;
```

```
        private String passwd;

        private String dbUserid;
        private String dbPasswd;

        // 생성자
        public UserBean() {
                // 인증에 사용할 기본값 설정
                dbUserid = "mvc";
                dbPasswd = "model";
        }
        …
}
```

메소드 getCheckUser()는 로그인 폼에 입력된 사용자 암호를 이용하여 로그인을 성공할
수 있는 ID와 암호를 비교하여 그 결과를 반환한다.

```
// 아이디와 비밀번호가 맞는지 체크하는 메소드
public boolean getCheckUser() {
        if (userid.equals(dbUserid) && passwd.equals(dbPasswd))
                return true;
        else
                return false;
}
```

자바빈즈 UserBean은 필드에 대한 getter와 setter가 있으며, 다음이 전 소스이다.

📺 **예제 17-3 UserBean.java**

```
01  package kr.ac.mvc.model;
02
03  public class UserBean {
04
05      private String userid;
06      private String passwd;
07
08      private String dbUserid;
09      private String dbPasswd;
```

```
10
11        // 생성자
12        public UserBean() {
13            // 인증에 사용할 기본값 설정,
14            // 현재 저장하는 사용자와 암호인 경우 로그인 성공
15            dbUserid = "mvc";
16            dbPasswd = "model";
17        }
18
19        // 아이디와 비밀번호가 맞는지 체크하는 메소드
20        public boolean getCheckUser() {
21            if(userid.equals(dbUserid) && passwd.equals(dbPasswd))
22                return true;
23            else
24                return false;
25        }
26
27        //getter, setter
28        public void setUserid(String userid) {
29            this.userid = userid;
30        }
31        public void setPasswd(String passwd) {
32            this.passwd = passwd;
33        }
34        public String getUserid() {
35            return userid;
36        }
37        public String getPasswd() {
38            return passwd;
39        }
40
41  }
```

▌ 컨트롤러 작성

뷰와 모델을 연결해주는 컨트롤러 UserLogin을 작성하자. 컨트롤러 UserLogin은 서블릿으로서 패키지는 kr.ac.MVC.controller로 한다. 로그인 폼이 구현된 뷰인 index.html에서이 컨트롤러 UserLogin을 Login.do로 실행하려면 URL 매핑을 /Login.do로 해야 한다. 그러므로 컨트롤러 UserLogin을 생성하는 과정에서, 서블릿 생성 대화상자의 설정은 다음과 같이 한다.

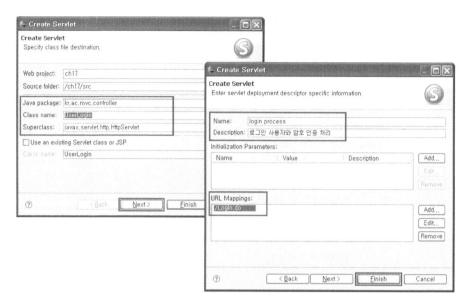

■ **그림 17-15** 컨트롤러 서블릿 UserLogin 생성 대화상자

서블릿 UserLogin의 배포 서술을 위한 URL 매핑 정보에서 이름은 [Login process]로 지정하고, [Description]에 적당한 설명을 입력하며, [URL Mappings]은 브라우저에서 실행하려는 URL 이름인 [/Login.do]를 입력한다. 서블릿 UserLogin이 생성되면 이클립스에서 항목 DD 하부에 다음과 같은 서블릿(Servlets) 정보와 서블릿 매핑(Servlet Mappings) 정보를 확인할 수 있다. 대화상자에서 이름으로 입력한 [Login process]가 웹 응용프로그램 내부에서 사용되는 서블릿 내부 이름이 되며, URL 매핑으로 입력한 [/Login.do]가 브라우저에서 이용되는 서블릿의 URL 이름이 된다.

■ **그림 17-16** 서블릿과 서블릿 매핑

배포 서술자가 기술되는 web.xml을 살펴보면 위와 같이 서블릿 매핑 정보가 자동으로 입력된 것을 확인할 수 있다. 물론 수정하고 싶으면 다른 값으로 수정할 수 있다. URL 매핑을 위해 <servlet> 태그와 <servlet-mapping> 태그가 필요하다.

<servlet> 태그에서 웹 응용프로그램 내부에서 사용될 서블릿 이름을 태그 <servlet-name>에 지정하며, 실제 클래스 이름을 <servlet-class>에 지정한다. 다시 <servlet-mapping> 태그의 <servlet-name> 태그에서 <servlet>의 <servlet-name>에 지정한 같은 서블릿 이름을 지정하며 태그 <url-pattern>에 지정한 이름은 외부 브라우저에서 사용되는 서블릿의 URL 이름이 된다.

```xml
<servlet>
  <description>로그인 사용자와 암호 인증 처리</description>
  <display-name>login process</display-name>
  <servlet-name>login process</servlet-name>
  <servlet-class>kr.ac.mvc.controller.UserLogin</servlet-class>
</servlet>

<servlet-mapping>
  <servlet-name>login process</servlet-name>
  <url-pattern>/Login.do</url-pattern>
</servlet-mapping>
```

■ **그림 17-17** 서블릿 URL 매핑을 위한 태그

일반적으로 컨트롤러가 하는 작업을 살펴보면 다음과 같이 요약할 수 있다.

① 클라이언트의 요청에서 매개변수를 받는다.
② 필요하면 클라이언트가 요청한 명령을 파악한다.
③ 작업 흐름에 따라 비즈니스 로직을 처리하는 모델을 생성한다.
④ 모델로부터 필요한 필드 값을 지정하여 결과를 얻는다.
⑤ 모델로부터 얻은 결과를 request, session 또는 application의 속성으로 저장한다.
⑥ 처리 결과와 제어를 전달할 뷰를 선정하여 RequestDispatcher 객체를 생성한다.
⑦ 웹 브라우저에서 처리결과를 보여주기 위한 뷰로 이동(forward)한다.

이제 컨트롤러인 서블릿 UserLogin의 doGet() 메소드 내부 구현을 살펴보자. 위 순서와 같이 가장 먼저 사용자 인증을 위한 요청 매개변수를 얻어와 저장한다.

```java
String UserID = request.getParameter("UserID");
String passwd = request.getParameter("passwd");
```

사용할 자바빈즈 UserBean의 객체를 생성하여 사용자가 입력한 ID와 암호를 저장한다. 사용자 인증 결과를 메소드 getCheckUser()로 얻어와 요청 속성 [resultlogin]으로 저장한다.

```
UserBean user = new UserBean();
user.setUserid(userid);
user.setPasswd(passwd);
request.setAttribute("resultlogin", user.getCheckUser() );
```

컨트롤러의 역할은 뷰로부터 받은 요청을 모델을 사용하여 처리한 후 다시 뷰로 결과를 전달하는 것이다. 이제 모델인 자바빈즈 UserBean으로 사용자 인증 결과를 얻어와 속성 [resultlogin]으로 저장했으므로, 이 결과를 뷰인 JSP 프로그램 Login.JSP로 전달해야 한다. 이러한 역할을 담당하는 인터페이스가 javax.servlet.RequestDispatcher로서, 이 객체는 매개변수 request의 메소드 getRequestDispatcher("login.JSP")로 얻을 수 있다. 이제 마지막으로 RequestDispatcher의 객체 view를 이용하여, 서블릿의 매개변수 request와 response를 매개변수로 메소드 forward(request, response)를 호출한다. 메소드 forward()는 처리 결과를 뷰로 전송하며 동시에 프로그램 제어를 이동시킨다.

```
RequestDispatcher view = request.getRequestDispatcher("login.jsp");
view.forward(request, response);
```

다음은 컨트롤러인 서블릿 UserLogin의 전 소스이다.

💻 **예제 17-4 UserLogin.java**

```
01  package kr.ac.mvc.controller;
02
03  import kr.ac.mvc.model.UserBean;
04
05  import javax.servlet.http.HttpServlet;
06  import javax.servlet.http.HttpServletRequest;
07  import javax.servlet.http.HttpServletResponse;
08  import javax.servlet.RequestDispatcher;
09  import javax.servlet.ServletException;
10  import java.io.*;
11
12  public class UserLogin extends HttpServlet {
```

```
13
14          private static final long serialVersionUID = 1L;
15
16          protected void doGet(HttpServletRequest request, HttpServlet
    Response response)
17                              throws ServletException, IOException {
18
19              String userid = request.getParameter("userid");
20              String passwd = request.getParameter("passwd");
21
22              UserBean user = new UserBean();
23              user.setUserid(userid);
24              user.setPasswd(passwd);
25              request.setAttribute("resultlogin", user.getCheckUser() );
26
27              //처리 결과가 저장된 request를 전송하며 동시에 뷰인 login.jsp로 제어 이동
28              RequestDispatcher view = request.getRequestDispatcher("
    login.jsp");
29              view.forward(request, response);
30
31          } \
32
33          //POST 요청 역시 doGet()에서 처리하도록 함.
34          protected void doPost(HttpServletRequest request, HttpServlet
    Response response)
35                              throws ServletException, IOException {
                doGet(request,response);
36          } \  \
37
38  }
```

█ 뷰 작성

컨트롤러인 서블릿으로부터 전달받은 로그인 사용자 인증 결과를 출력하는 뷰인 login.JSP를 작성하자. 내장객체 request를 이용해 속성 [resultLogin]과 매개변수 [UserID]를 얻어 온다. 조건 문장 if를 이용해 사용자 인증 결과에 따라 적절한 메시지를 출력한다.

```
Boolean res = (Boolean)request.getAttribute("resultlogin");
String userid = request.getParameter("userid");
if ( res.booleanValue() ) {
```

```
        out.println("사용자 " + userid + "님, 로그인 하셨습니다. 반갑습니다.");
    } else {
        out.println("사용자 " + userid + "님, 암호가 다릅니다.");
    }
```

위의 스크립트릿은 다음과 같이 JSTL을 사용하여 코딩할 수도 있다. 사용자 인증 결과가 false이면 다시 로그인을 할 수 있도록 include 태그를 사용해 index.html을 삽입한다.

```
<c:set var="result" value="${requestScope.resultlogin}" />

<c:choose>
  <c:when test="${result}" >
      사용자 ${param.userid}님, 로그인 하셨습니다. 반갑습니다.
  </c:when>
  <c:otherwise>
      사용자 ${param.userid}님, 암호가 다릅니다.
      <jsp:include page="index.html" />
  </c:otherwise>
</c:choose>
```

다음은 뷰인 login.jsp의 전 소스이다.

🖥 예제 17-5 login.jsp

```
01  <%@ page language="java" contentType="text/html; charset=EUC-KR"
    pageEncoding="EUC-KR"%>
02  <html>
03  <head>
04  <meta http-equiv="Content-Type" content="text/html; charset=EUC-KR">
05  <title>MVC 예제</title>
06  </head>
07  <body>
08
09  <%
10    Boolean res = (Boolean)request.getAttribute("resultlogin");
11    String userid = request.getParameter("userid");
12    if ( res.booleanValue() ) {
13        out.println("사용자 " + userid + "님, 로그인 하셨습니다. 반갑습니다.");
14    } else {
```

```
15        out.println("사용자" + userid + "님, 암호가 다릅니다.");
16    }
17 %>
18
19 <hr>
20
21 <%@ taglib prefix="c" uri="http://java.sun.com/jsp/jstl/core" %>
22
23 <c:set var="result" value="${requestScope.resultlogin}" />
24
25 <c:choose>
26    <c:when test="${result}" >
27      사용자 ${param.userid}님, 로그인 하셨습니다. 반갑습니다.
28    </c:when>
29    <c:otherwise>
30      사용자 ${param.userid}님, 암후가 다릅니다.
31      <jsp:include page="index.html" />
32    </c:otherwise>
33 </c:choose>
34
35
36 </body>
37 </html>
```

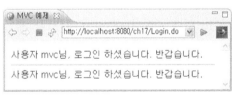

사용자 인증 결과가 true이면 간단히 로그인 결과가 출력되며, 사용자 인증 결과가 false이면 다시 로그인을 바로 할 수 있도록 로그인 폼이 출력되는 것을 확인할 수 있다.

▌URL 매핑에 의한 서블릿 실행 과정

브라우저에서 실행하는 URL 이름을 통하여 실제 실행되는 서블릿을 어떻게 찾는지 알아보자. 브라우저의 URL에 다음과 같이 입력했다고 가정하고, 배포 서술자 DD가 기술되어 있는 web.xml의 정보를 이용하여 실제 서블릿 클래스가 실행되는 과정을 알아보자.

■ **그림 17-18** URL 요청과 실행 서블릿 클래스

① 주소 입력 줄에서 컨텍스트 루트를 제거한 [/Login.do]와 가장 유사한 이름의 <URL-pattern>을 찾는다. 이 [/Login.do]가 서블릿 URL 이름이다.

② 위에서 찾은 서블릿 URL 이름 바로 위에 있는 <servlet-name>을 기억한다. 이 [Login process]가 서블릿 내부 이름이다.

③ 태그 <servlet>의 <servlet-name>에서 위에서 찾은 서블릿 내부 이름 [Login process]를 찾는다.

④ 위에서 찾은 서블릿 내부 이름 [Login process]의 <servlet-class>가 실제 실행할 서블릿 클래스 이름이 된다. 즉 웹 서버는 kr.ac.mvc.controller.UserLogin 클래스를 실행한다.

　웹 서버는 위와 같은 과정을 거쳐 web.xml에 서술된 서블릿 URL 이름으로 서블릿을 실행할 수 있다.

4. 연습문제

1. 다음은 MVC 모델에 대한 설명이다. 다음 빈 괄호를 채우시오.
   (1) (   )(은)는 자료를 저장(Setter)하고 반환(Getter)하며, 자료의 비즈니스 로직을 처리한다.
   (2) (   )(은)는 표현을 담당하며, 주로 JSP로 작성된다.
   (3) (   )(은)는 뷰와 모델의 중간에서 이들을 제어하며 작업 흐름을 처리하고, 주로 서블릿으로 작성된다.

2. 다음은 서블릿 관련 클래스와 인터페이스의 계층구조이다. 다음에서 가장 상단의 빈 부분 인터페이스 이름을 채우시오.

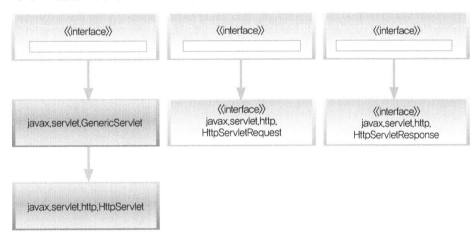

3. 다음은 서블릿 생명 주기를 표현한 그림이다. 다음에서 빈 부분의 메소드 이름을 채우시오.

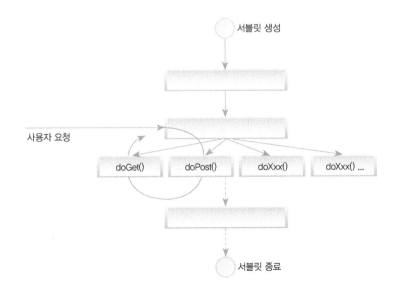

4. 서블릿 MyServlet을 생성하는 경우, 서블릿 매핑을 다음과 같이 정의하려고 한다. 다음 물음에 답하시오.

이름 종류	이름	비고
서블릿 내부이름	My Test Servlet	
서블릿 클래스이름	MyServlet	패키지는 kr.ac.servlet
서블릿 URL이름	/action.do	

(1) 배포 서술자 파일 web.xml의 빈 부분을 완성하시오.

```
<servlet>
   <description>서블릿 테스트 프로그램</description>
   <display-name>My Test Servlet</display-name>
   <servlet-name>_____</servlet-name>
   <servlet-class>_____</servlet-class>
</servlet>

<servlet-mapping>
   <servlet-name>_____</servlet-name>
   <url-pattern>_____</url-pattern>
</servlet-mapping>
```

(2) 서블릿 MyServlet을 실행하기 위해 브라우저의 주소 줄에 입력하는 문장열을 기술하시오. (이클립스의 프로젝트 이름은 mvc라고 가정)

18

초기화, 리스너와 필터

1. 초기화

2. 리스너

3. 필터

4. 연습문제

웹 응용프로그램 구현을 계획할 때 적절한 초기화, 리스너, 필터를 구성하면 웹 프로그램의 개발과 유지 보수를 보다 효율적으로 할 수 있다. 18장에서는 이러한 파라미터 초기화 방법, 특별한 이벤트 발생시 처리하는 리스너 처리 방법, 기존 프로그램의 수정 없이 특정한 작업을 처리할 수 있는 필터에 대하여 학습할 예정이다.

– 초기화 파라미터 필요성과 종류 이해하기

– 초기화 파라미터 구현과 태그 이해하기

– 리스너의 필요성과 컨텍스트 리스너의 메소드 이해하기

– 컨텍스트 리스너 구현하기

– 필터의 필요성과 정의 이해하기

– 필터 체인 이해하기

– 필터 구현 프로그램 이해하기

1. 초기화

1.1 초기화 패라미터 개요

▌ 초기화 패라미터의 필요성

만일 자주 이용되는 메일주소를 페이지에 직접 넣어 하드 코딩 했다고 가정하자. 그런데 메일주소가 바뀌었다면 메일주소를 사용하는 모든 프로그램을 찾아 프로그램을 모두 수정하고, 컴파일한 후 다시 배포해야 한다. 이러한 번거로움을 제거하는 방법이 초기화 패라미터를 이용하는 방법으로, 배포 서술자 파일인 web.xml에 이러한 초기화 문자열을 저장한 후, 웹 응용 시작 시 초기화 문자열을 읽어와 활용하는 방식이다. 그러므로 메일주소가 바뀌면 여러 프로그램을 수정할 필요 없이 web.xml 한 곳만 수정하면 된다. 즉 웹 응용에서 다음과 같은 종류의 이미 정해진 문자열 상수를 초기화 패라미터로 지정해 사용하면 편리하다.

- 많은 페이지에 출력되는 메일 주소, 회사명 등
- 데이터베이스 연결 정보인 데이터 소스 이름
- 파일 업로드 폴더 이름

초기화 패라미터에는 웹 서버 실행 시 정해진 문자열 유형의 상수라고 생각할 수 있다. 그러나 초기화 패라미터는 문자열 유형 이외에는 지원하지 않는다.

▌ 초기화 패라미터 종류

초기화 패라미터에는 다음과 같이 서블릿 초기화 패라미터와 컨텍스트 초기화 패라미터, 2가지 종류가 있다. 서블릿 초기화 패라미터는 패라미터가 지정된 서블릿에서만 사용 가능한 패라미터로, 클래스 ServletConfig에 (이름, 값)으로 저장된다. 반면에 컨텍스트 초기화 패라미터는 특정한 서블릿 하나만 사용하는 것이 아니라 모든 웹 응용에서 이용할 수 있는 패라미터이며, 클래스 ServletContext에 (이름, 값)으로 저장된다. 즉 컨텍스트 자체가 전체 웹 응용을 의미하므로 컨텍스트 초기화 패라미터는 웹 응용 전체에서 사용 가능한 초기화 패라미터를 말한다.

초기화 종류	의미	저장되는 클래스	참조방법
서블릿 초기화 패라미터	패라미터가 지정된 서블릿에서만 사용 가능	ServletConfig	getInitParameter("paramName")

컨텍스트 초기화 패라미터	모든 서블릿에서 사용 가능	ServletContext	getInitParameter("paramName")

■ **표 18-1** 서블릿 초기화 패라미터와 컨텍스트 초기화 패라미터

초기화 패라미터는 모두 배포 서술자 파일인 web.xml에 태그로 기술한다. 서블릿 초기화 패라미터는 태그 <init-param >으로 지정한다. 서블릿 초기화 패라미터 태그 <init-param >은 특정한 서블릿에서만 사용 가능한 패라미터이므로 특정한 <servlet > 태그 내부에 위치해야 한다. 태그 <init-param >은 패라미터의 (이름, 값)을 태그 <param-name >과 <param-value>를 사용하여 지정한다.

<context-param >은 컨텍스트 초기화 패라미터를 위한 태그이므로 <servlet > 태그 내부에 위치하지 않으며, 태그 <init-param > 마찬가지로 패라미터의 (이름, 값)을 지정할 <param-name >과 <param-value > 태그를 갖는다.

초기화 종류	설정/참조	내용
서블릿 초기화 패라미터	web.xml 설정 방법	``` <servlet> <description></description> <display-name>UploadServlet</display-name> <servlet-name>UploadServlet</servlet-name> <servlet-class>kr.ac.param.UploadServlet</servlet-class> <init-param> <description>업로드 폴더</description> <param-name>upfolder</param-name> <param-value>META-INF/upload</param-value> </init-param> </servlet> ```
	참조 방법	ServletConfig sConfig = getServletConfig(); sConfig.getInitParameter("paramName") 또는 간단히 : getServletConfig().getInitParameter("paramName")
컨텍스트 초기화 패라미터	web.xml 설정 방법	``` <context-param> <description>회사메일주소</description> <param-name>email</param-name> <param-value>infinity@gmail.com</param-value> </context-param> ```
	참조 방법	ServletContext sContext = getServletContext(); sContext.getInitParameter("paramName") 또는 간단히 : getServletContext().getInitParameter("paramName")

■ **표 18-2** 초기화 패라미터 설정 및 참조 방법

서블릿에서 자신의 초기화 파라미터를 참조하려면 간단히 getServletConfig().getInitParameter("paramName")으로 얻어 온다. 이는 다음 문장을 간단히 줄여 사용하는 방법이다.

```
ServletConfig sConfig = getServletConfig();
sConfig.getInitParameter("paramName")
```

서블릿에서 컨텍스트 초기화 파라미터를 참조하려면 간단히 getServletContext().getInitParameter("paramName")으로 얻어 온다. 이는 다음 문장을 간단히 줄여 사용하는 방법이다.

```
ServletContext sContext = getServletContext();
sContext.getInitParameter("paramName")
```

▍초기화 파라미터 주의 사항

배포 서술자 DD 파일 web.xml에 저장된 초기화 매개변수는 컨테이너가 로딩할 때 한 번만 읽어 온다. 그러므로 컨테이너가 실행 중인 중간에 web.xml의 초기화 파라미터를 추가 또는 수정해도 서블릿에서 추가 또는 수정된 파라미터를 다시 읽어올 수 없다.

서비스되고 있는 웹 응용프로그램에서 초기화 파라미터 수정을 반영하려면 웹 응용프로그램을 다시 로드해야 한다. 즉 톰캣 서버의 관리자 기능 중에 [reload] 기능을 이용하여 해당 웹 응용프로그램을 다시 로드해야 한다. 실제로 웹 서비스 중에 다시 웹 응용프로그램을 로드하는 것은 그리 쉬운 결정은 아니다. 만일 이러한 일이 번거롭다면 데이터베이스에 이러한 초기 값을 저장하여 사용하는 방법도 고려해 볼 수 있다.

1.2 초기화 파라미터 구현

▍컨텍스트 초기화 파라미터

모든 페이지에서 자주 보이는 회사의 메일주소 또는 데이터베이스 연결에 필요한 데이터소스 이름을 컨텍스트 초기화 파라미터로 저장하여 사용하는 프로그램을 작성해 보자.

배포 서술자 파일 web.xml에 회사의 메일주소 정보인 (이름, 값)을 (email, infinity@gmail.com)으로 태그 <context-param>를 사용하여 입력하자. 데이터소스도 (datasource, jdbc/mysql)을 태그를 사용하여 입력한다. 다음 태그를 web.xml의 태그 <web-app> ... </web-app> 사이에 기술한다.

```
<web-app …>
…
  <context-param>
    <description>회사메일주소</description>
    <param-name>email</param-name>
    <param-value>infinity@gmail.com</param-value>
  </context-param>

  <context-param>
    <description>데이터소스</description>
    <param-name>datasource</param-name>
    <param-value>jdbc/mysql</param-value>
  </context-param>
…
</web-app>
```

■ **그림 18-1** 컨텍스트 초기화 패라미터를 위한 태그

컨텍스트 초기화 패라미터를 조회하는 서블릿 프로그램 InitParamServlet을 이클립스를 이용하여 다음과 같이 생성한다.

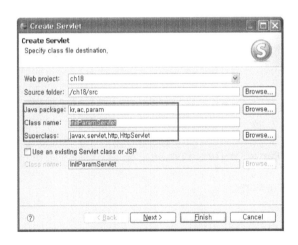

■ **그림 18-2** 서블릿 프로그램 InitParamServlet 생성 대화상자

서블릿 프로그램 InitParamServlet의 doPost() 메소드에서 초기화 패라미터를 읽기 위한 객체를 얻어와 저장한다.

```
// 초기화 패라미터를 읽기 위한 객체 저장
ServletContext sContext = getServletContext();
ServletConfig sConfig = getServletConfig();
```

ServletContext의 객체 sContext의 메소드 getInitParameter("email")를 사용하여 컨텍스트 초기화 패라미터 email을 참조한다. 마찬가지 방법으로 패라미터 datasource도 참조한다.

```
out.println("eamil : "+ sContext.getInitParameter("email") + "<br>");
out.println("datasource : "+ sContext.getInitParameter("datasource") + "<p>");
```

만일 다음과 같이 ServletConfig의 객체 sConfig의 메소드 getInitParameter("upfolder")를 사용하여 서블릿 초기화 패라미터 upfolder를 참조한다면 그 결과는 null이다. 즉 서블릿 초기화 패라미터의 upfolder를 정의하지 않았으므로 그 값은 없다.

```
out.println("upfolder : "+ sConfig.getInitParameter("upfolder") + "<br >");
```

다음은 서블릿 프로그램 InitParamServlet의 소스와 그 결과이다.

예제 18-1 InitParamServlet.java

```
01  package kr.ac.param;
02
03  import java.io.IOException;
04  import java.io.PrintWriter;
05  import javax.servlet.ServletException;
06  import javax.servlet.ServletContext;
07  import javax.servlet.ServletConfig;
08  import javax.servlet.http.HttpServlet;
09  import javax.servlet.http.HttpServletRequest;
10  import javax.servlet.http.HttpServletResponse;
11
12  public class InitParamServlet extends HttpServlet {
```

```
13    private static final long serialVersionUID = 1L;
14
15    protected void doGet(HttpServletRequest request, HttpServlet
   Response response)
16                            throws ServletException, IOException {
17        doPost(request, response);
18    }
19
20    protected void doPost(HttpServletRequest request, HttpServlet
   Response response)
21                            throws ServletException, IOException {
22        response.setContentType("text/html; charset=euc-kr");
23        PrintWriter out = response.getWriter();
24
25        // 초기화 패라미터를 읽기 위한 객체 저장
26        ServletContext sContext = getServletContext();
27        ServletConfig sConfig = getServletConfig();
28
29        // 초기화 패라미터 출력
30        out.println("<H2>초기화 패라미터 </H2>");
31        out.println("<HR>");
32        out.println("<center><H3>컨텍스트 초기화 패라미터 </H3>");
33        out.println("eamil : "+ sContext.getInitParameter("email") +
   "<br>");
34        out.println("datasource : "+ sContext.getInitParameter
   ("datasource") + "<p>");
35        out.println("<HR>");
36        out.println("<H3>서블릿 초기화 패라미터 </H3>");
37        out.println("upfolder : "+ sConfig.getInitParameter("upfolder")
   + "<br>");
38        out.println("</center>");
39    }
40
41 }
```

서블릿 초기화 패라미터

이번에는 서블릿 초기화 패라미터로 파일 업로드되는 폴더 이름을 지정하여 사용하는 예제 프로그램을 작성해 보자. 서블릿 프로그램 UploadServlet에서 서블릿 초기화 패라미터 이름 `upfolder`를 값 [META-INF/upload]로 지정한 후 조회하도록 한다.

이클립스의 서블릿 프로그램 UploadServlet을 생성하는 대화상자에서 서블릿 초기화 패라미터 (`upfolder`, `META-INF/upload`)를 설정할 수 있다. 서블릿 생성 두 번째 대화상자의 [Initialization Parameters:]에서 (이름, 값, 설명)을 다음과 같이 (upfolder, META-INF/upload, 업로드 폴더)로 입력한다.

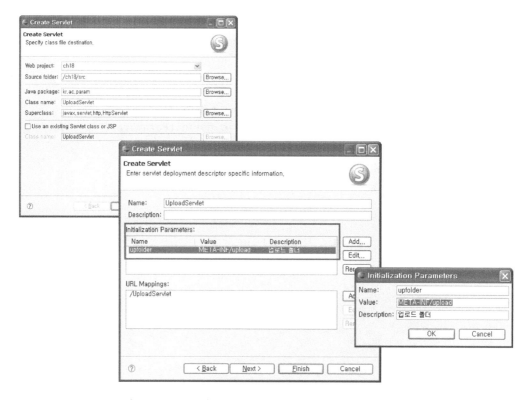

그림 18-3 ■ 서블릿 생성자에서 직접 서블릿 초기화 패라미터 지정

위와 같이 서블릿 초기화 패라미터 (이름, 값, 설명)을 (upfolder, META-INF/upload, 업로드 폴더)로 지정하면, 다음과 같은 태그가 web.xml 파일에 자동으로 생성된다. 만일 서블릿 생성 대화상자에서 서블릿 초기화 패라미터 입력을 하지 않았으면 다음 태그를 web.xml 파일에 직접 입력하도록 한다.

```
<servlet>
  <description></description>
  <display-name>UploadServlet</display-name>
  <servlet-name>UploadServlet</servlet-name>
  <servlet-class>kr.ac.param.UploadServlet</servlet-class>
  <init-param>
    <description>업로드 폴더</description>
    <param-name>upfolder</param-name>
    <param-value>META-INF/upload</param-value>
  </init-param>
</servlet>
```

■ **그림 18-4** 서블릿 초기화 패라미터를 위한 태그

서블릿 프로그램 UploadServlet에서 서블릿 초기화 패라미터 upfolder를 참조하려면 다음과 같이 ServletConfig 객체의 메소드 getInitParameter("upfolder")을 이용한다.

```
ServletConfig sConfig = getServletConfig();
…
out.println("upfolder : "+ sConfig.getInitParameter("upfolder") + "<br>");
```

서블릿 프로그램 UploadServlet에서 바로 전에 참조하던 컨텍스트 초기화 패라미터 email과 datasource도 참조가 가능하다. 다음은 서블릿 UploadServlet의 소스와 결과이다.

💻 **예제 18-2 UploadServlet.java**

```
01  package kr.ac.param;
02
03  import java.io.IOException;
04  import java.io.PrintWriter;
05
06  import javax.servlet.ServletConfig;
07  import javax.servlet.ServletContext;
08  import javax.servlet.ServletException;
```

```
09  import javax.servlet.http.HttpServlet;
10  import javax.servlet.http.HttpServletRequest;
11  import javax.servlet.http.HttpServletResponse;
12
13  public class UploadServlet extends HttpServlet {
14      private static final long serialVersionUID = 1L;
15
16      protected void doGet(HttpServletRequest request, HttpServlet
    Response response)
17      throws ServletException, IOException {
18          doPost(request, response);
19      }
20
21      protected void doPost(HttpServletRequest request, HttpServlet
    Response response)
22      throws ServletException, IOException {
23          response.setContentType("text/html; charset=euc-kr");
24          PrintWriter out = response.getWriter();
25
26          // 초기화 파라미터를 읽기 위한 객체 저장
27          ServletContext sContext = getServletContext();
28          ServletConfig sConfig = getServletConfig();
29
30          // 초기화 파라미터 출력
31          out.println("<H2>초기화 파라미터 </H2>");
32          out.println("<HR>");
33          out.println("<center><H3>컨텍스트 초기화 파라미터 </H3>");
34          out.println("eamil : "+ sContext.getInitParameter("email") +
    "<br>");
35          out.println("datasource : "+ sContext.getInitParameter
    ("datasource") + "<p>");
36          out.println("<HR>");
37          out.println("<H3>서블릿 초기화 파라미터 </H3>");
38          out.println("upfolder : "+ sConfig.getInitParameter("upfolder")
    + "<br>");
39          out.println("</center>");
40      }
41
42  }
```

JSP에서 컨텍스트 초기화 파라미터 조회

컨텍스트 초기화 파라미터는 JSP 프로그램에서도 간단히 조회할 수 있다. 표현언어 내장객체 initParam을 사용하여 컨텍스트 초기화 파라미터 email과 datasource를 참조 가능하다.

```
email : ${initParam.email} <br>
datasource : ${initParam.datasource} <br>
```

다음은 컨텍스트 초기화 파라미터를 참조하는 JSP 프로그램 initParam.JSP의 소스와 그 결과이다.

예제 18-3 initParam.jsp

```
01  <%@ page language="java" contentType="text/html; charset=EUC-KR" page
    Encoding="EUC-KR"%>
02  <html>
03  <head>
04  <meta http-equiv="Content-Type" content="text/html; charset=EUC-KR">
05  <title>초기화 파라미터 예제</title>
06  </head>
07  <body>
08
09      <center>
10      <H3>컨텍스트 초기화 파라미터 </H3>
11      email : ${initParam.email} <br>
12      datasource : ${initParam.datasource} <br>
13      </center>
14
```

```
15   </body>
16   </html>
```

2. 리스너

2.1 리스너 개요

▌리스너의 필요성

컨텍스트 초기화 패라미터는 문자열만을 제공한다. 컨텍스트 초기화 패라미터로 객체를 저장하는 방법은 없을까? web.xml에서 객체를 컨텍스트 초기화 패라미터로 바로 저장할 수는 없다. 그러나 다른 방법으로 이런 기능을 제공한다.

웹 응용에서 특별한 사건이 발생할 때 이벤트(Event)라는 것이 발생되며, 발생된 이벤트는 리스너(Listener)라는 것이 리스닝한다. 윈도우 프로그램인 AWT나 스윙에서 이벤트와 리스너를 배운 기억이 날 것이다. 즉 컨텍스트 초기화 시점에 발생하는 이벤트와 이를 듣는 리스너가 있다면, 이 부분에서 컨텍스트 초기화 패라미터를 사용해 원하는 객체를 만들어 모든 서블릿과 JSP 프로그램에서 사용하도록 저장하는 방법이 있다.

한 예로 컨텍스트 초기화 시점에 발생하는 이벤트는 ServletContextEvent이며 이를 듣는 리스너는 ServletContextListener이다. 즉 인터페이스 ServletContextListener의 초기화 메소드에서 웹 응용프로그램에서 필요한 초기화 작업을 모두 구현하면, 웹 응용프로그램이 시작될 때마다 이 작업을 자동으로 실행해준다.

▌리스너의 구현

인터페이스 ServletContextListener는 다음과 같이 2개의 추상 메소드를 갖는데, 모두 클래스

ServletContextEvent가 인자이다. 메소드 contextInitialized()는 컨텍스트를 초기화할 때 자동으로 호출되는 메소드이며, contextDestroyed()는 컨텍스트 종료 시 자동으로 호출되는 메소드이다.

```
public abstract interface javax.servlet.ServletContextListener extends
java.util.EventListener {

    public abstract void contextInitialized(javax.servlet.Servlet
    ContextEvent arg0);

    public abstract void contextDestroyed(javax.servlet.Servlet
    ContextEvent arg0);
}
```

■ **그림 18-5** 인터페이스 ServletContextListener

컨텍스트 초기화 시점에 구현하고자 하는 모듈은 인터페이스 ServletContextListener를 상속받아 구현해야 한다. 즉 다음과 같이 서블릿 MyServletContextListener에서 메소드 contextInitialized()와 contextDestroyed()를 구현한다.

```
public class MyServletContextListener extends javax.servlet.Servlet
ContextListener {

    public void contextInitialized(javax.servlet.ServletContextEvent arg0) {
            // 컨텍스트를 초기화할 때 수행하는 작업 구현
    };

    public void contextDestroyed(javax.servlet.ServletContextEvent arg0) {
            // 컨텍스트를 종료할 때 수행하는 작업 구현
    };
}
```

■ **그림 18-6** 인터페이스 MyServletContextListener

▌ 리스너 종류

웹 응용프로그램은 컨텍스트 초기화 시점의 이벤트를 처리하는 리스너뿐만 아니라 다음과 같이 컨텍스트, 세션, 서블릿 요청에 대한 8가지의 리스너를 제공한다.

한 예로 세션 속성이 추가, 삭제, 또는 수정 시 어떠한 작업을 처리하려면 인터페이스 Http SessionAttributeListener를 상속받아 인자 유형이 HttpSessionBindingEvent인 메소드

attributeAdded(), attributeRemoved(), attributeReplaced()를 구현해야 한다.

리스너 인터페이스	사용 시점	이벤트
javax.servlet. ServletContextListener	웹 응용프로그램 컨텍스트가 생성될 때와 종료될 때 발생	ServletContextEvent
javax.servlet.ServletContextAtt ributeListener	웹 응용프로그램 컨텍스트의 속성이 추가, 삭제, 수정 시 발생	ServletContextAttributeEvent
javax.servlet.http. HttpSessionListener	세션이 생성되거나 삭제될 때 발생	HttpSessionEvent
javax.servlet.http. HttpSessionAttributeListener	세션 속성이 추가, 삭제, 수정 시 발생	HttpSessionBindingEvent
javax.servlet.http. HttpSessionActivationListener	자기 자신의 객체가 세션에 바인딩되어 다른 JVM으로 이동해 갈 때와 이동해 올 때 발생	HttpSessionEvent
javax.servlet.http. HttpSessionBindingListener	자기 자신의 객체가 세션으로 바인딩될 때 또는 제거될 때 발생	HttpSessionBindingEvent
javax.servlet. ServletRequestListener	요청이 만들어질 때와 삭제될 때 발생	ServletRequestEvent
javax.servlet.ServletRequestAtt ributeListener	요청 속성이 추가, 삭제, 수정 시 발생	ServletRequestAttributeEvent

■ **표 18-3** 웹 응용프로그램의 리스너 종류

2.2 리스너 개발

▎컨텍스트 리스너 생성

이클립스에서 서블릿 생성과 같이 리스너 프로그램을 만드는 메뉴를 제공한다. 이클립스의 항목 [Java Resources: src]에서 메뉴 [New/Listener]로 다음 대화상자를 띄워 작성하려는 패키지와 클래스 이름을 입력한다. [Next] 버튼으로 바뀐 대화상자에서 구현하고자 하는 javax.servlet.ServletContextListener 인터페이스의 [Lifecycle] 체크박스를 선택한 후 [Finish] 버튼을 누른다. 이 대화상자에서 보이는 다른 리스너는 앞에서 살펴본 웹 응용프로그램에서 제공하는 리스너의 종류이다.

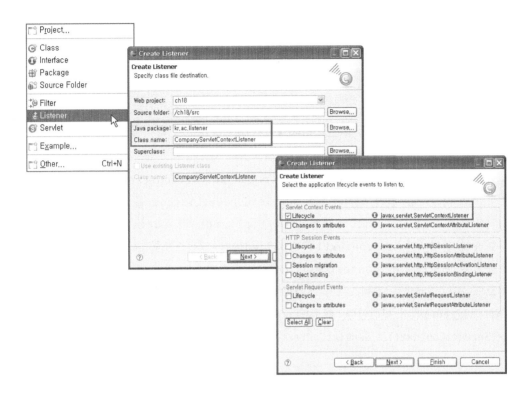

■ **그림 18-7** 리스너 구현 서블릿 CompanyServletContextListener.java 생성 대화상자

리스너 구현 서블릿 `CompanyServletContextListener.java`가 생성된 후 [패키지 탐색기]를 살펴보면 [DD] 항목 하부에 다음과 같이 [Listeners]가 생긴 것을 확인할 수 있다.

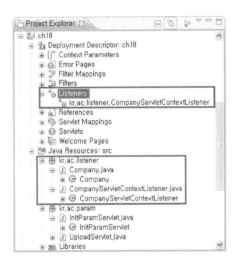

■ **그림 18-8** [패키지 탐색기]에서 리스너 구현 소스와 [Listeners] 확인

또한 web.xml을 살펴보면 다음과 같이 리스너를 위한 태그 `<listener>`가 지금 만든 클래스 이름을 `<listener-class>`에 지정하여 자동으로 생성된 것을 확인할 수 있다.

```
<listener>
    <listener-class >kr.ac.listener.CompanyServletContextListener</
listener-class >
</listener>
```

그림 18-9 ■ 리스너를 위한 태그

리스너를 처리하기 위한 자바 클래스 CompanyServletContextListener는 서블릿 컨텍스트 리스너를 위한 인터페이스 ServletContextListener를 구현하며, 상속받는 인터페이스의 추상 메소드 contextInitialized()와 contextDestroyed()을 구현해야 한다. 메소드 contextInitialized()는 컨텍스트를 초기화할 때 자동으로 호출되는 메소드이며, contextDestroyed()는 컨텍스트 종료 시 자동으로 호출되는 메소드이다. 그러므로 컨텍스트가 초기화될 때 처리하고자 하는 작업은 메소드 context Initialized()에서 구현한다. 메소드 contextInitialized()의 인자인 arg0의 메소드 getServletContext()로 ServletContext를 얻을 수 있다.

```
public class CompanyServletContextListener implements
ServletContextListener {

  public void contextInitialized(ServletContextEvent arg0) {
    ServletContext ctx = arg0.getServletContext();
    …
    System.out.println("ServletContextListener가 초기화 되었습니다.");
  }
```

메소드 contextInitialized()에서 원하는 객체를 만들어 서블릿 컨텍스트 속성으로 저장하고자 한다. 클래스 Company의 객체를 기본 생성자로 만든 후, 서블릿 컨텍스트 파라미터 email을 참조해 필드로 지정한다.

```
Company myCompany = new Company();
myCompany.setName("인피니티북스");
myCompany.setEmail(ctx.getInitParameter("email"));
```

다른 서블릿이나 JSP 프로그램에서 위에서 만든 객체 myCompany를 참조하기 위해 서블릿 컨텍스트 속성 (이름, 값)을 ("company", myCompany)으로 지정한다.

```
                    ctx.setAttribute("company", myCompany);
```

다음은 메소드 contextInitialized()에서 컨텍스트 속성으로 저장하는 일반 자바
클래스 Company의 소스로 먼저 코딩이 필요하다.

예제 18-4 Company.java

```
01  package kr.ac.listener;
02
03  public class Company {
04     private String name;
05     private String email;
06
07     public String getEmail() {
08        return email;
09     }
10     public void setEmail(String email) {
11        this.email = email;
12     }
13     public String getName() {
14        return name;
15     }
16     public void setName(String name) {
17        this.name = name;
18     }
19  }
```

다음은 서블릿 컨텍스트 리스너를 위한 프로그램 CompanyServletContextListener의
소스이다.

예제 18-5 CompanyServletContextListener.java

```
01  package kr.ac.listener;
02
03  import javax.servlet.ServletContext;
04  import javax.servlet.ServletContextEvent;
05  import javax.servlet.ServletContextListener;
06
07  public class CompanyServletContextListener implements ServletContext
    Listener {
08
```

```
09      public void contextInitialized(ServletContextEvent arg0) {
10        System.out.println("ServletContextListener 초기화 시작");
11        ServletContext ctx = arg0.getServletContext();
12
13        System.out.println("\t메소드 contextInitialized()에서 객체 my
   Company 생성");
14        Company myCompany = new Company();
15        myCompany.setName("인피니티북스");
16        System.out.println("\t매개변수 email로 객체 myCompany의 속성을 지정");
17        myCompany.setEmail(ctx.getInitParameter("email"));
18
19        System.out.println("\t속성 이름 company로 객체 myCompany를 저장");
20        ctx.setAttribute("company", myCompany);
21        System.out.println("ServletContextListener 초기화 종료");
22      }
23
24      public void contextDestroyed(ServletContextEvent arg0) {
25        System.out.println("ServletContextListener가 종료되었습니다.");
26      }
27
28  }
```

▌컨텍스트 리스너 구현

위 소스 리스너에서 지정한 객체 company를 조회하는 JSP 프로그램을 작성해 보자. 컨텍스트의 속성 이름 company로 저장된 객체는 다음과 같이 표현언어에서 그대로 사용할 수 있다.

```
회사 이름 : ${company.name} <br>
회사 전자우편주소 : ${company.email}
```

💻 예제 18-6 servletContextListener.jsp

```
01  <%@ page language="java" contentType="text/html; charset=EUC-KR"
    pageEncoding="EUC-KR"%>
02  <html>
03  <head>
04  <meta http-equiv="Content-Type" content="text/html; charset=EUC-KR">
05  <title>서블릿 컨텍스트 리스너 예제</title>
06  </head>
07  <body>
08
```

```
09      <center>
10      <H3>서블릿 컨텍스트 리스너 </H3>
11      회사 이름 : ${company.name} <br>
12      회사 전자우편주소 : ${company.email}
13      </center>
14
15  </body>
16  </html>
```

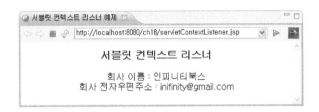

위 프로그램을 실행하기 위해 웹 서버를 시작하면 컨텍스트가 초기화되어 리스너 CompanyServletContextListener의 메소드 contextInitialized()가 실행된다. 메소드 contextInitialized()에서 수행되는 표준출력은 이클립스의 [콘솔] 뷰에 출력되는 것을 확인할 수 있다.

```
public void contextInitialized(ServletContextEvent arg0) {
  System.out.println("ServletContextListener 초기화 시작");
  …
  System.out.println("\t메소드 contextInitialized()에서 객체 myCompany 생성");
  …
  System.out.println("\t매개변수 email로 객체 myCompany의 속성을 지정");
  …
  System.out.println("\t속성 이름 company로 객체 myCompany를 저장");
  …
  System.out.println("ServletContextListener 초기화 종료");
}
```

위 5개의 표준출력이 다음과 같이 [콘솔] 뷰에 보인다.

■ **그림 18-10** [콘솔] 뷰의 메소드 contextInitialized() 표준출력

3. 필터

3.1 필터 개요

▌필터 정의

필터는 웹 응용프로그램에서 클라이언트의 request 또는 response의 헤더와 내용을 변환하는 객체이다. 필터를 이용하면 특정한 서블릿 또는 JSP 프로그램을 수정하지 않고 중간에 request 또는 response를 수정하거나 다른 프로그램으로 제어를 이동하는 등의 원하는 작업을 처리할 수 있다.

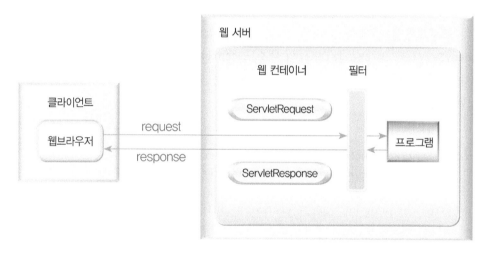

■ **그림 18-11** 필터 개념

모든 프로그램 또는 특정한 프로그램에 일관되게 처리하고 싶은 작업이 있을 때, 필터를 사용하여 처리하면 매우 편리하다. 즉 대부분의 프로그램에서 사용자 폼 요청의 한글 처리를 위한 인코딩이 필요하므로, 이러한 문자 인코딩 처리를 프로그램마다 할 필요 없이 필터를 이용하면 매우 편리하다. 다음과 같은 모듈이 필터를 이용하여 처리하기 적합한 작업이다.

- 문자 인코딩
- 사용자 인증
- 로깅, 감사
- 이미지 변환
- 데이터 압축

- 암호화
- XML 변환
- 스트림 토큰화

필터 구현

필터를 만들려면 다음 2가지 과정이 필요하다. 하나는 필터 구현 프로그래밍이 필요하고 또하나는 배포 서술자 파일에 필터를 적용할 프로그램을 지정하는 필터 매핑 서술이 필요하다.

- 필터 구현 프로그래밍
- 배포 서술자 파일 web.xml에 필터 설정(필터 정의와 필터 매핑)

필터 구현 프로그램은 일반 자바 프로그램으로 인터페이스 Filter를 상속받아 구현하며 내부에서 다음과 같은 필터 관련 인터페이스를 사용한다.

- javax.sevlet.Filter : 필터 처리
- javax.sevlet.FilterChain : 다음 필터 체인 처리
- javax.sevlet.FilterConfig : 서블릿 정보 제공

인터페이스 Filter는 추상 메소드 init(), doFilter(), destroy()를 가지므로 필터 구현 프로그램은 이 3개의 메소드를 반드시 구현해야 한다.

```
public abstract interface Filter {
  ⊠ public abstract void init(FilterConfig arg0) throws
ServletException;

   public abstract void doFilter(ServletRequest arg0, ServletResponse
arg1, FilterChain arg2)
          throws java.io.IOException, javax.servlet.ServletException;

   public abstract void destroy();
}
```

■ **그림 18-12** 인터페이스 Filter

인터페이스 Filter의 3개의 메소드를 정리하면 다음과 같으며, 필터 처리 구현은 메소드 doFilter()에서 구현한다. 메소드 init()는 필터가 객체화될 때 호출되며, 주로 인자인 FilterConfig 객체 참조를 나중에 쓰기 위해 지역변수에 저장한다. 마지막으로 필터가 삭제되면서 할 작업이 있다면 메소드 destroy()에서 구현한다.

반환유형	메소드	기능
void	init(FilterConfig arg0)	생성 후 필터 초기화 메소드로 단 1회 시행
void	doFilter(ServletRequest arg0, ServletResponse arg1, FilterChain arg2)	필터 처리 메소드
void	destroy()	필터가 삭제될 때 실행되는 메소드

■ **표 18-4** 인터페이스 Filter 메소드

메소드 init()의 인자인 FilterConfig는 서블릿 컨테이너 정보를 필터에게 전달하기 위한 인터페이스로 다음과 같은 메소드를 제공한다.

반환유형	메소드	기능
String	getFilterName()	배포서술자에 기술된 태그 〈filter-name〉의 필터 이름 반환
String	getInitParameter(String name)	지정된 필터 초기화 파라미터 반환
java.util. Enumeration	getInitParameterNames()	모든 필터 초기화 파라미터의 이름을 반환
ServletContext	getServletContext()	ServletContext를 반환

■ **표 18-5** 인터페이스 FilterConfig 메소드

▌필터 체인

하나의 프로그램에 여러 개 필터를 적용할 수 있는데 이는 필터 체인(Filter Chain)에 의해 가능하며, 인터페이스 FilterChain의 메소드 doFilter(ServletRequest request, ServletResponse response)를 호출함으로써 다음 필터 작업을 처리하도록 한다.

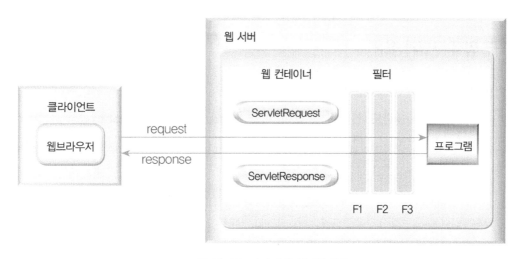

■ **그림 18-13** 여러 개의 필터를 적용

즉 문자 인코딩과 사용자 로그인을 위한 2개의 필터를 작성해서 원하는 프로그램에 2개의 필터를 순서대로 적용할 수 있다. 이러한 필터 체인은 다음 그림과 같이 여러 개의 필터를 다른 프로그램에 선택적으로 적용할 수 있다. 이러한 필터의 적용은 web.xml 파일에 필터 매핑으로 기술한다.

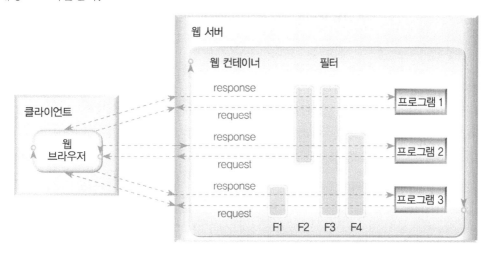

■ **그림 18-14** 필터 매핑으로 다양한 형태의 필터 적용

3.2 필터 구현과 적용

▌ 필터 생성

필터를 위한 프로그램도 리스너와 같이 이클립스의 항목 [Java Resources: src]에서
메뉴 [New/Filter]로 [필터 생성] 대화상자를 띄워 작성하려는 패키지와 클래스 이름
EncodingFilter를 입력한다.

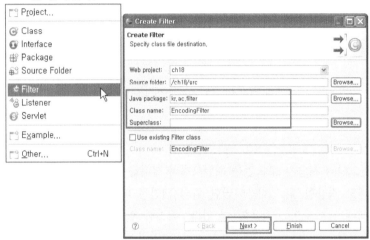

■ **그림 18-15** 필터 생성 대화상자1: 기본 정보 입력

[Next] 버튼으로 바뀐 대화상자에서 필터 프로그램 EncodingFilter에서 사용하는
필터 초기화 패러미터 이름, 값을 각각 (encoding, euc-kr)로 설정한다. 즉 대화상자의
[Initialization Parameters:]에서 이름, 값, 설명을 다음과 같이 (encoding, euc-kr,
한글처리인코딩)으로 입력한다.

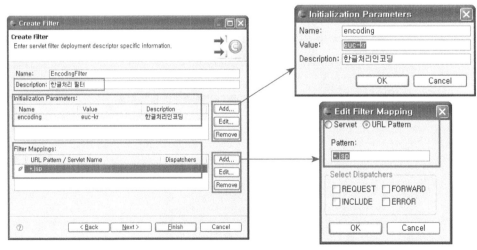

■ **그림 18-16** 필터 생성 대화상자2: 필터 초기화 매개변수와 필터 매핑 정보 입력

지금 만드는 필터를 적용할 서블릿 또는 JSP 프로그램을 지정하려면 대화상자의 [Filter Mappings]에 추가한다. 기존에 있는 필터 매핑에서 [Edit] 버튼으로 [Edit Filter Mapping] 대화상자를 생성하여 [URL Pattern]을 선택하고 [Pattern]을 *.JSP로 입력한다. 즉 모든 JSP 프로그램에 필터 EncodingFilter를 적용한다는 의미이다. 필요하면 다른 필터 매핑도 여러 개 추가할 수 있다.

필터 설정 태그

이제 필터를 위한 소스 EncodingFilter.java가 생성되면 다음과 같은 태그가 web.xml 파일에 자동으로 생성된 것을 볼 수 있다. [패키지 탐색기]를 살펴보면 [DD] 항목 하부에 다음과 같이 *.JSP->EncodingFilter의 [Filter Mappings]와 EncodingFilter의 [Filters]가 생긴 것을 확인할 수 있다. 만일 필터 생성 대화상자에서 필터 초기화 패라미터와 필터 매핑 정보를 입력하지 않았다면, web.xml 파일에서 직접 태그 filter와 filter-mapping을 입력하도록 한다.

■ **그림 18-17** 이클립스에서 필터와 필터 매핑을 생성

태그 <filter>는 필터이름과 구현한 필터클래스로 필터를 정의하며, 옵션으로 필터에서 이용할 수 있는 초기화 패라미터는 <init-param>으로 정의한다. 태그 <filter-mapping>은 필터이름과 url-pattern으로 필터가 적용될 프로그램의 패턴을 정의한다.

```
<filter>
  <display-name>EncodingFilter</display-name>
  <filter-name>EncodingFilter</filter-name>
  <filter-class>kr.ac.filter.EncodingFilter</filter-class>
  <init-param>
    <description>한글처리인코딩</description>
```

```
      <param-name>encoding</param-name>
      <param-value>euc-kr</param-value>
    </init-param>
  </filter>
  <filter-mapping>
    <filter-name>EncodingFilter</filter-name>
    <url-pattern>*.jsp</url-pattern>
  </filter-mapping>
```

■ **그림 18-18** 필터를 위한 태그

패턴은 / 또는 *.으로 시작하며 프로그램이름, 폴더 또는 *를 사용하여 지정한다. 위와 같이 *.JSP로 url-pattern을 지정하면 모든 JSP 확장자의 프로그램에 Encoding 필터가 적용된다는 것을 의미한다. 필터 매핑은 다음과 같은 url 패턴이 가능하다.

- /login/* : login 하부의 모든 프로그램
- /bbs/upload/* : bbs/upload 하부의 모든 프로그램
- /* : 모든 프로그램

필터 매핑은 <url-pattern> 대신에 <servlet-name>도 제공한다. 즉 필터를 서블릿 프로그램에 적용하려면 <url-pattern> 대신에 다음과 같이 <servlet-name>을 사용한다. 물론 다음에서 서블릿 이름 ServletTest는 <servlet>에 의하여 정의된 서블릿 이름이어야 한다.

```
  <filter-mapping>
    <filter-name>EncodingFilter</filter-name>
    <servlet-name>ServletTest</servlet-name>
  </filter-mapping>
```

▍필터 구현

필터 프로그램 EncodingFilter는 문자 인코딩 방법을 euc-kr로 지정하는 필터이다. 한글 인코딩 방법인 euc-kr은 프로그램에서 직접 사용하지 않고, 필터 초기화 매개변수인 encoding을 조회하여 사용하자.

메소드 init()에서 인자인 FilterConfig의 메소드 getInitParameter()를 이용하여 web.xml에 설정한 인코딩 방법을 가져와 필드 encoding에 저장한다.

```
public void init(FilterConfig fConfig) throws ServletException {
    this.filterConfig = fConfig;
    this.encoding = filterConfig.getInitParameter("encoding");
}
```

필터 구현을 위한 메소드 doFilter() 내부에서 시작과 종료를 알리는 출력 문을 처음과 마지막 위치에 삽입하도록 하자. [콘솔] 뷰에 표시되는 이 출력 문장으로 doFilter()가 실행된 시점을 파악할 수 있어 편리하다.

```
public void doFilter(ServletRequest request, ServletResponse response,
            FilterChain chain) throws IOException, ServletException {
    System.out.println("EncodingFilter : start");
    …
    System.out.println("EncodingFilter : exit");
}
```

메소드 doFilter() 구현에서는 init()에서 저장된 필드 encoding으로 문자 인코딩 방법을 지정하고, 인자 chain의 메소드 doFilter()를 호출하여 필터 체인에 따라 다시 다음에 실행될 필터로 제어흐름을 넘긴다.

```
if (request.getCharacterEncoding() == null) {
    request.setCharacterEncoding(encoding);
    chain.doFilter(request, response);
}
```

다음은 필터 구현 프로그램 EncodingFilter.java의 전 소스이다.

예제 18-7 EncodingFilter.java

```
01  package kr.ac.filter;
02
03  import java.io.IOException;
04  import javax.servlet.Filter;
05  import javax.servlet.FilterChain;
06  import javax.servlet.FilterConfig;
```

```
07  import javax.servlet.ServletException;
08  import javax.servlet.ServletRequest;
09  import javax.servlet.ServletResponse;
10
11  public class EncodingFilter implements Filter {
12     private FilterConfig filterConfig = null;
13     private String encoding = null;
14
15     public void destroy() {
16        filterConfig = null;
17     }
18
19     //문자 인코딩을 초기화 패라미터 encoding으로 설정
20     public void doFilter(ServletRequest request, ServletResponse
    response, FilterChain chain)
21             throws IOException, ServletException {
22        System.out.println("EncodingFilter : start");
23        if (request.getCharacterEncoding() == null) {
24           request.setCharacterEncoding(encoding);
25        }
26        chain.doFilter(request, response);
27        System.out.println("EncodingFilter : exit");
28     }
29
30     //초기화 패라미터를 encoding 필드에 저장
31     public void init(FilterConfig fConfig) throws ServletException {
32        this.filterConfig = fConfig;
33        this.encoding = filterConfig.getInitParameter("encoding");
34     }
35
36  }
```

필터 적용 JSP 프로그램

이제 필터 구현 클래스 EncodingFilter가 잘 작동하는지 점검해 보자. 다음 filter.jsp는 폼에 입력된 문자열을 출력하는 간단한 프로그램이다. 프로그램에서 인코딩 방법을 설정하지 않아 필터를 적용하지 않으면 입력된 한글 출력이 깨질 수 있으나, 이제는 한글 인코딩 필터 EncodingFilter가 처리되어 한글이 잘 출력되는 것을 확인할 수 있다.

예제 18-8 filter.jsp

```
01  <%@ page language="java" contentType="text/html; charset=EUC-KR"
    pageEncoding="EUC-KR"%>
02  <html>
03  <head>
04  <meta http-equiv="Content-Type" content="text/html; charset=EUC-KR">
05  <title>필터 예제</title>
06  </head>
07  <body>
08
09      <h3>한글 처리 필터 예제</h3>
10      <hr>
11      <%
12          String book = request.getParameter("jspbook");
13          if ( book == null || book.length() == 0 ) {
14      %>
15          <h3>JSP 관련 좋은 서적은? (한글입력)</h3>
16          <form method=post action=filter.jsp>
17              <input type="text" name="jspbook">
18              <input type="submit" value="확인">
19          </form>
20      <%
21          } else {
22          out.println("JSP 관련 좋은 서적 이름 : " + book);
23          }
24      %>
25
26  </body>
27  </html>
```

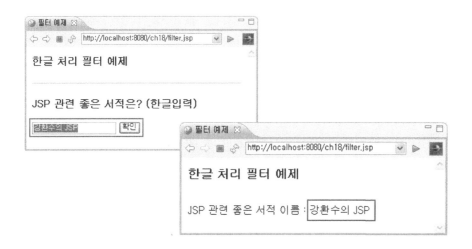

만일 web.xml에서 필터 EncodingFilter의 필터 매핑 설정 태그를 주석인 `<!-- … -->`로 묶어 필터를 적용하지 않는다면 이제 더 이상 JSP 프로그램에서 요청 인자의 한글 처리는 작동하지 않는다.

```
<!--
  <filter-mapping>
    <filter-name>EncodingFilter</filter-name>
    <url-pattern>*.jsp</url-pattern>
  </filter-mapping>
-->
```

설정 파일 web.xml에서 위와 같이 주석으로 필터 매핑 설정을 해제하고 다시 웹 서버를 시작하여 filter.jsp를 실행하면 한글 처리 필터가 작동하지 않아 다음과 같이 폼의 한글 출력이 깨지는 현상이 발생한다.

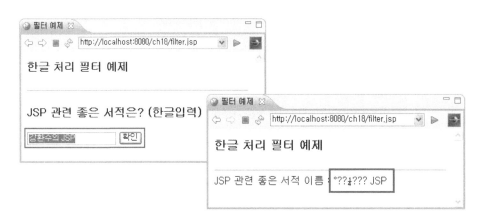

■ **그림 18-19** 필터가 작동하지 않은 경우 filter.jsp의 결과

3.3 필터 체인 구현과 적용

▌필터 체인 구성

일반적으로 회원제로 운영하는 사이트에서 로그인을 하지 않은 채로 페이지를 접속하면 로그인 화면으로 이동되어 로그인을 요구한다. 이와 같이 사용자가 이미 만든 프로그램 filter.JSP에 로그인 하지 않은 상태에서 접속하면, 로그인 화면으로 이동시키는 필터를 구현해 filter.jsp에 적용해 보자.

이 예제에서는 이미 만든 필터 EncodingFilter도 사용되며, 로그인 기능을 수행하는 login.jsp 프로그램은 새로 만들자. 또한 로그인 상태를 파악해서 로그인이 안된 상태면

로그인 화면으로 이동시키는 필터를 LoginFilter로 만들자.

　로그인 처리 login.jsp 프로그램은 인코딩 필터만 적용하며, 이미 만든 filter.jsp 프로그램에는 인코딩 필터와 로그인 필터 2개를 순서대로 적용하도록 한다. 이러한 필터 매핑을 위한 설정 태그는 다음과 같으며, 필터 적용 구성을 표현하면 다음 그림과 같다.

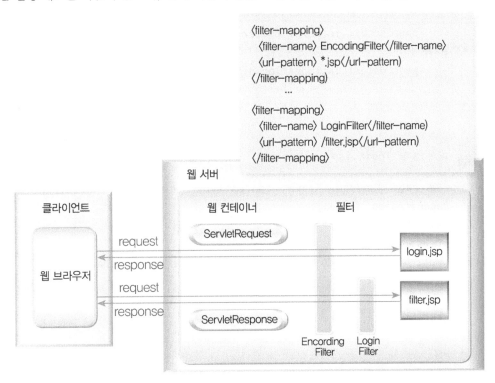

■ **그림 18-20** 필터 EncodingFilter, LoginFilter와 프로그램 login.jsp, filter.jsp의 필터 매핑

　만일 지금 filter.jsp 프로그램으로 바로 접속하면 아무 문제 없이 잘 실행될 것이다. 그러나 위와 같이 LoginFilter를 filter.jsp 프로그램에 매핑시킨 후 filter.jsp로 바로 접속하면 LoginFilter가 적용되어 브라우저에 로그인 화면이 표시된다. 즉 이것이 필터 프로그램의 효과로 이미 만든 filter.jsp 프로그램의 수정 없이 LoginFilter를 만들어 filter.jsp 프로그램에서 로그인을 하도록 수정한 것이다.

▌ 로그인 처리 JSP 프로그램

로그인 처리를 위한 login.jsp 프로그램은 로그인이 안된 상태라면 로그인 폼을 출력하고, 로그인 상태라면 내부에서 filter.jsp 프로그램으로 이동시키는 기능을 수행한다.

　먼저 세션 속성 이름 userid로, 로그인 과정에서 폼에 입력한 사용자 ID를 저장한다.

```
session.setAttribute("userid", inUserid);
```

로그인 된 상태라면 filter.jsp 프로그램으로 이동시키고, 그렇지 않으면 로그인 폼을
구성하는 loginform.html 파일을 삽입한다.

```
if ( userid != null && userid.length() > 0 ) {
      pageContext.forward("filter.jsp");
} else {
      pageContext.include("loginform.html");
}
```

📺 예제 18-9 login.jsp

```
01  <%@ page language="java" contentType="text/html; charset=EUC-KR"
    pageEncoding="EUC-KR"%>
02  <html>
03  <head>
04  <meta http-equiv="Content-Type" content="text/html; charset=EUC-KR" >
05  <title>로그인</title>
06  </head>
07  <body>
08
09  <%
10    String inUserid = request.getParameter("userid");
11    String inPasswd = request.getParameter("passwd");
12
13    if (inUserid != null && inUserid.length() > 0 &&
14          inPasswd != null && inPasswd.length() > 0) {
15      session.setAttribute("userid", inUserid);
16    }
17
18    String userid = (String) session.getAttribute("userid");
19
20    if ( userid != null && userid.length() > 0 ) {
21        pageContext.forward("filter.jsp");
22    } else {
23        pageContext.include("loginform.html");
24    }
25  %>
26
27  </body>
28  </html>
```

```
01  <%@ page language="java" contentType="text/html; charset=EUC-KR"
    pageEncoding="EUC-KR"%>
02
03  <form method="post" action="login.jsp" name="form1">
04    <table width="250" border="1" align="center" bordercolor="skyblue"
    cellspacing="0" cellpadding="5">
05      <tr bgcolor="mistyrose">
06      <td colspan="2" height="22" align="center">
07        <b><font size="3">로그인</font></b>
08      </td>
09    </tr>
10    <tr bgcolor="lightcyan">
11        <td>아이디</td>
12        <td><input type="text" name="userid" size=10></td>
13    </tr>
14    <tr bgcolor="lightcyan">
15        <td>암호</td>
16        <td><input type="password" name="passwd" size=10></td>
17    </tr>
18    <tr >
19      <td colspan="2" align="center">
20          <input type="submit" name="submit" value="로그인">
21          <input type="reset" name="reset" value="취소">
22      </td>
23    </tr>
24  </table>
25  </form>
26  </center>
```

▌ 필터 구현

로그인 처리 화면으로 이동시키기 위한 LoginFilter는 EncodingFilter와 같이 패키지는 kr.ac.filter로 하고 [Filter Mappings]의 pattern을 [/filter.jsp]로 입력하여 프로그램 filter.jsp에 EncodingFilter 필터를 매핑한다.

필터 구현을 위한 메소드 doFilter() 내부에서 시작과 종료를 알리는 출력 문을 처음과 마지막 위치에 삽입하도록 하자.

```
public void doFilter(ServletRequest request, ServletResponse response,
            FilterChain chain) throws IOException, ServletException {
    System.out.println("LoginFilter : start");
    …
    System.out.println("LoginFilter : exit");
}
```

세션을 얻기 위해 ServletRequest 인자인 request를 HttpServletRequest로 변환하여 객체변수 httpRequest에 저장한다. 객체 httpRequest의 메소드 getSession(false)을 이용하여 세션을 얻는다. 이때 false를 인자로 사용하여 세션이 없으면 null이 반환되도록 한다.

```
HttpServletRequest httpRequest = (HttpServletRequest) request;
HttpSession session = httpRequest.getSession(false);
```

현재 설정된 세션이 없으면 로그인 수행을 위해 프로그램 login.jsp로 이동을 위한 RequestDispatcher를 생성하여 이동한다.

```
if (session == null || session.getAttribute("userid") == null) {
    RequestDispatcher dispatcher = request.getRequestDispatcher("/login.jsp");
    dispatcher.forward(request, response);
}
```

마지막으로 앞으로 추가될 필터 매핑을 위하여 인자 chain의 doFilter()를 호출한다.

```
                chain.doFilter(request, response);
```

다음이 LoginFilter.java의 전 소스이다.

예제 18-11 LoginFilter.java

```
01   package kr.ac.filter;
02
03   import java.io.IOException;
04   import javax.servlet.Filter;
05   import javax.servlet.FilterChain;
06   import javax.servlet.FilterConfig;
07   import javax.servlet.RequestDispatcher;
08   import javax.servlet.ServletException;
09   import javax.servlet.ServletRequest;
10   import javax.servlet.ServletResponse;
11   import javax.servlet.http.HttpSession;
12   import javax.servlet.http.HttpServletRequest;
13
14   public class LoginFilter implements Filter {
15
16      public void destroy() {
17      }
18
19      public void doFilter(ServletRequest request, ServletResponse response
     , FilterChain chain)
20                                  throws IOException, ServletException {
21         System.out.println("LoginFilter : start");
22         HttpServletRequest httpRequest = (HttpServletRequest) request;
23         HttpSession session = httpRequest.getSession(false);
24
25         if (session == null || session.getAttribute("userid") == null) {
26             RequestDispatcher dispatcher = request.getRequest Dispatcher
     ("/login.jsp");
27             dispatcher.forward(request, response);
28         }
29         chain.doFilter(request, response);
30         System.out.println("LoginFilter : exit");
31      }
32
33      public void init(FilterConfig fConfig) throws ServletException {
```

```
34        }
35
36    }
```

▌ 필터 체인 적용 실행

이클립스에서 사용하던 웹 서버를 삭제하고 login.jsp를 실행하면, login.jsp에 처음 접속하는 것이 되므로 로그인 폼이 표시된 것이다. [콘솔] 뷰를 확인하면 login.jsp 프로그램에서 필터 EncodingFilter가 적용된 것을 확인할 수 있다.

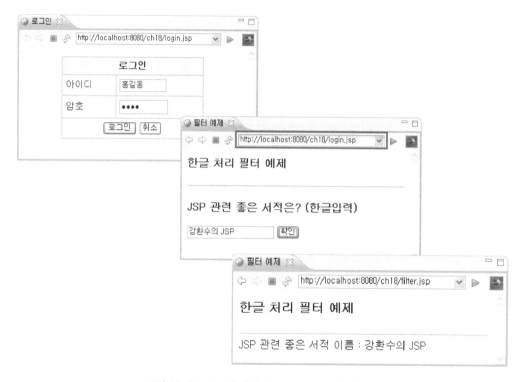

■ **그림 18-21** 로그인 페이지 login.jsp로 접속 실행 과정

아이디와 암호를 입력하고 [로그인]을 누르면 filter.jsp 프로그램으로 이동한다. 마찬가지로 [콘솔] 뷰를 확인하면 로그인 폼 입력 처리를 위해 다시 login.jsp 프로그램에 필터 EncodingFilter가 적용된 것을 확인할 수 있다. 이제 다시 화면에서 JSP 서적을 입력하고 [확인]을 누르면 이번에는 filter.jsp 프로그램에 필터 EncodingFilter와 LoginFilter가 적용된 것을 확인할 수 있다.

다시 이클립스에서 사용하던 웹 서버를 삭제하고, 이번에는 filter.jsp를 바로 실행해 보자. filter.jsp에 필터 EncodingFilter와 LoginFilter가 적용되어 브라우저에 login.jsp 화면이 표시된다. 즉 로그인을 하지 않은 상태이므로 필터 LoginFilter에서 login.jsp 페이지로 강제 이동시킨 것이다. 이제 로그인을 수행하면 filter.jsp 프로그램에서 이동한다.

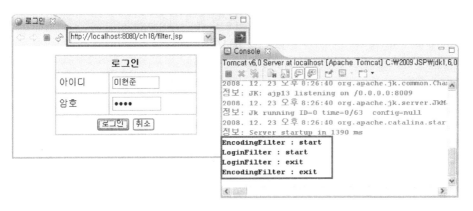

■ **그림 18-22** LoginFilter가 매핑된 filter.jsp 페이지로 접속 실행 과정

배송 필터

위 예제 프로그램의 실행을 잘 살펴보면 의문점이 생긴다. 즉 login.jsp에서 `context.forward ("filter.jsp")`를 이용하여 내부에서 filter.jsp로 제어가 이동되는 경우, filter.jsp 프로그램에 필터 `EncodingFilter`와 `LoginFilter`가 적용되지 않는다는 것이다.

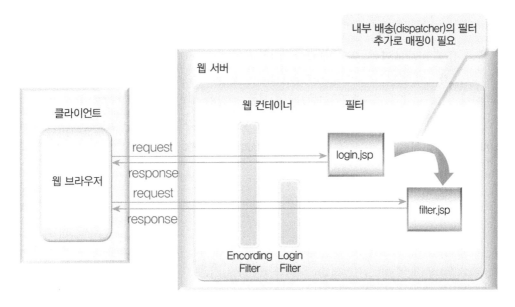

■ **그림 18-23** 내부 배송(dispatcher)의 필터 매핑의 필요

이와 같이 `forward` 또는 `include`와 같이 내부에서 제어가 이동되거나 삽입되는 경우, 필터를 적용하려면 배송 태그(Dispatcher Tag)를 이용해야 한다. 이 배송 필터 기능은 서블릿 2.4에 추가된 내용으로 REQUEST, FORWARD, INCLUDE, ERROR의 4가지 종류가 있다.

- REQUEST : 클라이언트의 요청에 의한 필터 적용

- FORWARD : 내부에서 forward()에 의해 이동될 필터 적용
- INCLUDE : include()에 의해 삽입될 때 필터 적용
- ERROR : 요청이 오류 페이지로 처리될 때 필터 적용

예를 들어 이클립스에서 필터 AuditFilter 생성 시, 다음과 같이 모든 배송 유형을 선택하여 매핑하면 <filter-mapping> 내부에 태그 <dispatcher>4개가 모두 생기는 것을 알 수 있다. 즉 배송 유형은 태그 <dispatcher>로 <filter-mapping>내부에 기술된다.

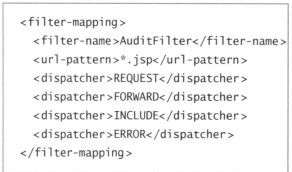

■ **그림 18-24** 배송 유형 태그 〈dispatcher〉

배송 유형 REQUEST는 클라이언트로부터 직접 오는 요청에 적용되는 필터 매핑으로, 만일 배송 태그가 하나도 없으면 <dispatcher> REQUEST</dispatcher>가 생략된 것으로 간주한다. 그러므로 이전 예제 프로그램에서 모든 필터 매핑의 배송 유형은 REQUEST이다. 이러한 필터 매핑을 일반 필터와 내부 필터로 나누어 생각하면, 일반 필터는 배송 유형이 REQUEST인 필터이며, 내부 필터는 유형이 FORWARD, INCLUDE, ERROR인 경우이다.

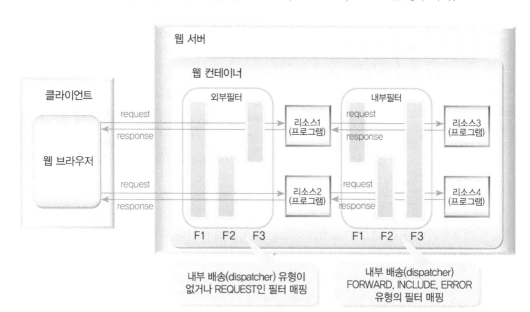

■ **그림 18-25** 일반 필터(외부 필터)와 배송 필터(내부 필터)

4. 연습문제

1. 다음 괄호를 알맞게 채우시오.

(1) 웹 응용에서 특별한 사건이 발생할 때 이벤트(Event)라는 것이 발생되며, 발생된 이벤트는 (   )(이)라는 것이 리스닝한다.

(2) 컨텍스트 초기화 시점에 발생하는 이벤트는 (   )(이)며 이를 듣는 리스너는 (   )(이)다.

(3) (   )(을)를 이용하면 특정한 서블릿 또는 JSP 프로그램을 수정하지 않고 중간에 request 또는 response를 수정하거나 다른 프로그램으로 제어를 이동하는 등의 원하는 작업을 처리할 수 있다.

(4) 필터 구현 프로그램은 일반 자바 프로그램으로 인터페이스 (   )(을)를 상속받아 구현한다.

(5) 인터페이스 Filter는 추상 메소드 (   ), (   ), (   )(을)를 가지므로 필터 구현 프로그램은 이 3개의 메소드를 반드시 구현해야 한다.

(6) 인터페이스 Filter 메소드 `init()`의 인자인 (   )(은)는 서블릿 컨테이너 정보를 필터에게 전달하기 위한 인터페이스이다.

(7) 인터페이스 FilterChain의 메소드 (   )(을)를 호출함으로써 필터 체인에서 다음 필터 작업을 처리하도록 한다.

(8) 배송 필터(Dispatcher Filter) 기능은 서블릿 2.4에 추가된 내용으로 REQUEST, (   ), (   ), ERROR의 4가지 종류가 있다.

2. 다음은 초기화 파라미터의 종류를 설명한 표이다. 다음 표에서 빈 부분을 알맞게 채우시오.

초기화 종류	의미	저장되는 클래스	참조방법
서블릿 초기화 파라미터	파라미터가 지정된 서블릿에서만 사용 가능		getInitParameter("paramName")
	모든 서블릿에서 사용 가능	ServletContext	

3. 다음은 컨텍스트 리스너의 예제 프로그램이다. 다음 밑줄 부분의 메소드 이름과 소스 부분을 기술하시오.

```
01  package kr.ac.listener;
02
03  import javax.servlet.ServletContext;
04  import javax.servlet.ServletContextEvent;
05  import javax.servlet.ServletContextListener;
06
07  public class CompanyServletContextListener implements _____ {
08
09      public void _____ (ServletContextEvent arg0) {
10          System.out.println("ServletContextListener 초기화 사작");
11          ServletContext ctx = _____;
12
13          System.out.println("\t메소드 contextInitialized()에서 객체
    myCompany 생성");
14          Company myCompany = new Company();
15          myCompany.setName("인피니티북스");
16          System.out.println("\t매개변수 email로 객체 myCompany의 속성을 지정");
17          myCompany.setEmail(ctx. _____ ("email"));
18
19          System.out.println("\t속성 이름 company로 객체 myCompany를 저장");
20          ctx. _____ ("company", myCompany);
21          System.out.println("ServletContextListener 초기화 종료");
22      }
23
24      public void _____ (ServletContextEvent arg0) {
25          System.out.println("ServletContextListener가 종료되었습니다.");
26      }
27
28  }
```

4. 다음은 배포 서술자에 대한 설명이다. 다음 각각의 설명에 대한 태그에서 빈 부분의 태그를 알맞게 기술하시오.

(1) 컨텍스트 초기화 패라미터 정보: 회사의 메일주소의 (이름, 값)을 (email, infinity@gmail.com)으로 지정

```
<context-param>
    <description>회사메일주소</description>
    _____email_____
    <param-value>infinity@gmail.com</param-value>
</context-param>
```

(2) 서블릿 초기화 패라미터 정보: 서블릿 초기화 패라미터 (이름, 값, 설명)을 (upfolder, META-INF/upload, 업로드 폴더)로 지정

```
<servlet>
  <description></description>
  <display-name>UploadServlet</display-name>
  <servlet-name>UploadServlet</servlet-name>
  <servlet-class>kr.ac.param.UploadServlet</servlet-class>
  _____
      <description>업로드 폴더</description>
      <param-name>upfolder</param-name>
      <param-value>META-INF/upload</param-value>
  _____
</servlet>
```

(3) 필터 매핑 정보: 이름은 CompressFilter, 모든 JSP 프로그램에 적용, 클라이언트에서의 요청뿐만 아니라 내부 모든 배송(dispatcher)에 대해서는 필터 처리

```
_____
    <filter-name>CompressFilter</filter-name>
    _____ *.jsp _____
    <dispatcher>REQUEST</dispatcher>
    <dispatcher>FORWARD</dispatcher>
    <dispatcher>INCLUDE</dispatcher>
    <dispatcher>ERROR</dispatcher>
_____
```

INDEX

A

ActiveX ＼ 7
addCookie ＼ 113, 169, 171
addHeader ＼ 113
admin ＼ 565
After the Last Row ＼ 292
all privileges ＼ 245
alter ＼ 239
and ＼ 390
Apache Tomcat Server ＼ 16
API ＼ 280
append() ＼ 321
application ＼ 120, 197, 389, 601
applicationScope ＼ 397
ArrayIndexOutOfBoundsException ＼ 69
ASP ＼ 7, 10
asp.dll ＼ 8
attach ＼ 553
autoFlush ＼ 84, 117
auto_increment ＼ 238

B

BBS(Bulletin Board System) ＼ 352
Before the First Row ＼ 292
bigint ＼ 236
bin ＼ 19
blob ＼ 236
BOF(Begin Of File) ＼ 292
buffer 속성 ＼ 83

C

CallableStatement ＼ 280, 289
CGI ＼ 7
char ＼ 236
Character Set ＼ 253
class ＼ 196, 212
ClassCastException ＼ 62
classes ＼ 563, 564
clear() ＼ 116
clearBuffer() ＼ 116
close() ＼ 116
code ＼ 156
codebase ＼ 156
Colors and Fonts ＼ 49
Common Gateway Interface ＼ 7
commons ＼ 528, 529
config ＼ 129
Configure Tomcat ＼ 26
Connection ＼ 280, 285
Connector ＼ 110
Connector/J ＼ 250
Console ＼ 41, 46
contentType 속성 ＼ 77
contextInitialized() ＼ 627
Controller ＼ 582
Cookie ＼ 169, 398
Core 태그 ＼ 428

create ＼ 237
create database ＼ 262

D

Database Connection Pool ＼ 311
DatabaseMetaData ＼ 280, 306, 307
DataSource ＼ 280, 319
Data Source Explorer ＼ 258
date ＼ 236
datetime ＼ 236
DB2 ＼ 233
DBCP(DataBase Connection Pool)
＼ 312, 528
DBMS ＼ 228
DD: Deployment Descriptor ＼ 564, 606
DDL(Data Definition Language) ＼ 234
decimal ＼ 235
delete ＼ 242
Delete Row ＼ 274
demo ＼ 19
deploy ＼ 574
desc ＼ 244, 264
description ＼ 503
destroy() ＼ 590, 591, 629
DiskFileItemFactory ＼ 539
div ＼ 390
DML(Data Manipulation Language) ＼ 234
docs ＼ 21
doDelete() ＼ 590
doFilter() ＼ 629, 630
doGet() ＼ 587, 588, 590, 592
doPost() ＼ 587, 588, 590
doPut() ＼ 590
doTag() ＼ 490
double ＼ 236
Driver ＼ 280
DriverManager ＼ 280, 285, 338
drop ＼ 238

E

Eclipse IDE for Java EE Developers ＼ 31
ecu-kr ＼ 549
Email ＼ 546, 551
EmailAttachment ＼ 553
EMBED 형태 ＼ 156
empty 연산자 ＼ 394
enctype ＼ 536
Enumeration ＼ 105, 180
EOF(End Of File) ＼ 292
eq ＼ 390
ERROR ＼ 645
euckr ＼ 253
EUC-KR ＼ 78
exception ＼ 122
execute() ＼ 291
executeQuery() ＼ 290, 291
executeUpdate() ＼ 291, 322

F

file ＼ 536, 537
FileUpload ＼ 529
file 속성 ＼ 85
Filter ＼ 629
FilterChain ＼ 629, 630
FilterConfig ＼ 629
findAttribute(String) ＼ 125
float ＼ 236
flush() ＼ 116
forName() ＼ 286
forward ＼ 125, 134, 141, 142, 151, 601, 645

G

ge ＼ 390
Generate Getter and Setters ＼ 202
getAttribute(String) ＼ 125
getAttribute(String name) ＼ 120
getBufferSize() ＼ 114, 116
getColumn Count() ＼ 308
getColumnName() ＼ 308
getColumn TypeName() ＼ 308
getConnection() ＼ 287, 338
getCookies() ＼ 100, 170
getCreationTime() ＼ 178
getException() ＼ 125
getJspBody() ＼ 490
getJspContext() ＼ 490
getMaxAge() ＼ 170
getMessage() ＼ 122
getMetaData() ＼ 308
getMethod ＼ 100
getName() ＼ 170
getOut() ＼ 125
getPage() ＼ 125
getParameter ＼ 96, 98
getParameterNames ＼ 96, 103, 105
getParameterValues ＼ 96
getPrecision() ＼ 308
getProtocol ＼ 96
getQueryString ＼ 100
getRemaining() ＼ 116
getRemoteAddr ＼ 96, 97
getRequest() ＼ 125
getRequestURI ＼ 100
getRequestURL ＼ 100
getResponse() ＼ 125
getServerInfo ＼ 120
getServerName ＼ 97
getServerPort ＼ 97
getServletConfig() ＼ 125
getServletContext() ＼ 125
getSession ＼ 100, 125
getter ＼ 195, 202, 210, 333
getTime() ＼ 183
getValue() ＼ 170
get 방식 ＼ 111

grant ＼ 244, 245
gt ＼ 390
GUI ＼ 582

H

hasMoreElements() ＼ 180
header ＼ 397, 403
headerValues ＼ 398, 403
HTML ＼ 2
HtmlEmail ＼ 546, 547, 555
HTML 주석 ＼ 72
HTTP(Hyper Text Transfer Protocol) ＼ 3
HttpServlet ＼ 590
HttpServletRequest ＼ 94, 96, 100, 587
HTTPServletRequest ＼ 592
HttpServletResponse
＼ 94, 113, 587, 588, 592
HttpSessionActivationListener ＼ 622
HttpSessionAttributeListener ＼ 622
HttpSessionBindingEvent ＼ 622
HttpSessionBindingListener ＼ 622
HttpSessionEvent ＼ 622
HttpSessionListener ＼ 622

I

id ＼ 196, 212
IDE: Integrated Development Environment
＼ 16
IIS(Internet Information Server) ＼ 4
import 속성 ＼ 80
include ＼ 125, 134, 135, 142, 148, 645
INCLUDE ＼ 645
include 지시자 ＼ 85
info 속성 ＼ 79
Ingres ＼ 233
init() ＼ 590, 591, 629
InitialContext ＼ 318
initParam ＼ 398
input ＼ 97, 536
insert ＼ 240, 265, 272
Insert Row ＼ 274
Installed JREs ＼ 34
int ＼ 236
isAutoFlush() ＼ 116
isELIgnored 속성 ＼ 83, 418
isErrorPage 속성 ＼ 81
isMultipartContent() ＼ 539
isNew() ＼ 183
ISO-8859-1 ＼ 78
isThreadSafe 속성 ＼ 83

J

James ＼ 534
JAR(Java ARchive) ＼ 569
java ＼ 34
Java EE Perspective ＼ 41
java.lang ＼ 93
JavaMail ＼ 532
Java Naming and Directory Interface ＼ 313
JavaScript ＼ 6
Java SE ＼ 17
java.sql ＼ 295
java.util.Map ＼ 398

javax.servlet.http ＼ 93
javax.servlet.http.Cookie ＼ 169
javax.servlet.http.HttpServlet ＼ 585
javax.servlet.http.HttpSession ＼ 128
javax.servlet.jsp ＼ 93
javax.servlet.jsp.JspWriter ＼ 116
javax.servlet.jsp.PageContext ＼ 125
javax.servlet.ServletConfig ＼ 129
javax.servlet.ServletContext ＼ 120
JBoss ＼ 16
JDBC ＼ 280
JDBC-ODBC 브릿지 드라이버 ＼ 282
JDBC 드라이버 ＼ 249, 282, 564
JDK ＼ 16, 17
JDK 6 Update 6 ＼ 17
JDK(Java Development Kit) ＼ 20
JDT(Java Development Tool) ＼ 30
JNDI(Java Naming and Directory Interface)
＼ 313, 314
jre ＼ 19
JRE(Java Runtime Environment) ＼ 20
JRun ＼ 11
JSP ＼ 10
_jspDestroy() ＼ 12, 13
_jspInit() ＼ 12, 13
_jspService() ＼ 12, 13
JSP Examples ＼ 27
jsp:forward ＼ 458
jsp:getProperty ＼ 196, 204
jsp:include ＼ 454
JSP(Java Server Page) ＼ 8
jsp:setProperty ＼ 196, 204, 214
jsp:useBean ＼ 196, 203, 212
JSP 라이프 사이클 ＼ 12
JSP 서블릿 ＼ 12
JSP 스크립트 요소 ＼ 59
JSP 엔진 ＼ 11, 16
JSP 주석 ＼ 72, 74
JSP 지시자 ＼ 45
JSP 컨테이너 ＼ 11
JSP 템플릿 ＼ 50
JSP 통합개발환경 ＼ 16
JSTL ＼ 388, 528, 564
JSTL: Java Standard Tag Library ＼ 428

L

language 속성 ＼ 77
le ＼ 390
length() ＼ 476
lib ＼ 19, 563, 564
log(String msg) ＼ 120
longblob ＼ 236
longtext ＼ 236
lookup ＼ 319
lt ＼ 390

M

Map ＼ 398
META-INF ＼ 564
MIME(Multipurpose Internet Mail Extension)
＼ 77
mod ＼ 390
Model ＼ 582

Monitor Tomcat ＼ 26
mSQL ＼ 233
MultiPartEmail ＼ 546, 547, 553
multipart/form-data ＼ 536
MVC 모델 ＼ 582, 583
MySQL ＼ 16, 233, 248
MySQL Community Server ＼ 248
mysqld.exe ＼ 255
MySQL JDBC 드라이버 ＼ 258

N

name ＼ 196, 503
Native-API 드라이버 ＼ 282
Native-Protocol 드라이버 ＼ 282
ne ＼ 390
Net-Protocol 드라이버 ＼ 282
New Attribute ＼ 110
New JavaServer Page ＼ 43
next() ＼ 292
nextElement() ＼ 105, 180
NNTP ＼ 534
not ＼ 390
null ＼ 102, 237, 389
Numberguess ＼ 28

O

Object ＼ 120, 125
OBJECT 태그 ＼ 156
ODBC ＼ 281
Open DataBase Connectivity ＼ 281
or ＼ 390
ORACLE ＼ 233
org.apache.jasper.runtime ＼ 95
org.apache.jasper.runtime.HttpJspBase
＼ 128
out ＼ 52, 59, 116
Outline ＼ 34, 41
out.println() ＼ 60

P

page ＼ 127, 197, 389
pageContext ＼ 125, 397
pageContext.forward() ＼ 144
pageEncoding 속성 ＼ 78
pageScope ＼ 397
page 지시자 ＼ 76
param ＼ 134, 151, 196, 397
paramValues ＼ 397
PDE(Plug-in Development Environment)
＼ 29, 30
Personal Home Page ＼ 8
PHP ＼ 8
POP3 ＼ 534
post ＼ 97, 536
Postgres ＼ 233
post 방식 ＼ 107
Preferences ＼ 34, 40
prefix ＼ 433
PreparedStatement ＼ 280, 289, 302, 321
PRIMARY KEY ＼ 237
print() ＼ 52, 59, 116
println() ＼ 59, 116
printStackTrace() ＼ 122

private ＼ 195
privileges ＼ 244
Professional Hypertext Preprocessor ＼ 8
Project Explorer ＼ 34, 41
Projects Contents ＼ 42
Prompt for workspace on startup ＼ 40
property ＼ 196, 214
public ＼ 195

R

real ＼ 236
reload ＼ 576
removeAttribute ＼ 183
removeAttribute(String) ＼ 125
removeAttribute(String name) ＼ 120
request
＼ 94, 96, 100, 197, 389, 601, 628, 645
RequestDispatcher ＼ 601
requestScope ＼ 397
request.setCharacterEncoding("euc-kr")
＼ 107
required ＼ 503
Resin ＼ 16
response ＼ 113, 169, 628
ResultSet ＼ 280, 285, 290, 292, 298
ResultSetMetaData ＼ 280, 306, 308
revoke ＼ 247
Run on Server ＼ 46

S

scope ＼ 196, 212
scriptlet ＼ 59
select ＼ 97, 241, 266
sendRedirect() ＼ 114, 145, 458
Servers ＼ 41, 46
server.xml ＼ 109, 110, 314, 345
service() ＼ 591, 592
ServletConfig ＼ 610
ServletContext ＼ 610
ServletContextAttributeEvent ＼ 622
ServletContextAttributeListener ＼ 622
ServletContextEvent ＼ 620, 622
ServletContextListener ＼ 620, 622
ServletFileUpload ＼ 539
Servlet Life Cycle ＼ 591
Servlet Mappings ＼ 586
ServletRequestAttributeEvent ＼ 622
ServletRequestAttributeListener ＼ 622
ServletRequestEvent ＼ 622
ServletRequestListener ＼ 622
Servlets ＼ 586
session ＼ 128, 176, 178, 197, 389, 601
sessionScope ＼ 397
session 속성 ＼ 84
setAttribute(String, Object) ＼ 125
setAttribute(String name, Object object)
＼ 120
setAttrribute() ＼ 179, 183
setAuthentication ＼ 551
setBufferSize ＼ 114
setCharacterEncoding ＼ 96, 98
setContentType() ＼ 114, 588
setDebug ＼ 551

setHtmlMsg ＼ 555
setInt() ＼ 322
setMaxAge() ＼ 171
setMaxAge(int expiry) ＼ 170
setMaxInactiveInterval ＼ 183
setRepository ＼ 539
setSizeThreshold ＼ 539
setString() ＼ 322
setter ＼ 195, 202, 210, 333
setTextMsg ＼ 555
setValue(String newValue) ＼ 170
show ＼ 243, 264
Show line numbers ＼ 48
SimpleDateFormat ＼ 412
SimpleEmail ＼ 546, 547, 551
SimpleTagSupport ＼ 490
size ＼ 235
SMTP ＼ 534, 546, 551
SPEL
(Simplest Possible Expression Language)
＼ 388
SQL ＼ 429
SQL Server ＼ 233
SQL(Structured Query Language) ＼ 234
SQL 태그 ＼ 466
src ＼ 564
start ＼ 255, 576
Statement ＼ 280, 285, 289, 298
stop ＼ 576
StringBuffer ＼ 321
subname ＼ 288
subprotocol ＼ 288
Superclass ＼ 585
Sybase ＼ 233

T

table ＼ 232
taglib ＼ 433
tags ＼ 563, 564, 565
Target Runtime ＼ 42
text ＼ 236
Time ＼ 236
timestamp ＼ 236
tld ＼ 564
TLD(Tag Library Descriptor) ＼ 413, 487
TLD 파일 ＼ 412
TLS(Transport Layer Security) ＼ 551
Tomcat Manager ＼ 565
tomcat-users.xml ＼ 566
toString() ＼ 122
type ＼ 156, 280, 536

U

undeploy ＼ 576
uniqueness ＼ 233
update ＼ 242
uri ＼ 433, 511
URIEncoding="euc-kr" ＼ 110
URL ＼ 586
URL Mappings ＼ 585, 586
URL 관리 ＼ 428
use ＼ 243

V

value ＼ 196
varchar ＼ 236
VBScript ＼ 6
View ＼ 582

W

WAR(Web Java ARchive) ＼ 569
WEB-IN ＼ 564
WEB-INF ＼ 563, 564
WEB-INF/classes ＼ 564
WEB-INF/lib ＼ 564
WEB-INF/tags ＼ 565
web.xml
＼ 317, 345, 412, 420, 564, 587, 606, 610
what ＼ 244
Windows 작업 관리자 ＼ 26
Workspace Launcher ＼ 40
WWW ＼ 2

X

XML ＼ 58, 134, 428

ㄱ

값(value) ＼ 169
게시판 ＼ 352
경로(path) ＼ 169
계정 관리(account) ＼ 244
관계(relation) ＼ 232
관계 사례(relation instance) ＼ 232
관계 스키마(relation schema) ＼ 232
관계형 데이터베이스(relational database)
＼ 231
관리자 ＼ 575
구글 크롬 ＼ 3
국제화(Internationalization) ＼ 428

ㄴ

내장 객체(Implicit Object) ＼ 92
넷빈(NetBean) ＼ 16
논리형 ＼ 389

ㄷ

다이나믹 웹 프로젝트 ＼ 41
데이터(Data) ＼ 228, 232
데이터베이스(Database) ＼ 228, 229, 230
데이터베이스 관리시스템 ＼ 4, 16, 228, 229
데이터 유형(Data Type) ＼ 229
도메인(domain) ＼ 169
동적 웹 서비스 ＼ 4

ㄹ

레진(resin) ＼ 11
레코드(Record) ＼ 229, 230
로그인 ＼ 595
리스너(Listener) ＼ 620

ㅁ

멀티미디어 ＼ 2
메소드(methods) ＼ 195
모델(Model) ＼ 583, 594, 597
무상태(stateless) ＼ 166
문법 오류(syntax error) ＼ 66

문자(Character) ＼ 229
문자열(String) ＼ 229
문자형 ＼ 235
문장열형 ＼ 389

ㅂ

바이너리형 ＼ 235
바이트(Byte) ＼ 229
반복 ＼ 428
반환(Getter) ＼ 583
배송 ＼ 645
배포 서술자 ＼ 564, 606, 612
버전(version) ＼ 169
버퍼 오버플로(buffer overflow) ＼ 117
변수지원 ＼ 428
복사(duplicate) ＼ 270
뷰(View) ＼ 34, 41, 583, 594, 603
브라우저 ＼ 2
비연결(connectionless) ＼ 166
비주얼베이직(Visual Basic) ＼ 6
비즈니스 로직 ＼ 194, 582, 583
비트(Bit) ＼ 229
비활성화 ＼ 418

ㅅ

상태(state) ＼ 166
서버 ＼ 2, 4
서블릿(servlet) ＼ 10, 564, 584
서블릿 생명주기 ＼ 591
서블릿 초기화 파라미터 ＼ 610, 616
선언 ＼ 69
선언(declaration) ＼ 58
설정 파일 ＼ 109
세션(session) ＼ 167
소속 변수(membered variables)
＼ 70 ,71, 195
속성(attribute) ＼ 232
숫자형 ＼ 235
스몰톡 ＼ 582
스크립트릿(scriptlet) ＼ 9, 59
스크립트 언어 ＼ 6
스크립트 태그(Script Tag) ＼ 58
스트립트릿(scriptlet) ＼ 58
시간형 ＼ 235
시작 ＼ 575
실수형 ＼ 389
실행 ＼ 68

ㅇ

아파치(Apache) ＼ 4, 16
아파치 파운데이션(Apache Foundation)
＼ 9
암호화(encryption) ＼ 551
액션 태그(Action Tag) ＼ 58, 134
액션 태그 include ＼ 140
액션 태그 plugin ＼ 155
에러처리(error handling) ＼ 81
연결(connection) ＼ 166
열(column) ＼ 232
예외 ＼ 62
예외처리 ＼ 428
오류 ＼ 62, 68
오버 라이딩(overriding) ＼ 587

외래 키(foreign key) ＼ 233
요청(request) ＼ 2
우선순위 ＼ 390
워크벤치(Workbench) ＼ 30
워크스페이스(Workspace) ＼ 30
월드와이드웹(World Wide Web) ＼ 2
웹 브라우저(Web Browser) ＼ 3
웹서버 ＼ 10, 16
웹 응용프로그램 ＼ 575
유일성 ＼ 233
유효기간(maxage 또는 expiry) ＼ 169
유효 범위 ＼ 68
응답(response) ＼ 2
이름 ＼ 169
이벤트(Event) ＼ 620
이클립스(Eclipse) ＼ 16, 29, 40
이클립스 SDK(Software Development Kit)
＼ 30
이클립스 워크벤치(Workbench) ＼ 30
이클립스 컨소시엄 ＼ 29
이클립스 플랫폼(Eclipse Platform) ＼ 30
일반함수(functions) ＼ 429

ㅈ

자바 Documentation ＼ 20
자바 EE 퍼스펙티브 ＼ 34
자바 가상 기계(Java Virtual Machine) ＼ 23
자바개발환경(JDT) ＼ 30
자바빈즈(JavaBeans) ＼ 9, 194, 332, 564
자바 엔진 ＼ 9
자바 주석 ＼ 74
자바 표준 태그 라이브러리 ＼ 388, 428
자카르타 ＼ 528
자카르타 DBCP ＼ 312
작업공간(Workspace) ＼ 33, 40
저장(Setter) ＼ 583
정보(Information) ＼ 228
정수형 ＼ 389
정적 웹 서비스 ＼ 4
제어흐름 ＼ 428
조건연산자 ＼ 390
종료 ＼ 575
주석(comments) ＼ 58, 69, 72, 169
주 키(primary key) ＼ 233, 237
지시자(directives) ＼ 58, 76
지시자 include ＼ 138
지시자 taglib ＼ 511
지역 변수(local variables) ＼ 70, 71

ㅊ

차수(degree) ＼ 232
첨자 ＼ 68
초기화 매개변수 ＼ 585
초기화 파라미터 ＼ 610
최소성(minimality) ＼ 233
출력 ＼ 428

ㅋ

커넥션 풀 ＼ 311, 346
커스텀 태그(Custom Tag)
＼ 58, 59, 428, 486
컨텍스트 초기화 파라미터 ＼ 610, 612
컨트롤러(Controller) ＼ 583, 594, 599

컴포넌트(Component) ＼ 10, 194
코어 태그 ＼ 435
콘솔 ＼ 627
쿠키(cookie) ＼ 167, 168, 169
클라이언트/서버 구조 ＼ 2
클래스 ＼ 194
키(key) ＼ 233

ㅌ

타스크(task) ＼ 41
태그 catch ＼ 462
태그 choose ＼ 446
태그 forEach ＼ 448
태그 forTokens ＼ 452
태그 if ＼ 444
태그 import ＼ 454
태그 out ＼ 463
태그 param ＼ 147, 469
태그 query ＼ 468
태그 redirect ＼ 458
태그 remove ＼ 442
태그 set ＼ 436
태그 setDataSource ＼ 467
태그 update ＼ 473
태그 URL ＼ 459
태그 라이브러리 디스크립터
(Tag Library Descriptor) ＼ 413
태그 처리기(Tag Handler) ＼ 487
태그 파일(Tag File) ＼ 487
테이블 ＼ 231
텍스트형 ＼ 235
톰캣(Tomcat) ＼ 4, 9, 11, 16, 22, 95, 562
톰캣 관리자 ＼ 573
튜플(tuple) ＼ 233
팀 버너스 리(Tim Berners Lee) ＼ 2

ㅍ

파일 ＼ 230
파일 업로드 ＼ 535, 536
퍼스펙티브(Perspective) ＼ 41
포트 ＼ 47
표현 ＼ 582
표현식(expression) ＼ 58
표현언어(Expression Language) ＼ 388
프로토콜 ＼ 2
프리젠테이션 ＼ 194
플랫폼 ＼ 10
플랫폼 런타임(Platform Runtime) ＼ 30
플러그인(Plug-in) ＼ 30
플러그인개발환경(PDE) ＼ 30
필드(Fields) ＼ 195, 229, 235
필터 ＼ 628
필터 체인 ＼ 630, 638

ㅎ

하이퍼미디어(Hypermedia) ＼ 2
하이퍼텍스트(hypertext) ＼ 2, 3
함수 라이브러리 ＼ 476
함수호출 ＼ 416
행(row) ＼ 233
홈 디렉토리(Home Directory) ＼ 562
확장된 CGI 방식 ＼ 10, 584
후보 키(candidate key) ＼ 233

Perfect JSP 웹프로그래밍

인 쇄 | 2009년 2월 23일
발 행 | 2009년 2월 26일

저 자 | 강환수, 강환일
발행인 | 채희만
출판기획 | 안성일
북 P D | 마영신
마케팅총괄 | 한석범
영업관리 | 신은하

발행처 | **INFINITYBOOKS**
주 소 | 서울시 은평구 중산동 248번지 중앙하이츠APT상가 B101호
전 화 | (02)302-8441
팩 스 | (02)6085-0777
Homepage | www.infinitybooks.co.kr
E-mail | infinitybook@naver.com
ISBN | 978-89-92649-25-4
등록번호 | 제311-2006-26호.

판매정가 | **25,000원**